全国中等职业技术学校机械类通用教材

铸工工艺与技能训练

（第 二 版）

人力资源和社会保障部教材办公室组织编写

中国劳动社会保障出版社

简介

本书主要内容包括：绪论、铸造生产基础知识、造型材料及其配制、铸造工艺规程、造型方法与技术、造芯方法与技术、浇注系统设置、砂型（芯）的烘干与铸型装配、铸造合金的熔炼、铸型浇注与铸件的落砂和清理、特种铸造简介、铸件质量检验及缺陷分析、铸造工综合技能训练。

本书由秦正超主编，黄士群副主编，王江、王文景、陈健、周秋荣参加编写；初红杰、韩志勇审稿，初红杰评审。

图书在版编目(CIP)数据

铸工工艺与技能训练/人力资源和社会保障部教材办公室组织编写. —2版. —北京：中国劳动社会保障出版社，2014

全国中等职业技术学校机械类通用教材

ISBN 978-7-5167-1174-3

Ⅰ.①铸…　Ⅱ.①人…　Ⅲ.①铸造-中等专业学校-教材　Ⅳ.①TG2

中国版本图书馆CIP数据核字(2014)第169179号

中国劳动社会保障出版社出版发行

（北京市惠新东街1号　邮政编码：100029）

*

三河市华骏印务包装有限公司印刷装订　新华书店经销

787毫米×1092毫米　16开本　19.25印张　457千字

2014年7月第2版　2014年7月第1次印刷

定价：33.00元

读者服务部电话：（010）64929211/64921644/84643933

发行部电话：（010）64961894

出版社网址：http://www.class.com.cn

版权专有　　侵权必究

如有印装差错，请与本社联系调换：（010）80497374

本书封面轧有我社社标和英文缩写的暗纹，否则即为盗版。

我社将与版权执法机关配合，大力打击盗印、销售和使用盗版图书活动，敬请广大读者协助举报，经查实将给予举报者奖励。

举报电话：（010）64954652

前言

为了更好地适应全国中等职业技术学校机械类专业的教学要求，全面提升教学质量，人力资源和社会保障部教材办公室组织有关学校的骨干教师和行业、企业专家，在充分调研企业生产和学校教学情况、广泛听取教师对现有教材使用情况的反馈意见的基础上，吸收和借鉴各地职业技术院校教学改革的成功经验，对现有全国中等职业技术学校机械类通用教材中所包含的车工、钳工、模具钳工、工具钳工、铣工、焊工、冷作工、磨工、铸工等工艺（理论）与技能训练（实践）一体化教材进行了修订。

本次教材修订工作的重点主要体现在以下几个方面：

第一，科学构建理实一体化教学单元。

根据学校实际教学开展情况，吸收和借鉴一体化课程教学改革成果，在考虑教学可操作性前提下，进一步梳理了工艺理论与技能训练的配合关系，将二者有机地融为一体，科学构建“做中学”“学中做”的一体化教学单元，以适应学校理实一体化教学的需要。

第二，及时更新教材内容。

根据企业岗位的需要和教学实际情况的变化，确定学生应具备的能力与知识结构，对部分教材内容及其深度、难度做了适当调整；根据相关专业领域的最新发展，在教材中充实新知识、新技术、新设备、新材料等方面的内容，体现教材的先进性；采用最新的国家技术标准，使教材更加科学和规范。

第三，紧密衔接职业技能鉴定要求。

教材编写以2009年修订的车工、机修钳工、装配钳工、工具钳工、铣工、焊工、冷作钣金工、磨工、铸造工等国家职业技能标准为依据，涵盖国家职业技能标准（中级）的知识和技能要求，并在与教材配套的习题册中增加了针对相关职业技能鉴定考试的练习题。

第四，精心设计教材形式。

在教材内容的呈现形式上，尽可能使用图片、实物照片和表格等形式将知识点生动地展示出来，力求让学生更直观地理解和掌握所学内容。尤其是在教材插图的制作中采用了立体造型技术，增强了教材的表现力。

第五，提供全方位教学服务。

本套教材配有习题册和方便教师上课使用的电子课件，电子课件和习题册答案可通过中国人力资源和社会保障出版集团网站（http：//www. class. com. cn）下载。

本次教材的修订工作得到了辽宁、江苏、山东、河南、湖北、湖南等省人力资源和社会保障厅及有关学校的大力支持，在此我们表示诚挚的谢意。

人力资源和社会保障部教材办公室

2014 年 6 月

目录

绪　论

机械制造工业是国民经济的重要组成部分，任何机械设备或机器部件都是通过机械加工和装配组成的。铸造作为重要的机械制造方法之一，有着光辉悠久的历史。根据文献记载和实物考证表明我国铸造生产技术有4 000年以上历史。这4 000多年可大致分为两个大的发展阶段：前2 000年以青铜铸造为主，形成灿烂的商周青铜文化，司母戊方鼎（见图0—1）便是青铜文化时期铸件的杰出代表；后2 000年以铸铁为主，推动了铸造生产技术的发展。我国在公元前六世纪，即比欧洲早1 800多年就发明了生铁铸造技术。生铁和熟铁同时出现和发展是我国古代铁器冶铸技术发展的重要特点。新中国成立以后，铸造业获得了空前的壮大和发展，铸造工艺在新材料、新工艺、新设备、新技术等方面都有很大发展。

图0—1　司母戊方鼎

一、铸造在机械制造中的地位

铸造就是将熔炼合格的液态金属或合金，通过浇注、压注或吸入等方式注入铸型的型腔，冷却凝固后得到一定形状和性能的毛坯或工件的方法。通过铸造生产的工件或毛坯（金属制品）称为铸件，用以形成铸件形状的空腔、型芯和浇冒口系统整体称为铸型。

在一般机器中铸件占机器总重的40%～90%。在汽车等制造行业中，铸件占总重的40%～70%，拖拉机及其他农业机械铸件占总重的50%～70%，金属切削机床、内燃机、重型机械、矿山机械、水电设备中铸件占总重的85%左右，如图0—2所示为大型水轮机座

图0—2　水轮机座环

环铸件，重约243.5 t。在公共设施、人们生活用品，以及工艺美术和建筑等领域也广泛采用各种铸件（见图0—3）。

图0—3　高速列车铝合金齿轮箱

随着铸造新技术、新方法、新工艺的发展，各种新材料和新设备不断涌现，铸造业正朝着高质量、高生产率和低成本的方向发展。如各种少切削、无切削的铸造工艺的产生与运用，已使越来越多的零件改变了传统的制造工艺，从而节省了大量的金属和能源，并大幅度地提高了生产效率；机械造型和自动化造型技术的发展与使用，使铸件的尺寸精度和表面质量有了很大提高；监控和测试手段的发展，特别是炼钢中直读光谱仪的应用，可使操作者在1 min之内判断钢液的化学成分，再加以测温技术的现代化，可在此基础上借助计算机实现冶炼过程的自动控制；由于越来越多地使用光学分度头、三维坐标仪尺寸测定系统等先进仪器，可有效地对铸件的尺寸测量、加工精度和表面质量进行控制；精炼炉的使用及炉外精炼技术的改进，也使有害元素和物质控制在一定限度内，如硫的质量分数降低到0.01%以下或更低，氢的质量分数降低到$2\times10^{-4}\%$以下，氧的质量分数降低到$2\times10^{-4}\%$以下；由于真空作用，减少了浇注过程中的二次氧化，使铸钢中氧化物质量分数减少了50%以上；保温发热冒口的应用技术、激冷涂料的应用技术、玻璃纤维过滤网及泡沫陶瓷过滤网等应用技术的发展及运用，大大改进和优化了浇注系统的设计与工艺，提高了浇注质量和生产效率；磁粉探伤、渗透探伤、射线探伤、超声波探伤和涡流探伤等各种无损检测技术也得到了进一步发展。除X射线、γ射线外，高能射线及加速器装备的使用，使得铸件缺陷显示由照相法发展到荧光屏观察法和利用微光技术的电视观察法，实现了铸件缺陷的在线快速检测与有效探伤，极大地提高了生产效率、安全性和工作质量，改善了工作环境。随着计算机技术的发展，如今已经可以利用计算机模拟技术对铸造充型过程的温度场和流速声场，以及凝固过程的温度场、浓度场和应力场等模拟结果，预测铸件可能产生的缺陷，进而优化工艺参数，提高铸件和产品合格率，降低成本，使铸造技术由经验走向科学；而虚拟仿真技术及CAD、CAM、CAPP、RP现代化的设计、制造技术等的结合使用，又使得传统铸造技术向更高新的技术方向发展。

二、课程的主要内容、任务及要求

本课程是一门工艺理论与技能训练一体化的专业课程。其主要内容包括铸造生产基础知识，造型材料及其配制，铸造工艺规程，造型方法与技术，造芯方法与技术，浇注系统设置，砂型（芯）的烘干与铸型装配，铸造合金的熔炼，铸件浇注与铸件的落砂、清理，特种铸造简介，铸件质量检验及缺陷分析，铸造工综合技能训练。

通过对本课程的学习及相关技能训练，使学生达到中级铸造工应具备的专业理论知识和操作技能。具体要求如下：

1. 生产技术准备

（1）工艺分析

1）能读懂较复杂的零件图、铸造工艺图，掌握图上标注的工艺符号和技术要求等形成的金属铸造工艺文件。

2）能计算铸件质量。

3）能按工艺图样核对模样及芯盒的形状、尺寸、数量。

4）能通过工艺分析，设置铸件分型面、型芯结构、浇注位置和浇、冒口系统。

（2）材料准备

1）能根据铸件特点和生产条件选用型砂、芯砂。

2）能配制多种型砂、芯砂和涂料，能解决配砂操作中的技术问题。

3）能测定型砂、芯砂的主要工艺性能，并能进行质量分析，提出改进措施，稳定控制型砂、芯砂的质量。

4）能了解常用铸造合金的力学、化学及工艺性能。

（3）铸造合金熔炼

1）能按铸件成分、技术要求或工艺配制单配制金属炉料，掌握熔炼时间与出炉温度。

2）能计算或估算铸件的金属液用量。

3）能读懂炉前检测报告，并采取相应措施。

4）能进行多种铸造合金的熔炼操作。

5）能配制造渣、去渣材料和中间合金。

（4）工装设备

1）能操作常用设备、仪器，排除常见故障。

2）能正确选择、使用、安装、调整工具、夹具、量具、模具等工艺装备。

3）能检查工艺装备是否符合技术要求和使用要求。

4）能做好常用设备的一、二级保养。

5）能按说明书对设备进行调试。

2. 工件铸造

（1）砂型铸造

1）造型与造芯

①能按工艺要求进行较复杂的造型与造芯操作。

②能进行型、芯间的配装。

③能进行铸件的多箱造型操作。

④能进行机械化、自动化造型和造芯操作。

⑤能按控制文件调整设备工艺参数，保证造型、造芯质量。

2）浇注系统设置及浇注

①能根据较复杂铸件的材质、结构和技术要求，合理设置浇、冒口系统，放置冷铁。

②能根据生产条件的特点设置浇注系统。

③能操作机械化、自动化浇注设备。

④能手工浇注较复杂铸件。

（2）特种铸造

能操作、调试常用特种铸造设备。

3. 缺陷分析与检验

（1）缺陷分析

1）能判断和鉴别常见的铸件缺陷：气孔、缩孔、缩松、黏砂、夹砂、裂纹、变形、偏析。

2）能分析铸件缺陷产生的原因，并提出改进建议。

（2）质量检验

1）能对毛坯进行清整或修补。

2）能使用检测工具进行外观质量检验。

3）能读懂质量检验报告和数据。

三、本课程的学习方法及学习中应注意的问题

1. 坚持理论联系实际，坚持本学科理论、实践与其他相关学科理论知识的联系或与其他相关行业的实际联系。

2. 通过观察实物及参观现场、电化教学及现场学习等途径，消化并深刻理解和巩固所学知识及相关内容。

3. 在实践的基础上，经常有组织或自觉地对所学工艺及操作过程等进行讨论，力争获得最准确的知识或合理、正确、可行的工艺路线和操作规程等，并切实保证技能训练的时间和质量，最终达到提高分析问题和解决问题的能力。

4. 了解铸造安全技术，增强生产安全意识，养成文明生产的习惯，严格按规定要求执行各项规章制度。

技能训练

参观铸造现场

1. 参观前进行安全教育，注意以下提示，完成安全自检表。

（1）参观前应注意着装是否符合要求。

（2）参观时听从老师统一指挥。

（3）在铸造生产现场，站在安全区域内仔细观察。

（4）对各种铸造设备不得随意触摸。

（5）在车间里不得大声喧哗和嬉戏打闹。

安全自检表

自检问题	记　录
工作服穿好了吗？	是□　　否□
戴工作帽、护目镜了吗？	是□　　否□
穿的鞋子是否绝缘、防砸、防扎、防滑？	是□　　否□
女生把长发盘起并塞入工作帽内了吗？	是□　　否□

2. 参观生产现场时，了解铸造车间的安全生产规定，请写出五条。

3. 参观结束后与车间工人师傅交流关于对铸造工作的认识和铸造工工作岗位的要求方面的话题，谈谈参观后的感受。

____

____

____

____

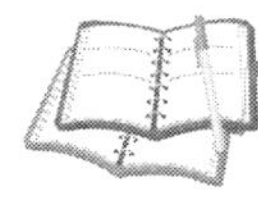

练 习

1. 什么是铸造、铸件？

2. 结合生产实际及平时了解到的相关铸件在机械制造中的应用情况，举例说明铸造生产的发展情况及趋势。

3. 本课程的主要内容是什么？本课程有哪些学习任务和要求？

4. 简述本课程学习方法及学习注意事项。

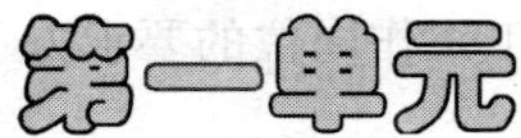

铸造生产基础知识

课题一 砂型铸造工艺过程

一、铸造生产的特点及分类

1. 铸造生产的特点（见表1—1）

表1—1　铸造生产的特点

特点	说　明	图　示
优点	可以生产出形状复杂，特别是具有复杂内腔的工件毛坯，如各种箱体、床身、机架等	
	产品的适应性广，工艺灵活性大，工业上常用的金属材料均可用来进行铸造，铸件的质量可由几克到几百吨	
	原材料大都来源广泛、价格低廉，并可直接利用废机件，故铸件成本较低	

续表

特点	说　明	图　示
缺点	铸造组织疏松，晶粒粗大，内部易产生缩孔、缩松、气孔等缺陷，会导致铸件的力学性能特别是冲击韧度低，铸件质量不够稳定	铸件表面的气孔
	铸造生产条件及工作环境差，工作场地温度高、粉尘多，且劳动强度大	

2. 铸造的分类

根据铸造生产方法的不同，铸造主要分为砂型铸造和特种铸造两大类。细分如下。

- 铸造
  - 砂型铸造
    - 湿砂型铸造（其砂型不经烘干可直接进行浇注）
    - 干砂型铸造（其砂型为经烘干的高黏土砂型）
    - 表干型砂型铸造（只是砂型表层烘干一定厚度的型砂）
    - 自硬砂型铸造（利用化学硬化反应得到的砂型）
  - 特种铸造
    - 熔模型铸造（也称失蜡铸造或精密铸造）
    - 金属型铸造（其铸型是用金属材料制成）
    - 离心铸造（浇注时铸型高速旋转以使金属液产生离心力）
    - 压力铸造（高温下快速充型和冷却凝固时均需加高压）
    - 挤压铸造
    - 低压铸造（液态金属充型时辅以由下向上的较低压力）
    - 陶瓷型铸造
    - 壳型铸造
  - 其他铸造方法　覆砂金属型铸造（在金属模或砂箱表面覆以一定厚度的型砂）

二、常用铸造（铸件）材料的性能

1. 金属材料的性能

金属材料性能
- 使用性能
  - 物理性能（指密度、熔点、导热性、导电性、热膨胀性、磁性等）
  - 化学性能（指耐腐蚀性、抗氧化性等）
  - 力学性能（指强度、塑性、硬度、冲击韧度及疲劳强度等）
- 工艺性能（指铸造、锻造、焊接和切削加工性能等）

除此之外，作为制造铸件的铸造材料的铸造性能一定要好；铸造成的铸件还应具有满足要求的使用性能（如一定的硬度，或耐磨性、抗压性、减振性、耐腐蚀性等）；且要有一定的可加工性能。

2. 常用铸造材料（见表1—2）

表1—2　　常用铸造材料

铸造材料		性能特点	应用说明	图示
铸铁	灰铸铁	具有良好的铸造性能和切削性能，有较高的耐磨性、减振性及较低的缺口敏感性，且价格便宜	广泛使用，如HT200常被用来制作机床床身、箱体和机架、机床导轨和缸体	
	可锻铸铁	通过石墨化退火可有较高的强度、很大的塑性和韧性、低温韧性好，且铁液处理相对简单、质量稳定、容易组织流水生产	广泛应用于汽车、拖拉机制造行业，用来制造形状复杂、承受冲击载荷的薄壁、中小型零件。如KTH330—08制造机床用扳手、汽车车轮壳等；KTZ650—02制造曲轴、连杆、齿轮等	
	球墨铸铁	具有良好的力学性能和工艺性能，并能通过热处理进一步调整其力学性能	可代替碳素铸钢和可锻铸铁，用来制造一些受力复杂，强度、硬度、韧性和耐磨性要求较高的零件。如QT500—7AK制造内燃机油泵齿轮及飞轮、铁路车辆轴瓦	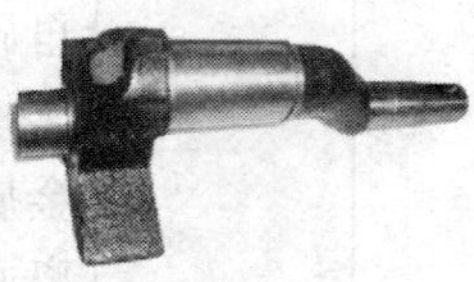
铸钢		有较高的强度和较好的塑性，铸造性能良好，切削性能良好	一般用于制造形状复杂、力学性能要求较高的机械零件。如ZG270—500制造轧钢机机架、水压机横梁、砧座等	

续表

铸造材料		性能特点	应用说明	图示
铸铜	铸造黄铜	一般由普通黄铜通过加入主加元素和其他元素铸造而成，有较高的硬度和抗拉强度，并有一定的塑性	如 ZCuZn38 制造法兰、阀座、手柄、螺母等	
	铸造青铜	除了黄铜和白铜外，所有的铜基合金都称为青铜。有较高的强度、硬度、耐腐蚀性和抗疲劳性，铸造性能及切削加工性能更佳	如 ZCuSn5Pb5Zn5、ZCuAl9Mn2 等制造较高负荷、中速的耐磨、耐蚀零件，如轴瓦、缸套、蜗轮	
铸造铝合金		具有优良的铸造性能。通过变质处理可提高合金的力学性能，还可加入铜、镁等元素，再经淬火、时效处理，进一步提高合金的力学性能	如 ZL105 可制造在低于 225℃ 较高的温度下工作的形状复杂零件：风冷发动机的气缸头、油泵体	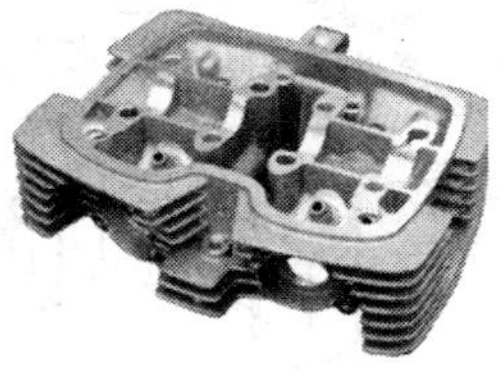

三、砂型铸造工艺过程

砂型铸造是将熔炼合格的液态金属或合金浇入砂质铸型（即砂型）型腔，冷却凝固后可获得一定形状和性能铸件的铸造方法。与其他铸造方法相比，砂型铸造简单易行，具有适应性广、生产设备简单且原材料来源广、成本低、见效快等优点，因而在目前的铸造生产中仍占主导地位。用砂型铸造生产的铸件，约占铸件总质量的 90%。其铸造生产过程可代表铸造的一般过程。如图 1—1 所示为一般砂型铸造主要工艺过程示意图。如图 1—2 所示为齿轮毛坯的砂型铸造一般工艺过程。由此可以得出结论：铸造生产基本工艺过程是一个既复杂、烦琐又多工序的综合性组合过程。

要想获得一件合格的铸件是很不容易的，需要经金属材料及非金属材料的准备，到合金熔炼、造型、造芯、合型浇注、凝固冷却、落砂、清理等一系列既交叉又相互关联的连续、完整的工艺过程。砂型铸造生产主要的工艺环节如下。

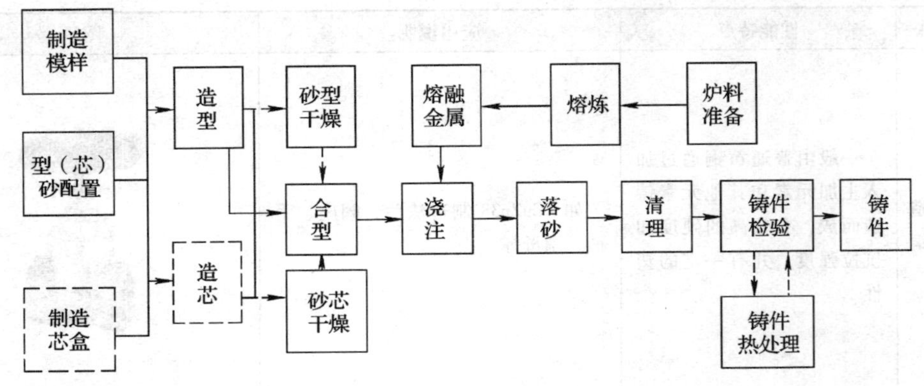

图 1—1　砂型铸造主要工艺过程示意图

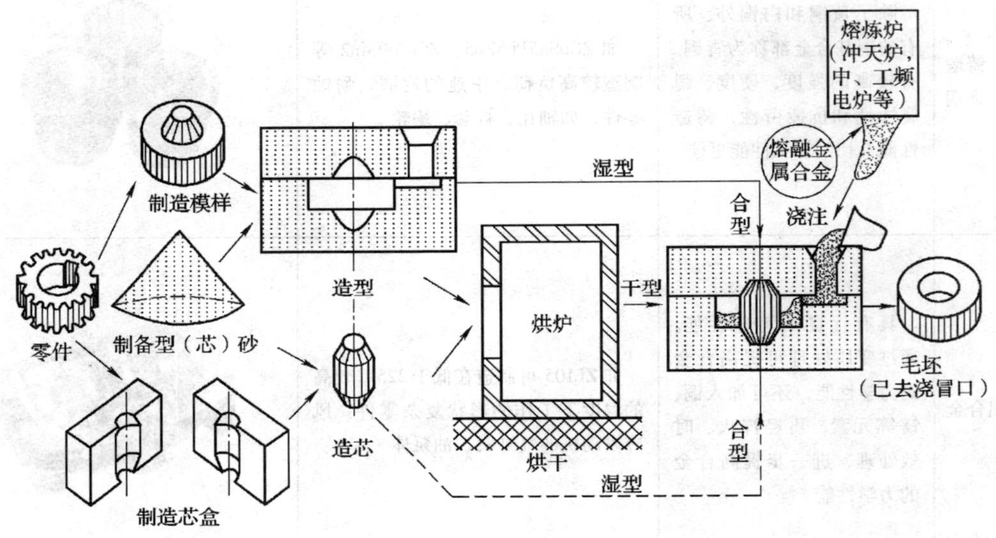

图 1—2　典型零件毛坯的砂型铸造工艺过程（齿轮）

1. 混砂

型砂和芯砂是造型材料的主要部分，它们的成分基本相同，都包含新砂、黏土、有机或无机黏结物、附加物和水。根据铸件对型（芯）砂的不同要求，可选用各种不同的原材料和比例进行混制。新砂是耐高温的材料，是型砂中的主体，通常采用硅砂。黏结剂的作用是把砂粒粘结在一起，应用最广泛的黏结剂是黏土。水的作用是使黏结剂具有黏性，能把砂粒粘在一起。有时为了满足某些性能要求，型砂中还需加入其他附加物，如煤粉、木屑等。生产中对混制好的型砂，要经常用仪器进行测定，以保证型砂的各项性能指标。

2. 造型

造型工艺过程主要包括填砂、舂砂、起模、修型、合型等主要工序。在造型工作中，不仅要用经济、简便的方法把砂型制造出来，而且要根据具体的铸件，采取有效的措施，防止铸件产生缺陷。例如，浇注的金属液在型腔内流动时，温度会不断降低，如果浇注系统开得太小，就有可能使金属液在还未充满型腔时就停止流动，使铸件某些部分，尤其是细薄或棱角部分浇不到。因此，为了使金属液能很好地充满型腔，对于薄壁铸件，造型时浇注系统就要开得大些。另外，造型过程中还应该掌握好砂型的紧实度分布、排气和砂型的定位方法等。

3. 造芯

制造型芯的过程称为造芯。造芯时一般用木质或金属芯盒。在造芯工作中，不仅要用经济、简便的方法把型芯制造出来，而且要根据具体的铸件，采用有效措施，防止铸件产生各种缺陷。

4. 熔炼

通过加热将固体的金属炉料转变成具有规定成分和温度的液态合金，这项工作叫作熔炼。铸造车间中，熔炼铸铁的炉子有冲天炉、三节炉、搀炉和工频电炉等。其中以冲天炉应用最广。

5. 浇注

将熔融金属从浇包注入铸型的操作过程叫作浇注。浇注时浇包要对准浇注系统并保持合适的距离，不要太高，否则金属液会从浇注系统溅出来。浇注过程中要始终使金属液充满浇注系统，以免熔渣进入型腔，使铸件产生夹杂缺陷。总之，要严格执行浇注工艺，控制好浇注温度和浇注速度，并及时将铸型中产生的气体点燃，以防一氧化碳等有害气体弥漫，同时也可以使铸型中的气体能更好地排出。生产中一方面要严格执行浇注工艺，控制好浇注温度、浇注速度；另一方面还要根据铸件结构特点及合金性能，在造型时合理开设浇道、浇冒口，以保证铸件的质量。

6. 落砂

用手工或机械使铸件和型砂、砂箱分开的操作过程叫作落砂。落砂的方法有手工落砂和机械落砂两种。大量成批生产时，一般用落砂机落砂，单件小批生产多用手工落砂。落砂时要注意铸件温度。温度太高，铸件冷却速度过快，容易产生白口、变形和裂纹等缺陷。温度太低，则会过长地占用造型场地和砂箱等，对提高生产效率不利。控制铸件的落砂温度，通常是通过控制铸件在铸型中的停留时间来实现的。铸件落砂时间，应根据铸件的形状、大小、壁厚及合金种类来确定。

7. 清理

落砂后从铸件上清除表面黏砂、砂芯、多余金属（包括浇冒口、飞翅和氧化皮）等的过程总称为清理。铸件表面清理工作可用清砂滚筒、抛丸设备来完成。在缺乏设备或是铸件上某些难以清理的部位，可用手锤、錾子和钢丝刷等来进行清理。砂芯的清理方法有手工清理、风动机械清理、水力清理及水爆清理等。铸铁件或小型铸钢件上的浇冒口可用敲击的方法去除，锤击时应注意锤打的方向和力的大小，以免损坏铸件。大型铸钢件上的浇冒口常用气割或碳弧气刨等方法去除。

四、铸型的结构

铸型是形成铸件形状的空腔、型芯和浇冒口系统组成的整体。尽管铸造零件不同，造型的方法也不尽相同，但它们都有相似的基本结构，即由上下砂型、砂芯及浇注系统组成。如图 1—3 所示为零件毛坯铸型的基本结构。

图 1—3 所示的型腔是取出模样后获得的，以形成铸件的外形。铸型组元间的接合面称为分型面，砂芯形成铸件内腔和孔洞。砂芯端部的延伸部分称为芯头，它不构成铸件内腔，而是插入芯座以起到砂芯定位和支撑的作用。芯座是铸型中专门放置芯头的空腔，是和砂型一起由模样做出。浇注系统由内浇道、横浇道、直浇道和浇注系统杯组成。砂型、砂芯分别设有通气孔，以便浇注时型、芯排气畅通。浇注时金属液从外浇注系统注入，经直浇道、横浇道、内浇道流入型腔。型腔最高处设有出气冒口，以观察金属液是否浇满，同时也起着排除型腔中气体和液体冷却收缩时补缩的作用。

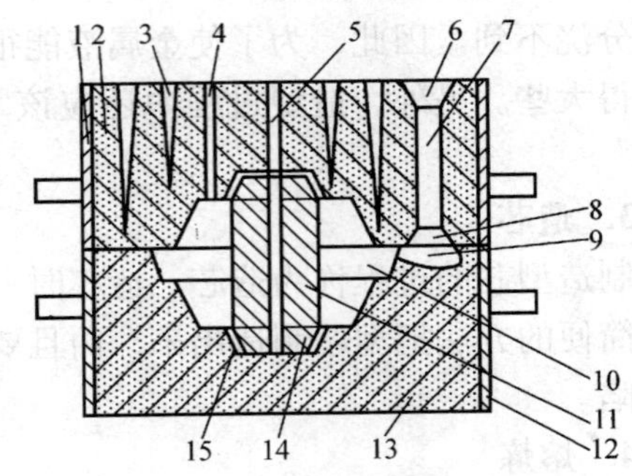

图 1—3　铸型（砂型）的基本结构

1—上砂箱　2—上型　3—通气孔　4—出气冒口　5—芯通气孔　6—浇注系统杯　7—直浇道　8—横浇道　9—内浇道　10—型腔　11—砂芯　12—下砂箱　13—下型　14—芯头　15—芯座

技能训练

熟悉铸造生产工艺过程，认识铸型结构

通过参观铸造工厂，进一步熟悉铸造生产的特点及分类、常用铸造（铸件）材料的性能、砂型铸造工艺过程，以及铸型的结构。

1. 写出铸造生产的主要特点。

2. 写出常用铸造金属的种类及性能特点。

3. 画出砂型铸造主要工艺过程示意图。

4. 指出下图铸型结构各部分的名称。

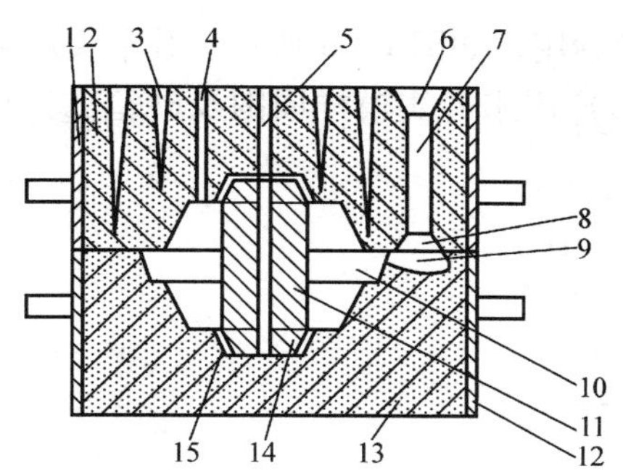

1 ________ 2 ________ 3 ________ 4 ________
5 ________ 6 ________ 7 ________ 8 ________
9 ________ 10 ________ 11 ________ 12 ________
13 ________ 14 ________ 15 ________

课题二 手工造型基本操作技术

一、造型常用工具、辅具

1. 铁铲

铁铲也称铁锹，用来铲起或拌和型（芯）砂，也可以用作挖掘地坑或松散砂地，如图 1—4 所示。

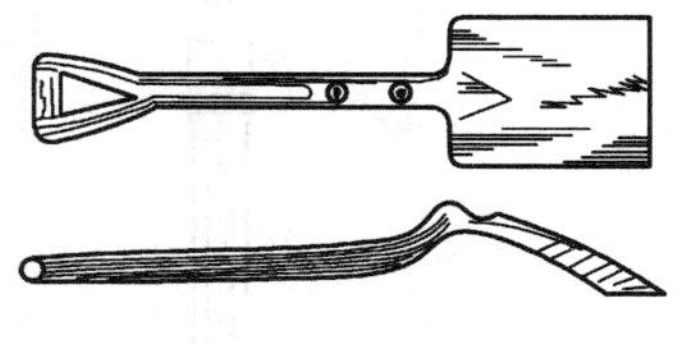

图 1—4　铁铲

2. 筛子

筛子用来筛分和松散型砂或用以清除砂内夹杂，有方形筛和圆形筛两种，如图 1—5 所示。圆形筛一般为手筛，可将面砂筛到模样表面上。

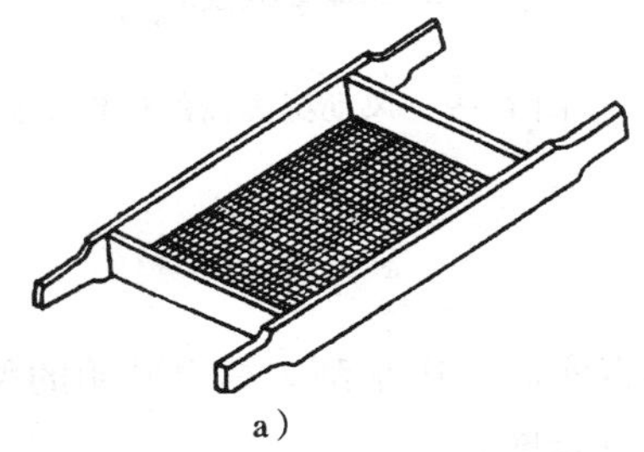

a）

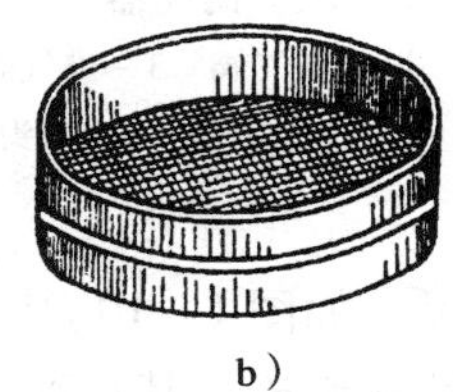

b）

图 1—5　筛子

a）方形筛　b）圆形筛

3. **砂舂**

砂舂也称舂砂锤，舂实型砂用，如图 1—6 所示。其平头用来锤打紧实、舂平砂型表面，如砂箱顶部的砂。尖头（扁头）用来舂实模样周围及砂箱靠边处或狭窄部分的型砂。舂砂姿势如图 1—7 所示。

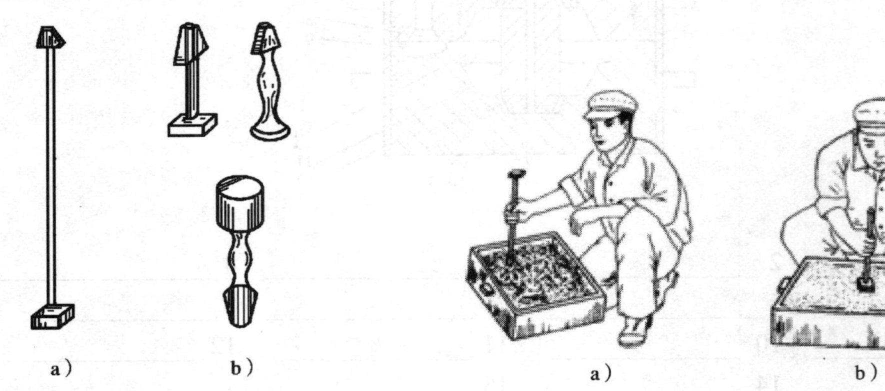

图 1—6　砂舂

a）地面造型用砂舂　b）台上造型用砂舂

图 1—7　舂砂姿势

4. **风动捣固器**

风动捣固器也称风冲子，用来舂实较大的砂型和砂芯，如图 1—8 所示。工作时，打开控制手柄，压缩空气经与橡皮管相连接的管接头进入，通过进气阀与自动换向阀，使锤头不断迅速上下运动，以完成舂砂工作。风动捣固器的操作姿势如图 1—9 所示。

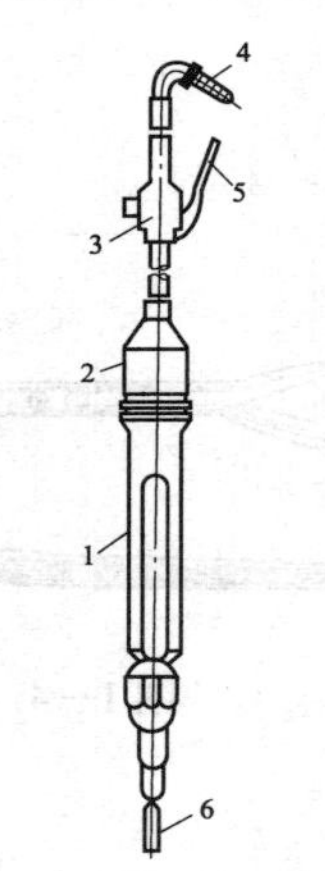

图 1—8　风动捣固器

1—锤身　2—自动换气阀　3—进气阀

4—管接头　5—控制手柄　6—锤头

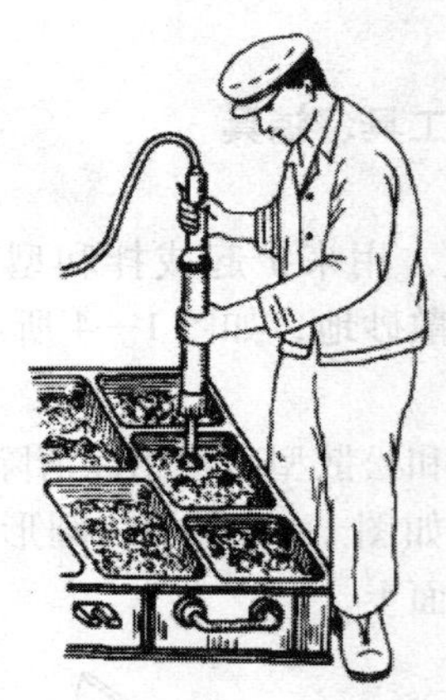

图 1—9　风动捣固器的操作姿势

5. **刮板**

刮板也称刮尺，如图 1—10 所示。在型砂舂实后，用来刮去高出砂箱的型砂。刮板一般由平直的木板或铁板制成，其长度应比砂箱宽度长些。

6. **通气针**

通气针也称气眼针，扎砂型通气孔用，如图 1—11 所示。其工作端为尖锥形，一般由铁丝或钢条制成。在砂型中扎出通气的孔眼，是为了补充型砂透气性的不足，使浇注时产生的气体及时排出，以避免或减少铸件产生气孔等铸造缺陷。通气针有直针和弯针两种，其直径随砂型的大小而定，一般为 2 ~ 8 mm。

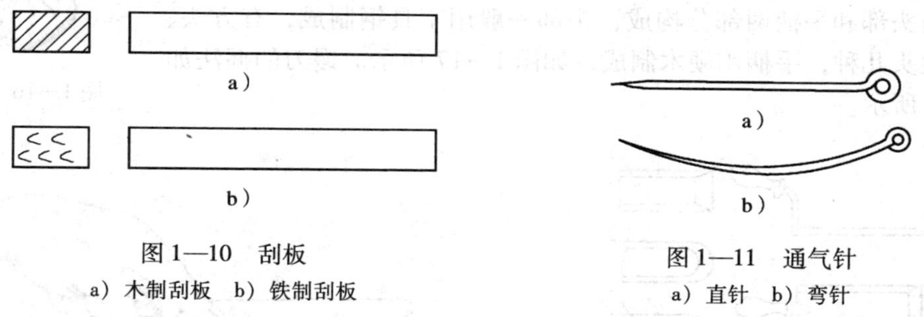

图 1—10　刮板

a）木制刮板　b）铁制刮板

图 1—11　通气针

a）直针　b）弯针

7. 起模针和起模钉

起模针和起模钉用于从砂型中取出模样。起模针与通气针十分相似，一般比通气针粗，用于取出较小的木模；起模钉工作端为螺纹形，用于取出较大的模样，如图 1—12 所示。

8. 掸笔

掸笔用来在起模前润湿模样边缘的型砂，或在小的砂型和砂芯上涂刷涂料，通常有扁头和圆头两种，如图 1—13 所示。

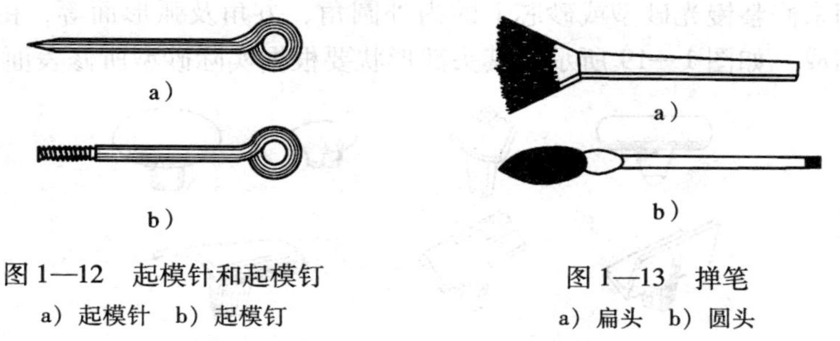

图 1—12　起模针和起模钉

a）起模针　b）起模钉

图 1—13　掸笔

a）扁头　b）圆头

9. 排笔

排笔用来在砂型大的表面涂刷涂料或清扫砂型和砂芯上的灰砂及扫除分型砂，如图 1—14 所示。

10. 手风箱

手风箱又称皮老虎，用来吹去模样上的分型砂及散落在型腔中的散砂、灰土等，如图 1—15 所示。使用时注意不要碰到砂型或用力过猛，以免损坏砂型。

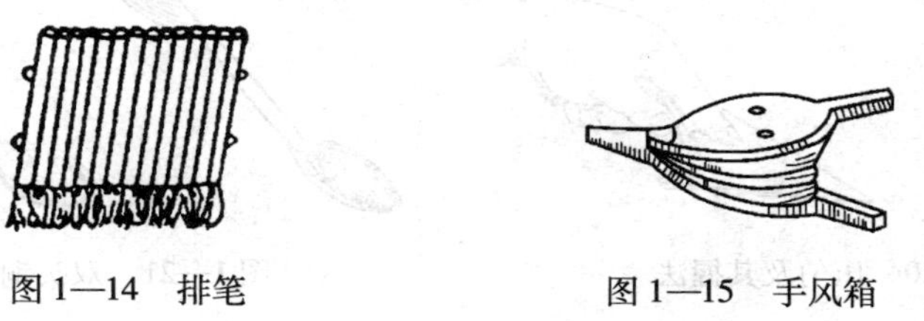

图 1—14　排笔

图 1—15　手风箱

11. 粉袋

粉袋用来在型腔表面抖敷石墨粉或滑石粉，如图 1—16 所示。

12. 镘刀

镘刀也称刮刀，用来修理砂型或砂芯的较大平面，也可用于开挖浇注系统、冒口、切割大的沟槽及在砂型插钉时把钉子按入砂型。镘刀通常由头部和手柄两部分构成，头部一般用工具钢制成，有方头、圆头、尖头几种，手柄用硬木制成，如图 1—17 所示。镘刀的握法如图 1—18 所示。

图 1—16 粉袋

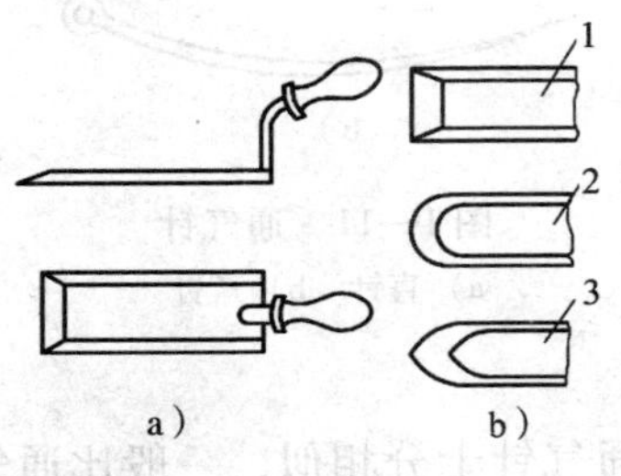

图 1—17 镘刀

a）平镘刀 b）刀刃状镘刀

1—方头形 2—圆头形 3—尖头形

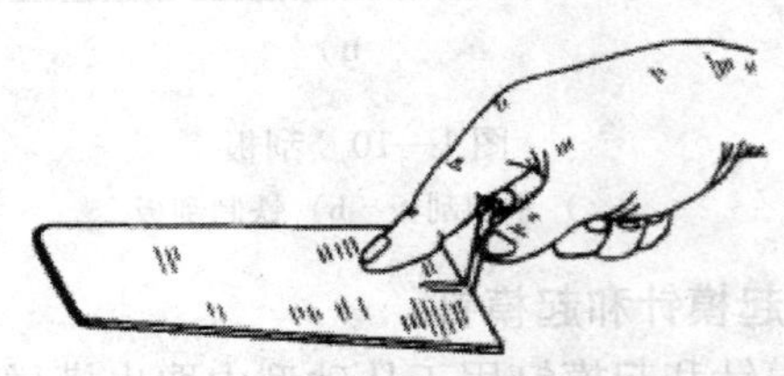

图 1—18 镘刀的握法

13. 成型镘刀

成型镘刀用来修整镘光砂型或砂芯上的内外圆角、方角及弧形面等，由钢或铸铁制成，有时也用青铜制成，如图 1—19 所示。其头部形状要根据实际砂型所修表面的形状而定。

图 1—19 成型镘刀

14. 压勺、双头铜勺

压勺有两个端面，如图 1—20 所示。一端为平面，供修理砂型或砂芯的较小平面，另一端为弧面，供开设较小的浇注系统等使用，中间勺柄为 30°的斜度。双头铜勺用来修整砂型曲面或窄小的凹面，如图 1—21 所示。

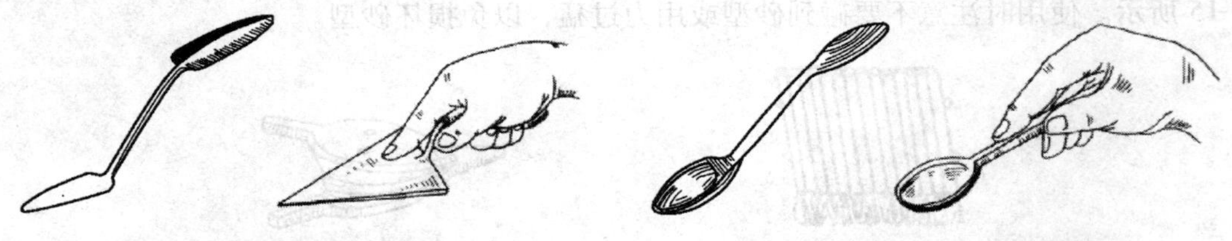

图 1—20 压勺及其握法 图 1—21 双头铜勺及其握法

15. 提钩

提钩也称砂钩，用来修理砂型或砂芯中深而窄的底面和侧壁及提出掉落在砂型中的散砂，由工具钢制成，如图 1—22 所示。常用的提钩有直砂钩和带后跟砂钩。

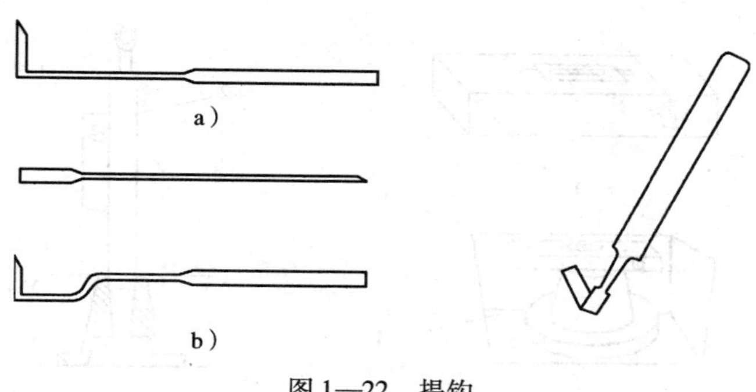

图 1—22　提钩

a）直砂钩　b）带后跟砂钩

16. 半圆、圆头

半圆也称竹片梗、平光杆，用来修整砂型垂直弧形的内壁和底面，如图 1—23 所示。圆头用来修整砂型圆形及弧形凹槽，如图 1—24 所示。

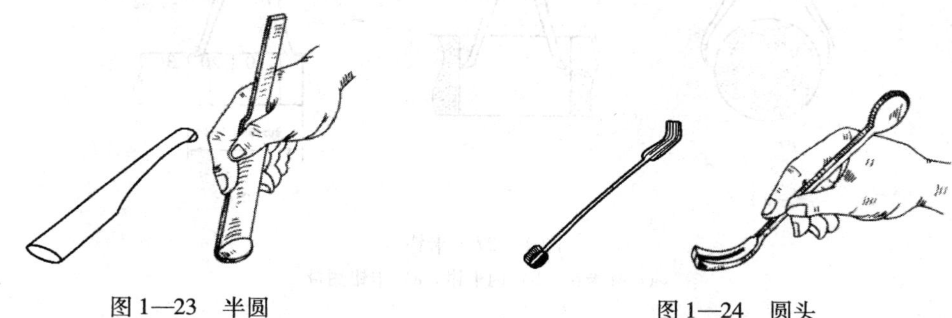

图 1—23　半圆　　图 1—24　圆头

17. 法兰梗

法兰梗也称光槽镘刀，供修理砂型或砂芯的深窄底面及管子两端法兰边用，由钢或青铜制成，如图 1—25 所示。

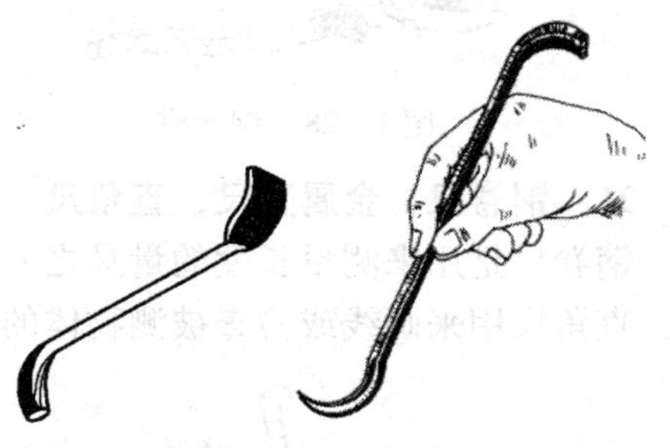

图 1—25　法兰梗

18. 水平仪

水平仪又称水平尺，是用来检测被测平面是否水平、立面是否垂直的一种测量工具。如图 1—26 所示，测量时将水平仪放在被测面上，根据气泡判断平面是否水平、立面是否垂直。其方法就是看气泡是否在中央，在中央就表示平面水平或立面垂直。

19. 卡钳

卡钳分外卡钳和内卡钳两种，分别如图 1—27a 和图 1—27b 所示。卡钳是用于测量砂型、砂芯的内径、外径及凹槽宽度等尺寸不可缺少的工具，一般用工具钢制成。测量时与金属直尺配合使用，即用卡钳测量后，再用金属直尺量其具体尺寸，如图 1—27c 所示。

20. 钢丝钳、活扳手

钢丝钳也称平头钳，用来夹断或弯曲砂芯骨和砂钩，如图 1—28 所示。活扳手用于大型模样和合型时松紧螺母或螺柱，如图 1—29 所示。

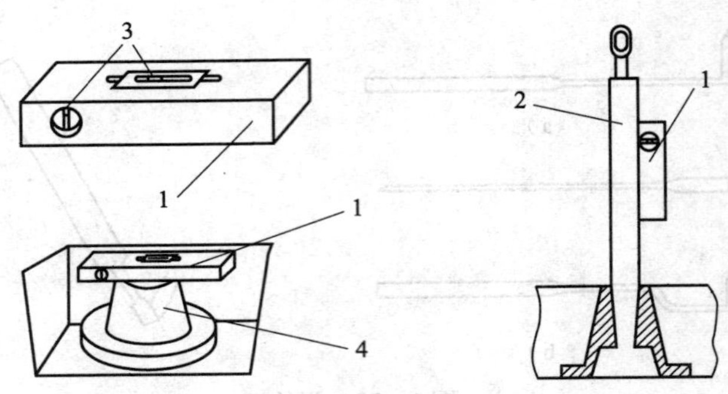

图 1—26　水平仪

1—水平仪　2—立轴　3—气泡　4—底座

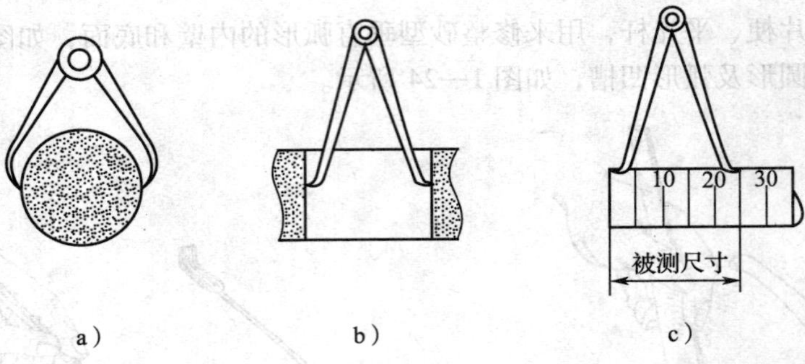

图 1—27　卡钳

a）外卡钳　b）内卡钳　c）卡钳测量

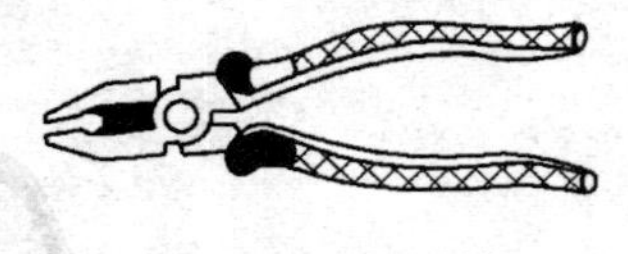

图 1—28　钢丝钳

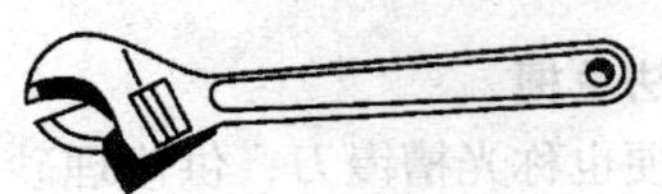

图 1—29　活扳手

21. 钢卷尺、金属直尺、直角尺

钢卷尺是用来测量长度的量具之一；金属直尺是测量长度、外径和内径等尺寸的常用量具；直角尺用来画线或检查被测物体的垂直度，如图 1—30 所示。

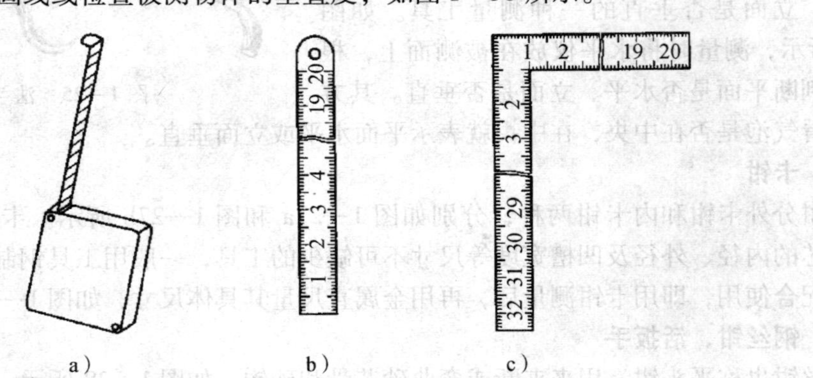

图 1—30　钢卷尺、金属直尺、直角尺

a）钢卷尺　b）金属直尺　c）直角尺

二、造型（芯）工艺装备

1. 模样

模样如图1—31所示，由木材、金属、塑料、泡沫塑料等制成，是用来形成砂型型腔的工艺装备之一。木模样制造简单、成本低，应用比较广；批量生产多用金属模样或塑料模样。有些工厂将整模铸造的模样底面安上定位销，以配合造型金属平板的定位孔来实现一型多铸。

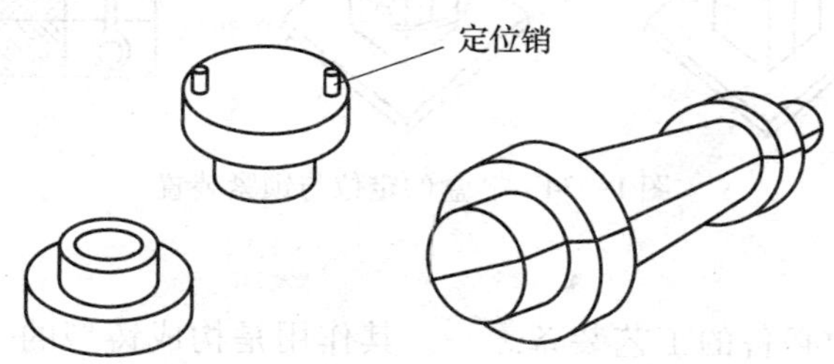

图1—31 模样

2. 造型平板

造型平板又称平板、底板、垫板，其工作表面平直、光滑，有一定的硬度和强度，造型时用它托住模样、砂箱和砂型。小型的造型平板一般用硬木制成，如图1—32a所示。制芯用的平板也称芯板，常用铸铁制成，并钻有许多孔，以便于砂芯的烘干，如图1—32b所示。较大的造型平板一般用铸钢、铸铁及铝合金等制成。如图1—32c所示，为减轻平板质量，同时保证强度，平板的背面要设置加强肋。平板上可钻很多孔（与模样、浇注系统等的定位销配合），便于模样、浇注系统的固定。通过定位，还可实现小件一型多铸。

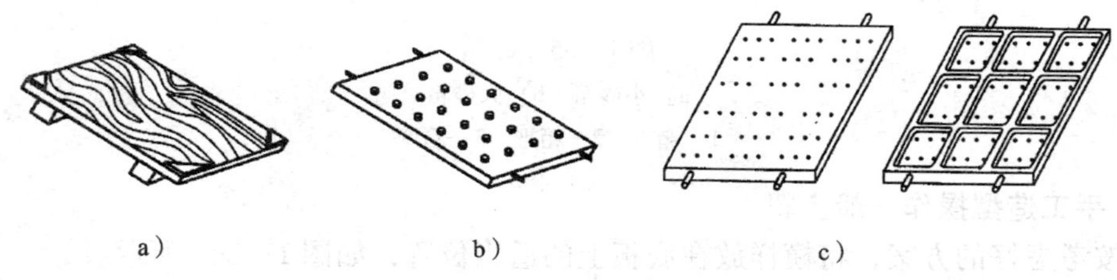

图1—32 造型平板

3. 芯盒

芯盒是用来制造砂芯的工艺装备。一般中、小型芯盒可用木材、塑料和铝合金制造，大型芯盒一般用铸铁制造。芯盒要有一定的强度和刚度，工作面要光洁，如图1—33所示。

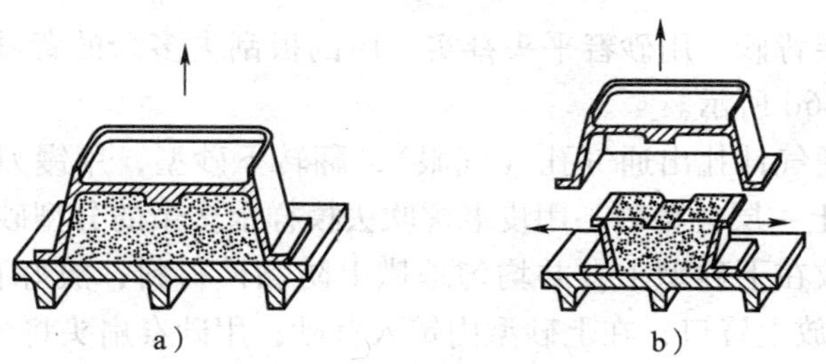

图1—33 芯盒

a）整体式芯盒 b）脱落式芯盒

4. 芯盒的定位与锁紧装置

操作时，将芯盒的两半按定位销合成一体并放到平板上，如图 1—34 所示；然后用钢夹子夹紧；之后就可以装入芯砂进行制芯。稍大的金属芯盒一般应用蝶形螺母锁紧。

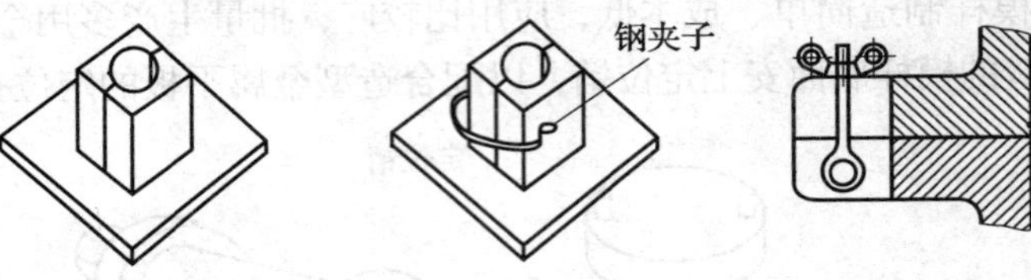

图 1—34 芯盒的定位与锁紧装置

5. 砂箱

砂箱是铸件生产中必备的工艺装备之一，其作用是构成铸型的一部分，容纳和支撑砂型，便于舂实型砂，翻转和吊运砂型，浇注时防止金属液将砂型胀裂等。砂箱一般用铸钢及铸铁制成，小型砂箱可用钢板焊接而成（可一个人操作），如图 1—35a 所示。较大的砂箱翻箱时需要用吊车，所以其箱把与小型砂箱不同，如图 1—35b 所示。

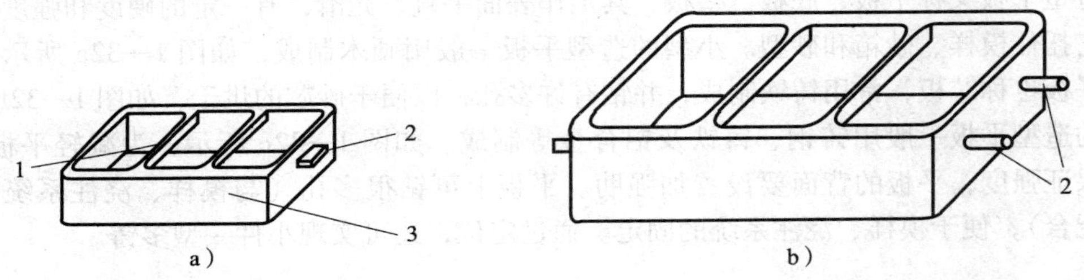

图 1—35 砂箱

a）小砂箱 b）大砂箱

1—箱带 2—箱把 3—箱壁

三、手工造型操作一般步骤

1. 按考虑好的方案，将模样放在底板上的适当位置，如图 1—36a 所示。

2. 套好下砂型，使模样与砂箱内壁之间留有合适的吃砂量，留出开挖浇注系统的位置。若模样容易粘型砂，造成起模困难，则还要撒（或涂上）一层防黏模材料进行隔离，再在模样的表面筛上或铲上一层面砂，将模样盖住，如图 1—36b 所示。

3. 向砂箱内铲入一层背砂进行舂实；用砂舂尖头将分批填入的背砂逐层舂实，如图 1—36c 所示。

4. 填入最后一层背砂，用砂舂平头舂实；用刮板刮去多余的背砂，使砂型表面和砂箱边缘齐平，如图 1—36d 所示。

5. 在砂型上用通气针扎出通气孔（气眼），翻转下砂型，用镘刀将模样四周砂型表面（分型面）刮平，撒上一层分型砂，用皮老虎吹去模样上多余的分型砂，如图 1—36e 所示。

6. 将上砂型套放在下砂型上，并均匀地撒上防黏模材料；放好直浇道棒，加入面砂。铸件如需补缩，还要放上冒口；在上砂型内铲入背砂；用砂舂扁头将分层填入的背砂逐层舂实，最后一层用砂舂平头舂实；用刮板刮去多余的背砂，使砂型表面和砂箱边缘齐平，用镘刀光平浇冒口处型砂；用通气针扎出通气孔，取出浇注系统棒并在直浇注系统上端开挖漏斗形外浇注系统。如砂箱无定位装置，则需在砂箱上做出定位装置（如做上泥号或粉号），如图 1—36f 所示。

7. 搬开上砂型，翻转放好；扫除分型砂，用水笔润湿靠近模样处的型砂；将模样向四周松动，然后用起模针将模样从砂型中小心起出，如图 1—36g 所示。

8. 开挖内浇道，并把损坏处修整好，如图 1—36h 所示。

9. 合好上型，放置压铁，准备浇注。浇注并冷却到预定的时间后从砂型中取出铸件，如图 1—36i 所示。

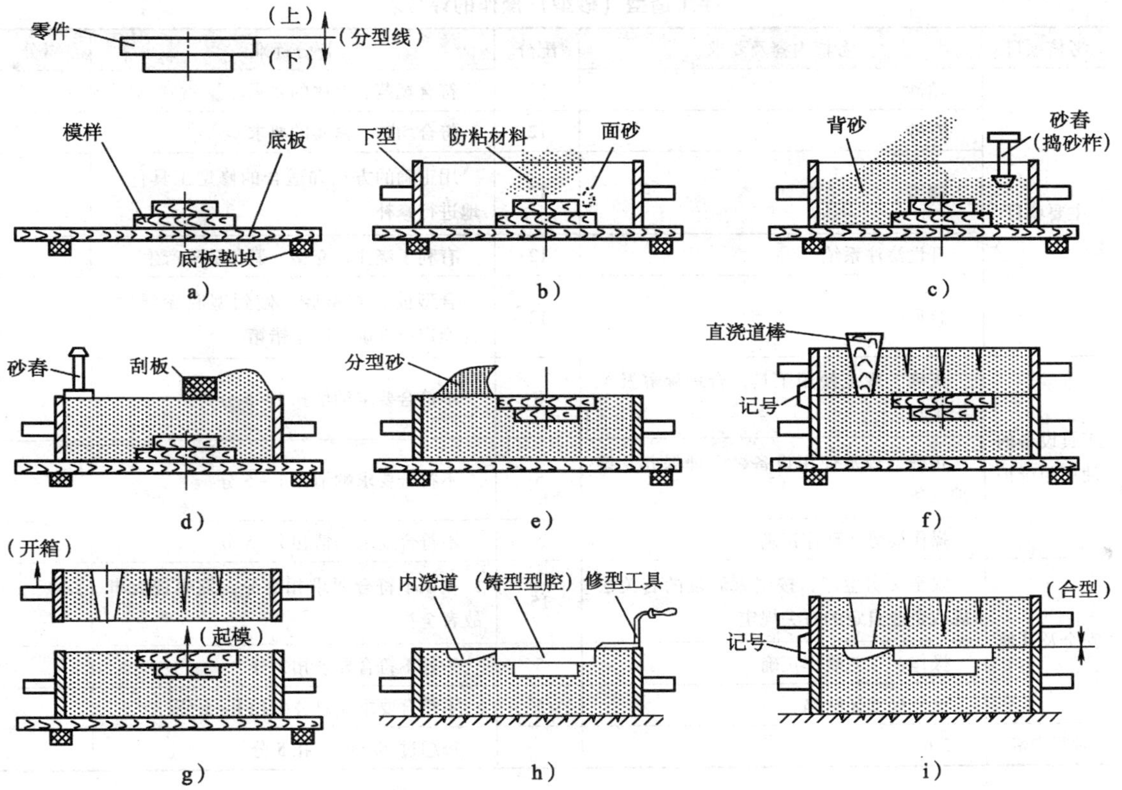

图 1—36　手工造型操作一般步骤

技能训练

手工造型（砂型）操作

在老师或工人师傅的指导下完成填砂、舂砂、修型、开设浇注系统、合型等手工造型操作工艺。

1. 实训设备

型砂、砂箱、造型平板、铸件模样及各种手工造型的工具、辅具等。

2. 操作步骤

具体操作步骤见图 1—36 所示的手工造型操作。

3. 质量分析

熟练使用手工造型工具、辅具，按照造型操作的步骤：填砂、舂砂、修型、开设浇注系统、合型等，完成手工造型的一般操作工艺。

4. 评分标准

评分标准见下表。

手工造型（砂型）操作的评分表

考核项目	考核内容及要求	配分	评分标准	得分
主要项目	填砂	12	符合规范、有序的要求	
	舂砂	12	符合均匀、紧实的要求	
	修型	12	用正确的方法和适合的修型工具仔细地进行修补	
	开设浇注系统	12	有利于浇注、充型，避免缺陷产生	
	合型	12	合型前检查型腔，做到型腔无浮砂，合型定位准确，防止错箱	
工具设备的使用与维护	正确、规范使用工具，合理保养及维护工具	5	不符合要求酌情扣 1 ~ 5 分	
	正确、规范使用设备，合理保养及维护设备	5	不符合要求酌情扣 1 ~ 5 分	
	操作姿势、动作正确	5	不符合要求酌情扣 1 ~ 5 分	
安全及其他	安全文明生产，按国家颁发的有关法规或企业自定的有关规定	15	一项不符合要求扣 5 分，发生较大事故者全扣	
	操作、工艺规程正确	5	一处不符合要求扣 2 分	
	试样局部无缺陷	5	不符合要求从总分中扣 1 ~ 5 分	
时间定额	2 h		每超过 20 min，扣 5 分	

练 习

1. 铸造生产的分类、特点是什么？
2. 试以常见典型零件为例，说明砂型铸造的工艺过程。
3. 常用铸造材料的一般性能是什么？
4. 阐述铸型基本结构及各部分作用。
5. 常用造型工具、辅具、铸造工艺装备有哪些？
6. 手工造型操作一般步骤有哪些？

第二单元

造型材料及其配制

课题一 造型原材料

用来造型、造芯的各种铸造用砂、黏结剂和辅助材料等称为原材料，由各种原材料配制的型砂、芯砂、涂料等称为造型材料。造型材料的种类及质量，将直接影响铸造工艺和铸件质量。因此，了解各种造型材料的性能及其影响因素，是获得优质铸件的前提和保证。

一、铸造用砂

铸造用砂主要有硅砂、石灰石砂、特种砂等，其中硅砂应用最广。铸造用砂可分为两大类：一类是铸造用硅砂，它是以硅石为主要矿物成分的耐火颗粒物，含二氧化硅（SiO_2）的质量分数不小于75%，粒度分布一般在0.02～3.35 mm 范围；另一类是非硅石铸造用砂，其矿物成分中含少量或不含有游离二氧化硅的岩石砂，如石灰石原砂、锆砂、镁砂、铬铁矿砂、刚玉砂等。

1. 铸造用硅砂

（1）铸造用硅砂的牌号

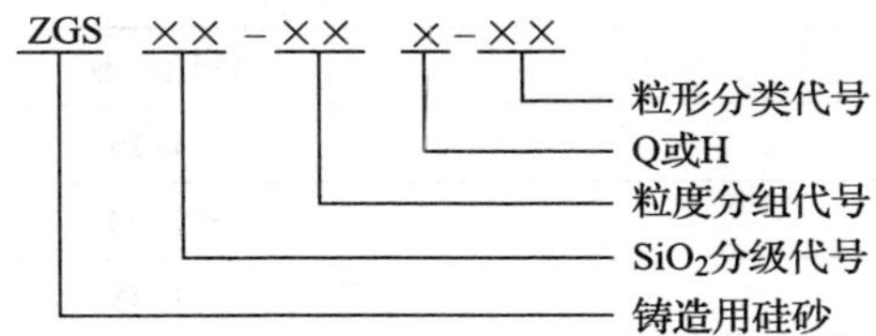

注：在主要粒度组成部分中前筛残留量大于后筛残留量用Q表示，反之用H表示。

铸造用硅砂根据二氧化硅的含量进行分级见表2—1。

表2—1　　铸造用硅砂分级标准

<table>
<tr><th>分级代号</th><th>SiO_2 的最小质量分数/（%）</th><th>泥的最大质量分数/（%）</th></tr>
<tr><td>98</td><td>98</td><td rowspan="2">0.20
0.50
1.00</td></tr>
<tr><td>96</td><td>96</td></tr>
</table>

续表

分级代号	SiO_2 的最小质量分数/（%）	泥的最大质量分数/（%）
93	93	0.30 0.50 1.00 2.00
90	90	
85	85	1.00 2.00 10.0
80	80	
75	75	

铸造用硅砂根据粒度进行分组见表2—2。

表2—2　　铸造用硅砂粒度标准

分组代号	主要粒度组成部分筛孔尺寸/mm
85	1.70　0.850　0.600
60	0.850　0.600　0.425
42	0.600　0.425　0.300
30	0.425　0.300　0.212
21	0.300　0.212　0.150
15	0.212　0.150　0.106
10	0.150　0.106　0.075
07	0.106　0.075　0.053
05	0.075　0.053　（底盘）

注：主要粒度组成部分系指相邻三筛残留量之和为最大值。

铸造用硅砂角形系数标准见表2—3。

表2—3　　铸造用硅砂角形系数标准

分类代号	角形系数
15	≤1.15
30	≤1.30
45	≤1.45
63	≤1.63
90	>1.63

铸造用硅砂以二氧化硅含量、含泥量、角形系数三项指标评定其质量。SiO_2 含量和含泥量两项指标作为铸造用硅砂分级的依据；粒度多采用三筛制，以中间筛的筛孔尺寸小数点后三位数字作为粒度分组代号；角形系数是铸造用硅砂的实际比表面积与理论比表面积的比值，用来反映铸造用硅砂的颗粒形貌。

粒度分布的表示方法由原标准的“目”改为代号，既简单又直观。

粒形分布的表示方法将原标准的符号表示改为角形系数表示，这样可由定性变为定量表示，消除了人为误差。新标准颗粒形貌分类代号与JB435颗粒形状大致的对应关系见表2—4。

表2—4　　新标准颗粒形貌分类代号与JB435颗粒形状大致对应关系

新标准	15	30	45	63	90
JB435	○	○—□ □—○	□	□—△ △—□	△

（2）铸造用硅砂的组成及性能见表2—5。

表2—5　　铸造用硅砂的组成及性能

矿物及化学成分	铸造用硅砂的主要成分为硅石（SiO_2），其次为长石，以及少量云母、铁的氧化物、碳酸盐、硫化物等。长石和云母等矿物质的硬度低，且都含有碱金属或碱土金属氧化物，这种氧化物与硅石形成易熔物质，造成铸件化学黏砂。因此，除硅石外，其他各种矿物质都会降低耐火度和耐用性
含泥量	硅砂中的含泥量是指颗粒小于0.022 mm的组成物的含量，它主要是硅石、长石、云母等矿物的细粉。含泥量高，可降低型砂的强度、透气性和耐火度，特别是在用油类黏结剂或合成树脂黏结剂时，含泥量对型砂强度影响更大，如图2—1所示。因此，为了提高硅砂的质量，需对其进行水洗、擦洗、浮选等（以降低其含泥量）
颗粒的组成	颗粒形状、大小、均匀率以及颗粒表面形态等，对型砂的透气性、强度和耐火度都有一定的影响
热稳定性	硅砂在高温作用下，体积膨胀和收缩的性能称为热稳定性。它对铸件质量影响很大

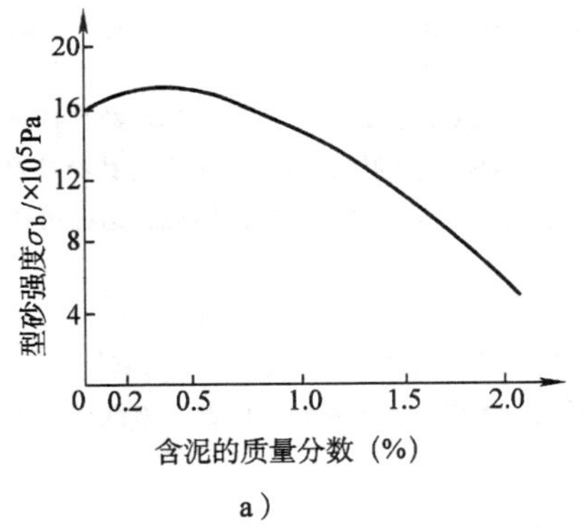

a）

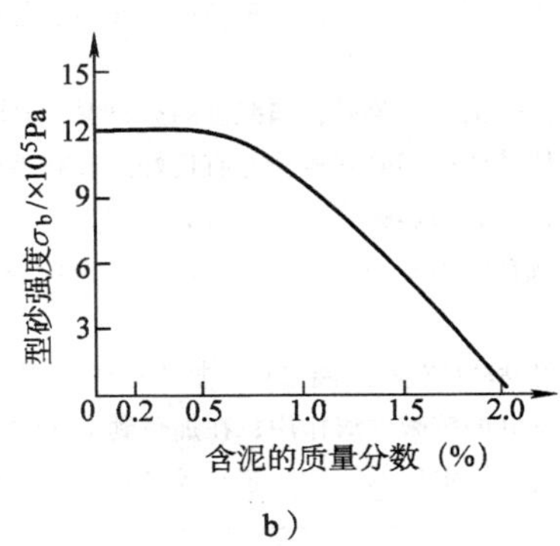

b）

图2—1　新砂含泥量与型砂强度的关系

a）树脂砂　b）水玻璃砂

（3）铸造用硅砂的选用

铸造用硅砂应满足型砂性能要求，保证铸件质量。另外，还要考虑来源丰富，取材方便，以及节约黏结剂等方面。

铸钢件的浇注温度高达1 500℃以上。因此，要求新砂应有较高的耐火度和透气性，SiO_2含量应较高。一般SiO_2的质量分数≥94%，有害杂质含量应严格控制，同时要求硅砂颗粒较粗、均匀。

铸铁的熔点低于铸钢，浇注温度一般在 1 400℃以下，因而对新砂耐火度的要求比铸钢低，用砂的选择范围较宽。

铸铜的浇注温度约为 1 200℃，所以对新砂的化学成分要求不高，但铜合金的流动性好，容易钻入砂粒间的孔隙内，引起机械黏砂。因此，宜采用较细、粒度较均匀的新砂。

铝合金的浇注温度一般不超过 800℃，对化学成分无特殊的要求，但这类铸件一般表面要求光洁，所以常选用粒度较细或特细的新砂。

刷涂料的干型和表面干型多用较粗的新砂，湿型宜用较细的新砂，对一些表面质量要求特别高的不加工小件，应选用特细砂。

用桐油、合脂、水玻璃等作黏结剂时，宜选用含泥量尽量少的圆形砂，以充分发挥黏结剂的作用（节约材料，降低成本）。用树脂作黏结剂的新砂，最好不用海砂。因海砂中含有碱金属等杂质，会引起树脂砂性能恶化和不稳定。

2．非硅石铸造用砂

该类砂与硅砂相比，有高的耐火度、导热性、热容量和热化学稳定性，并具有与金属液及其氧化物的浸润性低、膨胀系数小和铸件抗黏砂效果好等特点，非硅石铸造用砂的材料及性能见表 2—6。

表 2—6　非硅石铸造用砂的材料及性能

材料	性　能
石灰石砂	将天然石灰石经人工破碎、筛选而成石灰石砂。其颗粒形状以近圆形或多角形为最佳，硬度较低，主要用于大、中型铸钢件
镁砂	镁砂是由菱镁矿在高温下煅烧再经破碎分选而制成的。镁砂属碱性耐火材料，不与氧化铁或氧化锰相互作用，因而常用作高锰钢铸件的面砂、芯砂或涂料。高温焙烧的镁砂涂料在烘干后不易产生龟裂
锆砂	锆砂又称锆英砂，属酸性耐火材料，其耐火度高达 2 000℃以上；热导率和蓄热系数比硅砂高一倍，故能使铸件冷却凝固较快并有良好的抗黏砂性能；当生产形状复杂的铸件时，可用它代替冷铁对铸件进行激冷；锆砂的热膨胀系数只有硅砂的 1/3，一般不会造成型腔表面起拱和夹砂。因此，锆砂可用作大型铸钢件或合金钢铸件的特殊型（芯）砂及涂料、涂膏
铬铁矿砂	经 900℃左右高温焙烧，加工破碎而成。其热导率比硅砂大几倍；耐火度高；不与氧化铁等起化学作用；有良好的抗碱性渣作用；在加热到 1 700℃以前无相变，体积基本上稳定。因此，铬铁矿砂主要用作大型或特殊铸钢件的面砂、芯砂或涂料
刚玉砂	其硬度、热导率高，高温时体积稳定。由于其结构致密，对酸和碱都具有很高的化学稳定性，但价格昂贵。主要在铸造精度高的合金钢铸件时作涂料用，同时也是精密铸造（熔模、陶瓷型）的良好造型制壳材料
高铝钒土	其为多孔性材料，密度小，热膨胀系数小，耐火度较高，铁及其氧化物对它的浸润性低。可用作大型碳素钢铸件的涂料和熔模铸造的制壳材料

二、铸造用黏结剂

1．铸造用膨润土和黏土

铸造用膨润土是指矿物组成主要为蒙脱石的黏土；铸造用黏土是指矿物组成主要为高岭

石的黏土。它们都是型砂的主要黏结剂，被水润湿后具有黏结性和韧性；烘干后硬结，具有较高的干强度；高温耐火性能也较好，成本低廉，所以应用广泛。

（1）铸造用膨润土

铸造用膨润土按其主要交换性阳离子可分为四类，以膨润土代号“P”的主要交换性阳离子的化学元素符号来表示。例如，以钠离子为主要交换性阳离子的膨润土用 P_{Na} 表示，称为钠膨润土；以钙离子与钠离子为主要交换性阳离子的膨润土用 P_{CaNa} 表示，称为钙钠膨润土（含量较多的阳离子的符号在前）。铸造用膨润土分类见表 2—7。钙膨润土的部分钙离子被钠离子所取代的膨润土又称为活性膨润土。

表 2—7　　　　铸造用膨润土分类

等级代号	类别
P_{Na}	钠膨润土
P_{Ca}	钙膨润土
P_{NaCa}	钠钙膨润土
P_{CaNa}	钙钠膨润土

按 pH 值的不同，膨润土又分为酸性（S）、碱性（J）两类。铸造用膨润土按工艺试样湿压强度值分级见表 2—8。铸造用膨润土按工艺试样热湿拉强度值分级见表 2—9。

表 2—8　　　　湿压强度值分级表

等级代号	工艺试样湿压强度值/kPa
10	>100
7	>70 ~ 100
5	>50 ~ 70
3	≥30 ~ 50

表 2—9　　　　热湿拉强度值分级表

等级代号	工艺试样热湿拉强度值/kPa
25	>2.5
20	>2.0 ~ 2.5
15	>1.5 ~ 2.0
5	0.5 ~ 1.5

铸造用膨润土的牌号以膨润土矿物特性强度值等级表示。在强度值等级中，前者为湿压强度值等级，后者为热湿拉强度值等级。例如，湿压强度值为 30 ~ 50 kPa、热湿拉强度值为 0.5 ~ 1.5 kPa 的酸性钙膨润土，其牌号为 P_{CaS}—3—5。

钠膨润土与钙膨润土性能差异很大，前者对水的极化作用大，能吸附较多的水分子，因而用于湿型时其抗夹砂能力优于钙膨润土。

（2）铸造用黏土

铸造用黏土按耐火度的不同分为两级，见表 2—10。高耐火度适用于干砂型铸钢件，低耐火度适用于干砂型铸铁件。铸造用黏土按工艺试样湿压强度值分为三级，见表2—11。铸造用黏土按工艺试样干压强度值分为三级，见表2—12。

表2—10　　铸造用黏土耐火度分级表

等级	等级代号	耐火度/℃
高耐火度	G	>1 580
低耐火度	D	1 350 ~ 1 580

表2—11　　湿压强度值分级表

等级代号	工艺试样湿压强度值/kPa
5	>50
3	>30 ~ 50
2	20 ~ 30

表2—12　　干压强度值分级表

等级代号	工艺试样干压强度值/kPa
50	>500
30	>300 ~ 500
20	200 ~ 300

铸造用黏土的牌号以耐火度等级和强度值等级表示。在强度值等级中，前者为湿压强度值等级，后者为干压强度值等级。例如，耐火度高的、湿压强度值为30 ~ 50 kPa、干压强度值>500 kPa的铸造用黏土，其牌号为NG—3—50。

2. 水玻璃

水玻璃又称硅酸钠水溶液。纯的水玻璃外观为无色黏稠体，呈碱性。水玻璃能与二氧化碳发生化学反应硬化、加热硬化，或与硅铁粉及某些矿物渣（赤泥、炉渣等）起反应硬化。水玻璃在配制时，如与油类黏结剂混合使用，将发生皂化而失去黏结性能。

水玻璃在液态时具有黏性，并在一定条件下转变成凝胶状态，因而在造型材料中可用它来作型砂或芯砂的黏结剂。

水玻璃的物理化学性能取决于Na_2O与SiO_2的相对含量，用密度表示Na_2O与SiO_2的总含量。水玻璃模数是指二氧化硅与氧化钠含量的比值。

3. 油类

油类黏结剂由天然植物油和矿物油加工而成，其表面张力和黏度都较低。配制的型（芯）砂湿态强度低，流动性好，硬化后油膜强度高，浇注后型（芯）砂溃散性好。

4. 合成树脂

常用的合成树脂有以下三种类型。

（1）酚醛树脂

它是由苯酚与甲醛在酸性触媒下缩合而成的一种热塑性树脂。与乌洛托品相混后加热，树脂继续缩聚形成铸造用型体结构的热固性树脂。

（2）糠醇改性尿醛树脂

它是由糠醇、尿素、甲醛在乌洛托品触媒剂的作用下缩合而成的一种热固性树脂。为加速其固化，可采用氯化铵水溶液为催化剂。由于糠醇改性尿醛树脂含氮，用作球墨铸铁或铸钢件时易产生气孔。

（3）糠醇改性酚醛树脂

它是由糠醇、苯酚、甲醛在酸性触媒剂的作用下缩合而成的一种热固性树脂，不含氮，常用于铸钢件。为了加速其固化，可用乌洛托品或苯磺酸水溶液作催化剂。

三、辅助材料

为了改善型砂的某些性能，常需要添加一些附加物，这些附加物称为辅助材料。辅助材料分为以下三类。

1. 改善透气性的材料

有锯木屑、稻草、亚麻皮及其他纤维物质等。

2. 防止铸件黏砂的材料

有煤粉、石墨粉、硅石粉、滑石粉等，主要用于砂型（芯）敷料和涂料。

3. 防止型（芯）砂黏模的材料

当型（芯）砂对模样（芯盒）有较强的黏附倾向时，可将煤油、石松子粉、滑石粉等喷（刷）或撒在模样（或芯盒）的工作表面上，从而防止黏模。

技能训练

参观铸造现场

参观铸造工厂，了解造型材料的名称、组成及适用范围，填写下表。

材料名称	组成	外形特点	适用场合

课题二 型（芯）砂的性能

一、型（芯）砂的性能

所谓型（芯）砂，是指按一定比例配合的造型材料，经过混制符合造型（芯）要求的混合料。根据其所用黏结剂的不同，型（芯）砂的种类也不同，其性能相差甚远。下面主要介绍黏土型（芯）砂的性能及其影响因素，见表2—13。

表 2—13　　　　型（芯）砂的性能

型（芯）砂的性能	含义	特点	影响因素
强度	型砂强度是指型砂试样抵抗外力破坏的能力。包括湿强度、干强度、热强度等	型砂必须具备一定的强度，强度也不应太高，否则使铸件收缩阻力增大，导致铸件开裂，落砂也较困难	①新砂的粒度和形状 ②黏土与含水量 ③混砂工艺 ④紧实度
透气性	透气性是表示紧实砂样孔隙度的指标。即在标准温度和 98 Pa 气压下，1 min 内通过 1 cm^2 截面和 1 cm 高紧实砂样的空气体积量	砂型排气能力不良，浇注时可能发生呛火，造成金属液喷溅，也可能使铸件形成气孔、浇不到等缺陷	①新砂的粒度 ②黏土含量 ③水分
流动性	型砂在重力或外力的作用下，沿模样表面和砂粒间相对移动的能力，称为流动性	型砂的流动性好，则可得到各处紧实程度较均匀、无局部疏松、轮廓清晰、表面光洁、尺寸精确的型腔	①新砂粒度和形状 ②混砂工艺 ③黏土与水
韧性	型砂韧性是指型砂吸收塑性变形能量的能力	型砂韧性好，起模性较好，但韧性高的型砂流动性差，不易舂实和得到好的砂型表面，故型砂的韧性应适当	凡能影响湿强度和应变的因素都能影响韧性
耐火度	型砂的耐火度是指型砂能经受高温的能力	新砂的二氧化硅含量高，型砂的耐火度就高；新砂的颗粒越大，耐火度也越高；圆形砂粒比尖角砂粒耐火度高；黏土加入量多，型砂耐火度下降	①新砂的化学成分及颗粒度与颗粒形状 ②黏土含量及其耐火度

二、新砂处理

从外地购进的新砂，在运输过程中日晒雨淋和反复装卸，使新砂中含有较多的水分以及石块、泥土或其他夹杂物。在配制型（芯）砂时，要求新砂含水量在1%以下。配制化学黏结剂型（芯）砂时，要求水分在0.5%以下。为了除去砂中杂物和保持适量的水分，对新砂需进行下列处理。

1. 烘干

新砂烘干是借助热能蒸发水分的过程。常用的效率较高的烘干设备为卧式烘干滚筒，如图2—2所示。滚筒外形呈圆筒形，转轴与水平线成2°～3°的倾角，滚筒在支撑滚轮上以2～8 r/min的速度旋转。新砂从加料口加入，在滚筒的回转过程中通过滚筒内的蜂巢结构，从一格落到另一格，经过多次转折反复，使砂子得到充分的加热并干燥。燃烧室的炉气由排气风机在滚筒出口抽出，砂子与热气流同向前进。

滚筒的燃烧室在砂子入口端，改变燃烧室结构，可以分别采用油、煤、气作燃料。热气流在加料口处温度控制在800℃左右，出料口处温度为120℃。温度过高会破坏砂粒晶格，导致新砂性能和质量下降。

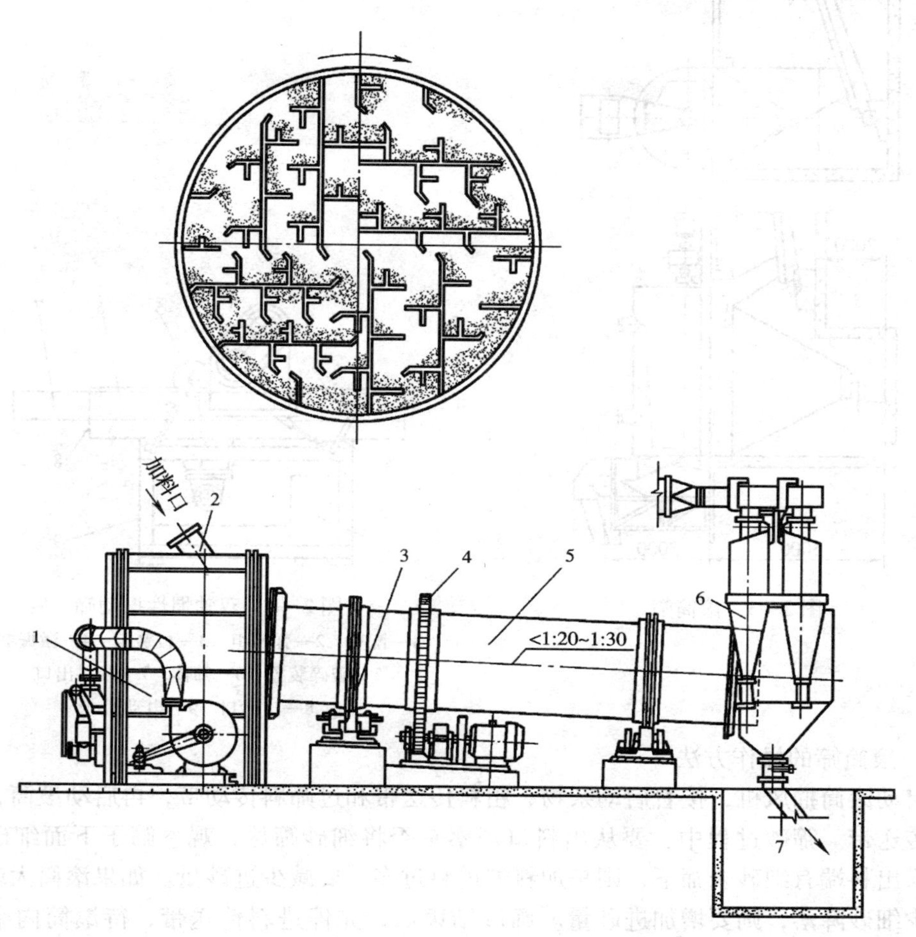

图 2—2　卧式烘干滚筒

1—燃烧室　2—加料口　3—支撑滚轮

4—传动机构　5—滚筒　6—除尘器　7—出料口

烘干操作方法：首先在燃烧室点火，让热气进入滚筒，待燃烧室温度升高时，火力启动滚筒及出口排风机。待滚筒温度升高到接近要求的温度时，开始在加料口缓慢加砂，检查出料口砂子烘干情况，判断水分含量。如果滚筒两端温度都达到要求，但砂子仍未能干燥到要求的水分含量，可以将滚筒转速适当降低，直至达到干燥要求为止。如果滚筒两端温度达不到要求，要在降低转速的同时加大燃烧室内火力。如果滚筒加料口温度已经达到要求，而出料口温度太低，则要控制加料的数量。

烘砂工作结束时，先停火，然后停止加砂。砂子出完后，应让滚筒和抽风机继续工作一段时间，使内部温度下降，然后再停止滚筒运转。抽风机继续工作一段时间后再关掉抽风机。

2. 筛选

筛选新砂中的杂物常使用滚筒筛和振动筛，如图 2—3 和图 2—4 所示。

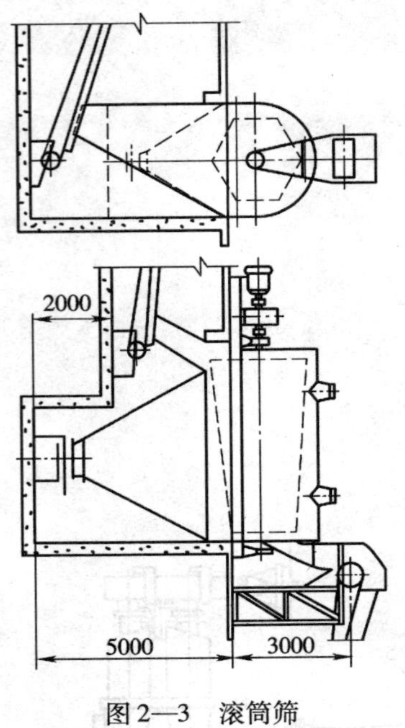

图 2—3　滚筒筛

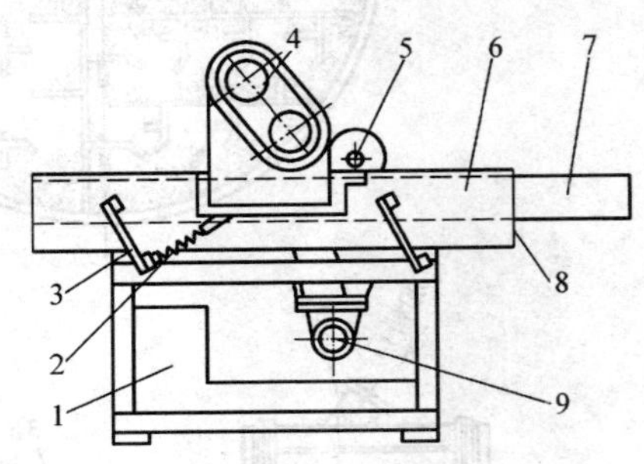

图 2—4　双轴惯性振动筛

1—配重　2—弹簧组　3—板簧组　4—激振器
5—破碎装置　6—筛体　7—废料出口
8—出砂口　9—电动机

（1）滚筒筛的操作方法

先启动滚筒抽风机，接着启动杂物、粗料传送带和过筛料传动带，再启动滚筒，最后启动进料传送带。筛砂过程中，要从出料口观察是否将细砂筛尽，观察筛子下面细砂降落情况。如果出料端有细砂未筛下，则是加料端进料过多，要减少进砂量。如果滚筒大端没有或只有极少细砂降落，则要增加进砂量。筛砂结束后，先停进料传送带，待滚筒内杂物（粗料）及细砂全部离开传送带后，再停下出料端两个传送带，最后关掉抽风机。

（2）振动筛及其操作

振动筛的每一个振动过程都使被筛物料跳离筛网。筛落的砂子从筛网下的槽中排出，筛出的杂物在筛网前端排出。如图 2—4 所示为双轴惯性振动筛。

操作方法是：将筛移到筛砂场地，先启动振动筛电动机，让振动筛工作，人工铲砂上筛，或传送带送砂上筛。筛砂结束后，待筛面筛下砂子及杂物全部排出后再停止振动筛电动机。

三、旧砂处理

旧砂在铸造生产中用量较大。铸件清砂后所落下的旧砂含有砂块、金属块、铁钉以及其他杂物，要经过再生处理后方可使用。旧砂处理有湿法再生和干法再生两种方法。

1. 湿法再生处理

旧砂湿法再生处理有下列三大步骤。

（1）分离黏土和污水

对于采用水力或水爆清砂落下的存放在储浆池中的砂浆，可以采用旧砂简易湿法再生机械化设备进行处理，如图 2—5 所示。

操作方法是：首先通入压力水和压缩空气，使池中砂浆翻滚，形成沉底泥和砂的飘动。再启动水力提升器将砂浆送入水力旋流器，旋流器将黏土等粉尘污水分离。污水排入另一池通过沉淀再用，旋流器落下较干净的湿砂。

(2) 干燥处理湿砂

从旋流器落下的湿砂干燥方法有两种：一是用较大的场地摊晒去除水分，二是进入烘干滚筒或烘干炉进行烘干。

(3) 去除砂中杂物

旧砂烘干后，先采用磁分离设备选出金属杂物，如图 2—6 所示。再用筛砂机筛去非金属杂物，除去杂物的旧砂即再生完毕待用。

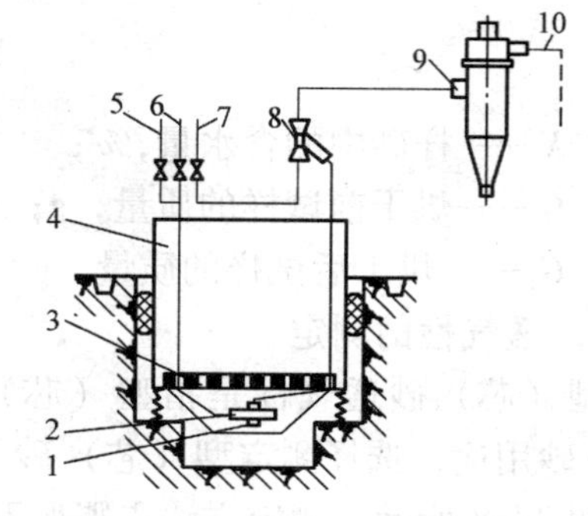

图 2—5　旧砂简易湿法再生设备

1—吸笼　2—搅拌管　3—格筛　4—水爆池　5—压缩空气管　6、7—压力水管　8—水力提升器　9—水旋流器　10—下水管

2. 干法再生处理

对于打箱或干法清理下来的旧砂，通过磁分离机磁选，将金属杂物去除，然后送入反击式破碎机击碎砂块，如图 2—7 所示。最后通过多层次分筛，去除灰尘和粗砂以及非金属杂物，旧砂干法再生结束。在整个干法再生过程中要有良好的吸、排尘设备，最好在全封闭状态下进行。

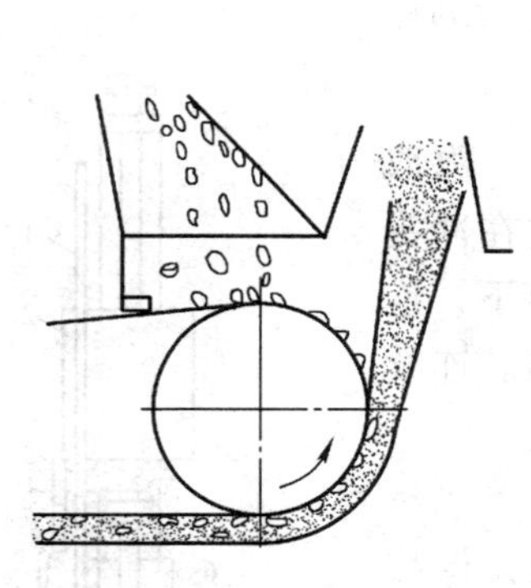
图 2—6　磁分离设备

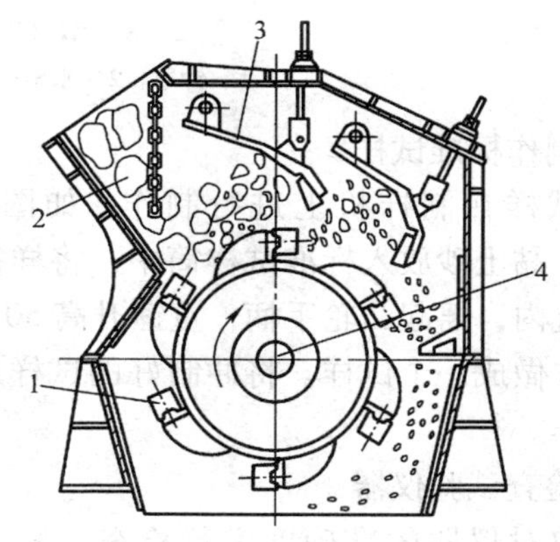

图 2—7　反击式破碎机

1—锤头　2—砂块　3—反击板　4—转子

四、型（芯）砂性能测定

型（芯）砂应具有较好的透气性、强度、耐火度、韧性、流动性、回用性等主要性能。芯砂对透气性、强度、耐火度、韧性要求更高，同时还要考虑芯砂吸湿（返潮）性和发气性要尽量小，溃散性要好。在铸造生产中一般测定较多的是型（芯）砂的含水量、透气性、强度，其他项目一般不做测定。

1. 含水量（湿度）的测定

造型材料或型砂中含水的百分数是通过测定该试样的含水量计算得出来的。测定时，先在天平上称 50 g（准确至 0.1 g）的样砂，然后放在红外线烘干器上烘干至恒重，待冷却到室温后再进行称量，并按下式计算出含水量。

$$X = \frac{G - G_1}{G} \times 100\%$$

式中　X——样砂中的含水量,%；

G——烘干前试样的质量，g；

G_1——烘干后试样的质量，g。

2. 透气性的测定

型（芯）砂透气性是指型（芯）砂标准试样在一定压力下通过气体的能力。根据型（芯）砂用途，选择测定型（芯）砂干态透气性还是湿态透气性。型（芯）砂透气性测定仪如图2—8所示。测定方法步骤如下。

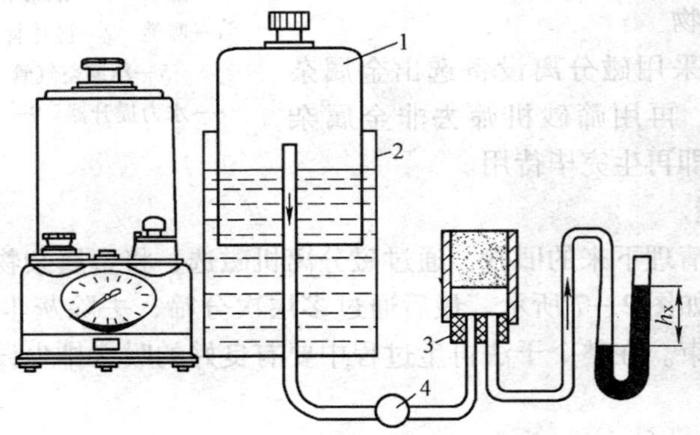

图2—8　型（芯）砂透气性测定仪

1—钟罩　2—水池　3—试样座　4—三通阀

（1）制作标准试样

标准试样在制样机上进行制作，如图2—9所示。称取155～165 g黏土砂放入标准试样筒中，将样筒和底盘放在冲头下的定位坑内，摇起凸轮手柄，重锤升高50 mm自由落下，连续冲击三次做成一个试样。将冲制好的试样从筒中顶出。连续做三个试样。

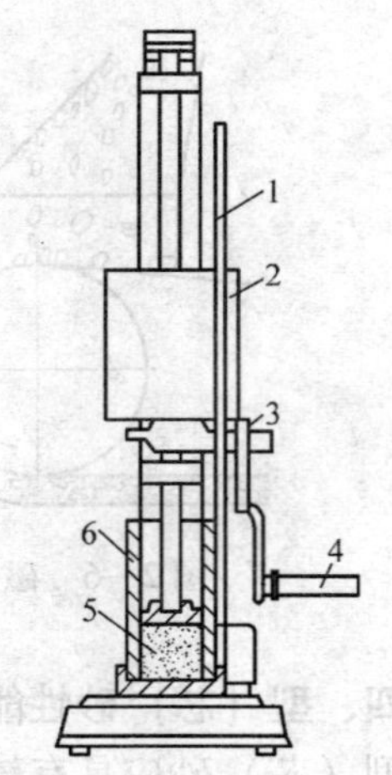

图2—9　制样机

1—重锤升起手柄　2—重锤　3—凸轮　4—凸轮手柄　5—试样　6—试样筒

（2）检查试验仪器

试验前对仪器的准确度进行检查，将空样筒密封，保持10 min，测定仪钟罩不下降，水柱高度不小于98 mm，表示系统不漏气。

（3）快速法测定透气性

测定湿透气性时，提起测定仪钟罩，打开三通阀，将装好试样的试样筒放在测定仪的试样座上。关闭三通阀，放下钟罩，罩内空气在钟罩重力下形成压力。打开三通阀，一部分气体由试样逸出，一时未能全部逸出则在水柱上出现水柱差。水柱差越大表示试样透气性越差。试样座上有ϕ1.5 mm或ϕ0.5 mm的阻流孔。当透气率≥50%时，用ϕ1.5 mm大阻流孔。透气率<50%时，用ϕ0.5 mm小阻流孔。使用ϕ1.5 mm大阻流孔，如果水柱读数为30 mm，通过查表得透气性为275。

测定干透气性时，将标准试样放入电烘箱中，在规定条件下将试样烘干，然后取出冷至室温。将干试样装入试样筒中，用充气橡皮圈密封好，方法同湿透气性测定法。

要求每一组试验做三个试样，取三次测定的平均值作为测试结果。如果三个试样试验结果与平均值的差值 >10% 时，应重做试验。

3. 强度的测定

黏土砂的强度是指型（芯）砂抵抗外力破坏的能力，包括湿强度和干强度。强度示值单位用 MPa 表示。湿态时，主要测定试样抗压和抗剪强度。干态时，主要测定试样抗压、抗剪、抗拉和抗弯四种强度。各种强度的测定都在杠杆式万能强度试验机上进行，如图 2—10 所示。其试验步骤如下。

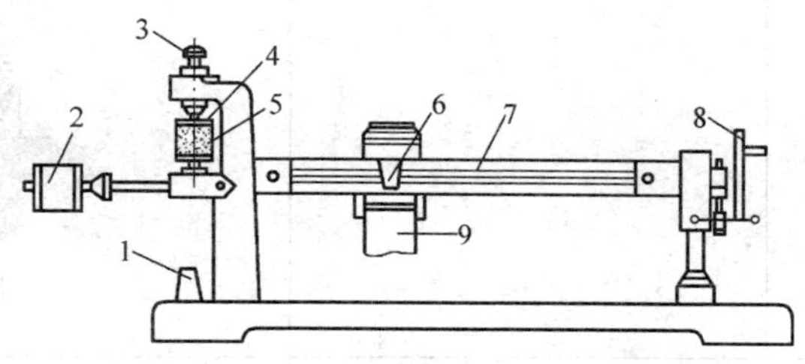

图 2—10　杠杆式万能强度试验机

1—抗压夹头　2—平衡重锤　3—螺钉　4—上夹盘
5—试样　6—指针　7—杠杆　8—手轮　9—重锤

（1）制作试样

试样的形状大小和制作方法与透气性试样相同，湿强度试验用不烘干试样；干强度试验要在规定条件下用电烘箱烘干试样。也可以用做完透气性试验的试样继续做强度测定试样。

（2）测定试样的抗压强度

把试样安装在抗压夹头上，摇动手柄，给试样缓慢增加压力，直到试样被压碎时，从刻度标尺上读出抗压强度值。烘干后的干态试样测定方法与湿态试样相同。

（3）测定试样抗剪强度

从试验机上拆下抗压夹头，换上抗剪夹头，装上新试样，其余操作方法与抗压试验相同。

（4）测定试样的抗拉和抗弯强度

这两个强度值可以通过抗剪强度值的换算得出。其计算公式为：

$$抗拉强度 \approx 抗剪强度 \times 4$$

$$抗弯强度 \approx 抗剪强度 \times 40$$

各项强度试验都是取三个试样的平均强度值，其中任何一个试样强度值与平均强度值相差 10% 以上，则要求重新试验。

技能训练 1

参观实习新砂、旧砂的处理过程

参观铸造用新砂、旧砂的处理现场，并参与其处理过程（注意设备性能、使用方法及要求），填写下表。

处理方法	工序名称	作　　用	简　　图
新砂处理	烘干		 烘干机烘干
	筛选		 滚筒筛筛选
旧砂处理	湿法再生处理：分离		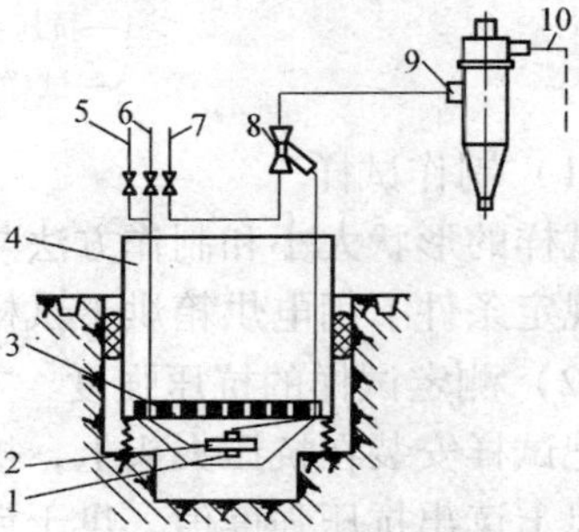 分离
	湿法再生处理：干燥		烘干机
	湿法再生处理：去杂		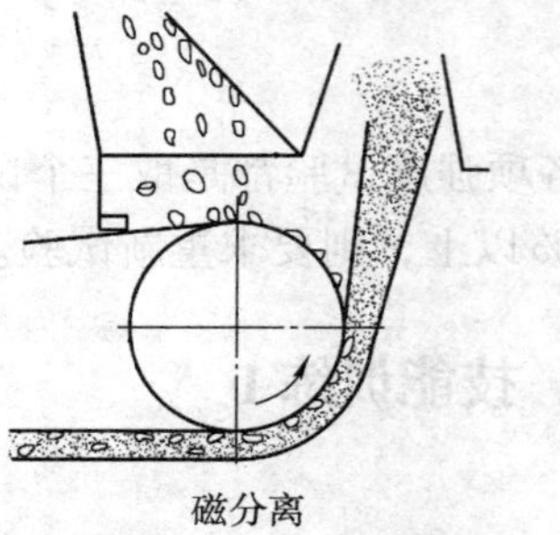 磁分离
	干法再生处理		
检验		—	符合要求的型砂待用

技能训练2

测定型（芯）砂的性能

1. 实训设备

物理天平、红外线烘干器、制样机、试样筒、电烘箱、充气橡皮圈、杠杆式万能强度试验机。

2. 操作步骤

具体操作步骤见前面的型（芯）砂性能测定内容。

3. 质量分析

制作的样砂应考虑透气性、强度、耐火度等性能，同时吸湿性和发气性要尽量小，溃散性要好。检测试样的强度、透气性时应分组合理。

4. 评分标准

评分标准见下表。

型（芯）砂性能测定的评分表

考核项目	考核内容及要求	配分	评分标准	得分
主要项目	能测定出试样的含水量	20	测不出不得分	
	能测定出试样的透气性	20	结果与平均值的差值 >10% 不得分	
	能测定出试样的强度	20	任何一个试样强度值与平均强度值相差10%以上不得分	
工具设备的使用与维护	正确、规范使用工具，合理保养及维护工具	5	不符合要求酌情扣1～5分	
	正确、规范使用设备，合理保养及维护设备	5	不符合要求酌情扣1～5分	
	操作姿势、动作正确	5	不符合要求酌情扣1～5分	
安全及其他	安全文明生产，按国家颁发的有关法规或企业自定的有关规定	15	一项不符合要求扣5分，发生较大事故者全扣	
	操作、工艺规程正确	5	一处不符合要求扣2分	
	试样局部无缺陷	5	不符合要求从总分中扣1～5分	
时间定额	2 h		每超过20 min，扣5分	

课题三
型（芯）砂的配制

一、黏土砂的工艺特性及配制

1. 黏土型（芯）砂的分类（见表2—14）

表2—14　黏土型（芯）砂的分类

分类		概念	特点	运用
按用途分	面砂	指特殊配制的在造型时与模样接触的一层型砂	具备较高的强度、韧性、流动性、耐火度，适宜的透气性、抗黏砂和夹砂性等	一般用新砂较多或全部用新砂配制
	背砂	指在模样上覆盖面砂后填充砂箱用的型砂	背砂只要求具有较好的透气性和一定的强度	由旧砂加水配制，必要时加入少量黏土，混砂时间比较短
	单一砂	指不分面砂与背砂的型砂	性能应接近面砂	通常用于中、小件机器造型
按干燥形式分	湿型砂	指以膨润土作黏结剂，所制的砂型不经烘干就可浇注金属液的型砂	发气量大，强度较低；浇注后，砂型内因水分迁移，使性能很不均匀，透气性降低	制备湿型砂的加料顺序为：旧砂、新砂、黏土、煤粉、水；其制备工艺一般是先干混2~3 min，再湿混6~10 min，然后出砂
	表面干型砂	指砂型经自然风干、刷涂料和表层烘干至十几毫米深度即进行浇注的型砂	工艺特性同湿型砂相比，具有较高的表层强度、较好的透气性，另外，由于表面可以刷涂料，铸件表面质量较好。同干型砂相比，表面干型砂可节省烘炉、节约燃料和电力，缩短生产周期，改善劳动条件	采用粗粒砂、活化膨润土、木屑等混制而成的。混砂工艺为：先干混2~3 min，再湿混8~10 min，然后出砂
	干型砂	指砂型经烘干后再进行浇注的型砂	生产的铸件尺寸精度较差，砂型需要专门的烘干设备，生产周期较长，在许多方面正逐渐被代替	一般用于单件、小批量生产的大型或重型铸件，或者用于表面要求高、受高压或结构特别复杂的铸件

2. 铸铁件用型（芯）砂配制

在铸铁件生产中，不重要的中小型铸件用湿型（芯）生产；一般大中型铸件用表面干型（芯）或干型（芯）生产；大型、复杂、高要求的铸铁件用干型（芯）生产。

铸铁件用型（芯）砂以质量分数20%~50%的新硅砂，配以质量分数为50%~80%的旧砂。湿型面砂用细粒度新砂，湿型（芯）砂和干型面砂与砂芯用中粗粒度新砂，表面干型面砂与芯砂用粗粒度新砂。背砂以旧砂为主。无论是面砂还是背砂所加入的旧砂都要进行再生处理后才能使用。

铸铁件用型（芯）砂采用膨润土或高岭土作黏结剂，加入煤粉或者质量分数1%左右的重油或渣油防止黏砂。

手工造型用型（芯）砂含水量比机器造型用型（芯）砂质量分数高1%左右。铸铁件用黏土砂配比见表2—15。

表2—15　　　　铸铁件用黏土砂配比（质量分数）　　　　（%）

名称	新砂		旧砂	黏结剂		碳酸钠	煤粉	水分	湿压强度/MPa
	粒度级别	加入量	加入量	高岭土	膨润土				
湿型面砂	21或15	30~40	60~70	5~7	3~5	0.2	5	5~6	≥0.08
湿芯砂	30或21	35~45	55~65	7~10	3~4	0.15	4~5	6	≥0.08
湿型单一砂	30或21	15~20	80~85	7~9	2~3		3~4	5	≥0.08
表干型面砂	60或42	20~30	70~80		4~5	0.2		7~8	≥0.09
干砂面、芯砂	42或21	50	50	5~8			焦炭粉4	8~9	≥0.09
		100		13~18	5		石墨粉4	7~8	干剪0.2~0.3

3. 铸钢件用型（芯）砂配制

铸钢件浇注温度高。铸钢件普遍采用干型或表干型生产，只有质量要求不高的小件才采用湿型或湿型干芯生产。

中、小型碳钢铸件广泛使用质量较高的硅砂作背砂，用新砂做面砂；一般干型（芯）砂都不加入旧砂，湿型砂可以加入部分旧砂。浇注温度较高的合金钢和大型或厚壁碳钢铸件的面砂，应选用耐火度高的锆砂、镁砂、铬铁矿砂。小型铸件型砂或湿型面砂选用较细粒度新砂；干型和表干型面砂选用中粗粒度新砂；厚、大型铸件选用粗粒度新砂。

铸钢件湿型（芯）砂一般用黏结性好的膨润土作黏结剂，并加碳酸钠作膨润土的活化剂。干型砂常采用高岭土和膨润土作黏结剂，加入膨润土可以提高砂型强度。型砂中加入的附加物主要有糊精、纸浆残液、木屑等，湿型砂还可以加入少量煤粉防止铸件黏砂。干型（芯）砂比湿型（芯）砂含水质量分数高1%左右。铸钢件用黏土砂配比见表2—16。

表2—16　　　　铸钢件用黏土砂配比（质量分数）　　　　（%）

名称	新砂		旧砂	黏结剂		碳酸钠	附加物	含水量	湿压强度/MPa
	粒度级别	加入量	加入量	高岭土	膨润土				
湿型砂	15或21	50	50		3	0.4		4~5	≥0.05
湿型面砂	10或15	100			9~10	0.3	煤粉1	6~7	>0.05
干型面砂	30或60	100		4	8~9		糊精0.4	7~8	>0.06
干型芯砂	30或60	100		6	6			7~8	≥0.06
				9	4	0.2	糊精2	7~8	≥0.06
干型砂	42或60	100		9			木屑2	6~8	>0.05

4. 非铁合金铸件用型（芯）砂配制

生产中应用最多的非铁合金是铝合金、铜合金。它们的浇注温度一般低于1 100℃，对砂型和砂芯耐火度要求较低，通常采用质量分数50%以上的旧砂，加入质量分数50%以下的中低质量较细的新砂，加入少量的黏结剂。芯砂常配以合脂、糠油、桐油等，以增加砂型的干强度或溃散性。非铁合金铸件型（芯）砂配比见表2—17。

表2—17　非铁合金铸件型（芯）砂配比（质量分数）　（%）

名称	新砂		红砂	旧砂	黏结剂		附加物	水分	湿压强度/MPa
	粒度组别	加入量			高岭土	膨润土			
湿型砂	15	20	10	70~80		3		5	>0.04
湿型面砂	15	30	20	50		1		5	>0.04
表干型面砂	10	30	30	40		1		5~6	>0.04
干型面砂	15	30		70	2			7	>0.04
干型芯砂	15	100		硼酸0.8	糊精1	糠油2	硫黄0.7	2	>0.01

5. 黏土砂、混砂操作

黏土砂一般采用碾轮式混砂机来混制，如图2—11为碾轮式混砂机工作原理。在固定不动的碾盘5中，中轴3通过十字头1，带动一对碾轮2和内刮板7，与外刮板4转动进行工作。碾轮不仅绕主轴做圆周运动，而且碾轮在下面砂层摩擦作用下绕碾轮轴同时做自转运动。加入的各种原材料在碾轮的碾压和刮板的搅拌作用下进行混碾，使黏结剂和水分均匀地附着在砂粒表面，得到有一定性能要求的型砂。

工厂生产时，往往采用新型的高效SZ1114型混砂机，这种混砂机在碾轮上装了弹簧加压装置，其结构如图2—12所示。

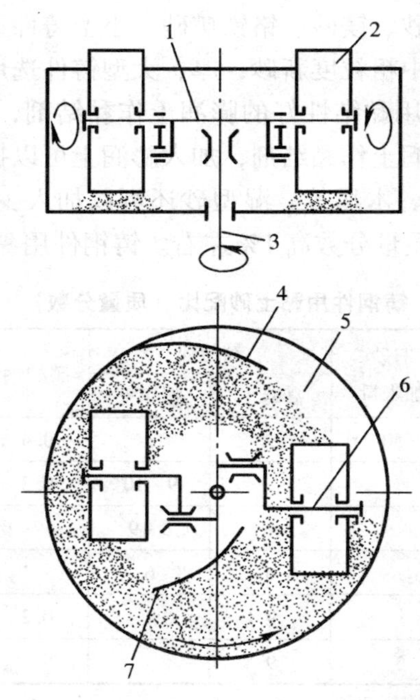

图2—11　碾轮式混砂机工作原理

1—十字头　2—碾轮　3—中轴　4—外刮板　5—碾盘　6—碾轮轴　7—内刮板

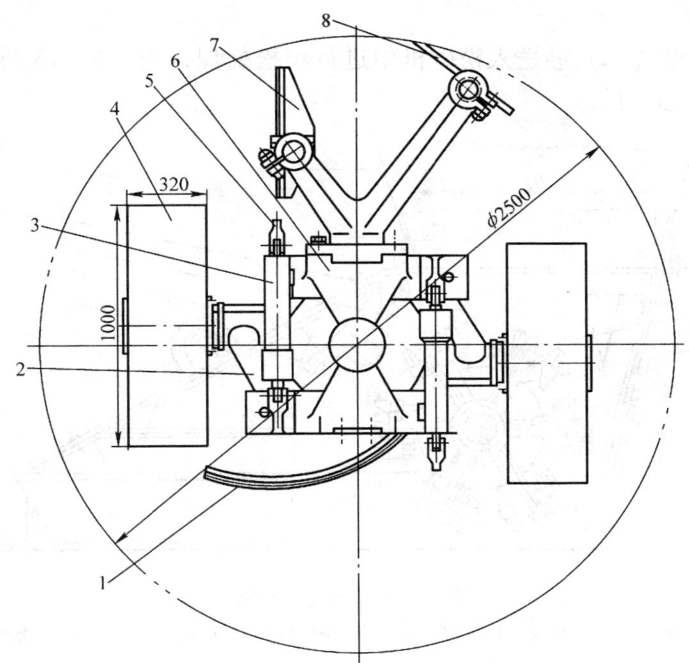

图 2—12　SZ1114 型混砂机混碾结构

1—内刮板　2—曲臂　3—弹簧加压机构　4—碾轮　5—固定支架　6—十字头　7—中刮板　8—外刮板

混砂操作如下。

(1) 称量原材料

将新砂、旧砂、附加物、黏结剂、水等按一次混砂量配比，用秤称好或容器量好，有序地摆放好。

(2) 干混

混砂机空机启动，迅速加入新砂，再加入旧砂，加入固体黏结剂和附加物，干混 2 ~ 3 min。

(3) 湿混

干混后，混砂机在工作状态下缓慢加入液体材料，连续混制 10 ~ 15 min，待湿混充分后停机。

(4) 抽检

从取样门取出湿混后的型砂，做试样抽检湿强度和透气性等，并观察或测定含水量，检查混匀程度。

(5) 卸料

抽检合格后，重新启动混砂机，打开出料口卸料。卸完料后即可关上卸料门进行下一轮混砂工作。当整个混砂工作结束或更换新的配料时，应将混砂机内的剩料和黏结物清扫干净。

(6) 调匀处理

卸料后将混好的型（芯）砂堆放起来，使型（芯）砂中不均匀的水分相互浸润，经堆放浸润 2 ~4 h 后即可调匀水分，而使湿强度达到最大值。

（7）疏松处理

将调匀处理的型（芯）砂送入松砂机中进行疏松处理，如图 2—13 所示。疏松的目的是击碎团块状型（芯）砂。

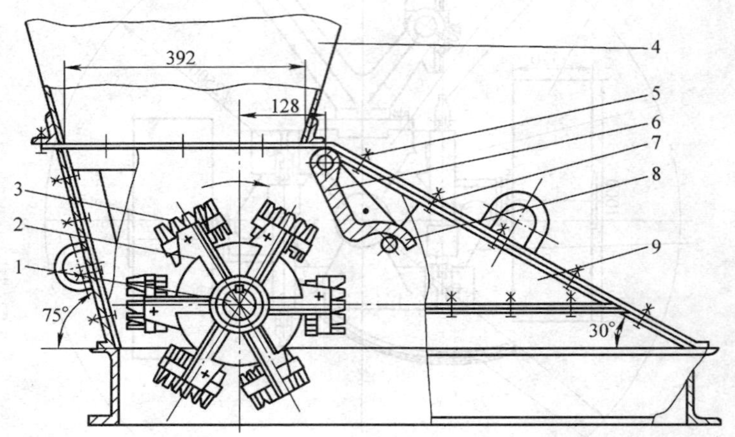

图 2—13　梳式松砂机

1—转轴　2—转盘　3—松砂梳齿　4—砂斗　5—轴　6—挡砂条　7—横轴拉杆　8—机警轴　9—上罩壳

（8）储存待用

疏松处理后的型（芯）砂堆放或装入存放设备中，在型（芯）砂上面再盖以湿麻袋等物品，以保持水分。

二、水玻璃型（芯）砂的配制及应用

水玻璃砂是生产铸钢件最常采用的一种型砂。它是用水玻璃作黏结剂混制而成的型（芯）砂。这种型（芯）砂生产周期短，操作简便，易于机械化、自动化生产；缺点是溃散性差。水玻璃砂有多种硬化方法，生产中应根据不同的生产条件选用。

1. 水玻璃 CO_2 硬化砂的配制

水玻璃 CO_2 硬化砂的硬化方法是在砂型和砂芯上扎出若干个 $\phi 9.6 \sim \phi 10$ mm 的吹气孔，孔深度随砂型厚度而定。将吹气管插入并通入 CO_2 气体，砂型（芯）硬化后起模。中小型砂型和砂芯可用塑料膜罩把整个砂型和砂芯罩住，向罩内吹 CO_2 气体使砂型（芯）硬化；对于中小型砂型和砂芯，也可以在模样（芯盒）上设置吹气孔，通入 CO_2 气体硬化，如图 2—14 所示。

CO_2 是一种干燥剂，起脱水作用，使型（芯）砂中的硅酸凝胶或水玻璃脱水而硬化。硬化时间根据型（芯）大小，一般只要几秒钟到几分钟，模数高、密度大的水玻璃硬化时间短。夏天应用低模数的水玻璃，冬天应用高模数的水玻璃。

（1）配料

铸钢件用水玻璃 CO_2 硬化砂配比是在原砂中加入 4% ~6% 的水玻璃作黏结剂，加入 1% ~3% 的溃散剂，必要时加入 0.5% ~1% 的水。溃散剂多用氧化铁粉、氧化镁粉或石灰石粉。铸铁件用水玻璃 CO_2 硬化砂配比是用 50% ~60% 的原砂，再加入为 40% ~50% 的再生旧砂、4% ~5% 的水玻璃、2% ~3% 的溃散剂，必要时加入 0.5% ~1.5% 的水。溃散剂选用糠醛渣、重油、煤粉、膨润土或木屑等。水玻璃 CO_2 硬化砂配比见表 2—18。

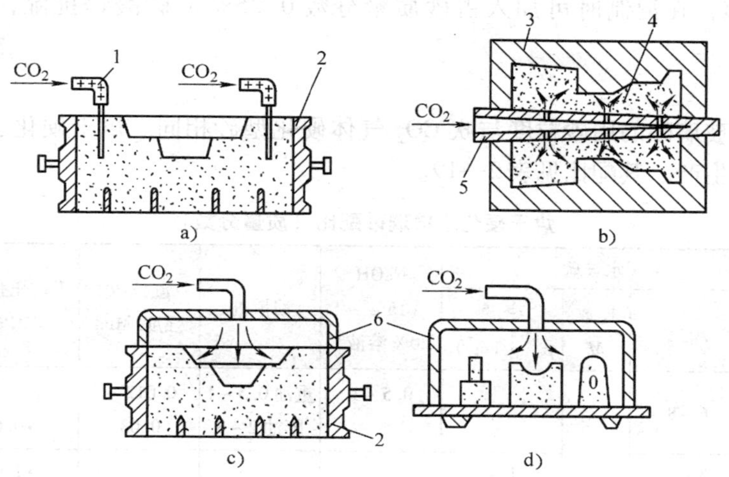

图 2—14　插管硬化法（a、b）和盖罩硬化法（c、d）示意图

1—皮管　2—砂箱　3—芯盒　4—砂芯　5—气管　6—盖罩

表 2—18　　水玻璃 CO_2 硬化砂配比（质量分数）　　（%）

名称	新砂		旧砂	水玻璃	NaOH（15%～20%溶液）	高岭土或膨润土	其他	水分	湿压强度/MPa	硬化后抗压强度/MPa
	粒度组别	加入量								
铸钢型（芯）、面砂	15	100		8～9	0.7	4～5		4～5	>0.25	>1.5
铸钢型（芯）砂	21	100		7	0.7～1	3	重油 1	4.5～5.5	>0.17	>1.0
	30	100		7～8				4.5～5.5	>0.05	1.0
铸铁型（芯）砂	21	50	50	4～6		1～2		4～6	>0.25	
	20	50	50	5～6		1～2	煤粉 1～2	4～6	>0.25	
	30	60	40	5～7		2～3	木屑 1～1.5	4～6	>0.25	

（2）混制

这种型（芯）砂可以在任何混砂机中混制。首先启动混砂机空转，加入原砂和旧砂，再加入粉状材料干混 1～2 min，使干料混合均匀，不停机加入水和水玻璃液体料湿混 2～3 min 使之均匀。如果要加重油，应在水玻璃加入后混 1 min，再加重油混制 1～2 min。水玻璃 CO_2 硬化砂混制时间要尽量短，整个混制时间控制在 3～5 min 内。混制时间延长将使硬化强度降低，甚至变干而无法使用。硬化砂混合均匀后应立即卸入有盖容器中，或用湿麻袋盖上，防止水分挥发。水玻璃 CO_2 硬化砂只能短期储存。

2. 烘干硬化水玻璃砂的配制

烘干硬化水玻璃砂型或砂芯，加热到 180～200℃脱水后得到玻璃状硅酸钠，形成高强度砂型或砂芯，这种烘干硬化方法用得较多。有的采用造型后短时间吹 CO_2 气体使砂型达到一定强度后起模，再送入烘窑烘干硬化；也可吹热风硬化、热芯盒烘干硬化等。由于烘干硬化水玻璃砂的水玻璃用量较少，砂型烘干后易吸湿降低强度，可采用高模数水玻璃，在混制时可加入占砂质量分数0.25%的碳酸锌抗湿，或采用抗湿性水玻璃。

（1）配料

烘干硬化水玻璃砂的用砂粒度与吹 CO_2 气体硬化型砂相同。烘干硬化水玻璃砂一般应用于较大铸件的生产。其配比见表2—19。

表2—19　　烘干硬化水玻璃砂配比（质量分数）　　（%）

<table>
<tr><th rowspan="2">名称</th><th rowspan="2">新砂用量</th><th colspan="3">水玻璃</th><th rowspan="2">NaOH（15% ~ 20%溶液）</th><th rowspan="2">溃散剂</th><th rowspan="2">湿抗压强度/MPa</th><th rowspan="2">干抗压强度/MPa</th><th rowspan="2">干燥方法</th></tr>
<tr><th>用量</th><th>模数 M</th><th>密度 $\rho/(g/cm^3)$</th></tr>
<tr><td rowspan="3">铸钢用型（芯）砂</td><td rowspan="3">100</td><td>6 ~ 8</td><td rowspan="4">2.35</td><td></td><td>0.5 ~ 1</td><td>重油0.5 ~ 1
膨油2 ~ 3</td><td>0.012 ~ 0.03</td><td>>0.6</td><td>起模后进窑烘干</td></tr>
<tr><td>3 ~ 4</td><td>1.4</td><td></td><td></td><td></td><td>>1.0</td><td>190℃烘干1 h</td></tr>
<tr><td>4.5 ~ 5</td><td>1.52</td><td></td><td>1.3</td><td></td><td>>2.2</td><td>热芯盒220℃ ~ 230℃硬化1 ~ 2 min</td></tr>
<tr><td>铸铁用芯砂</td><td>100</td><td>6 ~ 7</td><td>1.55</td><td></td><td>糠醛渣1.5</td><td></td><td></td><td>进窑120℃烘干</td></tr>
</table>

（2）混制

混制方法与水玻璃 CO_2 硬化砂相同，仍然是先干后湿，混砂时间很短。

3. 水玻璃自硬砂的配制

水玻璃自硬砂是在水玻璃砂中加入硬化剂而自硬，砂型（芯）硬化后起模，省去了吹 CO_2 气体和烘干过程。硬化剂分为粉状和液体两类。

（1）粉状硬化剂水玻璃自硬砂

粉状硬化剂主要有硅铁粉、硅酸二钙、氟硅酸钠。生产中常用的硬化剂为硅酸盐水泥、赤泥、炉渣，它们中的主要成分为硅酸二钙。水玻璃因硅酸二钙的吸水、水分蒸发和与空气中的 CO_2 作用而自行硬化。

1）配料。夏天温度较高，硅酸二钙自硬砂的可使用时间很短，要求混制的型砂、芯砂含水量稍高一些，使用低模数水玻璃，适当减少硬化剂加入量。冬天要减少含水量，加大硬化剂用量，采用较高模数的水玻璃，以缩短硬化时间。其配比见表2—20。

表2—20　　水玻璃自硬砂的配比（质量分数）　　（%）

名称	新砂	水玻璃	硬化剂	NaOH（10%）溶液	其他	抗压强度/MPa 24 h	备注
粉状硬化剂水玻璃自硬砂	100	6 ~ 7	电炉渣5 ~ 7		加水1 ~ 2	>0.4	
		6 ~ 7	赤泥2 ~ 4	0.5 ~ 1.5		>1	
		5 ~ 6	硅铁粉1 ~ 2	0.5 ~ 1			
		5 ~ 6	硅铁粉1 ~ 2	0.5 ~ 1	膨润土1 ~ 2		硬化后起模

续表

名称	新砂	水玻璃	硬化剂	NaOH（10%）溶液	其他	抗压强度/MPa	备注
						24 h	
液体硬化剂水玻璃自硬砂	100	3.5	有机脂 CSC—4 脂 0.21			>2.5	起模后硬化
		3	有机脂 CSC—4 脂 0.18			>2.5	

2）混制。将原砂放入混砂机，再将粉状硬化剂和附加物加入，将干混合料混合 2 ~ 3 min，使干料均匀，然后加入水和水玻璃等液体料湿混 1 ~ 2 min，混匀即卸料，并马上用于造型制芯。

（2）液体硬化剂水玻璃自硬砂

液体硬化剂主要是含有多元醇和弱酸的有机脂，在型砂、芯砂中使用的大多都是混合脂。其他液体硬化剂如乙二醛、氟硅酸、氯化钙水溶液，都能使水玻璃砂自硬，但自硬砂的性能不如有机脂好，故较少运用。

1）配料。这种自硬砂的强度与水玻璃的加入量、硬化剂的种类及加入量、室温等有关。其配比见表 2—20。

2）混制。混砂操作时先启动混砂机，加入原砂，再加入液体硬化剂，稍混一下（1 min）后再加入水玻璃黏结剂湿混 1 ~ 2 min，混砂时间要尽量缩短，混匀即可。由于这种砂的可使用时间很短，因此应选用连续式或振动式高速混砂机。

三、树脂砂的工艺特性及配制

现代铸造生产中广泛使用树脂砂作型（芯）砂，以树脂做黏结剂的型（芯）砂主要有热法覆膜树脂砂、热芯盒树脂砂、冷芯盒树脂砂、呋喃树脂自硬砂等。树脂砂硬化后强度高，能制出复杂、薄壁铸件。缺点是黏结剂价格贵，对空气有污染。所以新砂都要用经水洗的圆形砂，可节省黏结剂。

1. 热法覆膜树脂砂的配制

热法覆膜树脂砂是利用酚醛树脂受热后具有流动性的特征，使它在混砂过程中均匀地包覆在砂粒表面。这种砂主要用于壳芯机制造壳芯。

（1）配料

采用高纯度的圆粒形原砂，用酚醛树脂作黏结剂，乌洛托品为固化剂。加入硬脂酸钙增加型砂流动性，防止树脂砂结块，同时改善砂型、型芯的脱模性，并能使砂型、型芯表面致密。热法覆膜树脂砂的配比见表 2—21。

表 2—21　　热法覆膜树脂砂的配比（质量分数）　　（%）

新砂	酚醛树脂	乌洛托品（占树脂重）	水∶乌洛托品	硬脂酸钙（占树脂重）	常温抗拉强度/MPa	用途
100	6	16.5	1∶1	0.35	>4.2	中、小筒芯
100	6	16.5	1∶1	—	>4.2	中、小筒芯
100	5	16.7	1∶1	3.75	>4.2	中、小壳芯
100	3	16.7	1∶1	3.75	>2.6	中、小壳芯
100	6.5	15	1∶1	—	>2.5	大型芯

（2）混制

在定量器内注入原砂，点火升温使加热器工作，定量器向加热器加入定量原砂，使原砂在加热炉内加温沸腾 2 ~ 3 min 至 140 ~ 160℃。启动叶片式混砂机，将热原砂送入叶片式混砂机后加入树脂混合 40 ~ 50 s，砂温降至 50 ~ 70℃，再加入硬脂酸钙混合 50 ~ 60 s，卸砂并将砂送入破碎槽破碎并推进，抽风冷却 10 ~ 20 s，进入振动筛筛分，继续破碎和冷却，此时砂温已经下降到 35℃左右。混制好的覆膜砂降温到室温后在密封容器内存放，在室温 20℃左右干燥条件下能长期保存，不具备保存条件的情况下保存期不超过 15 天。

2. 热芯盒树脂砂的配制

热芯盒树脂砂是在原砂中加入适量的呋喃树脂黏结剂和固化剂，将混好的树脂砂射入（或吹入）到 180 ~ 250℃的金属芯盒中，经过几秒至 1 min 的反应而硬化制出型芯。

（1）配料

热芯盒树脂砂所用的原砂一般采用粒度组别 21，粒形以圆形为佳。原砂要进行清洗去除杂质和减少含泥量，进行干燥处理使原砂充分干燥。黏结剂大多使用呋喃树脂。尿醛与糠醇的缩合物称呋喃Ⅰ型，酚醛与糠醇的缩合物称呋喃Ⅱ型，尿醛、糠醇、酚醛三者的缩合物称为中氮树脂。对于呋喃Ⅰ型树脂一般用氯化铵或氯化铵与尿素的水溶液作固化剂；呋喃Ⅱ型树脂一般用苯磺酸或对甲苯磺酸的水溶液作固化剂；中氮树脂使用氯化铵: 尿素: 水 = 1: 3: 3 的比例配制的固化剂。由于尿素的加入，芯砂在固化时较多的散发出异味，同时在浇注时，芯砂的发气量也有所增加，所以可用氯化铵: 水 = 1: 1 来配制固化剂。热芯盒树脂砂配比见表 2—22。

表 2—22　　热芯盒树脂砂的配比（质量分数）　　（%）

原砂	树脂		固化剂		氧化铁粉	水	抗拉强度 /MPa
	型号	用量	类别	占树脂量			
100	呋喃Ⅰ型	2.2 ~ 2.4	氯化铵	5	0.24 ~ 0.26	0.15 ~ 0.3	>2.5
100	呋喃Ⅱ型	2.8 ~ 3	苯磺酸水溶液	6 ~ 8	—	—	>2.5
100	ZNR—1 型中氮树脂	2.4 ~ 2.9	氯化铵尿素水溶液，氯化铵: 尿素: 水 = 1: 3: 3	18 ~ 20	0.14 ~ 0.18	—	>2.1
100	F03 型低氮树脂	2.6 ~ 3	对甲苯磺酸水溶液	14 ~ 16	硅烷 KH—550 占树脂重 0.5	—	>2
100	DR—2 型低成本树脂	2.4 ~ 2.6	氯化铵尿素水溶液，氯化铵: 尿素: 水 = 1: 3: 3	18 ~ 20	0.14 ~ 0.18	—	>2.5

（2）混制

将干燥原砂装入叶片式混砂机中，加入氧化铁粉干混 35 ~ 45 s，使干料均匀。加入液体固化剂湿混 40 ~ 50 s，再加入树脂湿混 80 ~ 90 s，混砂全过程为 2.5 ~ 3 min，混匀后立即卸砂。芯砂存放时间一般不超过 4 h。

3. 冷芯盒树脂砂的配制

冷芯盒树脂砂制芯时是将混制好的树脂砂吹（射）入芯盒中，然后用吹气设备吹入气体固化剂，型芯在常温下迅速固化，冲净残余固化剂后即可出芯。出芯后可以立即下芯、合型、浇注，以减少型芯储存时间。目前普遍采用的气硬冷芯盒工艺有三乙胺法和二氧化硫法，这两种方法的工艺类似，仅黏结剂和固化剂不同。

（1）三乙胺法冷芯盒树脂砂的配制

将树脂黏结剂加入原砂中混匀后吹（射）入芯盒，然后通过以空气、二氧化碳、氮气为载体的三乙胺，使砂在数秒钟内硬化，用干燥空气冲净剩余三乙胺后即可取出型芯待用。三乙胺法芯砂的缺点是黏结剂与催化剂易燃，废气有毒。

1）配料。冷芯盒树脂砂所用的原砂是根据铸件合金种类来确定的，主要用硅砂，其次是锆砂、铬铁矿砂等。要求原砂纯净干燥，以圆形砂粒为佳。黏结剂由液态酚醛树脂和聚异氰酸酯两种组分组成。铸钢件用芯砂的黏结剂两种组分按6:4配制，能降低氮含量，树脂总加入量为原砂质量的1.4%～1.6%，铸钢件用芯砂树脂加入量为原砂质量的1.2%～1.3%，铝合金铸件用芯砂树脂加入量为（质量分数）1%～1.1%。常用的固化剂有三乙胺和二甲基乙胺，后者硬化速度较快。

2）混制。可在各种混砂机中混制，但不可挤揉过度而影响芯砂的可使用时间及流动性。混砂机启动后加入原砂和酚醛树脂混10～15 s，再加入聚异氰酸酯混70～80 s即可卸料，也可把两种黏结剂同时加入原砂中混制70～80 s。卸料后要测定每一次混制的芯砂初始强度，树脂加入量较大时，其初始强度稍高一些，当树脂加入量（质量分数）为1.5%时，初始强度在0.7 MPa左右。混好后的芯砂要求迅速使用，夏天只能存放1～2 h，冬天能存放2～3 h。

（2）二氧化硫法冷芯盒树脂砂的配制

二氧化硫法是在原砂中加入酚醛或呋喃树脂和有机过氧化物混制芯砂，芯砂吹（射）入芯盒后，向型芯通以二氧化硫气体促使型芯快速硬化。

1）配料。这种芯砂所用原砂与三乙胺法相同。黏结剂可用酚醛或呋喃型冷硬树脂，树脂占原砂质量的1%～1.5%。所用活化剂主要有过氧化氢、过氧化丁酮，50%的过氧化物活化剂占树脂质量的25%～50%，硅烷加入量占树脂质量的0.25%～0.3%。固化型芯的二氧化硫气体是一种无色、有刺激性气味、不易燃烧的气体，这种气体靠氮气或干燥空气从容器中带出。

2）混制。将原砂定量加入混砂机中（可以使用各种混砂机），再加入树脂混制90～110 s，使之均匀即可卸料。这种砂可以存放7～8 h。

4. 呋喃树脂自硬砂的混制

呋喃树脂自硬砂在常温下与固化剂发生化学反应而固化，不用烘干，砂子容易紧实，而且溃散性很好，但树脂成本高，有刺激性气味。

（1）配料

呋喃树脂自硬砂所用原砂的二氧化硅含量要高，常用粒度组别为21和30，要求原砂纯净干燥。黏结剂有尿醛呋喃树脂和酚醛呋喃树脂等，要求树脂糠醛含量较高，树脂无氮或低氮，树脂加入量（质量分数）为1%～2%。固化剂广泛采用对甲苯磺酸（酸:水=7:3）、二甲苯磺酸、苯酚磺酸等，固化剂占树脂质量的30%～40%。改善自硬砂某些性能的添加剂有硅烷（起偶联作用，提高强度，降低树脂加入量）、氧化铁粉（防止冲砂和气孔）、甘油和苯二甲酸二丁酯（提高型砂、芯砂韧性）等。硅烷占树脂加入量的0.1%～0.3%，氧化铁粉占树脂加入量的1.5%～4%，甘油占树脂加入量的0.2%～0.4%。

（2）混制

将原砂、树脂、固化剂加入连续式混砂机中一次性快混90～120 s，混匀后即卸料，随混随用。如果用间隙式混砂机混制，先加入原砂，再细心加入固化剂，混 60 ~ 90 s 后加入树脂，再混 60 ~ 90 s，混匀后立即出料使用。原砂的加入温度在 20 ~ 25℃范围为宜，既不可太低，也不可太高。混制好的型砂、芯砂硬化温度在 20 ~ 30℃为宜，温度过高硬化时间太短，温度过低则使硬化起模时间延长。

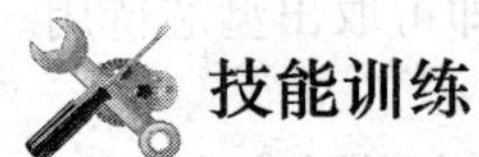

技能训练

铸铁件用湿型面砂的配制

1. 实训设备

秤或容器、滚筒筛、碾轮式混砂机、梳式松砂机。

2. 操作步骤

（1）湿型面砂的配制流程

面砂是指在造型时与模样接触的一层型砂，它以膨润土作黏结剂，不经烘干就可浇注金属液的型砂。

混砂操作流程为干混→湿混→抽检→卸料→调匀处理→疏松处理→储存待用。制备湿型面砂的加料顺序为：旧砂、新砂、黏土、煤粉、水。配制工艺一般是先干混 2 ~ 3 min，再湿混 6 ~ 10 min，然后出砂。

（2）配制湿型面砂（见下表）

配制顺序	工序名称	说明	简图或设备
1	称量原材料	将新砂、旧砂、附加物、黏结剂、水等按一次混砂量配比，用秤称好或容器量好，有序地摆放好	秤或容器
2	干混	混砂机空机启动，迅速加入新砂，再加入旧砂，加入固体黏结剂和附加物，干混 2 ~ 3 min	1 2 3 4 5 6 7 混砂
3	湿混	干混后，混砂机在工作状态下缓慢加入液体材料，连续混 10 ~ 15 min，待湿混充分后停机	

续表

配制顺序	工序名称	说明	简图或设备
4	抽检	从取样门取出湿混后的型砂，观察或测定含水量，检查混匀程度	—
5	卸料	抽检合格后，重新启动混砂机，打开出料口卸料	—
6	调匀处理	卸料后将混好的型（芯）砂堆放起来，使型（芯）砂中不均匀的水分相互浸润，经堆放浸润 2 ~ 4 h 后即可调匀水分，而使湿强度达到最大值	—
7	疏松处理	将调匀处理的型（芯）砂送入松砂机中进行疏松处理，目的是击碎团块状型（芯）砂	 松砂
8	配制完成	疏松处理后的型（芯）砂堆放或装入存放设备中，在型（芯）砂上面再盖以湿麻袋等物品，以保持水分	—

3. 质量分析

配比称量时注意配制的比例；混砂操作时要考虑混制的时间，太短、太长都不能保证配制的质量，配制好以后放入到存放的设备中，以保持水分。

4. 评分标准

评分标准见下表。

铸铁件用湿型面砂配制评分表

考核项目	考核内容及要求	配分	评分标准	得分
主要项目	确定黏土砂配比的成分比例	20	不符合要求酌情扣 1 ~ 10 分	
	黏土砂混砂操作	20	不符合要求酌情扣 1 ~ 10 分	
	取样检测	20	检测不合格不得分	
工具设备的使用与维护	正确、规范使用工具，合理保养及维护工具	5	不符合要求酌情扣 1 ~ 5 分	

续表

考核项目	考核内容及要求	配分	评分标准	得分
工具设备的使用与维护	正确、规范使用设备，合理保养及维护设备	5	不符合要求酌情扣1～5分	
	操作姿势、动作正确	5	不符合要求酌情扣1～5分	
安全及其他	安全文明生产，按国家颁发的有关法规或企业自定的有关规定	15	一项不符合要求扣5分，发生较大事故者全扣	
	操作、工艺规程正确	5	一处不符合要求扣2分	
	试样局部无缺陷	5	不符合要求从总分中扣1～5分	
时间定额	2 h		每超过20 min，扣5分	

课题四 涂料的配制和使用

涂料是指型腔和型芯表面的涂覆材料，有液态、稠体或粉状之分。它可以提高铸型表面的耐火度、表面质量、化学稳定性等。在砂型（芯）表面刷涂料可提高表面强度和防止铸件黏砂、夹砂，减少清砂的劳动量。

一、涂料的组成（见表2—23）

表2—23　涂料的组成

涂料的组成	特点与应用
防黏砂的耐火材料	一般铸铁件用石墨粉；铸钢件用硅石粉、铬铁矿粉、镁砂粉、锆英石粉等；有色金属件用滑石粉
黏结材料	涂料中加入黏结剂可以提高涂料层的强度和涂料层与砂型表面的结合强度。常用的黏结剂有黏土、糊精、纸浆残液、糖浆、干性植物油、聚乙烯醇水溶液
悬浮稳定剂	促使防黏砂材料在水中呈悬浮状态，使涂料成为均匀的悬浊液，防止沉淀，并易于涂刷均匀。一般常用膨润土作悬浮稳定剂
稀释剂	生产中一般根据涂料的密度要求来决定稀释剂的加入量。常用的稀释剂是水，称为水基涂料；也有用工业酒精、汽油、煤油作稀释剂的，称为快干涂料

二、涂料的配制

常用涂料的配比见表2—24。

表 2—24 常用涂料的配比（质量分数） （%）

种类	用途	涂料成分	密度/(g/cm³)	备注
铸铁	大件	鳞片石墨 70，粉状石墨 30，黏土 10	1.3～1.4	碾成膏状，用时加水稀释
	中、小件	鳞片石墨 42（120#），粉状石墨 42，黏土粉 8～16		
	小件	粉状石墨 85，黏土粉 8～16		
铸钢	碳钢铸件	硅石粉 100，膨润土 2～3，水适量		混 48 h，要求无沉淀，烧结后无裂纹
	合金钢铸件	锆石粉 100，膨润土 2～3，糖浆 3～4，水适量		糖浆冬季混时加入；夏季用时加入；其余混制同上
	碳钢铸件	硅石粉 100，膨润土 2，纸浆废液 2		
	碳钢铸件	硅石粉 100，糖浆 5，黏土 2，水 28	1.6～1.65	球磨 8 h
	不锈钢铸件	锆石粉 100，膨润土 2，纸浆废液 2		碾压时间 20 h
铸铜铸铝	铜铝铸件	滑石粉 86，黏土 9，纸浆废液 5		

涂料的混制工艺可根据工厂的具体条件决定，常用的有搅拌机搅拌、人工搅拌、碾压成膏状备用。膏状涂料混制时，一般先将粉状干粉干混 0.5 h 左右，再加水碾压，碾压时间可达几小时，待其成为均匀的涂膏后方可出碾。如铸钢涂料加入水柏油，就要在干混后加水柏油混碾 4～5 h，使水柏油充分与耐火材料粉末黏合后，再加入糖浆等，并分批加入清水混碾 1.5～2 h 成膏状。使用前将涂料置于叶片式搅拌机中，加水即可制成供直接使用的涂料，这样制成的涂料成分均匀、性能良好。

为防止加入糊精、糖浆等的涂料发酵，可在涂料中加入防腐剂福尔马林，即每 100 kg 涂料加入 40 mL 福尔马林。

三、涂料应具备的性能

涂料应具备良好的抗黏砂性等工艺性能，才能保证铸件的表面质量，见表 2—25。

表 2—25 涂料的性能

涂料的性能	特点与应用
抗黏砂性	涂料能否起到良好的防黏砂效果，关键是选取合适的防黏砂材料，以及保证涂层的厚度。涂料层厚度将根据铸件大小、壁厚、压力等因素决定，一般在 0．5～2 mm 范围内，小件可薄些，大件应厚些
悬浮稳定性	涂料应在一定时间内不发生沉淀，才能保证涂料性能稳定。涂料的稳定性主要取决于膨润土的质量和加入量，以及防黏砂材料的粒度
涂刷性	涂料应能在砂型表面涂成均匀的薄层，不会在砂型表面流失或涂不开。涂刷性主要取决于涂料的粒度和密度
抗裂纹性	涂料层在烘干和浇注时应不产生裂纹。涂料的抗裂纹性主要取决于膨润土的加入量和防黏砂材料的粒度
涂料层的强度	涂料层直接与高温金属液接触，因此必须具备一定的强度，以抵抗金属液的压力作用。涂料层的强度主要取决于膨润土和其他黏结剂的性质和加入量，以及砂型（芯）的烘干规范

四、涂料的使用

水基涂料和快干涂料的涂刷方法有：用刷子（排笔）涂刷；用喷雾器喷涂；用涂料桶浸涂。为了保证涂刷效果，涂料的浓度要合适，并要边刷边搅动涂料，并且应涂刷均匀。

上涂膏时，先将砂型（芯）刮去一层，然后抹上 2 mm 左右的涂膏，用镘刀单方向地将涂膏压紧压实，再刷上一层稀涂料。

技能训练

正确使用涂料

参观实训车间，按照下表提示了解正确使用涂料的方法。

序号	使用方法	图　示	说　明
1	刷涂料		（1）刷是涂料最常用的使用方法 （2）主要用于单件生产的砂型或中、大砂芯 （3）刷涂料时首先将涂料搅拌均匀，再用排笔或毛刷蘸上涂料，均匀地刷到砂型或砂芯表面 （4）芯头和芯座不要刷涂料 （5）通气孔不能被涂料堵塞
2	浸涂料		（1）将简单的小砂芯挂到专用的挂架上，再将砂芯放到装有涂料的器皿中浸上涂料，然后取出，使砂芯表面均匀地沾满涂料 （2）浸涂料容易得到表面光洁的涂层，生产效率高，便于机械化生产 （3）涂料不要堵塞通气孔
3	喷涂料	1　2　接压缩空气 1—砂芯　2—喷雾器	（1）利用喷雾器通过压缩空气将涂料喷到砂型（芯）的表面，操作时，首先将压缩空气接到喷雾器的进气管上，然后通过手动开关控制涂料的喷出，均匀地将涂料喷到砂型（芯）表面 （2）喷涂料适用于面积较大的型砂（芯）和要求涂层较厚的砂型（芯），可多次喷涂，以达到要求的涂层厚度

续表

序号	使用方法	图　　示	说　　明
4	淋涂料		（1）将涂料用泵打出淋到砂芯表面，砂芯通过专用的挂架挂在涂料池上方，为使涂层均匀，应边淋涂料边转动砂芯。多余的涂料流回涂料池中可继续使用 （2）淋涂料适用于没有凹腔的较大的砂芯，生产效率较高

练　习

1. 什么是造型材料？
2. 型砂有哪些性能？影响型砂性能的因素有哪些？
3. 型砂中辅助材料分为哪几类？各有什么作用？
4. 简述新砂、旧砂的处理方法。
5. 黏土型（芯）砂可分为哪几类？
6. 涂料由哪几部分组成？应具备哪些性能？

第三单元

铸造工艺规程

课题一 铸件结构的铸造工艺性分析

零件结构的铸造工艺性指的是零件的结构应符合铸造生产的要求、易于保证铸件质量、简化铸造工艺过程和降低成本。

零件一旦设计成形，其结构一般是不能修改的。在铸造工艺上必须采取各种措施，实现用户对零件提出的各项技术要求。只有在零件质量得到保证，而且不影响使用性能的条件下、又可简化生产工艺，并已征得用户同意，才能更改铸件结构。

一、从避免缺陷方面审查铸件结构

1．铸件应有合适的壁厚

为了避免浇不到、冷隔等缺陷，铸件壁不应太薄。铸件的最小允许壁厚和铸造合金的流动性密切相关。合金成分、浇注温度、铸件尺寸和铸型的热物理性能等显著地影响铸件的充填。各种铸造工艺条件下铸件最小允许壁厚见表 3—1 至表 3—4。

表 3—1　　砂型铸造时铸件最小允许壁厚　　mm

铸造钢铁类	铸件轮廓尺寸					
	<200	200～400	400～800	800～1 250	1 250～2 000	>2 000
碳素铸钢	8	9	11	14	16～18	20
低合金钢	8～9	9～10	12	16	20	25
高锰钢	8～9	10	12	16	20	25
不锈钢、耐热钢	8～10	10～12	12～16	16～20	20～25	—
灰铸铁	3～4	4～5	5～6	6～8	8～10	10～12
孕育铸铁（HT300 以上）	5～6	6～8	8～10	10～12	12～16	16～20
球墨铸铁	3～4	4～8	8～10	10～12	12～14	14～16
铸造合金类	铸件轮廓尺寸					
	<50	50～100	100～200	200～400	400～600	600～800
镁合金	3	3	4～5	5～6	6～8	8～10
铜合金	6	6	7	7	8	8
铝合金	3	5	6	7	8	8
锡铜合金	6	6	7	8	8	10
铝硅合金	4	4	5	6	8	10
铅锌合金	3	4	—	—	—	—

表 3—2　　熔模铸件的最小壁厚　　mm

铸件尺寸	最小壁厚			
	碳钢	高温合金	铝合金	铜合金
10 ~ 50	1.5 ~ 2.0	0.6 ~ 1.0	1.5 ~ 2.0	1.5 ~ 2.0
50 ~ 100	2.0 ~ 2.5	0.8 ~ 1.5	2.0 ~ 2.5	2.0 ~ 2.5
100 ~ 200	2.5 ~ 3.0	1.0 ~ 2.0	2.5 ~ 3.0	2.5 ~ 3.0
200 ~ 350	3.0 ~ 3.5	—	3.0 ~ 3.5	3.0 ~ 3.5
>350	4.0 ~ 5.0	—	3.5 ~ 4.0	3.5 ~ 4.0

表 3—3　　金属型铸件的最小壁厚　　mm

铸件尺寸	最小壁厚				
	铝硅合金	铝镁合金、镁合金	铜合金	灰铸铁	铸钢
50 × 50	2.2	3	2.5	3	5
100 × 100	2.5	3	3	3	8
225 × 225	3	4	3.5	4	10
350 × 350	4	5	4	5	12

表 3—4　　压铸件的最小壁厚　　mm

压铸件面积/cm^2	锌合金	铝合金 镁合金	铜合金	压铸件面积/cm^2	锌合金	铝合金 镁合金	铜合金
<25	0.7 ~ 1.0	0.8 ~ 1.2	1.5 ~ 2.0	100 ~ 400	1.6 ~ 2.0	1.8 ~ 2.5	2.5 ~ 3.0
25 ~ 100	1.0 ~ 1.6	1.0 ~ 1.8	2.0 ~ 2.5	>400	2.0 ~ 2.5	2.5 ~ 3.0	3.0 ~ 3.5

铸件壁不应设计得太厚。超过临界壁厚的铸件，中心部分晶粒粗大，常出现缩孔、缩松等缺陷，导致力学性能降低。在砂型铸造工艺条件下，各种合金铸件的临界壁厚可按最小壁厚的 3 倍来考虑。铸件壁厚应随铸件尺寸增大而相应增大，这样在适应壁厚的条件下，既方便铸造又能充分发挥材料的力学性能。

此外，由于铸件内、外壁冷却条件不一样，应将铸件的内壁厚度设计得比外壁薄，以实现内外均匀冷却，减少内应力和防止热裂纹。

2. 铸件壁的联接应当逐渐过渡

壁的相互联接处容易形成热节，是出现收缩类缺陷的地方。因此，为使铸件壁厚尽可能地接近一致以达到较均匀的冷却，应将壁厚发生变化的地方逐渐过渡，而且交叉肋要尽可能地错开布置，以避免或减小热节。但是也要避免出现“尖砂”，因为它散热慢，容易产生缺陷。如图 3—1 所示为均匀壁厚避免形成大热节的例子。

3. 合适的铸造圆角

一般情况下，铸件转角处都应设计成合适的圆角，可以减少该处产生缩孔、缩松及裂纹等缺陷。

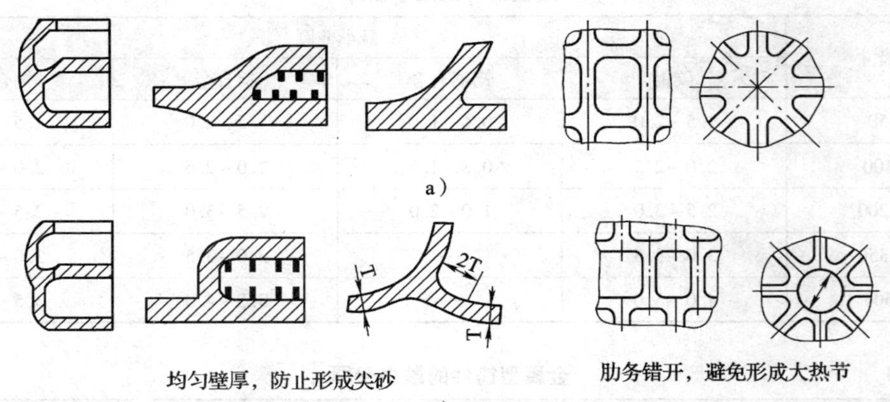

图 3—1　均匀壁厚、肋条错开

a）不合理 b）合理

4. 防止铸件出现裂纹和变形

铸件往往由于内应力而发生变形或产生裂纹。某些壁厚比较均匀的细长件、较大的平板件或某些箱体件都可能由于刚性不够而发生变形。通常利用修改设计来减小铸件应力，用加强肋增加铸件刚性或用反曲率的模样来解决这类问题，如图 3—2 和图 3—3 所示。

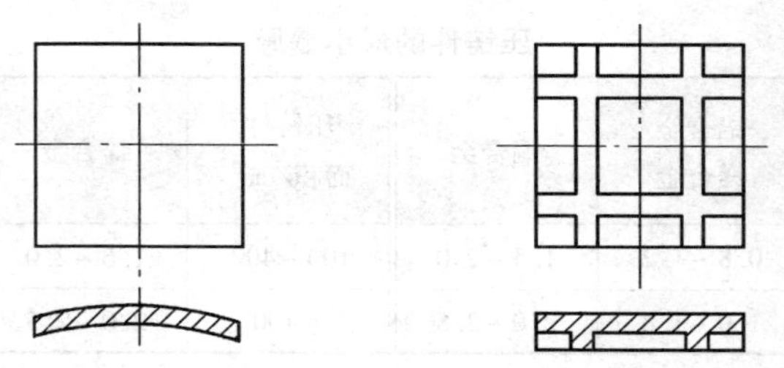

图 3—2　防止刚性不够而变形

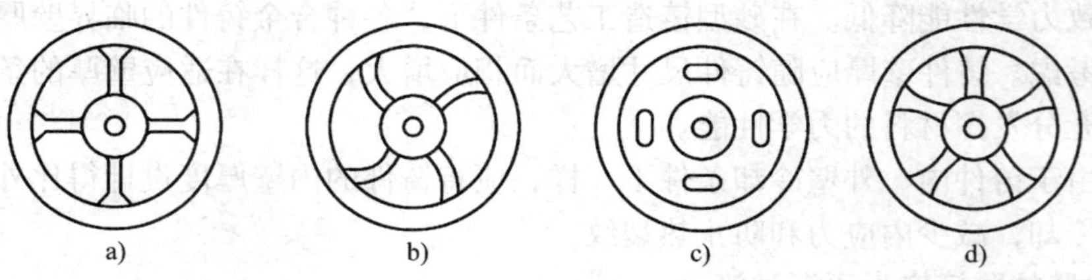

图 3—3　防止收缩受阻而产生裂纹

a）不合理　b）弯曲辐条以松弛应力　c）带孔辐板防止断裂　d）单数辐条产生的应力比对称辐条要小

二、从简化铸造工艺方面改进零件结构

1. 改进妨碍起模的凸台、凸缘和肋板的结构

铸件侧壁的凸台（搭子）、凸缘和肋板等常妨碍起模。为此，机器造型中不得不增加砂芯；手工造型中也不得不把这些妨碍起模的凸台、凸缘、肋板等制成活动模样（活块）。无论哪种情况，都增加造型（造芯）和模具制造的工作量。如能改进结构，就可避免这些缺点，如图 3—4 所示。

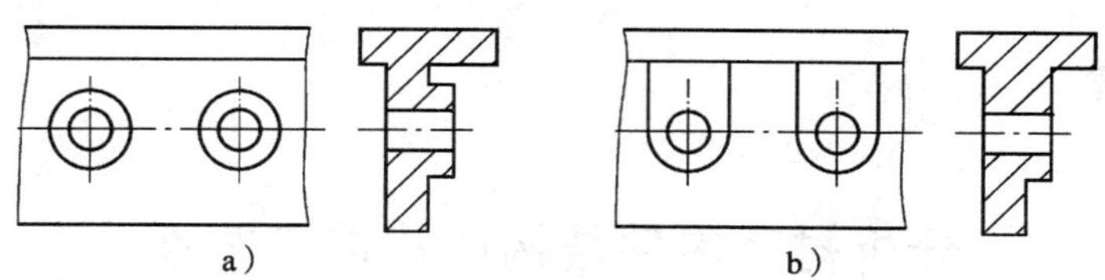

图 3—4　带凸台的铸件不易起模

a）不合理　b）合理

2. 取消铸件外表侧凹

铸件外侧壁上有凹入部分必然妨碍起模，需要增加砂芯才能形成铸件形状。常可稍加改进，即可避免凹入部分，如图 3—5 所示。

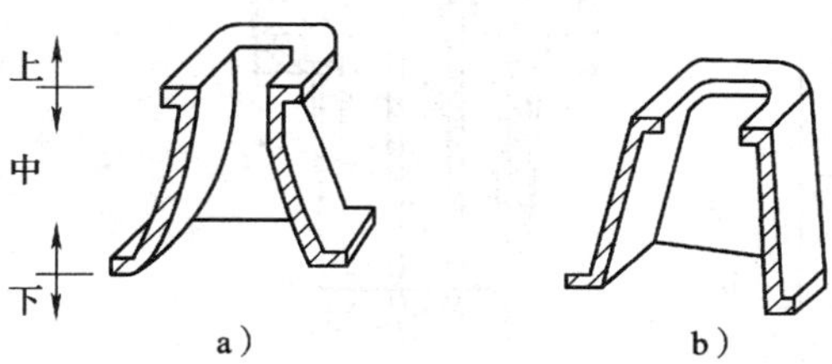

图 3—5　外壁内凹的框形件

a）不合理　b）合理

3. 有利于砂芯的固定和排气

砂芯的固定和排气十分重要，否则容易导致偏芯和气孔等缺陷。如图 3—6a 所示是轴承架铸件的原结构。2 号砂芯呈悬臂式，需用芯撑固定；改进后，悬臂砂芯 2 和轴孔砂芯 1 连成一体变成一个砂芯，取消了芯撑，如图 3—6b 所示。

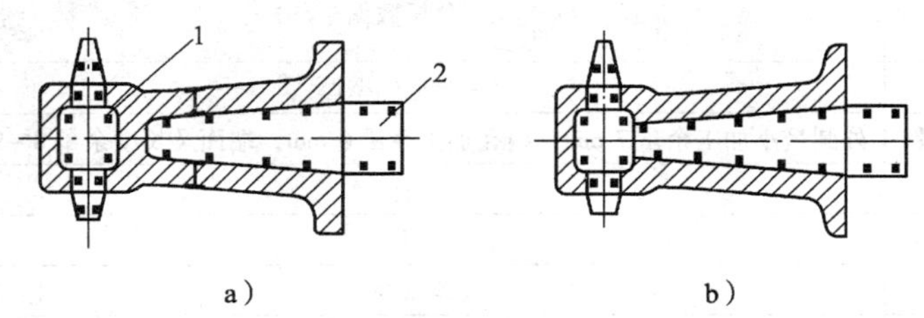

图 3—6　轴承架的铸件

a）改进前　b）改进后

1—轴孔砂芯　2—悬臂砂芯

4. 尽量不用或少用砂芯

铸造生产中，多数含砂芯的铸型成本比不含砂芯的铸型成本高，其生产效率也低。因此，应尽可能简化铸件内腔结构或其中的肋条、凸块的布置，尽可能少用或不用砂芯，或改为台砂代替砂芯，如图 3—7 所示。

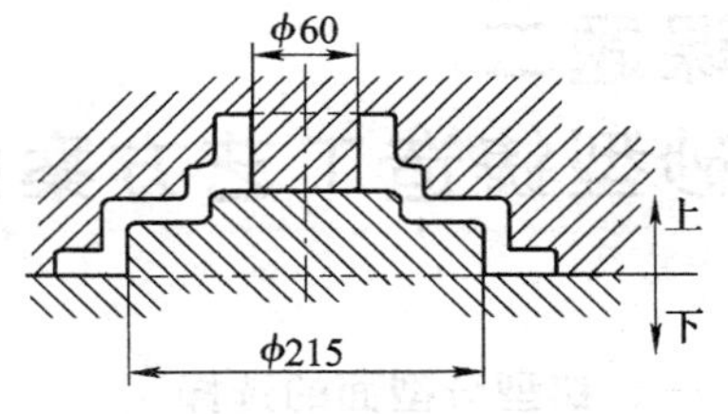

图 3—7　台砂取代砂芯实例

5. 分体铸造

为了方便制造，降低成本，有时可将大而复杂的铸件先分块铸造，再利用焊接或螺柱固结成一个整体。

技能训练

分析衬套零件结构的铸造工艺性

根据如图 3—8 所示的衬套零件的零件图、铸造工艺图和铸件图，分析衬套零件结构的铸造工艺性，并完成下表内容。

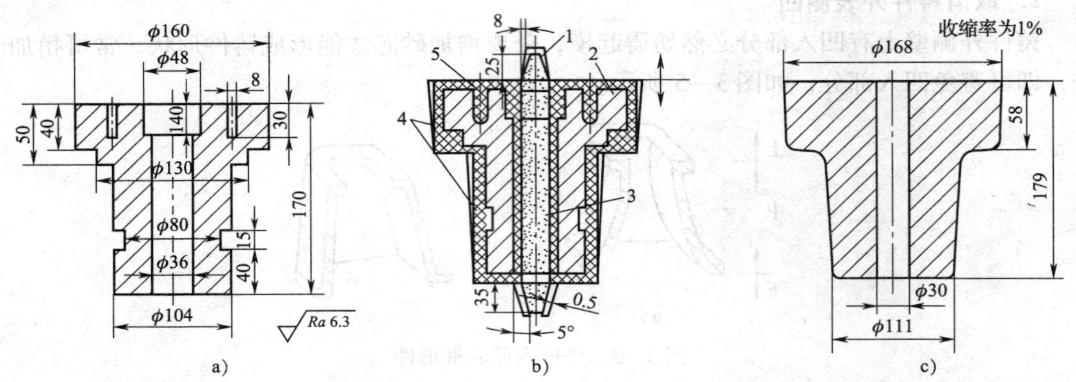

图 3—8　衬套零件的零件图、铸造工艺图和铸件图

a）零件图　b）铸造工艺图　c）铸件图

1—砂芯头　2—加工余量　3—砂芯　4—起模斜度　5—不铸孔

分析衬套零件结构的铸造工艺性

项目		分析数据	分析结果（满足工艺性）
工艺参数	壁厚	有合适的壁厚	是□　否□
	机械加工余量	外圆最小加工余量 7 mm，内孔加工余量 6 mm，端面及长度余量 8 ~ 9 mm	是□　否□
	拔模斜度	有	是□　否□
	铸造圆角	有	是□　否□
	收缩量	收缩率为 1%	是□　否□
型芯的数量	芯头形状	有定位、支撑和排气的部位	是□　否□
	芯头尺寸	芯头和芯座在造型取模和上、下芯方向有一定的斜度及配合间隙	是□　否□

课题二
砂型铸造工艺方案的确定

一、铸型分型面的选择

分型面是指两半铸型相互接触的表面。分型面一般在确定浇注位置后再选择。但分析各

种分型面方案的优劣之后，可能需要重新调整浇注位置。生产中，浇注位置和分型面有时是同时确定的。

如图 3—9 所示为一简单铸件的分型面方案。如此简单的铸件可以找出七种不同的分型方案，而每种分型方案对铸件都有不同影响。

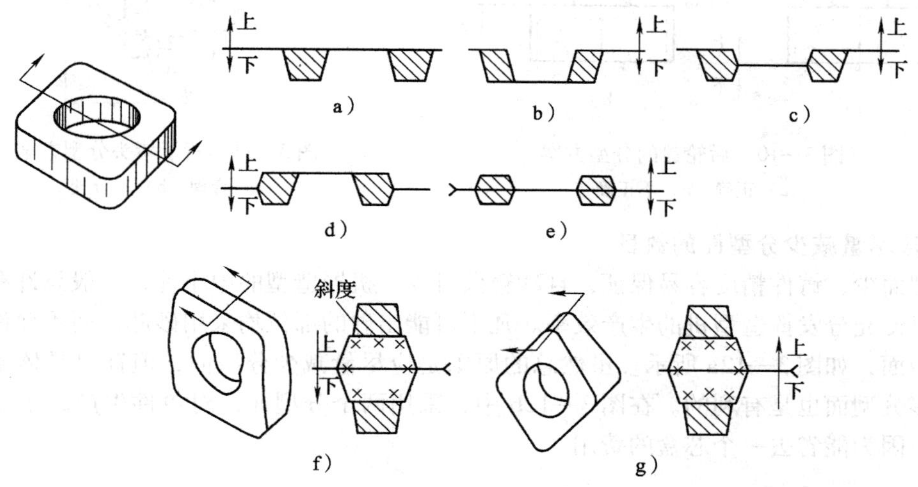

图 3—9　带孔六面体的七种分型面方案

方案 1 保证铸件四边和孔同心，飞翅易除去，如图 3—9a 所示。

方案 2 保证内孔和外边平行，飞翅易除去，但很难保证边孔同心，如图 3—9b 所示。

方案 3 可使孔内起模斜度值减少 50%，使得内孔直度需切削的金属较少。如果铸件是由难以加工的材料所铸成，则可显出其优点。缺点是可能有错偏，如图 3—9c 所示。

方案 4 和方案 5 类似，只是外边斜度值减少 50%，如图 3—8d 所示。

方案 5 的内孔和外壁的起模斜度值都减小 50%，铸件所需金属以及内外孔取值所切去的金属比任何方案都少，如图 3—9e 所示。

方案 6 保证上下两个外边平行于孔的中心线，如图 3—9f 所示。

方案 7 则可保证所有 4 个外边面都平行于孔的中心线，如图 3—9g 所示。

由此可见，任何铸件总能找出几种分型可能，而每种方案都有各自特点。分型的优劣在很大程度上影响铸件的尺寸精度、成本和生产效率，应仔细地分析、对比，选择最适于技术要求和生产条件的分型面。

选择分型面时，应注意以下原则。

1. 应使铸件全部或大部分置于同一半型内

为了保证铸件精度，如果做不到上述要求，也应尽可能把铸件的加工面和加工基准面放在同一半型内。分型面主要是为了方便取出模样而设置的，但对铸件精度会造成不利。一方面会使铸件产生错偏，这是因错型引起的；另一方面由于合型不严，在垂直分型面方向上增加铸件尺寸。如图 3—10 所示为黄河牌汽车后轮毂的分型方案。加工内孔时按 ϕ350 mm 的外圆周定位（基准面）。如图 3—11 为管子堵头的分型方案。铸件加工时，以四方头中心线为定位基准，加工外圆螺纹。

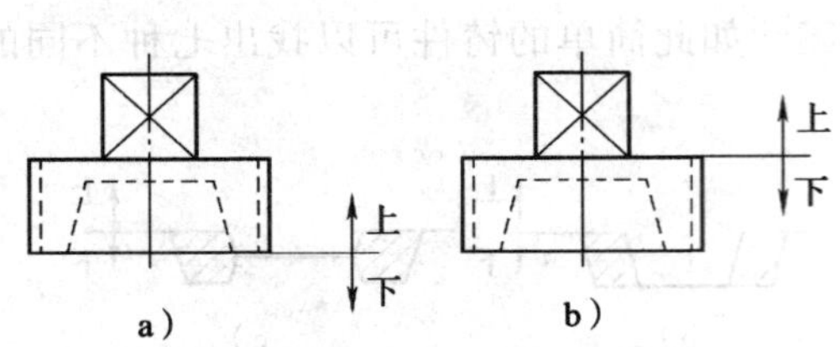

图 3—10　后轮毂的分型方案

a）正确　b）不正确

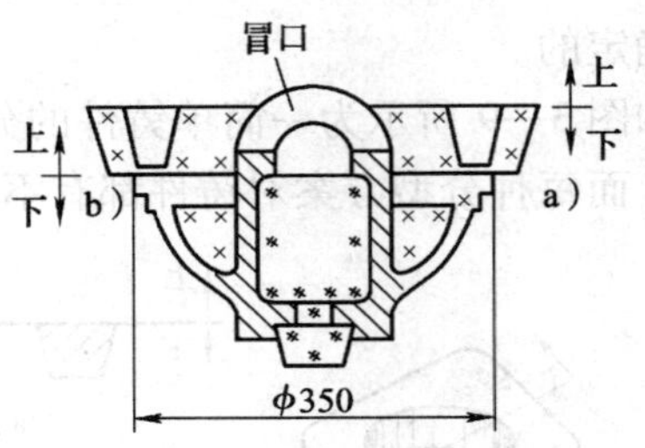

图 3—11　管子堵头分型方案

a）合理　b）不合理

2. 应尽量减少分型面的数目

分型面少，铸件精度容易保证，且砂箱数目少。机器造型的中小件，一般只许有一个分型面，以便充分发挥造型机的生产效率。凡不可能出砂的部位均采用砂芯，而不允许用活块或多分型面，如图 3—12a 所示。虽然总的原则是应尽量减少分型面，但针对具体条件，有时采用多分型面也是有利的。在图 3—12b 中，采用两个分型面，对单件生产的手工造型是合理的，因为能省去一个芯盒的费用。

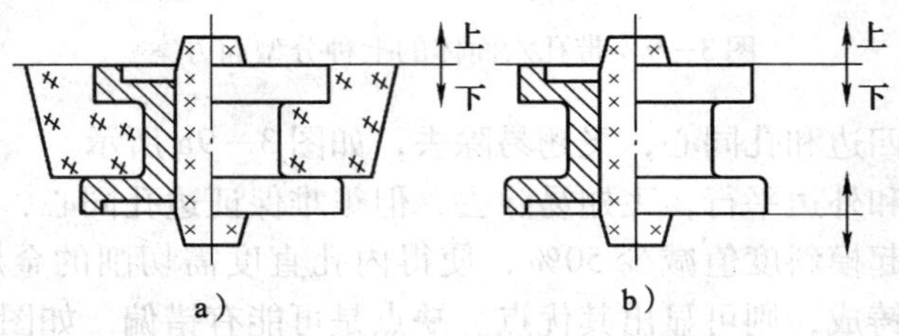

图 3—12　确定分型面数目的实例

3. 平直分型面和曲折分型面的选择

尽可能地选择平直分型面以简化工装结构及其制造、加工工序及操作。但在有些情况下还必须选择曲面分型。例如，为了有利于清理和机械加工而采用曲面分型，如图 3—13 所示。在图 3—13a 中的方案，铸件的分型面是平直的，但沿整个铸件中线全都可能有披缝。这么多披缝靠砂轮来磨掉，工作量相当大。如果打磨得不够平整，在进一步加工时，可能会由于卡夹定位不易准确而影响加工质量，因此，图 3—13b 中的方案较合理。

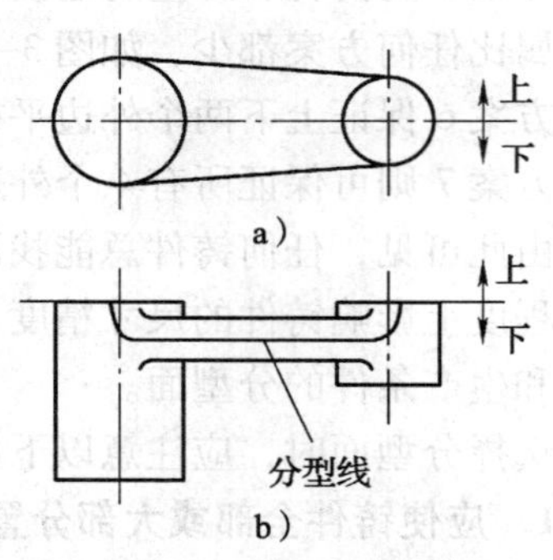

图 3—13　摇臂铸件的分型面

a）不合理　b）合理

4. 选择的分型面要有利于下芯、验型和合型

选择分型面时要力图将全部砂芯或者至少将重要的砂芯放在下型内，如图 3—14b 所示。将砂芯固定在上型内不仅费工、费时，而且容易损坏砂芯。

以上简要介绍了选择分型面的原则，这些原则有的相互矛盾和制约。一个铸件应以哪几项原则为主来选择分型面，这需要进行多方案的对比，根据实际生产条件，并结合经验来得出正确的判断，最后选出最佳方案，付诸实施。

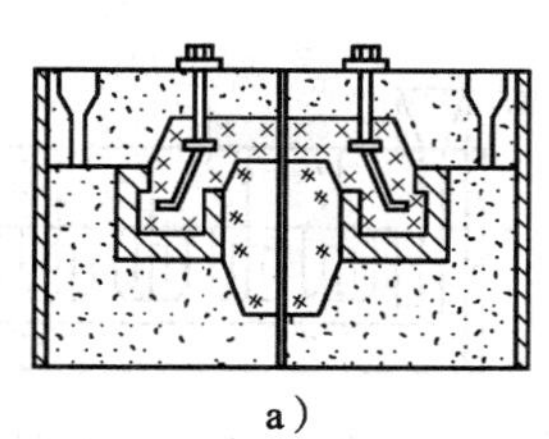

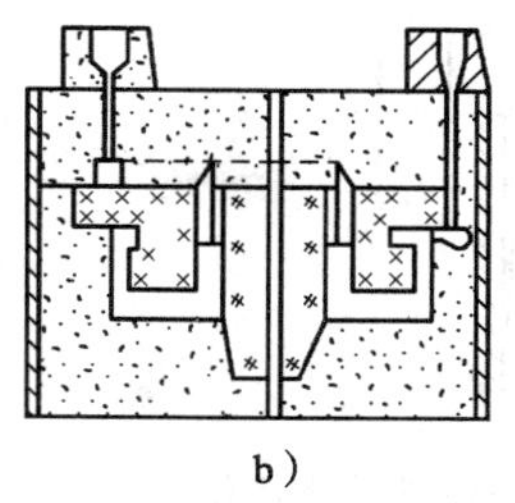

图 3—14　车床三爪卡盘铸件的分型面

a）砂芯吊在上型内　b）砂芯坐落在下型内

二、浇注位置的选择

铸件的浇注位置是指浇注时铸件在铸型中的位置。铸件浇注位置的选择取决于合金种类、铸件结构和轮廓尺寸、铸件表面质量要求以及现有的生产条件。选择铸件浇注位置时，主要以保证铸件质量为前提，同时尽量做到简化造型和浇注工艺。确定浇注位置的主要原则有以下几点。

1. 重要加工面应朝下或呈直立状态

铸件在浇注时，朝下或垂直安放部位的质量比朝上安放的高。经验表明，气孔、非金属夹杂物等缺陷多出现在朝上的表面，而朝下的表面或侧立面通常比较光洁，出现缺陷的可能性小。个别加工表面必须朝上时，应适当放大加工余量，以保证加工后不出现缺陷。

各种机床床身的导轨面是关键表面，不允许有砂眼、气孔、渣孔、裂纹和缩松等缺陷，而且要求组织致密、均匀，以保证硬度值在规定范围内。因此，尽管导轨面比较肥厚，对于铸件而言，床身的最佳浇注位置是导轨面朝下，如图 3—15 所示。圆锥齿轮铸件的齿坯部分质量要求较高，因此其齿坯表面应朝下，如图 3—16 所示。而圆筒零件，内外表面要求较高，一般采用立浇，如图 3—17 所示。

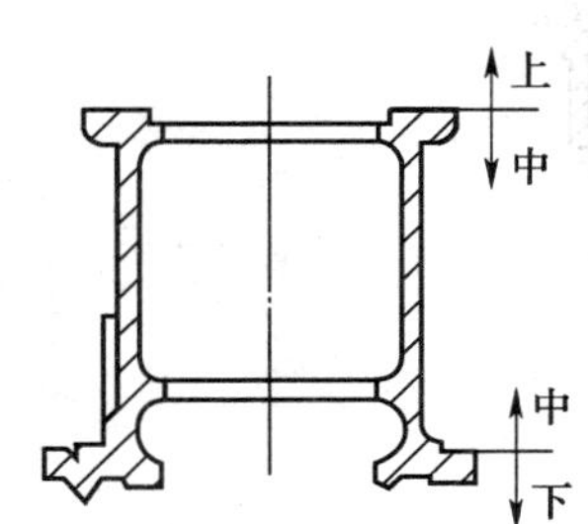

图 3—15　车床床身的浇注位置

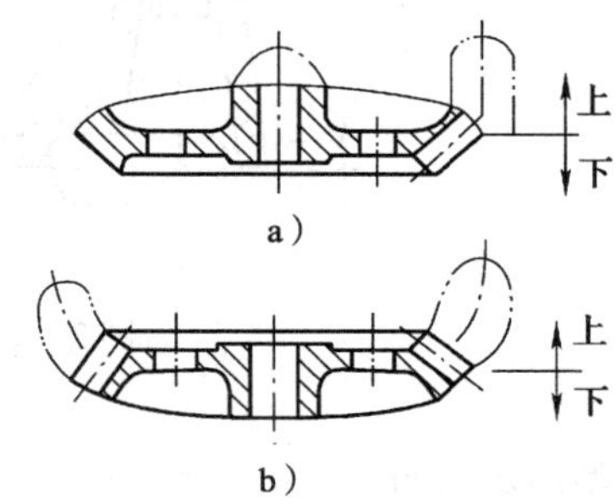

图 3—16　圆锥齿轮铸件的浇注位置

a）正确　b）不正确

2. 铸件的大平面应朝下

铸件大平面朝下既可避免气孔和夹渣，又可以防止在大平面上形成砂眼缺陷。在图 3—18 中，如果将铸件的平面朝上，操作上有其方便之处，但铸件平面部分的质量难以保证。因此，应选用铸件平面朝下的方案，浇注时可采用倾斜浇注的方法。

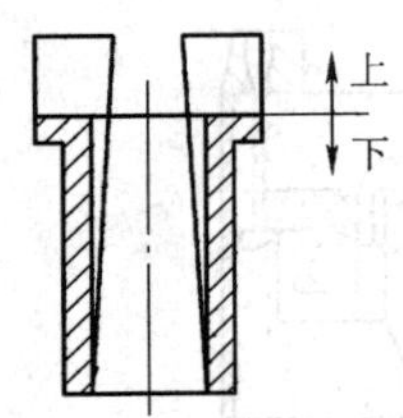

图 3—17　圆筒类铸件的浇注位置

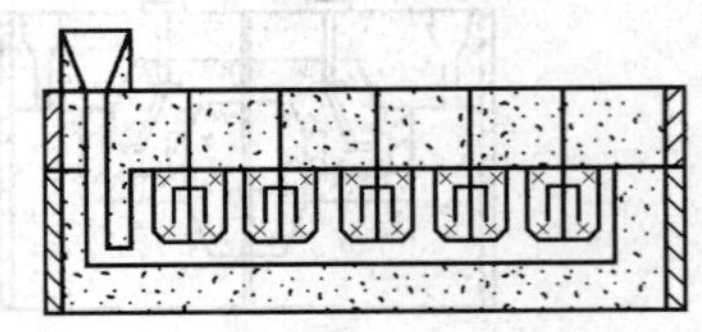

图 3—18　平板铸件

3. 应有利于铸件的补缩

对于因合金体收缩率大或铸件结构厚薄不均匀而易于出现缩孔、缩松的铸件，浇注位置的选择应优先考虑实现顺序凝固的条件，要便于安放冒口和发挥冒口的补缩作用。厚大部分尽可能安放在上部位置，而对于中、下位置的局部厚大处采用冷铁或侧冒口等工艺措施解决其补缩问题。

4. 应保证铸件有良好的液态金属导入位置，保证铸件能充满

较大而壁薄的铸件部分应朝下、侧立或倾斜，以保证金属液的充填。浇注薄壁件时要求金属液到达薄壁处所经过的路程或所需的时间越短越好，使金属液在静压力的作用下平稳地充填好铸型的各个部分。

5. 尽量少用或不用砂芯

若需要使用砂芯时，应注意保证砂芯定位稳固、排气通畅和下芯及检验方便。应尽量避免用吊砂、吊芯或悬臂式砂芯。经验表明，吊砂在合型、浇注时容易塌箱。在上半型上安放吊芯很不方便。悬臂砂芯不稳固，在金属浮力作用下易偏斜。此外，要照顾到下芯、合型和检验的方便，如图 3—19 所示。

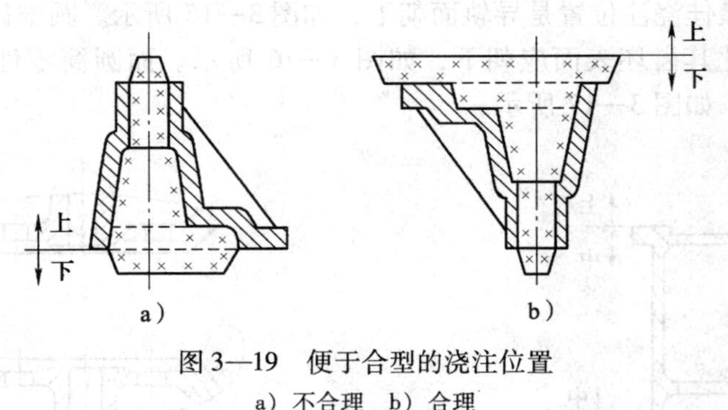

图 3—19　便于合型的浇注位置

a）不合理　b）合理

三、型芯的设计

型芯是铸型的重要组成部分。型芯的功用是形成铸件的内腔、孔洞和形状复杂阻碍取模部分的外形以及铸型中有特殊要求的部分。

型芯应满足以下要求：型芯的形状、尺寸以及在铸型中的位置应符合铸件要求；具有足够的强度和刚度；在铸件形成过程中型芯所产生的气体能及时排出铸型外；铸件收缩时阻力小；造芯、烘干、组合装配和铸件清理等工序操作简便，芯盒结构简单。

1. 型芯的种类及其应用

型芯依据制作的材料不同分为以下几类。

（1）砂芯

用硅砂等材料制成的型芯，称为砂芯。砂芯制作容易、价格便宜，可以制出各种复杂的形状；砂芯强度和刚度一般能满足使用要求，铸件收缩时阻力小，铸件清理方便，在砂型铸造中得到了广泛的应用。在金属型铸造、低压铸造等铸造工艺中，对于形状复杂的内腔孔洞，也用砂芯来形成。

（2）金属芯

它是指在金属型铸造、压力铸造等工艺方法中，广泛应用金属材料制作的型芯。金属芯强度和刚度都好，得到的铸件尺寸精度高。但对铸件收缩的阻力大，对于形状复杂的孔腔抽芯比较困难，选用时应引起足够重视。

（3）水溶性型芯

用水溶性盐类制作型芯或作为黏结剂制作的型芯称为水溶性型芯。此类型芯有较高的常温强度和高温强度，较低的发气性，较好的抗黏砂性，铸件浇注后用水即可方便地溶失型芯。水溶性型芯在砂型铸造、金属型铸造、压力铸造等工艺方法中都得到一定的应用。

2. 砂芯设计

在铸件浇注位置和分型面等工艺方案确定后，就可根据铸件结构来确定砂芯如何分块（即采用整体结构还是分块组合结构）和各个分块砂芯的结构形状。确定时总的原则应保证：从造芯到下芯的整个过程方便，铸件内腔尺寸精确，不致造成气孔等缺陷，芯盒结构简单。

（1）保证铸件内腔尺寸精度。凡铸件内腔尺寸要求较严的部分应由同一砂芯形成，不宜划分为几个砂芯。在铸件尺寸精度要求很高的地方，尽管结构很复杂，但仍要采用整体砂芯。

（2）保证操作方便。复杂的大砂芯、细而长的砂芯可分为几个小而简单的砂芯或分成数段，并设法使芯盒通用。大而复杂的砂芯，分块后芯盒结构简单，制造方便。砂芯上的细薄连接部分或悬臂凸出部分应分块制造，待烘干后再装配粘接在一起。

（3）砂芯应有较大的填砂平面和运输及烘干时的支撑面。

（4）在砂芯分块数量较多时，为便于砂芯组合、装配和检查，最好采用“基础砂芯”（其本身不是成型部分或只起部分铸型作用），在它的上面预先组合大部分或全部砂芯，然后再整体下芯。

除上述几条原则外，还应使每块砂芯有足够的断面，保证有一定的强度和刚度，并能顺利排出砂芯中的气体；使芯盒结构简单，便于制造和使用等。

3. 芯头的设计

芯头是砂芯的定位、支撑和排气的部位，在设计时需要考虑：如何保证定位准确、能承受砂芯自身的质量和液态合金的冲击、浮力等外力的作用，将浇注时在砂芯内部产生的气体引出铸型。

（1）芯头尺寸的确定

芯头可分为垂直芯头和水平芯头两大类。由于芯头的直径（或宽度）通常与砂芯的直径（或宽度）相同，所以要确定芯头的承压面积和尺寸；对于垂直砂芯实际上只是确定芯头的高度；对于水平砂芯则确定芯头的长度。在一般情况下，芯头的尺寸可通过查表确定，不需要烦琐的计算。

当砂芯本体尺寸较大，其出口处（即芯头部分）又较狭窄时，应对芯头的尺寸进行验算，以保证在金属液的最大浮力作用下不超过铸型的许用压力。芯头的承压面积 S 应满足下式：

$$S \geqslant \frac{kF}{[\sigma]}$$

式中 S——芯头的承压表面积，cm^2；

F——计算的最大浮芯力，N；

k——安全系数，$k = 1.3 \sim 1.5$；

$[\sigma]$——铸型的许用应力，MPa。

(2) 芯头斜度的确定

为了便于造型、造芯、下芯和合型操作，芯头和芯座在造型取模和下芯方向要有一定的斜度。对于垂直砂芯，其芯头和芯座的上部斜度 β 一般要比下部斜度 α 大；对于水平砂芯，有时为了简化芯盒结构和制造方便，只在芯座（或模样芯头）上带有斜度。上芯座斜度 β 一般约取 10°，下芯座斜度 α 取 5°；为了保证芯头与芯座的配合，形成芯座的模样芯头的斜度取正偏差（如 $\alpha = 5° + 15'$），芯盒中芯头部分的斜度取负偏差（如 $\alpha = 5° - 15'$）。

(3) 芯头与芯座配合间隙的确定

芯头与芯座的配合关系和轴与轴承的配合相似，必须有一定的装配间隙。如果间隙过大，虽然下芯、合型较方便，但是铸件尺寸精度较低，甚至合金液可能流入间隙中造成大量“披缝”，使铸件落砂、清理困难，或堵塞芯头的通气孔道，使铸件造成气孔等缺陷；如果间隙过小，将使下芯、合型操作困难，易产生掉砂或塌箱等缺陷。间隙的大小取决于铸型种类、砂芯大小、精度及芯座本身的精度，具体的配合间隙可参考有关手册。

(4) 压环、防压环

压环（压紧环）是指在上模样芯头上车削的一道半圆凹沟（$r = 2 \sim 5$ mm），造型后在上芯座上凸起一环型砂，合型后它能把砂芯压紧，避免液体金属沿间隙钻入芯头，堵塞通气道，如图 3—20a 所示。这种方法只适用于机器造型的湿型。

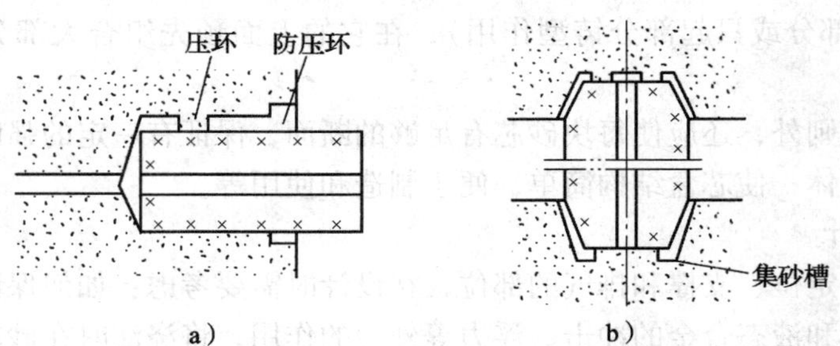

图 3—20 典型的芯头结构

a）水平芯头 b）垂直芯头

防压环是指在水平芯头靠近模样的根部，设置凸起的圆环，高度为 0.5 ~ 2 mm，宽 5 ~ 12 mm。造型后，相应部位形成下凹的一环状缝隙，下芯、合型时，它可防止此处的砂型被压塌，因而可避免掉砂缺陷。

防压环的作用和手工造型中“打披缝”的作用是一样的，都是为了使靠近型腔表面的砂型不受压力，以防压塌铸型。条件不同时，采用的方法也应不同。

（5）集砂槽

造型时，常因为有砂粒存于下芯座中而使砂芯放不到底面上。手工造型时可用人工仔细清除这些砂粒，但机器造型中就不可能这样做。为此，在下芯座模样的边缘上设一道凸环，造型后砂型内形成一环凹槽，称为集砂槽，用来存放个别的散落砂粒。这样就可大大加快下芯速度。集砂槽一般深 2 ~ 5 mm，宽 3 ~ 6 mm，如图 3—20b 所示。

技能训练

分析车床床身的铸型分型面及浇注位置

床身是车床的机体，车床上的所有部件都以床身为基础组装在一起，所以要求床身具有一定的强度、良好的刚性和减振性。

床身技术要求：导轨面不允许有任何铸造缺陷；硬度 190 ~ 240HB，并要求硬度均匀；须进行人工时效处理消除内应力。铸件外部形状虽不复杂，但内腔肋条较多，属中等复杂程度。多数壁厚为 12 ~ 13 mm，导轨面厚度在 26 mm 以上，壁厚差较大，容易产生挠曲变形。

根据图 3—15 所示的车床床身，分析铸型分型面及浇注位置，并完成下表。

分析车床床身的铸型分型面及浇注位置

	方案	图示	优缺点	适用场合
分析分型面	Ⅰ	上 下	（1）便于造型、下芯、合型等操作 （2）由于是平做立浇，所以下芯合型操作必须仔细，以免在铸型翻转时砂芯位置移动和砂箱错动	适于大批、大量生产
	Ⅱ	上 中 中 下	平做平浇，三箱造型。这样造型、下芯、检验、合型都很方便，而且省去了翻转铸型，避免了砂芯、砂箱可能由此引起的错动	适于小批生产、手工造型

续表

<table>
<tr><td></td><td>方案</td><td>图示</td><td>优缺点</td><td>适用场合</td></tr>
<tr><td rowspan="2">分析浇注位置</td><td colspan="4">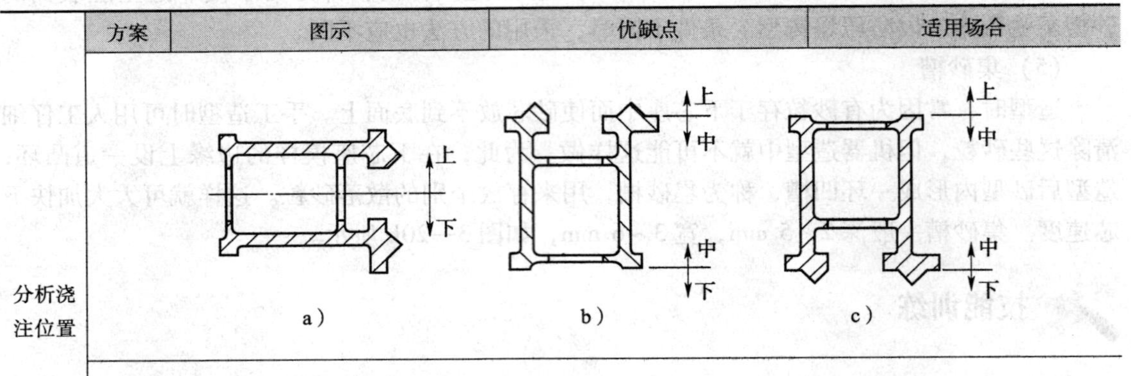

a） b） c）</td></tr>
<tr><td colspan="4">根据浇注位置的选择要求：
（1）铸件的重要加工面应朝下或位于侧面
（2）铸件的大平面应朝下
（3）铸件的薄壁部分应朝下或处于侧面
（4）铸件厚大部分应放在上部或侧面
浇注位置合理的是（　　）</td></tr>
</table>

练　习

1. 铸件的铸造工艺性包括哪些方面？
2. 如何选择铸件的分型面和浇注位置？
3. 型芯的种类有哪些？应用在什么场合？
4. 芯头的设计需要考虑哪些因素？

第四单元

造型方法与技术

课题一 造型专业知识

随着科学技术的进步，造型技术也发生了巨大的变化。但从整体来看，由于黏土砂造型具有较大的灵活性、适应性和经济性，到目前为止，仍是铸造业产量最高及应用最广泛的一种造型技术。

一、造型工艺知识

生产上的铸型分类及其特点与应用范围见表4—1。

表4—1　　铸型分类及其特点与应用范围

铸型种类	主要特点	应用范围
湿型	砂型不需烘干，成本低、劳动条件好、生产效率高、生产周期短、砂型不易变形、尺寸精度高，但强度较低，水分含量较高	各种批量的中、小型铸件生产及机械化造型
干型	含水少、强度高、透气性好、易于保证质量，但砂型尺寸精度较低，生产成本较高，且生产周期长，劳动条件差，不易实现机械化生产	结构复杂，质量要求高，单件或小批量生产的大、中型铸件
表干型（表面烘干型）	只将砂型表层10～30 mm的砂层烘干，兼有湿型和干型的优点	结构较复杂，质量要求较高的单件或小批量生产的大、中型铸件
自硬砂型	利用化学反应硬化砂型。强度高，含水少，砂型尺寸精度高，生产效率高，劳动条件好，可实现机械化生产，但生产成本较高	结构复杂，质量要求较高，单件或成批生产的大、中型铸件
覆砂金属型	在随形金属模（砂箱）表面覆以5～20 mm的型砂，形成高刚度铸型。铸件尺寸精度高、型砂消耗少、生产效率高，可实现球墨铸铁无冒口铸造。但随形金属模（砂箱）制作成本较高	质量要求高，大量生产的中、小型球墨铸铁件，如曲轴、凸轮轴和连杆等

二、造型方法分类

按成型方式分，砂型铸件的造型方法有手工造型和机器造型两大类。手工操作是机器生产的基础。手工造型主要包括砂箱造型、刮板造型和地坑造型等。其中，砂箱造型应用最广泛。砂箱造型包括整模造型、分模造型、挖砂造型、假箱造型、活块造型、多箱造型等多种造型方法。由于铸件复杂程度、质量、大小和生产批量及各厂生产条件不同，因而在生产中应选择最佳的造型方法。只有掌握各种造型的操作技能，才能以最低的成本、最简便的操作，获得优质的铸件。

如何选用可视具体情况而定，各类造型方法的主要特点及应用范围见表 4—2 和表 4—3。

表 4—2　　手工造型方法主要特点及应用范围

造型方法	图示	主要特点及应用范围
整模造型	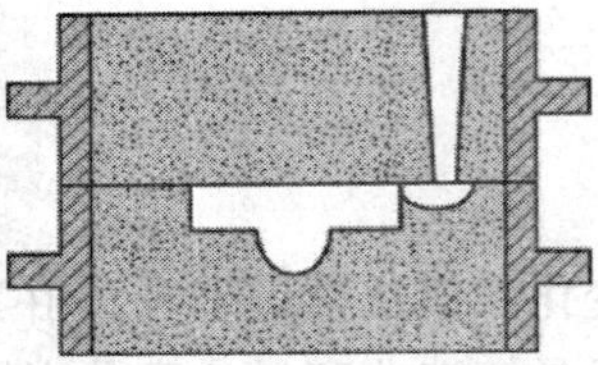	模样是整体的，铸件分型面为平面，铸型型腔全部在半个铸型内，其造型简单，铸件不会产生错型缺陷 适用于铸件最大截面在一端且为平面的铸件
分模造型	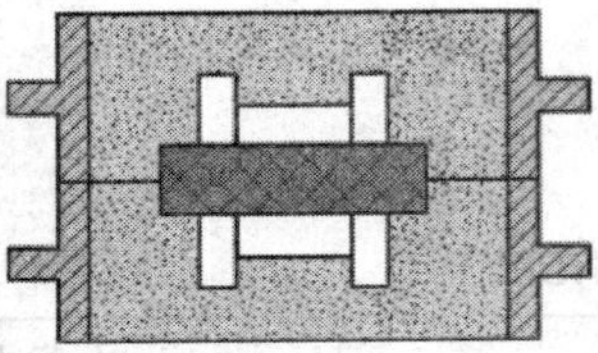	分模造型是将模样沿最大截面处分成两半，型腔位于上、下两个砂箱内，造型简单，生产效率低 常用于最大截面在中部的铸件
挖砂造型	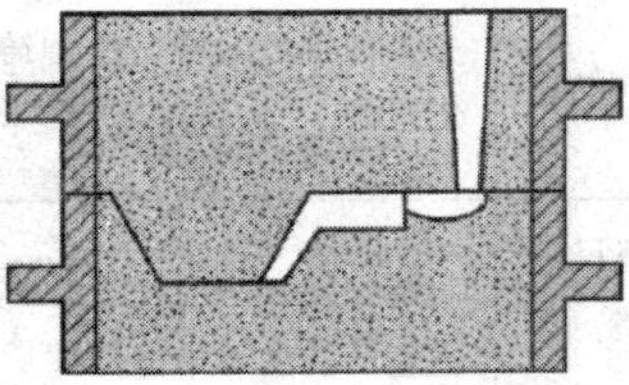	模样是整体的，铸件分型面为曲面。为便于起模，造型时用手工挖去阻碍起模的型砂。其造型操作复杂，生产效率低，对工人技术水平要求高 适用于分型面不是平面的单件或小批生产的铸件
假箱造型	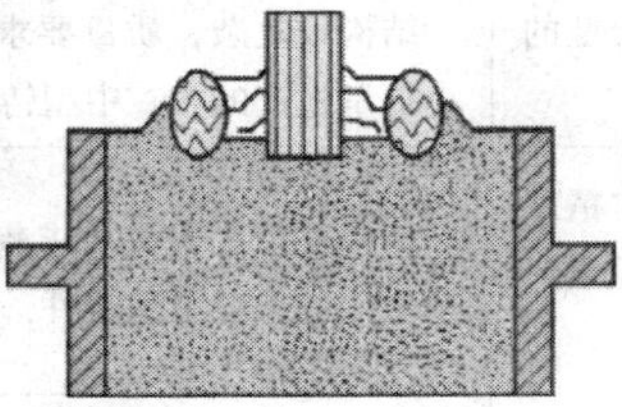	在造型前预先做一底胎（即假箱），然后在底胎上制作下箱，因底胎不参与浇注，故称为假箱。假箱造型比挖砂造型操作简单，且分型面整齐 用于代替批量生产中需要挖砂造型的铸件
活块造型	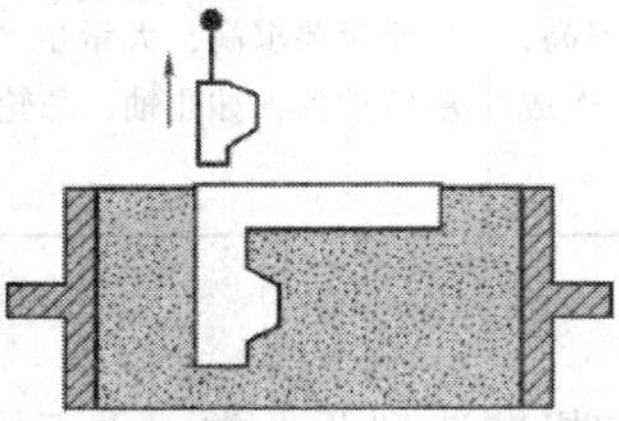	制模时，将铸件上妨碍起模的小凸台、肋条等部分做成活动的（即活块）；起模时，先起出主体模样，然后再从侧面取出活块。其造型费时，对工人技术水平要求高 主要用于带有凸出部分、难以起模的铸件的单件或小批生产

续表

造型方法	图示	主要特点及应用范围
三箱造型		铸型由上、中、下三型构成，中型高度需与铸件两个分型面的间距相适应。三箱造型操作费工 主要适用于具有两个分型面的铸件的单件或小批生产
刮板造型		采用刮板代替实体模样造型，可降低模样成本，节约木材，缩短生产周期。但其生产效率低，对工人技能水平要求高 可用于有等截面或回转体的大、中型铸件的单件或小批生产，如带轮、铸管、弯头等
地坑造型		在地基上挖坑，并利用挖出的地坑进行造型 主要用于大型铸件

表 4—3　　机器造型方法主要特点及应用范围

造型方法	图示	主要特点及应用范围
振击紧实		利用低频率、高振幅机械振击紧实砂型。砂型下紧上松，紧实度不均匀。机器结构简单，成本低，噪声大，劳动强度大，生产效率低，对厂房基础要求高 适用于成批、大量生产且精度不高的中、小型铸件
压实紧实		型砂借助于压头或模板所传递的压力紧实成型，按比压大小可分为低压（0.15～0.4 MPa）、中压（0.4～0.7 MPa）、高压（大于 0.7 MPa）三种。噪声小，劳动条件好，生产效率高，中低压造型机结构较简单，制造成本较低；高压造型机械结构复杂，对砂箱要求高，制造和维修保养成本高 中、低压造型用于精度要求不高，高度较小的简单铸件批量生产；高压造型用于精度要求高，较复杂铸件的大量生产
振压紧实		振击后加压紧实。砂型紧实度较高，且较均匀。成本低，生产效率较高，噪声大 适用于成批、大量生产且精度要求较高、较复杂的小型铸件

课题二 整模造型

一、整模造型的操作过程

整模造型就是用一个整体的模样造型。造型时模样全部在一个砂型内，具有一个分型面（上型和下型的接触面）。这类零件的最大截面一般是在端部，而且是一个平面，造型完成后，模样可以直接从砂型中起出。端盖零件整模造型模样如图 4—1 所示。

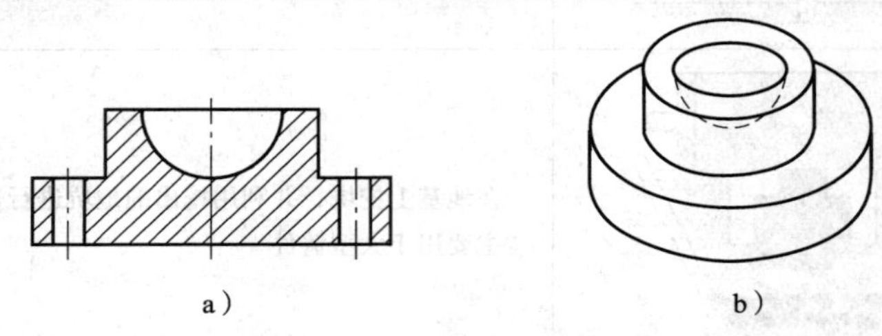

图 4—1　整模造型的模样

a）端盖零件简图　b）模样

1. 造下型

（1）安放模样

应根据吃砂量选择适当的砂箱及造型平板，将模样放在平板的适当位置上，要注意留出浇注系统和冒口位置，如图 4—2a 所示。如图 4—2b 所示，套上砂箱。吃砂量就是模样与砂箱内壁、箱带与模样顶面之间的距离。由于铸件尺寸不同，所以吃砂量也不同，最小的吃砂量一般侧面为 50 ~ 70 mm，顶面和底面为 70 ~ 90 mm，大件侧面可达 150 ~ 200 mm，顶面和底面可达 250 mm。

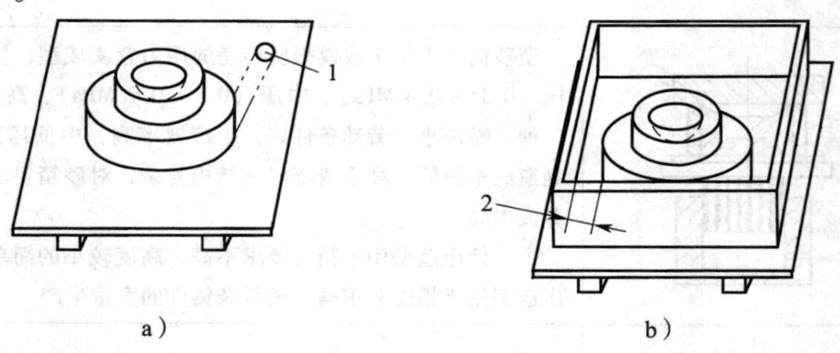

图 4—2　安放模样

a）预留浇注系统位置　b）套上砂箱

1—浇注系统位置　2—吃砂量

（2）填砂

根据需要在模样表面均匀撒上一薄层防黏模材料（如硅石粉），如图 4—3a 所示；或用脱模剂擦模样表面，目的是防止型砂黏到模样上。在模样表面筛上（或铲上）一层面砂，如图 4—3b 所示。

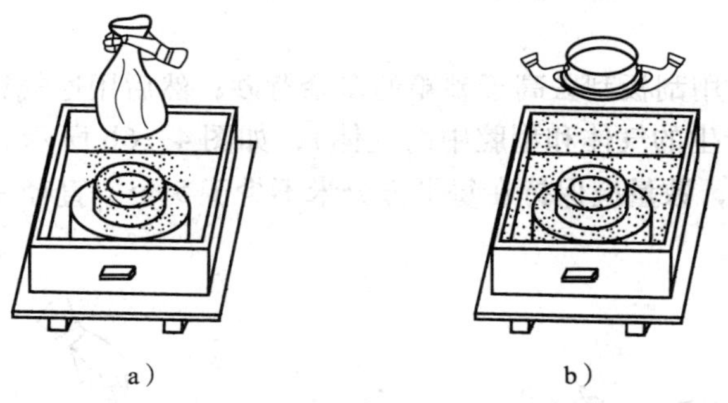

图 4—3 填砂

a）撒防黏材料 b）筛面砂

（3）按实面砂

如图 4—4a 所示，面砂要有一定厚度，不能露出模样，模样上凹陷处或不易舂实的部分，应在放砂箱前先用手将面砂塞紧或舂实，舂实后的面砂为 20 ~ 60 mm 厚。再铲上一层背砂，厚度约为 100 mm 较好，如图 4—4b 所示。

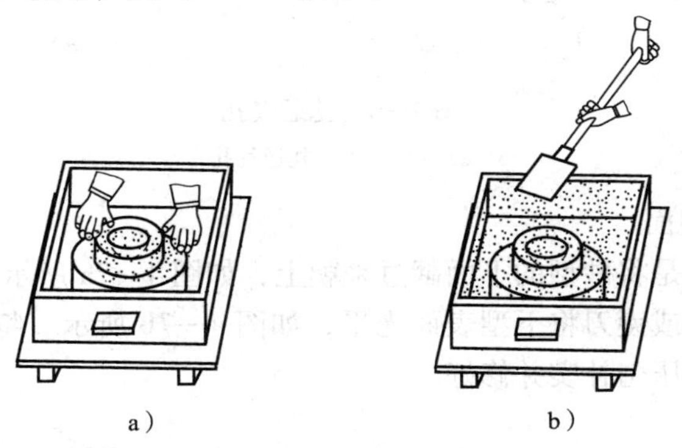

图 4—4 按实面砂

a）按实面砂 b）铲背砂

（4）舂实

如图 4—5a 所示，用砂舂的扁头将分批填入的型砂逐层舂实，较大砂型可用风动捣固器

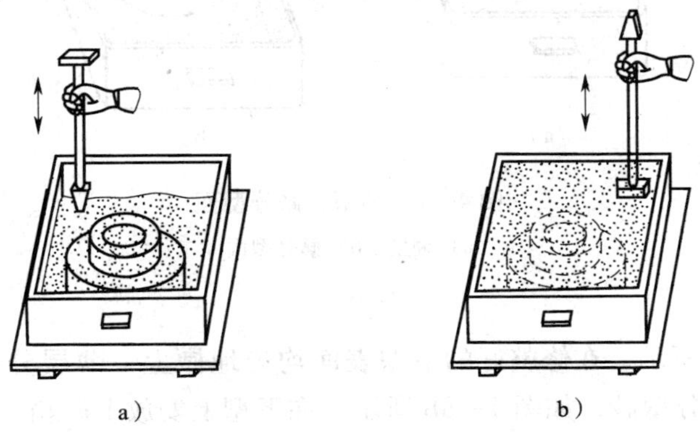

图 4—5 舂砂

捣固。舂头和模样要保持 20 ~ 40 mm 距离，以免舂坏模样，填入最后一层型砂（背砂）后用砂舂平头舂实，如图 4—5b 所示。注意：舂实要有一定尺度，不是紧实度越高越好。

（5）扎通气孔

如图 4—6a 所示，用刮板刮去高于砂箱的多余背砂；然后用通气针扎出通气孔（为了排出浇注时型砂、芯砂产生的气体和型腔中的气体），如图 4—6b 所示。一般通气孔的深度以距型腔 2 ~ 10 mm 为宜，数量应保持在每平方分米不少于 5 个，直径一般为 2 ~ 8 mm，具体应根据砂型大小而定。

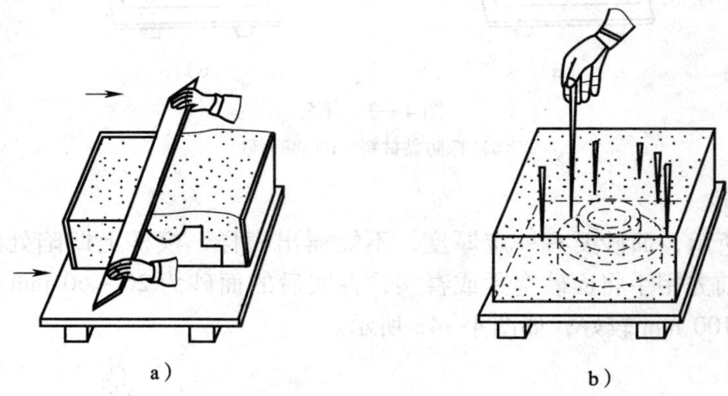

图 4—6　扎通气孔

a）刮平　b）扎通气孔

（6）翻型、修分型面

翻型也称翻箱，就是将砂型的下面翻过来朝上，如图 4—7a 所示。为造上型时有一个较好的分型面，要用压勺或镘刀将下型表面光平，如图 4—7b 所示。特别是模样四周的砂型，如有舂不实的地方要用压勺补实并修好。

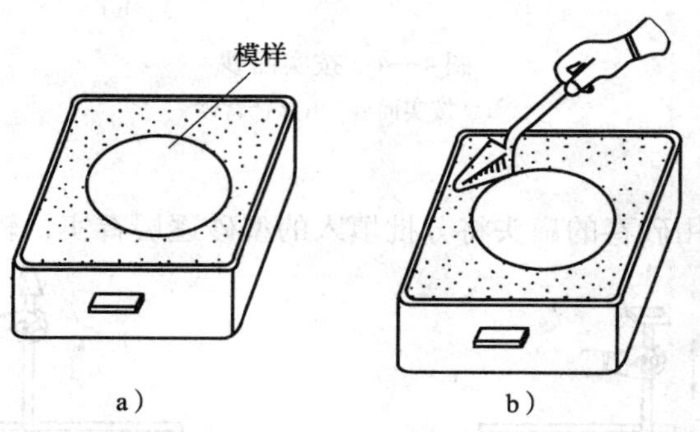

图 4—7　翻型、修分型面

a）翻型　b）修分型面

2. 造上型

（1）如图 4—8a 所示，在修整好的下型表面均匀地撒上一薄层分型砂。用手风箱或其他工具清除模样上的分型砂，如图 4—8b 所示。在下型上安放上砂箱，在模样表面均匀地撒上防黏模材料，如图 4—8c 所示。

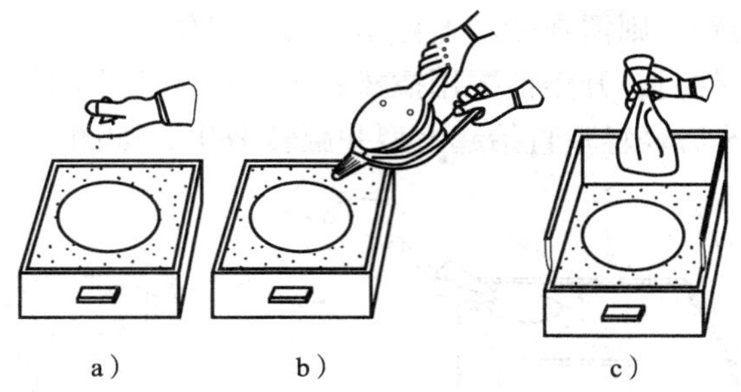

a） b） c）

图 4—8 造上型（一）

a）撒分型砂 b）清除分型砂 c）撒防黏材料

（2）根据工艺要求，将浇口棒安放在适当位置上（有些铸件还需要安冒口模样），然后加入面砂，如图 4—9a 所示。分层加入背砂，用砂舂扁头逐层舂实，如图 4—9b 所示。和造下型一样，最后用砂舂平头舂实砂型，如图 4—9c 所示。

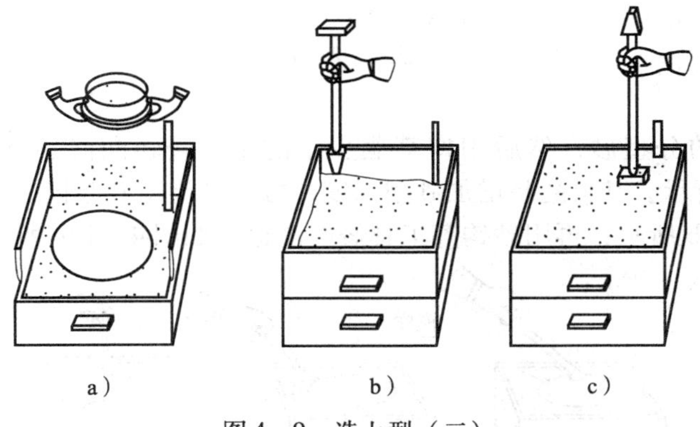

a） b） c）

图 4—9 造上型（二）

a）撒面砂 b），c）舂实

（3）如图 4—10a 所示，用刮板刮去多余的背砂，使砂型背面基本平直。然后用压勺或镘刀光平背砂，特别是浇注系统处的型砂，如图 4—10b 所示。和造下型一样，扎出一定数量的通气孔，然后取出浇口棒，如图 4—10c 所示。

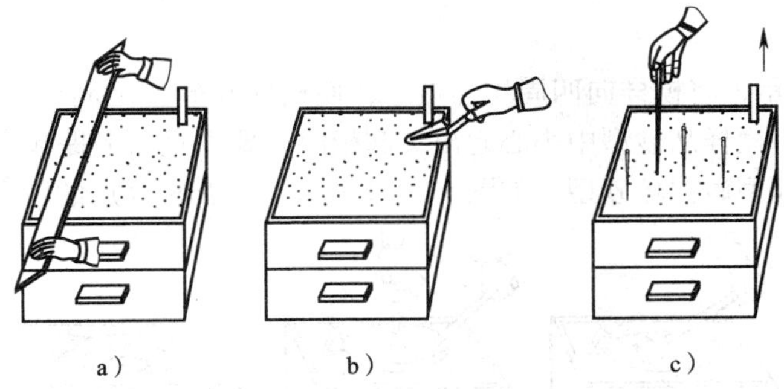

a） b） c）

图 4—10 造上型（三）

a）刮平 b）修分型 c）扎通气孔

3. 开型

如图 4—11a 所示，在直浇道上挖出漏斗型浇口盆（一些工厂直接在直浇道上安置浇口盆）。如果砂型无定位装置，则需在砂箱上做出泥号，以便合型定位（在砂型的定位一节中详细介绍）。当上型有工件时，开型前要用撬棒在上下砂箱把手间轻轻左右撬动，使型壁和模样间产生一些间隙，然后轻轻垂直抬起上型并翻转 180°，如图 4—11b 所示。

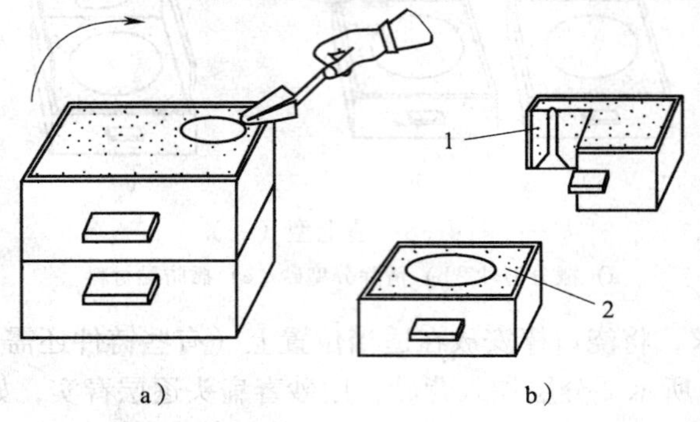

图 4—11　开型

a）挖浇口盆　b）开型

1—上型　2—下型

4. 开浇道

扫除分型面上的分型砂，然后用掸笔蘸少量的水，轻轻润湿靠近模样处的型砂（湿型），如图 4—12a 所示。其目的是增加砂型强度，方便开浇道及起模。按工艺用压勺或镘刀开浇道，如图 4—12b 所示；再用砂钩等工具修好浇道，如图 4—12c 所示

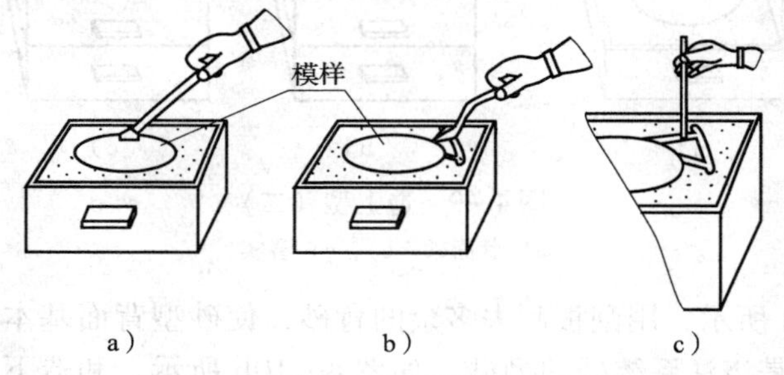

图 4—12　开浇道

a）润湿模样处的型砂　b）开浇道　c）修理浇道

5. 起模

如图 4—13a 所示，将模样向四周均匀敲动，使模样和砂型之间产生均匀的间隙。然后用起模针或起模钉将模样从砂型中小心起出。起模时，要垂直向上提起模样，同时轻轻敲打模样，以免模样带起型砂损坏砂型，如图 4—13b 所示。起出模样后的砂型如图 4—13c 所示。

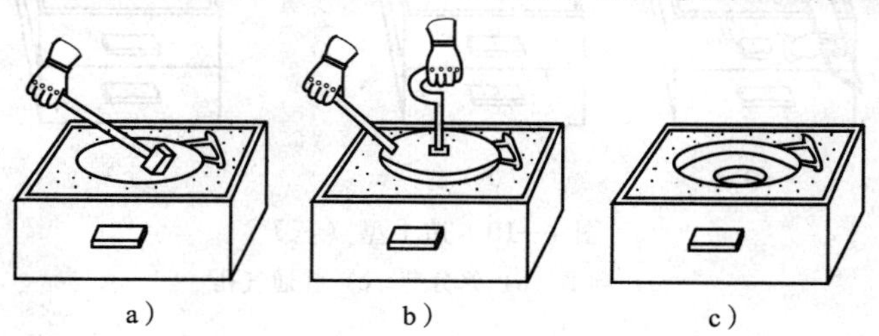

图 4—13　起模

a）松动模样　b）起模　c）起模后的砂型

6. 合型

如图 4—14a 所示，将上型按定位装置对准放到下型上。然后放上压铁（或夹上箱夹），并为防止跑火（分型面有缝隙，浇注时金属液沿缝隙跑出的现象），用型砂抹好箱缝（或在分型面上压上泥条），如图 4—14b 所示。注意：砂型应放在疏松的砂地上，以便排气。较大的砂型应在地表面开出通气沟。这时整模造型操作过程结束，准备浇注。

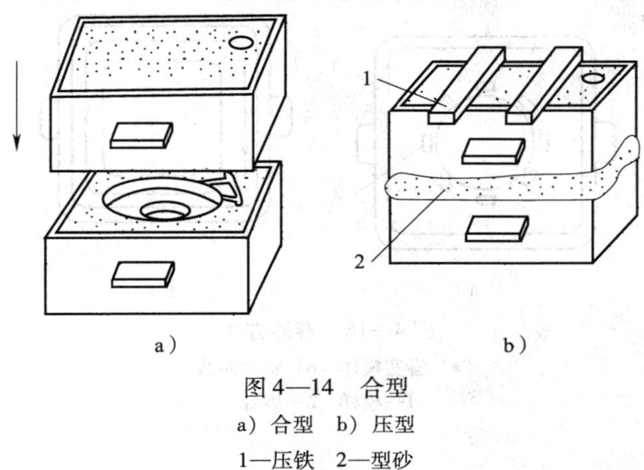

图 4—14 合型

a）合型 b）压型

1—压铁 2—型砂

二、整模造型的操作技术

整模造型操作简便，型腔尺寸精确，适用于生产各种批量且形状简单的铸件。

整模造型过程中，有很多基本的操作技术，下面把每道工序的操作要点简述如下。

1. 确定模样在砂型中的适当位置

（1）安放模样，应注意不要放错斜度的方向。如模样大端朝向底板，起模时才能保持型腔完好，如图 4—15 所示。

（2）应该有安放浇冒口的位置。

（3）铸件的加工面，特别是重要加工面应朝下或放于侧立面。

（4）模样至砂箱内壁及顶部之间应留有一定的距离（称为吃砂量），其值视模样大小而定。

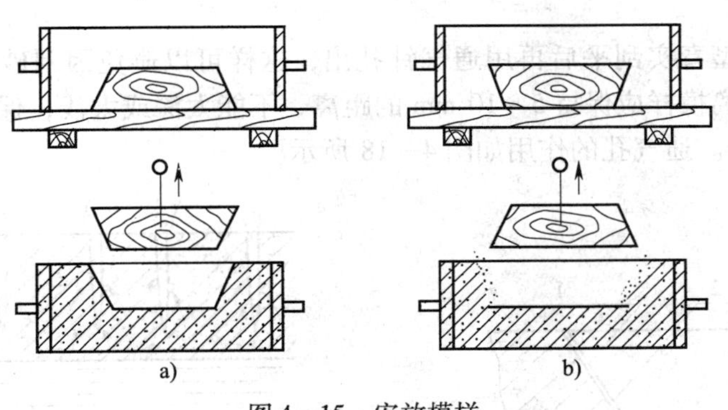

图 4—15 安放模样

a）正确 b）错误

2. 填砂

在生产小铸件时，为防模样移动，第一次往砂箱中填砂时，应先用手按着模样，并随即用手将模样周围的型砂按实。

3. 舂砂

舂砂时，为防止模样移动和浇口棒歪斜，要先用砂舂扁头在模样和浇（冒）口模样四周舂几下，把它们固定住，如图 4—16a 所示。舂砂路线如图 4—16b 所示。手工舂砂时，填砂厚度每层约 100 mm；用风动捣固器捣固时，填砂厚度每层约 200 mm。

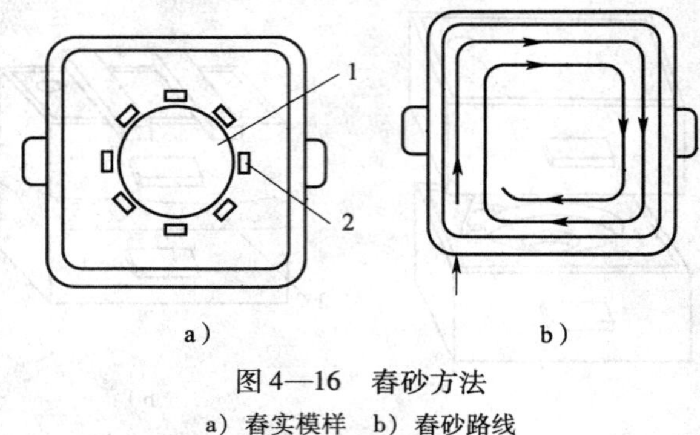

图 4—16　舂砂方法

a）舂实模样　b）舂砂路线

1—模样　2—砂舂

4. 撒分型砂

为使上、下型不致粘连，在下型舂砂之前，要在分型面处均匀地撒上一层薄薄的隔离材料。撒分型砂时应注意下面两种情形。

（1）当分型面有较大的倾斜度，撒上的砂粒不能留住时，对湿砂型可在分型面上铺一层纸来隔离，如图 4—17 所示；对需烘干的砂型，可在分型面上先喷刷一些水后再撒细干砂。

（2）当模样上粘有或有残留的分型砂时，特别是模样的凹角处或者圆拱形模样的底面有分型砂时，必须用掸笔等工具扫掉，不能存留，否则会使铸件的表面很粗糙。

5. 砂型的排气

砂型在浇注时会产生大量的气体，若不能及时顺利排出，铸件极易产生气孔。生产上常通过以下几种方法加强排气。

（1）扎通气孔

通气孔应在砂型舂实刮平后再用通气针扎出，这样可以避免因刮砂而堵塞已扎的通气孔。通气孔的深度离模样应保持 5 ~ 10 mm 的距离，不能太深或太浅，保持每平方分米的面积上不少于 4 ~ 5 个。通气孔的作用如图 4—18 所示。

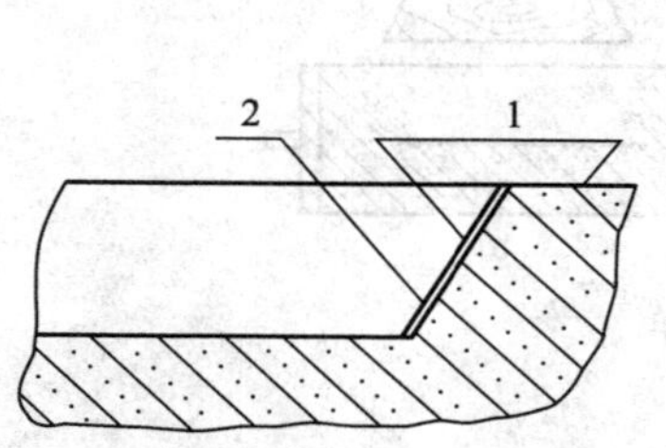

图 4—17　用纸隔离分型面

1—分型面　2—纸

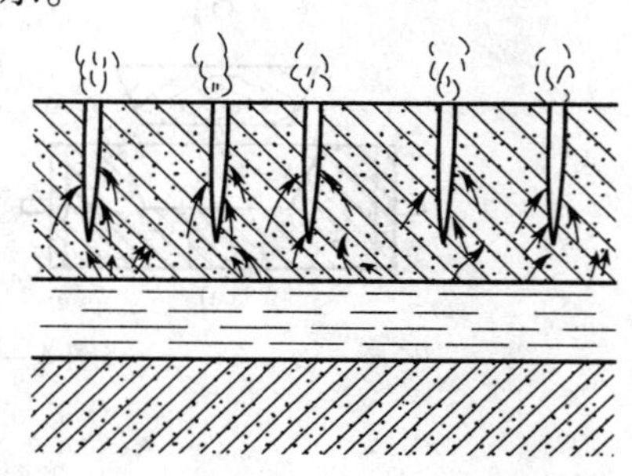

图 4—18　通气孔的作用

（2）在铸件的最高和最厚处安放（设置）出气冒口

出气冒口不仅有观察金属液是否浇满、储存熔融金属以补缩铸件、集渣等作用外，同时也起到排除型腔中气体的作用。

6. 定位

为了使浇注时不产生因错型而导致浇注出的铸件报废，起模后再合型时一定要做好砂型定位。常用的砂型定位方法有以下两种。

（1）用定位销和砂箱上的定位销孔来定位。如果在舂制上型前，上型是通过定位销定位合在下砂型上，起模后再合型时，仍是通过这个定位销来定位，则砂型定位就很准确，如图 4—19 所示。

（2）当砂箱上没有定位销孔装置时，常用做泥号的方法来定位。泥号要做在分型面两侧的上、下砂型外壁上，划出的线条要细而直，从而保证浇注时三个侧面的上、下砂型合箱线对应位置正确，如图 4—20 所示。

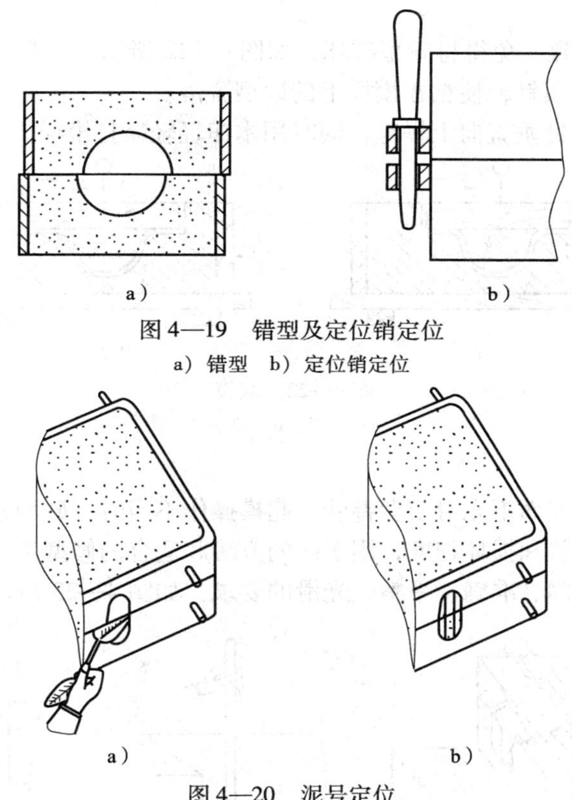

图 4—19　错型及定位销定位

a）错型　b）定位销定位

图 4—20　泥号定位

a）划分型面线　b）划合型线

7. 开型

开型过程不得破坏上、下砂型。开型前，撬棒在上、下砂型搭手间略微左右撬动，使腔壁和模样间产生一微小间隙，然后再开型。

8. 松模

使模样和型腔壁之间留有一均匀、大小合理间隙的操作过程称为松模。松模方法如下。

（1）起模前用水笔蘸些水，将模样四周的砂型稍微湿润一下，以增加这部分型砂的黏结力，防止在起模时损坏型腔的边缘，如图 4—21a 所示。

（2）将起模针垂直扎在通过模样重心的直线位置上，然后用小锤向四周横敲（晃动）起模针的下部，使模样与型腔壁间产生均匀间隙，以便于起模，如图 4—21b 所示。

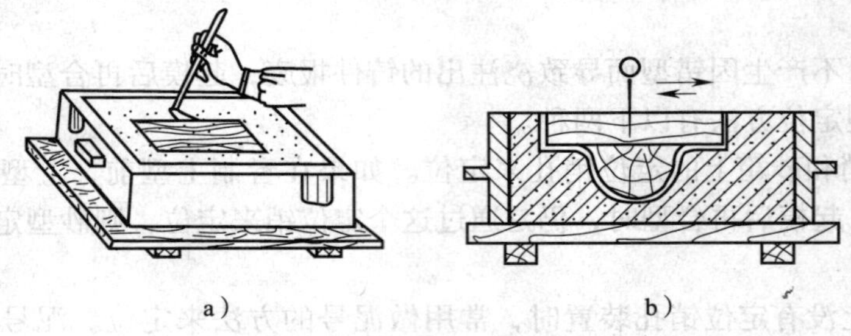

图 4—21　松模

a）起模前刷水　b）松模

9. 起模

起模操作要小心细致，免得将砂型破坏，如图 4—22 所示。步骤如下。

（1）用木槌轻敲起模针，使粘在模样上的砂型脱落。

（2）慢慢地将起模针垂直向上提起，同时用木槌轻轻敲打模样。

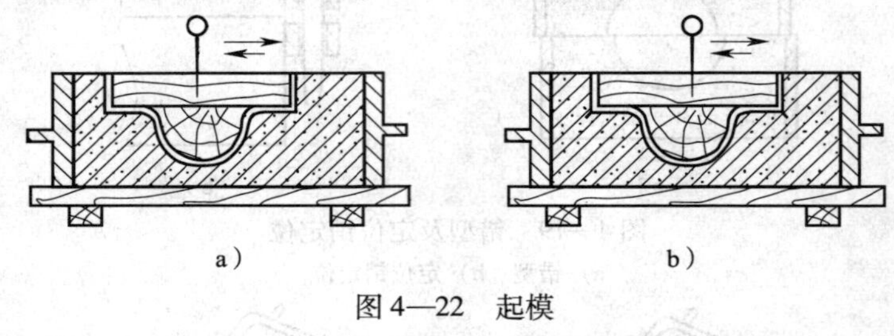

图 4—22　起模

a）正确　b）错误

10. 修型

当模样形状复杂、表面不光滑或者舂砂、起模操作不当时，砂型常常容易被损坏。对损坏的部分应根据型腔形状和损坏程度，用正确的方法和适合的修型工具，用面砂仔细地进行修补。修补后应达到牢固、准确、平整、光滑的要求，如图 4—23 所示。

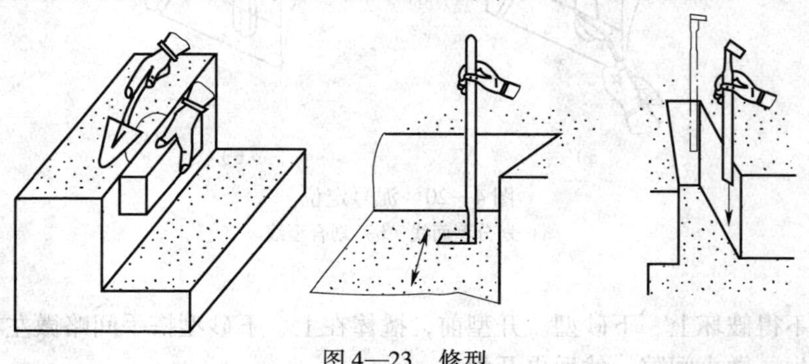

图 4—23　修型

11. 开设浇注系统

浇注系统是浇注时金属液充满铸型和冒口而开设的一系列通道。如果浇注系统开设得不好，铸件容易产生气孔、夹渣、砂眼、缩孔、缩松、浇不足、冷隔以及变形和裂纹等缺陷。

12. 合型

将铸型的各个组元，如上型、下型、芯子、浇注系统杯等组成一个完整铸型的操作过程称为合型（也叫合箱、组型）。合型后把浇注系统杯、冒口用纸片盖住，防止砂子、杂物进入砂型。

三、整模造型应注意的问题

1. 熟悉铸件技术要求，检查模样有无变形和损坏，正确选用砂箱。

2. 舂砂紧实度均匀，靠近模样紧实度大一些，以获得轮廓清晰、尺寸准确的铸件。

3. 砂型排气孔要分布均匀合理，当铸件较大时可做出气冒口，以便浇注时排气畅通。

4. 采用煤粉砂为面砂，要覆盖均匀；若用石墨粉作涂料，要撒均匀，并做到敷着牢靠，以防黏砂。

5. 起模前，松动模样四周间隙要均匀，间隙不能太大，以保证铸件尺寸准确。

6. 开设浇注系统的位置、形状、尺寸符合工艺要求，并要做到浇道表面干净，无浮砂。直浇道下面做出浇注系统窝，以便浇注时缓冲。

7. 合型前检查型腔，做到型腔无浮砂，合型定位准确，防止错箱。

课题三 分模造型

一、分模造型的过程

分模造型就是使用分开的模样造型。分模造型的模样是分成两半的，造型时分别在上、下型内，分型面也是平面。这类零件的最大截面不在端部，如果做成整模，在造型时就会取不出来。分模造型过程和整模造型基本相同，如图 4—24 所示套筒的分模造型过程具体操作方法如下。

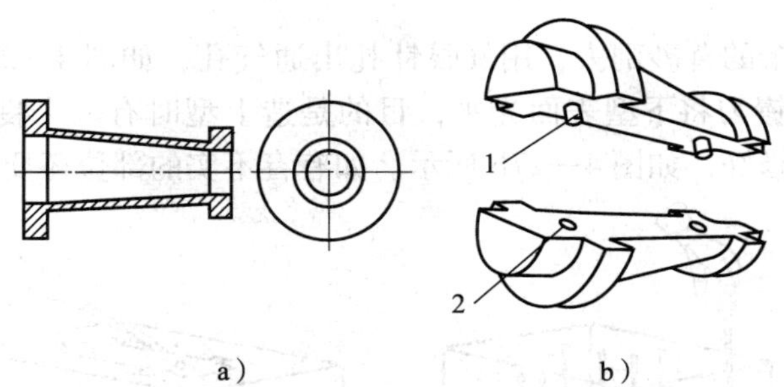

图 4—24 分模造型的模样

a）套筒零件简图 b）模样

1—定位销 2—定位孔

1. 造下型

（1）安放模样

同前面讲过的整模造型方法一样，将下模样（带定位孔的模样）放在底板的适当位置上，如图 4—25a 所示。注意留出浇道位置。根据吃砂量选择合适的砂箱，并在模样上撒一薄层防黏模材料，如图 4—25b 所示。

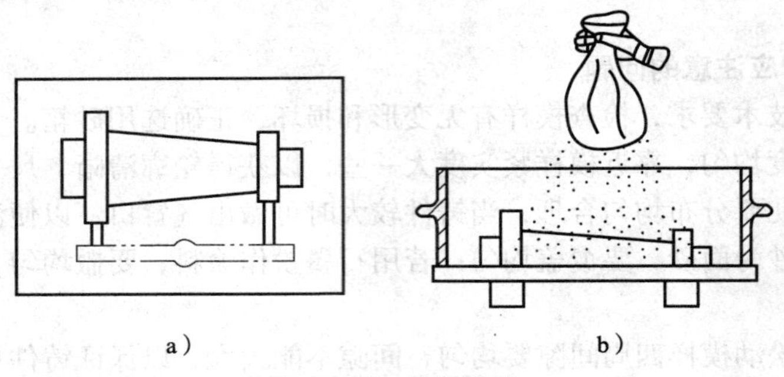

图 4—25 安放模样
a）放下模样 b）撒防黏模材料

（2）填砂舂实

和整模造型一样，在模样表面均匀地加入面砂并舂实，拐角处和不易舂实处，用手按实或用小砂舂尖头舂实，如图 4—26a 所示。注意面砂要有一定厚度，舂实后的面砂厚 20 ~ 60 mm。然后分层铲入背砂并舂实，如图 4—26b 所示。

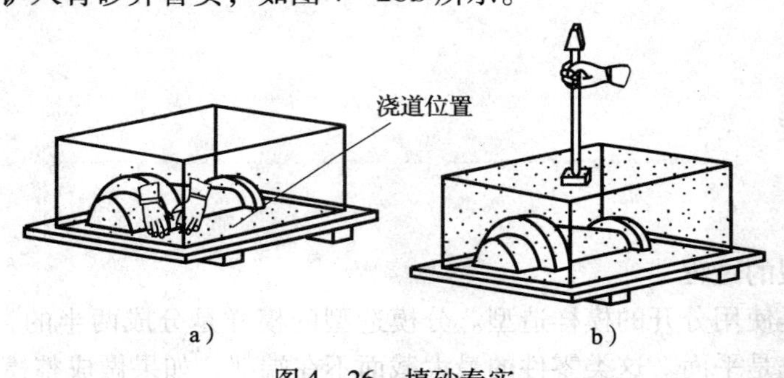

图 4—26 填砂舂实
a）按实面砂 b）舂实背砂

（3）翻型

将舂实的砂型多余的背砂刮去，用气眼针扎出通气孔，如图 4—27a 所示。然后将砂型翻转 180°，用压勺或镘刀将下型表面光平，目的是造上型时有一个良好的分型面，特别是模样四周的砂型必须修好，如图 4—27b 所示。如有舂不实的部位还要用压勺补实、修好。

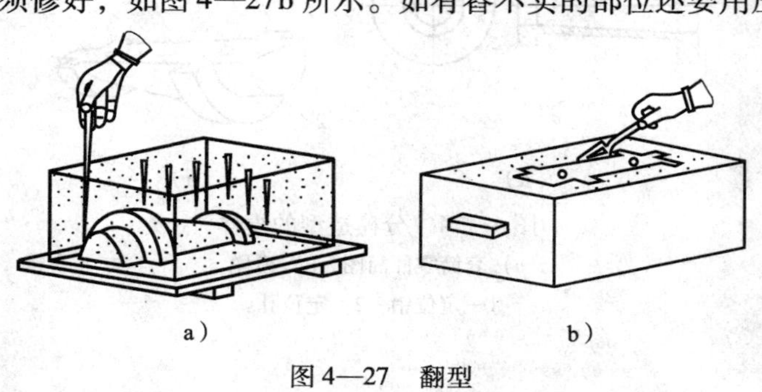

图 4—27 翻型
a）扎出通气孔 b）修型

2. 造上型

(1) 如图 4—28a 所示，将上模样按定位标记安放在下模样上，上、下模样之间不要有型砂等杂物，保证上、下模样成为一体。套上砂箱，撒上分型砂及防黏模材料，按工艺要求安放浇口棒和冒口模样，加面砂舂实，分层加入背砂舂实，如图 4—28b 所示。

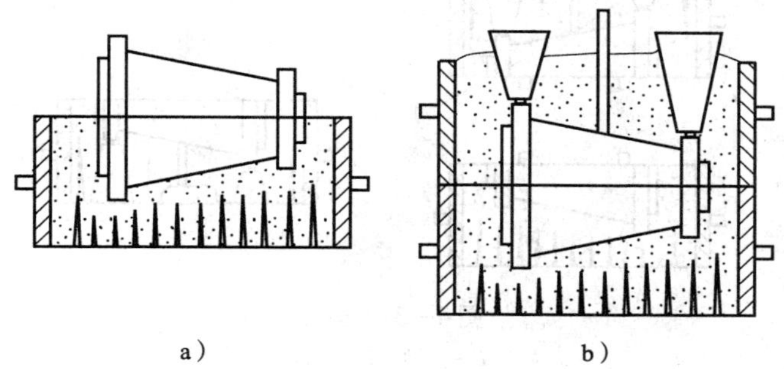

a)　　b)

图 4—28　造上型（一）

a) 放上模样　b) 填砂舂实

(2) 用刮板刮去多余背砂，扎通气孔，如图 4—29a 所示。取冒口模样（浇口棒），先用手槌或小砂舂敲动冒口模样（浇口棒），使其与砂型之间产生间隙，以便顺利取出，如图 4—29b 所示。

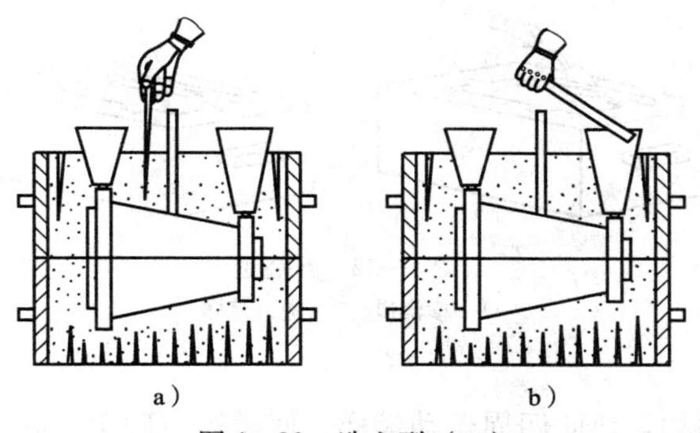

a)　　b)

图 4—29　造上型（二）

a) 扎出通气孔　b) 取冒口模样

(3) 取出浇口棒和冒口模样后的砂型如图 4—30a 所示。然后用压勺修整浇注系统和冒口旁边的型砂，最后用压勺开浇口盆，如图 4—30b 所示。

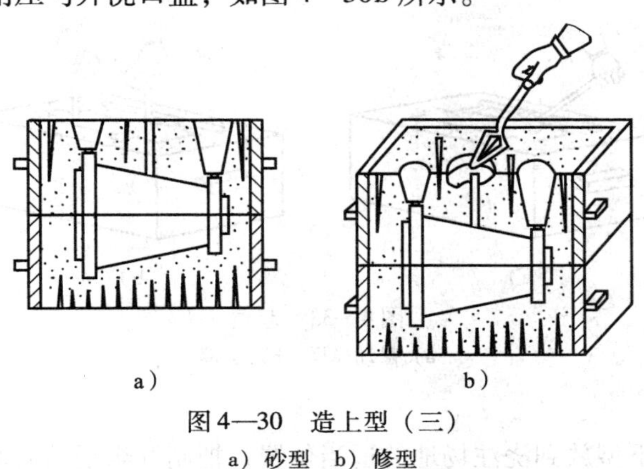

a)　　b)

图 4—30　造上型（三）

a) 砂型　b) 修型

3. 开型

开型时，如果砂型没有定位装置，应首先做出定位，然后垂直向上轻轻抬起上型。将上型翻转 180°。放到适当位置，如图 4—31 所示。

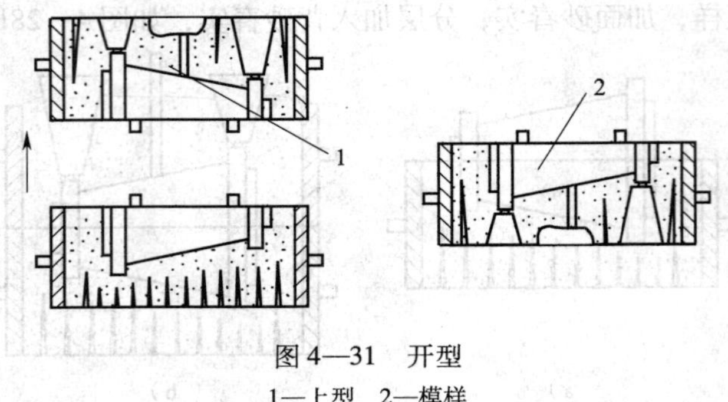

图 4—31　开型

1—上型　2—模样

4. 开浇道

如果开型后发现分型面不理想，则应进行修型；如果正常则按工艺在下型开内浇道及横浇道，如图 4—32 所示。批量生产的铸件浇道一般在造型时直接带出来，大型铸件用专用管砖组成浇道，造型时根据工艺埋在砂型里。

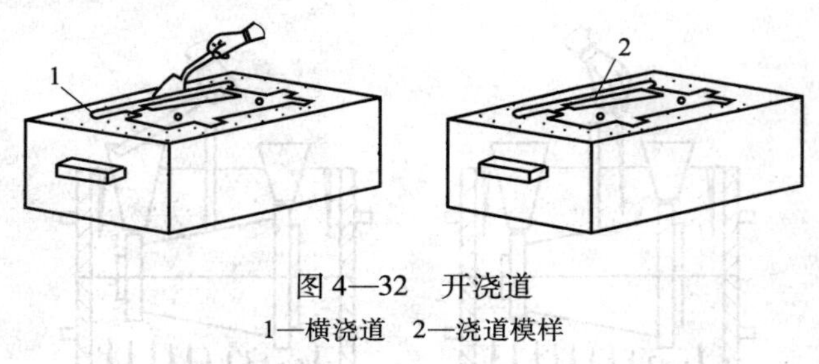

图 4—32　开浇道

1—横浇道　2—浇道模样

5. 起模

起模时，首先轻而均匀地向四周敲动模样，使模样与砂型之间产生间隙，如图 4—33a 所示。然后用起模钉或起模针将模样起出，如图 4—33b 所示。上、下型的起模方法一样。起模时注意使模样垂直向上提起，同时轻轻敲击模样，防止模样带起型砂及损坏砂型。砂型如有损坏应及时修补。

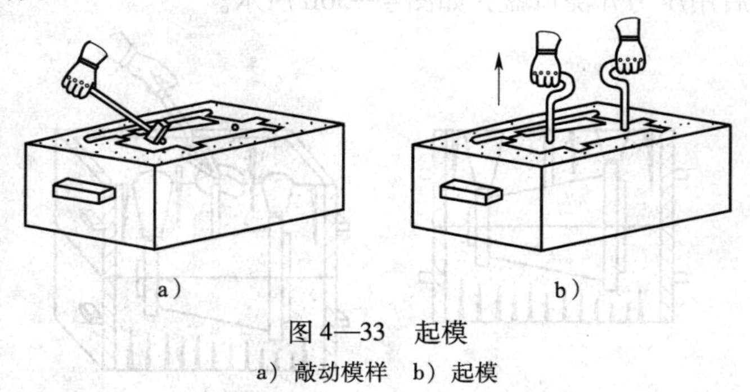

图 4—33　起模

a）敲动模样　b）起模

6. 合型

合型时，首先将下型放到浇注场地的适当位置，把制好烘干的砂芯按工艺要求置于下型型腔中，如图 4—34a 所示。下芯时注意不要碰坏砂型，如有碰坏应及时修整。然后翻转上型，按定位标记轻轻合到下型上，如图 4—34b 所示。最后压上压铁或锁紧砂型。

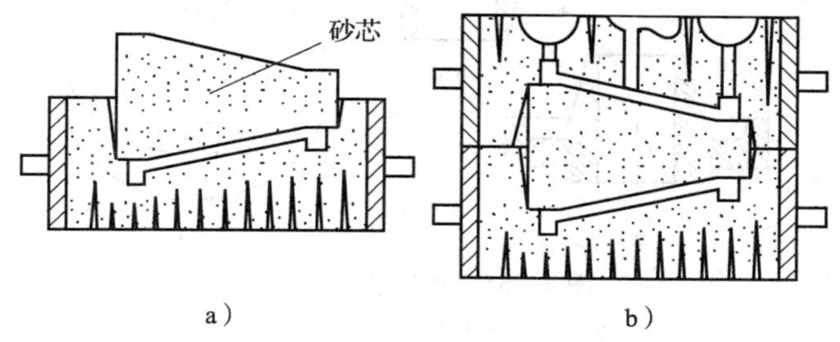

图 4—34　合型

a）放砂芯　b）合型

二、分模造型应注意的问题

1. 检查模样上、下两半配合是否准确，销子连接处要开合灵活又不能松动，轮辐与轮毂、轮缘的连接圆角结构是否合理，上下模要吻合严密。

2. 舂砂紧实度要均匀适中，轮辐处的紧实度要小一些，以减少收缩阻力。

3. 上、下模松动要均匀一致，松动间隙不可太大，起模要平稳。

4. 合型前检查型腔表面不能有浮砂、灰尘。合型时要对准箱锥或定位销、定位线，以防错箱。

5. 压箱均匀对称，做到浇注方便、排气畅通。

6. 养成文明生产的好习惯。模样用后要及时擦净，把上、下模吻合一起平放，防止模样变形。

分模造型操作简便，适用于生产各种批量的套筒、管子、阀体类形状较复杂的铸件，这种造型方法应用得最广泛。

课题四
挖砂造型

一、挖砂造型概述

有些铸件如手轮等，按其结构形状看，最大的截面不在一端，模样又不允许分成两半（模样太薄或制造分模很费事），可以将模样做成整体，采用挖砂造型法。

挖砂造型和整模造型相似，只是在舂实下型翻型后，用压勺挖去妨碍起模的那部分型砂。如图 4—35a 所示的端盖铸件可以分模造型，但木模分开后造型时上模样容易损坏，如图 4—35b 所示。因此可以将木模做成整体的，如图 4—35c 所示。这时为使木模能够从砂型中起出，就要采用挖砂造型。

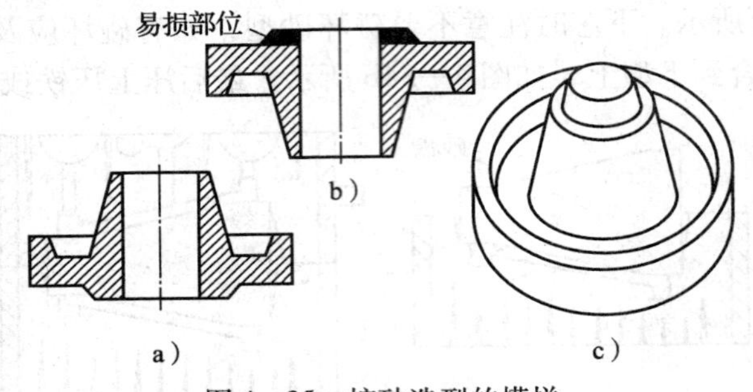

图 4—35　挖砂造型的模样

a）、b）端盖零件简图　c）模样

二、挖砂造型过程

1. 造下型

（1）如图 4—36a 所示，和整模造型一样，将模样放在平板的适当位置上，套上砂箱。撒上分型粉，铲入面砂，分层铲入背砂并舂实下型，如图 4—36b 所示。注意不易舂实部位的型砂应先用手紧实一下。用刮板刮去高出砂箱平面的背砂，扎出通气孔。

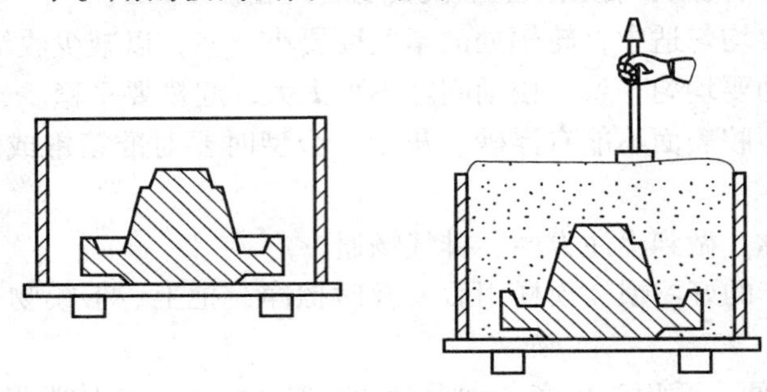
图 4—36　造下型（一）

a）放模样　b）舂砂

（2）将下型翻转 180°，用压勺挖去妨碍起模的那部分（阴影部分）型砂。挖砂的深度要到模样最大截面处，坡度合适，并向上做成光滑的斜面（分型面），以便于造上型时的开型和起模操作，如图 4—37 所示。

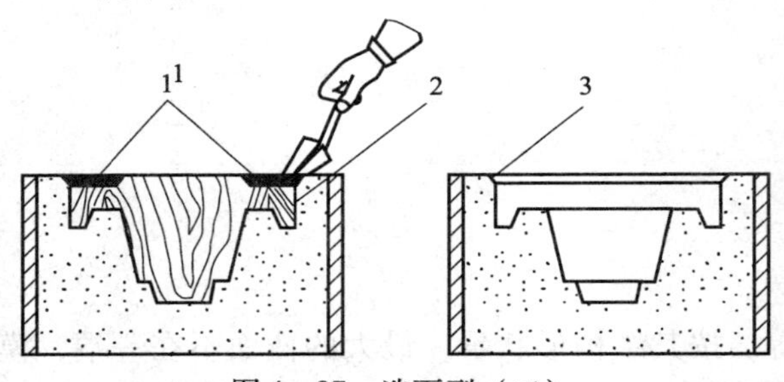

图 4—37　造下型（二）

1—挖去的型砂　2—模样　3—挖出的斜面

2. 造上型

如图 4—38a 所示，在挖砂形成的分型面上撒上分型砂。如果分型面斜度太大，分型砂不易粘住，便可以铺纸代替分型砂。套上上砂箱，按工艺安放浇注系统，铲入面砂，分层填背砂并舂实、刮平、扎通气孔，如图 4—38b 所示。

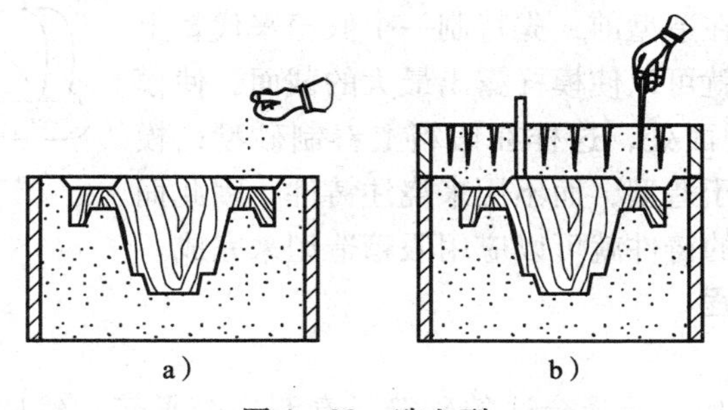

图 4—38　造上型

a）撒分型砂　b）扎通气孔

3. 开型、合型

开型时，首先取出浇口棒，挖出浇口盆，然后垂直向上提起上型，如图 4—39a 所示。将上型翻转 180°，放到适当位置。和整模造型方法一样进行起模，砂型若有损坏则进行修型。合型时，将砂芯下到下型，按定位将上型合到下型，压上压铁，如图 4—39b 所示。

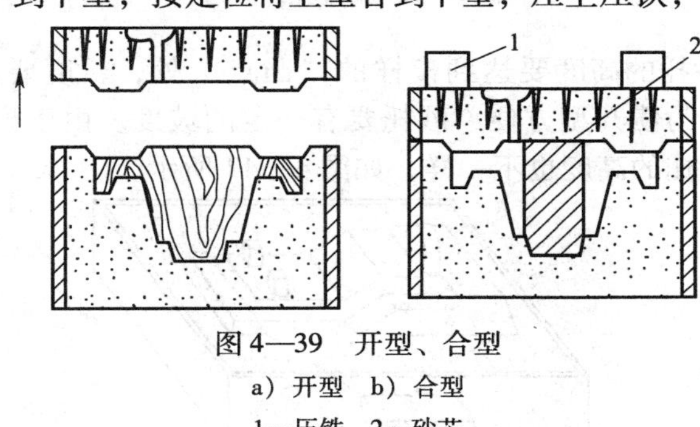

图 4—39　开型、合型

a）开型　b）合型

1—压铁　2—砂芯

三、挖砂造型时应注意的几个问题

1. 挖分型面时一定要挖到铸件最大截面处。

2. 分型面应挖修得平整光滑，坡度应尽量小，以免上型的吊砂过陡。

3. 挖砂造型时，每造一次型需挖砂一次，操作麻烦，生产效率低，要求操作水平高。同时往往因挖砂不准确，使铸件在分型面处产生毛刺，影响铸件外形的美观和尺寸精度，因此这种造型方法适用于单件生产。

课题五　假箱造型

一、假箱造型的特点

挖砂造型操作技术要求较高，生产效率较低，只适用于单件生产。生产数量较多时，一般采用假箱造型。假箱造型免去挖砂操作，提高了造型效率与质量。

假箱造型的特点是在造型前，先特制一个假箱来代替上型或者下型，不必挖砂就可以使模样露出最大的截面，使模样的“凸点”处在分型面处，这样在假箱上舂制砂型，模样便能取出。假箱只用于造型，而不用来浇注铸件，因此而得名。如图 4—40 所示的铸件就可以应用假箱造型来完成。

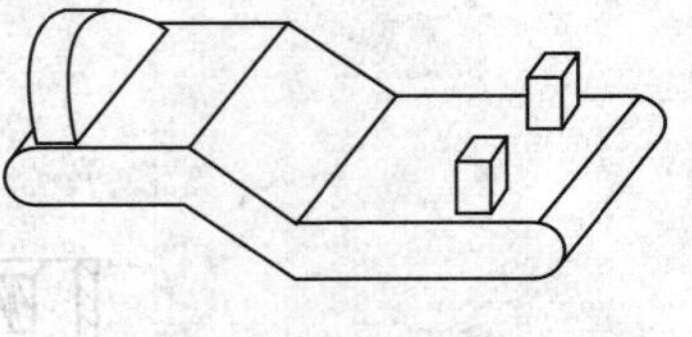
图 4—40　铸件

二、假箱造型的过程

1．制假箱

（1）首先根据模样尺寸选择合适的砂箱，舂制一个平箱，然后在平箱上放上模样，如图 4—41 所示。

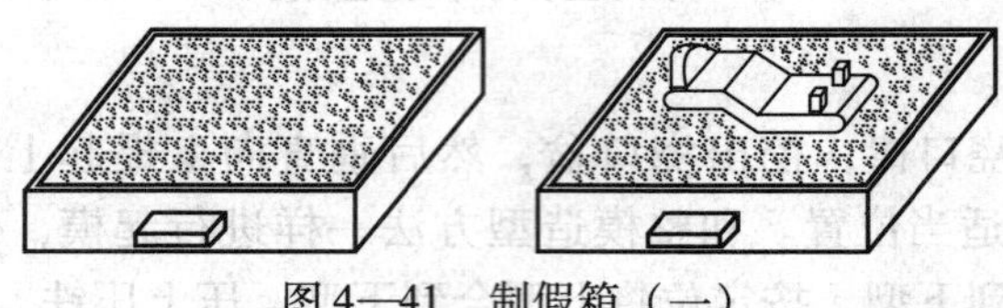
图 4—41　制假箱（一）

（2）舂制砂托，砂托的高度要达到模样的“凸点”处，长度要超出模样 20 ~ 30 mm，宽度视砂托高度而定。为使开型方便，砂托要有一定的坡度。由于模样的“凸点”不在同一水平面，所以两个砂托的高度也不一样，如图 4—42 所示。

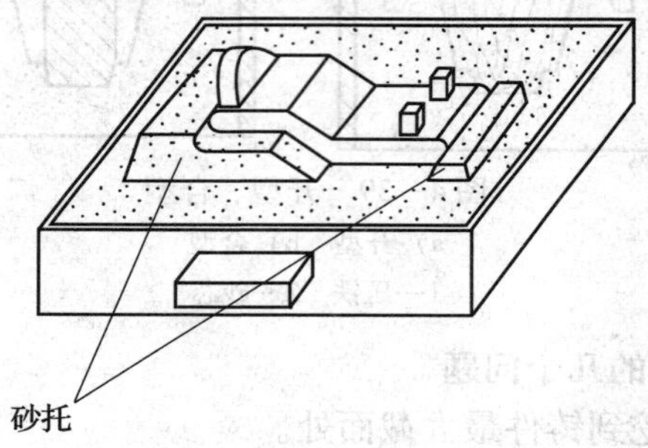

图 4—42　制假箱（二）

2．造下型

假箱一般是用强度较高的型砂制成，也可用木制的成型底板代替。如图 4—43a 所示，在假箱上套上砂箱，舂制下型，造型方法和整模造型一样。然后翻箱，取下假箱，模样留在砂型中。图 4—43b 即为造好的下砂型。

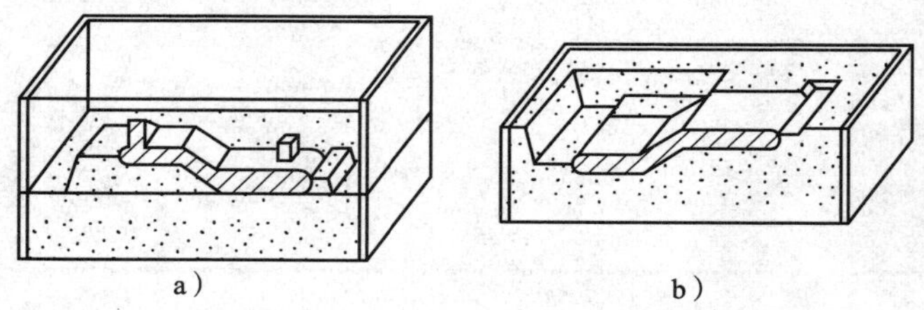

图 4—43　造下型
a）假箱　b）造好的下砂型

3．造上型、合型

如图 4—44a 所示，在造好的下型上套砂箱造上型，然后和整模造型一样开型、起模、修型、合型，如图 4—44b 所示。假箱造型省去了挖砂操作，可以提高造型效率和质量。尽管制造假箱需要一定的工时，但制成后可以重复使用。尤其当铸件生产的数量较多时，采用假箱造型更为经济。

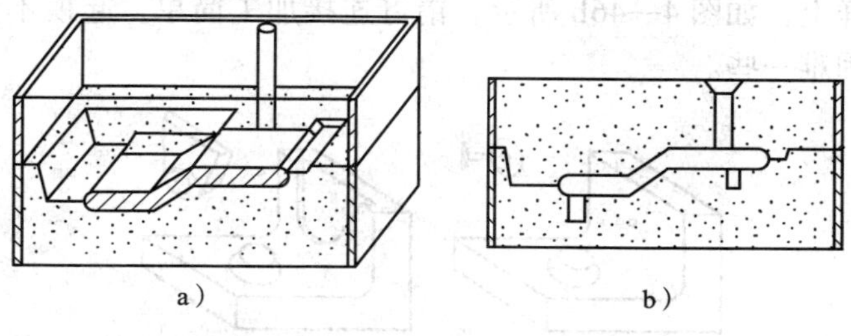

图 4—44　造上型、合型

a）造上型　b）合型

三、假箱造型时应注意的问题

1. 制造假箱型砂紧实度要大一些，防止由于多次使用而使分型面下凹。分型面要修到不妨碍起模并确保清晰、光洁。在大批量生产中可用成型底板代替假箱，采用成型底板最好把分型面做成平的。

2. 在假箱上撒分型砂不能太多，要做到敷着均匀，尤其是底凹处不要聚集过多的分型砂。

3. 舂砂要均匀，较深的吊砂可以用竹片或木片来加强，但紧实度不宜太大。

4. 开箱前，应轻轻松动上型，使吊砂和模样间产生一定间隙，以便开箱。

5. 合型时，上砂型要在下砂型的外面翻转，检查吊砂无损坏后方可合型。

6. 压箱不得影响吊砂的牢固度，压箱要对称，压重大小合理。

课题六 活块造型

一、活块造型的定义

如图 4—45 所示的铸件两个侧面都有一个凸台，按分模造型可以取出模样，但这种方法又不太合理。若采用其他的分模造型方法总有一个凸台妨碍起模，因此可将妨碍起模的凸台做成活块，然后进行造型，这种造型方法就是活块造型。

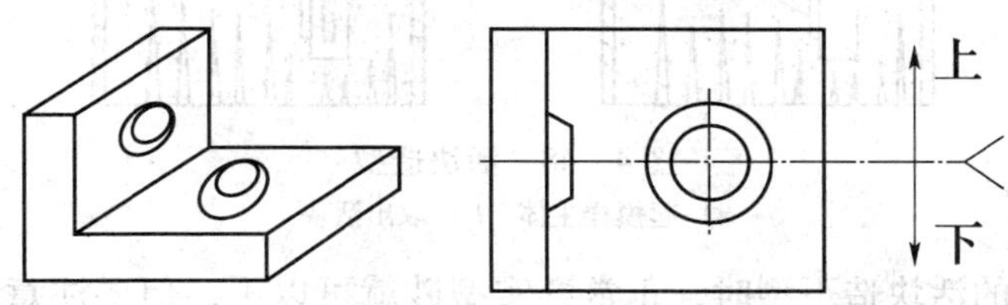

图 4—45　铸件

活块造型要求工人操作技术水平较高，而且生产效率较低，单件小批生产用得较多。

二、活块造型的过程

1. 将妨碍起模的凸台做成活块，活块可用销钉连接在模样上，如图 4—46a 所示；也可用燕尾槽连接在模样上，如图 4—46b 所示。销钉连接加工简单，起模不太方便，燕尾槽连接起模方便，加工困难一些。

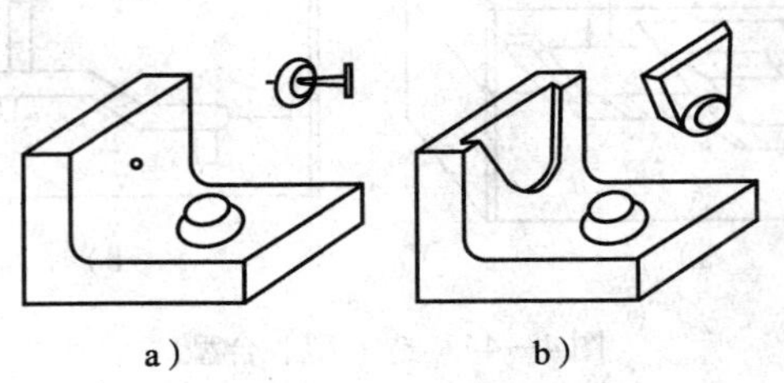

图 4—46　活块连接

a）用销钉连接的活块　b）用燕尾槽连接的活块

2. 销钉连接的活块造下型时，先在活块四周舂实型砂。注意此时要保证拔出销钉后，后续的舂砂不会使活块移动。然后按箭头所指方向拔出销钉，如图 4—47a 所示。其余操作（填砂、舂实、刮平、扎通气孔等）和其他造型一样，如图 4—47b 所示。

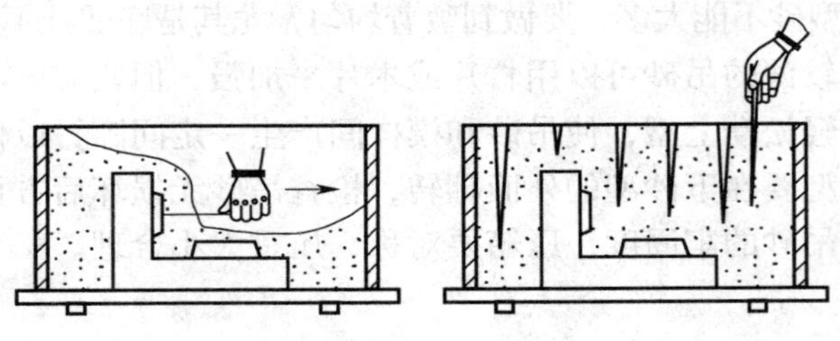

图 4—47　活块造型

a）拔出销钉　b）造型

3. 将造好的下型翻转 180°并套上砂箱，按工艺要求放置浇口棒，然后造上型、刮平上型、扎通气孔，再取出浇口棒、开型。垂直向上起模样主体，如图 4—48a 所示。用专用工具取出活块，如图 4—48b 所示。其余操作不再重复。

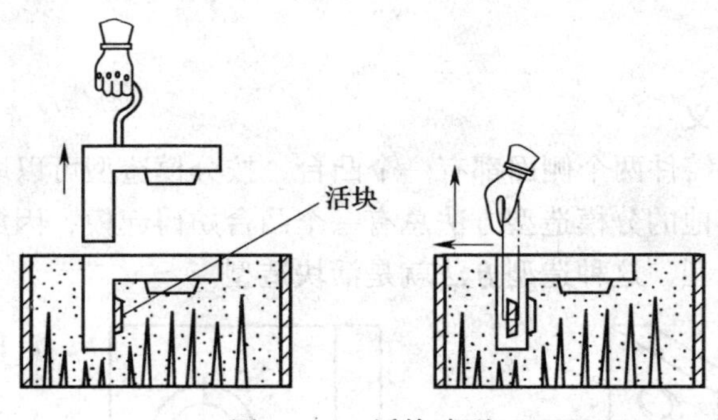

图 4—48　活块造型

a）起模样主体　b）取出活块

4. 燕尾槽连接的活块造下型时，正常舂实型砂就可以了，但要注意不要舂坏活块。接着依次完成刮平、扎通气孔、翻型、套上砂箱、按工艺安放浇口棒、造上型、开型。垂直向上起模样主体，活块留在砂型中，如图 4—49a 所示。用专用工具取出活块，如图 4—49b 所示。其余操作不再重复。

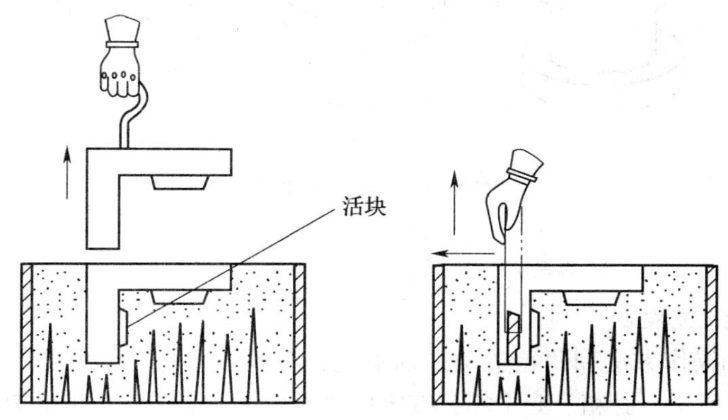

图 4—49　活块造型

a）起模样主体　b）取出活块

三、活块造型时应注意的问题

1. 造型前要检查销钉或燕尾槽是否可靠，要求松紧合适，以防舂砂时造成活块错位。

2. 舂砂时先用手将活块周围的型砂塞紧，然后再舂砂。舂砂中要防止将活块舂偏。

3. 拔活块销钉不可太早，以免活块移位。

4. 模样主体起出之后，要检查活块四周砂型的紧实度是否均匀，过松处要补实，然后用弯曲起模针把活块模起出，检查腔型质量。

5. 起活块要使用弯曲起模针，先松动活块，再小心起出活块。

6. 起出活块后，擦干净，安放到模样上。

7. 合型前还要检查型腔，着重检查活块处的型腔，不能有浮砂、灰尘。检查后方可合型。

课题七 多箱造型

一、多箱造型概述

两箱造型只有一个分型面，但对于某些复杂铸件，需要两个或更多的分型面才能将模样各个部分从砂型中取出，这时就需要采用多箱造型（用三个以上砂箱造型）的方法来解决。

多箱造型由于分型面多，操作比较复杂，生产效率低，铸件的尺寸精度难以保证，所以只适用于单件、小批生产。

如图 4—50a 所示的铸件就需要三箱造型，模样如图 4—50b 所示。

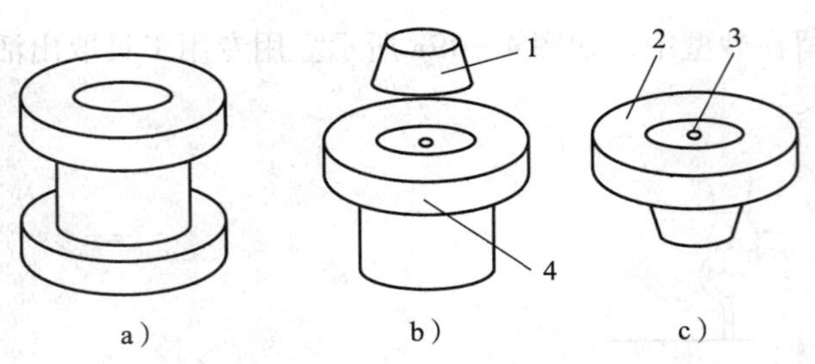

图 4—50 铸件及模样
a）铸件 b）模样
1—上模样 2—下模样 3—定位孔 4—中模样

二、多箱造型的过程

1. 多箱造型的操作方法和两箱造型区别不大，需要注意的是定位要准确，合型要仔细。造下型如图 4—51a 所示。翻箱、套中箱，按定位放上中模，造中型，结果如图 4—51b 所示。

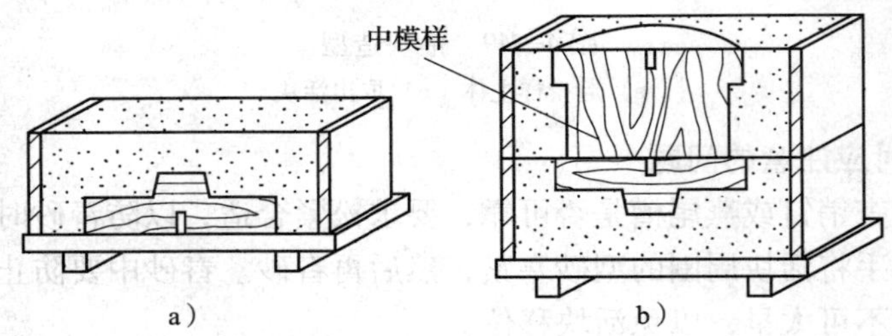

图 4—51 造下型、造中型
a）造下型 b）造中型

2. 在中箱上套上砂箱，安放上模样及浇口棒。按照整模造型的方法造上型，造好的砂型剖面如图 4—52 所示。

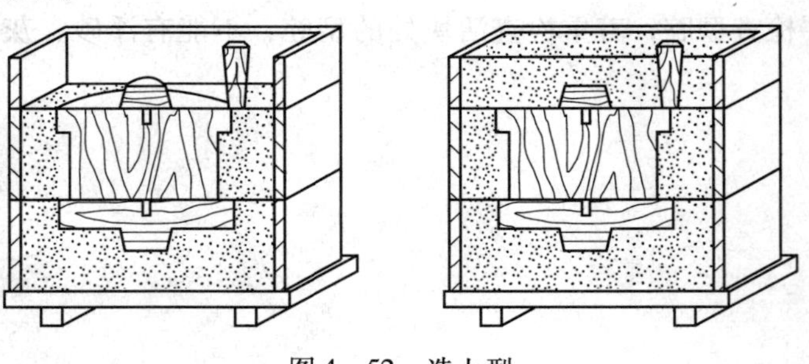

图 4—52 造上型

3. 首先取出浇口棒，然后打开上型。将上型翻转 180°，放到适当位置，取出上模样，得到的上型如图 4—53 所示。

4. 将中模样从中型里取出，然后取走中型，如图 4—54a 所示；再将下模样从下型中取出，如图 4—54b 所示。如果砂型有损坏，则进行修型，这时造型工作结束。

5. 将中型按定位合到下型上，再将打好的砂芯放到下型的芯座里，砂芯一定要找正；然后按定位将上型合到中型上，此时要注意上芯头的位置。合型剖面如图 4—55 所示。

三、多箱造型时应注意的问题

1. 造型前看懂铸造工艺图，确定造型顺序。

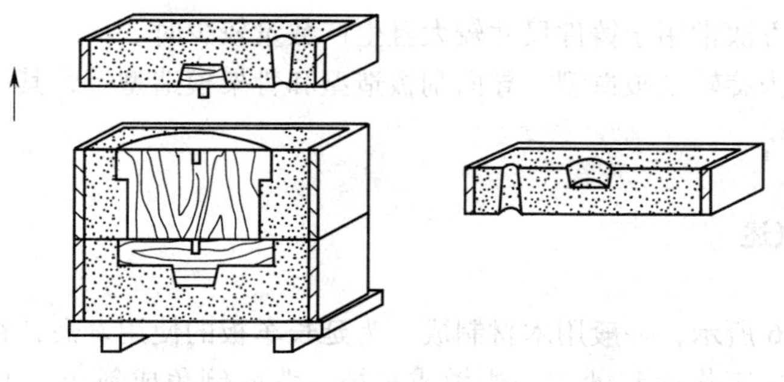

图 4—53　上型

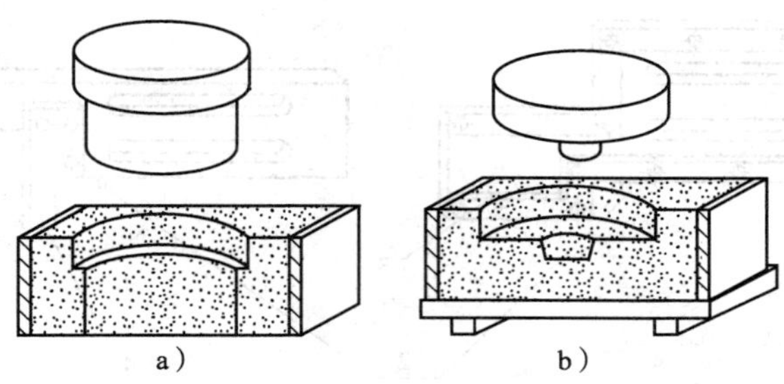

图 4—54　取出模样

a）取出中模样　b）取出下模样

2. 砂箱应有箱带，并在造型前刷上黏土浆，以防起模、翻型、吊运的过程中砂型（尤其是中间砂型）损坏或变形。

3. 舂中型前应用压铁压住模样，以防舂砂时模样超高。注意将难以紧实处的型砂紧实好。

4. 分型面较多，错型可能性增大，因此打记号、合型一定要准确。

5. 干砂型铸造时铸件高度、方向、尺寸容易增大，合型时应压细的石棉绳或泥条。

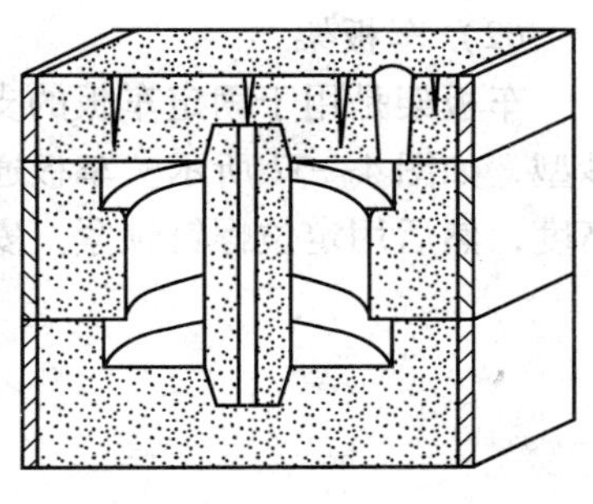

图 4—55　合型

课题八　刮板造型

在制造旋转体或等截面形状的铸件时，可以用与铸件截面相适应的刮板来造型。刮板造型不需要制作模样，只需要制作结构简单的刮板，能节省大量制模材料和制模工时，且刮板制作成本较低。但另一方面，与模样造型比较，刮板造型对造型工的技术要求较高，造型本身成本较高，这种方法常用于铸件尺寸较大且生产数量较少时。

刮板造型可分为旋转刮板造型、导向刮板造型和骨架模造型等，其中，旋转刮板一般称为车板。

一、车板造型

1. 车板造型概述

(1) 车板

车板如图 4—56 所示，一般用木材制成，为延长车板的使用寿命，在工作面的边缘钉上 1 ~2 mm 厚的铁皮。工作面刮砂的一边做成直棱，背面倒角成斜边，工作时安装在车板架上。

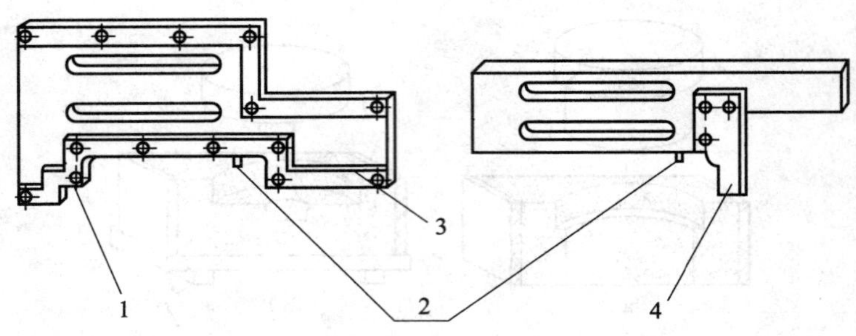

图 4—56 车板

1—螺钉 2—铁钉 3—铁皮 4—可拆卸部分

(2) 车板架

车板架是用于固定车板的支架，大型车板架也称为铁心车板架，适用于刮制尺寸较大的砂型，如图 4—57 所示。车板通过螺栓固定在车板架的转动臂上，通过颈圈可调整转动臂的高度，然后用定位螺钉锁紧。安装车板时需要水平尺和木尺配合。

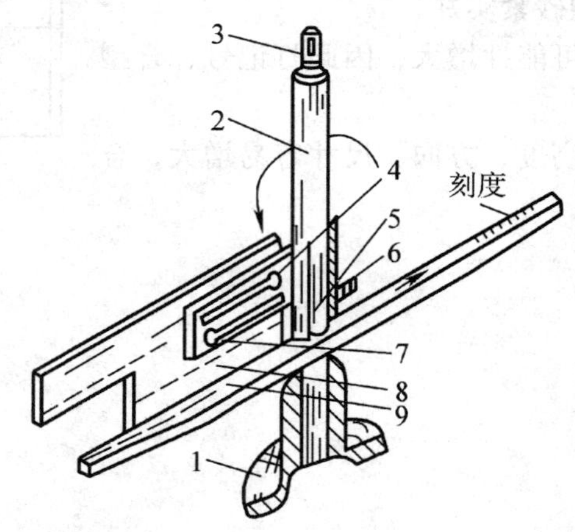

图 4—57 大型车板架

1—底座 2—直轴 3—吊环 4—转动臂 5—颈圈 6—紧固螺钉 7—螺栓 8—车板 9—木尺

小型车板架也称为木心车板架，如图 4—58 所示。它用于车制尺寸较小的砂型。车板是通过天心（木桩）和滑套固定在车板架上的。悬臂可以上下移动，通过定位螺钉固定在某一位置。滑套可以在悬臂上移动，也通过螺钉固定。小型车板架制造简单、成本低、操作灵活，应用比较广泛。

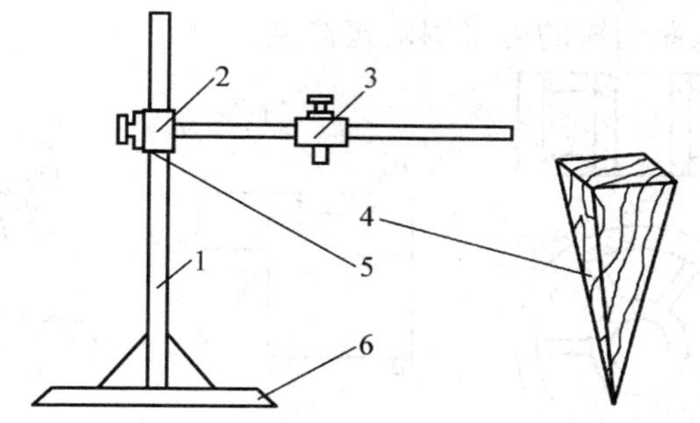

图 4—58　小型车板架

1—支柱　2—悬臂　3—滑套　4—木桩　5—定位螺钉　6—底座

如图 4—59 所示，马架是一种小型简易的旋转车板架，单件的小型铸件常用这种车板架进行生产。车板是通过天心和车板架上的调整螺钉连接的，为了保证马架的稳固而加的砂箱要有合适的质量。马架的安装校正和小型车板架基本一样。

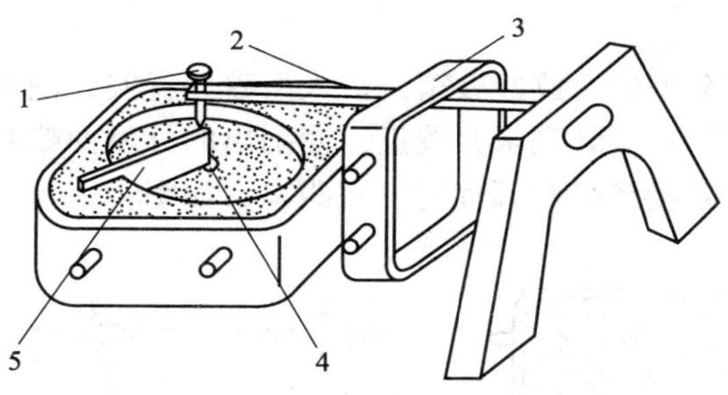

图 4—59　马架

1—调整螺钉　2—刮板架　3—砂箱　4—天心　5—刮板

在没有车板架的情况下，还可利用砂箱、木板、压铁等来架设简易车板架，这也是生产中经常应用的方法。简易车板架分为图 4—60a 所示的悬臂式和图 4—60b 所示的过桥式。过桥式车板架比悬臂式稳固，可以用于刮制尺寸较大的砂型。

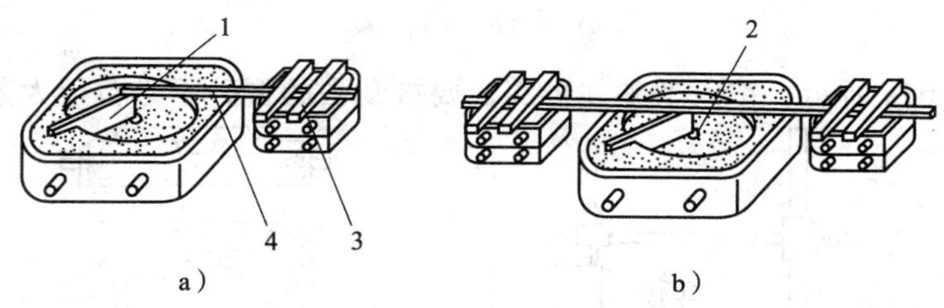

图 4—60　简易车板架

a）悬臂式　b）过桥式

1—刮板　2—天心　3—压铁　4—木板

2. 车板造型的过程

以带轮为例，说明车板造型的操作过程和合型方法。

（1）车板造型准备

如图 4—61a 所示的铸件图，此件轮缘薄而高，采用三箱造型比较合理。图 4—61b 为车板，车板上的小钉是为了刮制砂型时在砂型表面划一条圆线，以便进行分肋划线。图 4—61c 为砂芯。带轮轮缘厚而矮的可采用两箱造型。

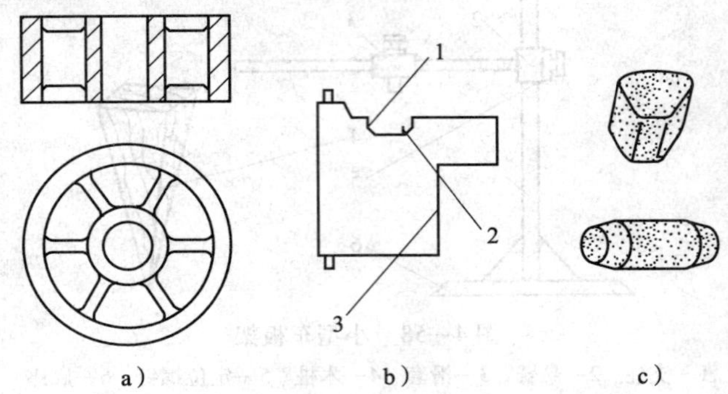

图 4—61 车板造型（一）

a）铸件图 b）车板 c）砂芯

1—刮上、下型 2—小钉 3—刮中型

（2）车上型

1）在造型场地撒上分型砂，放好砂箱，铲入型砂并舂实、刮平，在砂箱中心打入天心（木桩），如图 4—62a 所示；安装刮板并校正，使刮出的分型面略高于砂箱；打入加强吊砂用的木片（或铁片），木片要离砂型顶面有一定距离，如图 4—62b 所示。

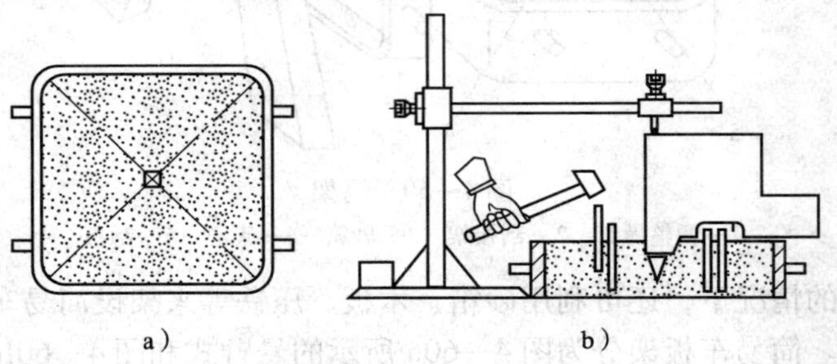

图 4—62 车板造型（二）

a）铸件图 b）车板

2）如图 4—63a 所示，铲入型砂并舂实，要被刮去的型砂不必舂得太紧，否则不易刮

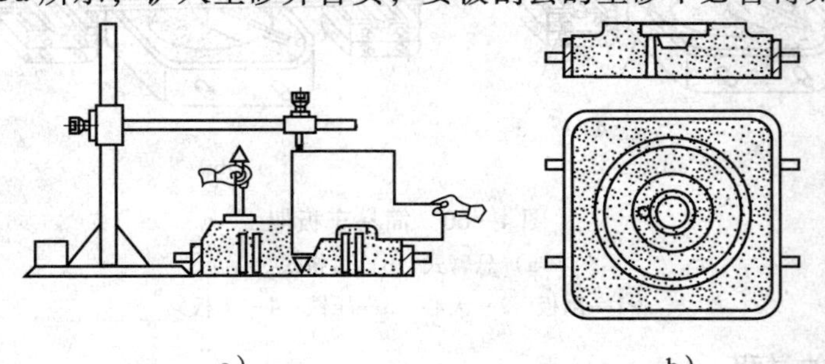

图 4—63 车板造型（三）

a）刮制型砂 b）刮好的砂型

制；刮制型砂时，来回移动刮板反复刮制，不能硬拉硬推，缺砂的地方边补边刮，砂型刮好后，在吊砂上扎一些通气孔；为使砂型表面光洁，再筛上一层细砂刮一次，最后喷水、修型，刮好的砂型如图 4—63b 所示。

（3）车中型

如图 4—64a 所示，将车板翻过来安装，车板的安装及刮制方法和刮制上型基本一样，不再重述。由于中型的特殊结构，为防止塌型，箱壁内侧应有骨架或刷白泥水等黏结剂，箱角的型砂要舂得硬一些。为防止出现合型裂缝，中型应在平板上刮制并将砂箱四角垫起，使砂型平面高于砂箱平面。刮好的砂型如图 4—64b 所示。

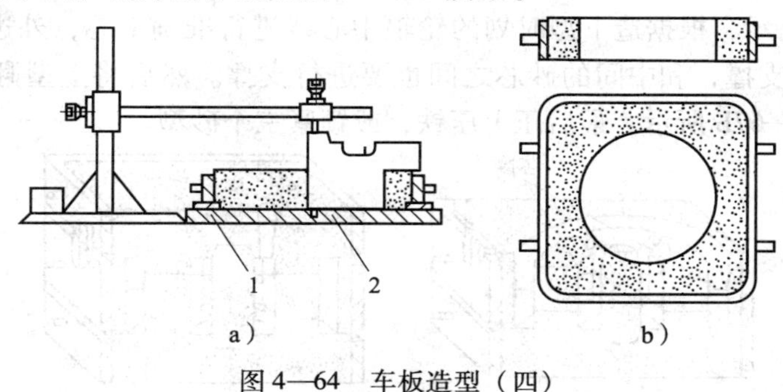

图 4—64　车板造型（四）

a）刮制型砂　b）刮好的砂型

1—垫铁　2—平板

（4）车下型

下型的刮制同上型一样，用同一个刮板，由于没有吊砂，所以砂型中不用加木片，如图 4—65a 所示。通过刮板上的小钉在下型表面划出一个圆，用分规六等分圆周，再划出六根轮辐中心线作为下芯时的参考线，如图 4—65b 所示。

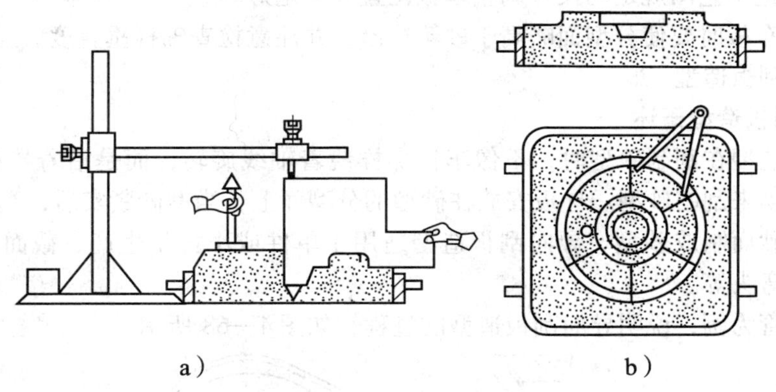

图 4—65　车板造型（五）

a）刮制型砂　b）六等分圆周

（5）合型

三箱造型的合型一般以中型定位。方法是将上型平放在地面上，套上中型并进行调整，使轮缘壁厚相等，按以前讲过的方法在砂箱外壁三面作定位，如图 4—66a 所示。然后取下中型，翻转中型，用同样的方法调整中型和下型的位置，如图 4—66b 所示。下型与中型合型后不再分开，因此下型与中型之间不需要作定位。

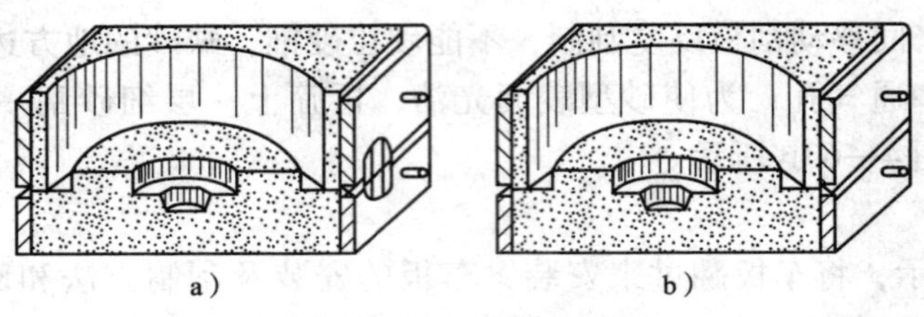

a） b）

图 4—66 车板造型（六）

a），b）砂型定位

（6）下芯

如图 4—67a 所示，根据造下型时划的轮辐中心线进行准确下芯，外边组成轮辐的砂芯之间应用芯撑进行支撑，和中间的砂芯之间也要进行支撑。然后将上型翻转 180°按定位合到中型上，如图 4—67b 所示。最后压上压铁，或锁紧三个砂型。

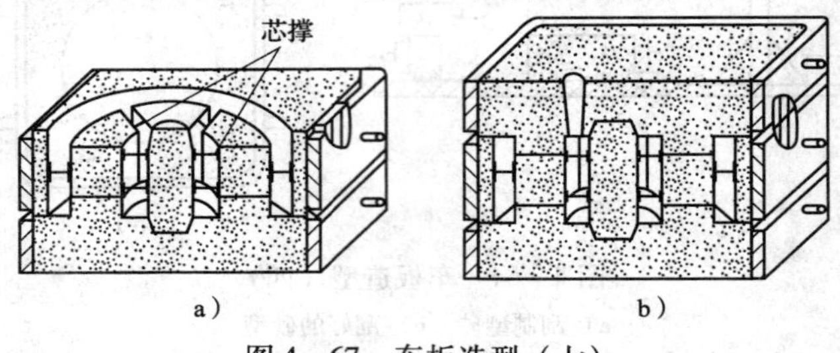

a） b）

图 4—67 车板造型（七）

a）下芯 b）合型

3. 车板安装和校调的操作要点

（1）车板的支撑轴杆要垂直且固定牢固，不能有松动。当车板较高时，轴杆上端需用压梁固定，以防晃动。

（2）按铸造工艺图规定的尺寸调整车板位置并固定好。

（3）校调车板时要使分型面略高于砂箱边沿，并注意检查轴杆垂直度。

二、导向刮板造型

1. 导向刮板造型概述

导向刮板造型在刮制砂型时，不像车板那样绕着轴线旋转，而是沿着导板（导轨）做直线或曲线运动来刮制砂型。导板安放在砂型的分型面上，当型砂紧实后，刮板沿导板运动刮掉多余的型砂而制成砂型。导向刮板造型适用于单件或小批量生产、截面没有变化的铸件，如管子、弯头等。

下面以弯管为例，说明导向刮板造型的过程，如图 4—68 所示。

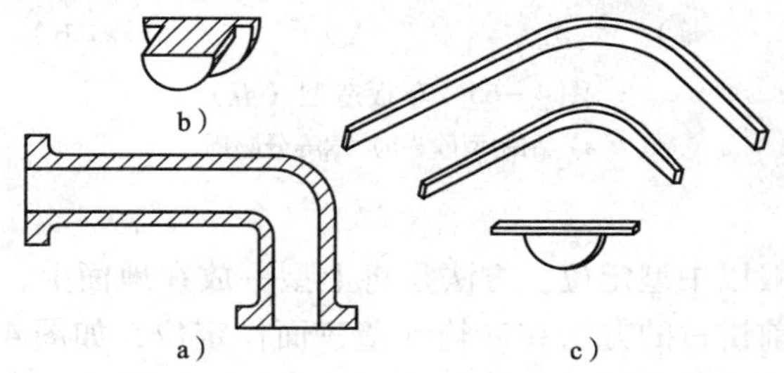

b） a） c）

图 4—68 弯管及模样

a）弯管铸件图 b）法兰及芯头模样 c）导板

2. 造型过程

（1）如图 4—69a 所示，造型时，先将导轨和法兰模样放在造型平板的适当位置上。套上砂箱，放上浇注系统和冒口模样。为减少挖砂的工作量，填砂前可在需要挖砂的部分填放一些木片等填充物，如图 4—69b 所示。

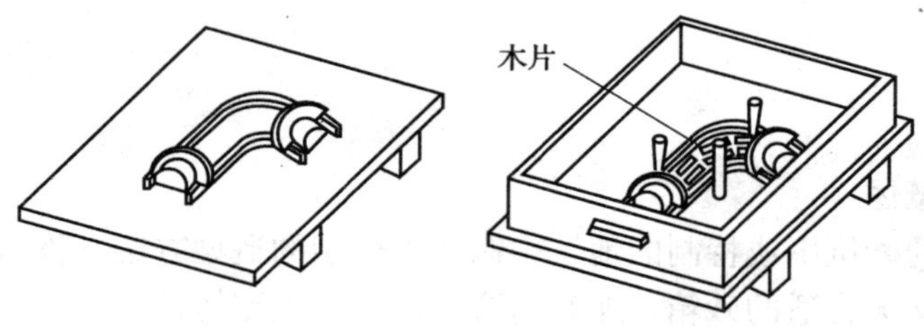

图 4—69　导向刮板造型（一）

a）放置导轨和法兰模样　b）填放填充物

（2）向砂箱内导轨及模样周围填入一定厚度的面砂，刮板工作时不能漏出背砂，再分层填入背砂并舂实，然后刮去多余的背砂，扎通气孔，如图 4—70a 所示。取出浇注系统和冒口模样，翻转砂箱，取出填充物，用刮板沿导轨刮去多余的型砂，刮板与轨道一定要保持垂直状态，缺少型砂的地方补上并刮好，如图 4—70b 所示。

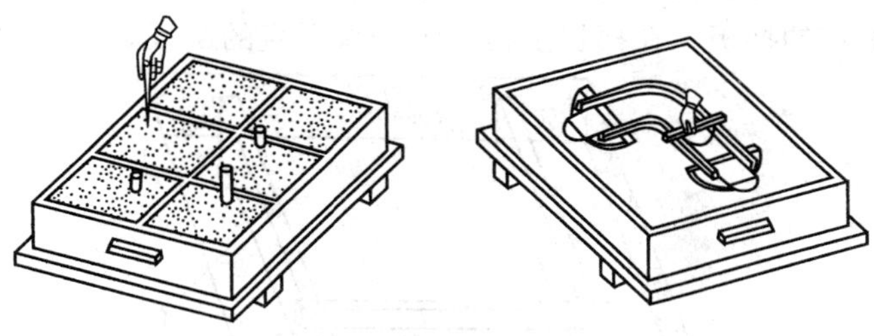

图 4—70　导向刮板造型（二）

a）扎通气孔　b）刮制砂型

（3）拿去导板，起出法兰和芯头模样。

（4）修整上型。

下型的刮制方法与上型基本相同，并用同一块刮板刮制。

3. 合型

由于导向刮板造型的上、下砂型是分别刮制的，故需要特殊的合型方法。

（1）直观法

弯管铸件使用的砂箱，如果侧壁开有用于砂芯排气的缺口，合型时，上、下砂型可直接用眼睛观察或用手摸的方法，使上、下砂型型腔边缘对齐。然后，在箱外侧做上定位线，再吊起上型，下入砂芯，按定位线合好上型。

（2）划线法

在上、下砂型的分型面上，分别沿弯管型腔的边线、法兰边线划线，并延长到砂箱边沿后在箱壁外侧做上定位线，然后按定位线合型。因为管子铸件的壁较薄不允许错边，所以常用下述的方法进行检查。

在下砂型的分型面上，用粉袋撒上一层石墨粉，把上砂型按定位线合上，上、下砂型贴合后，再吊起上砂型，根据石墨粉的贴合印迹就可检查出有无错边。

课题九 地坑造型

一、地坑造型概述

在地平面以下的砂坑中或特制的地坑中制造下砂型的造型方法，称为地坑造型。它适用于铸造生产数量少又无合适的砂箱，尤其适合单件生产大型铸件或一些形状简单、质量要求不高的铸件。若再特制砂箱会增加铸件成本，因而常采用地坑造型。

二、砂床的制备

地坑造型质量的优劣，关键在于砂床的制备。砂床制备的关键在于砂床的紧实度和透气性，软砂床侧重于要求紧实度均匀。

1. 软砂床的制备如图 4—71 所示，根据铸件的大小和数量，在砂地上挖出一个每边比造型所需的长度长 150 ~ 200 mm、比模样高度深 100 ~ 150 mm 的坑，在坑的四角各堆上一堆砂，在砂堆上放置平直的挡板，在挡板上再放置一块平直的刮板。

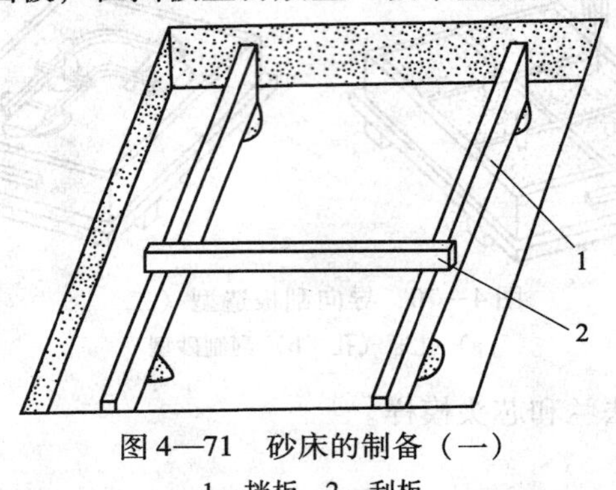

图 4—71 砂床的制备（一）

1—挡板 2—刮板

2. 用水平仪先校平一块挡板，然后把水平仪放到刮板上，通过刮板再校正另一块挡板，使两块挡板的上平面在同一水平面上，如图 4—72a 所示。在挡板的两侧铲入少量型砂并舂实，以固定挡板。舂砂时要小心，避免挡板移动，要保证挡板的水平，如图 4—72b 所示。

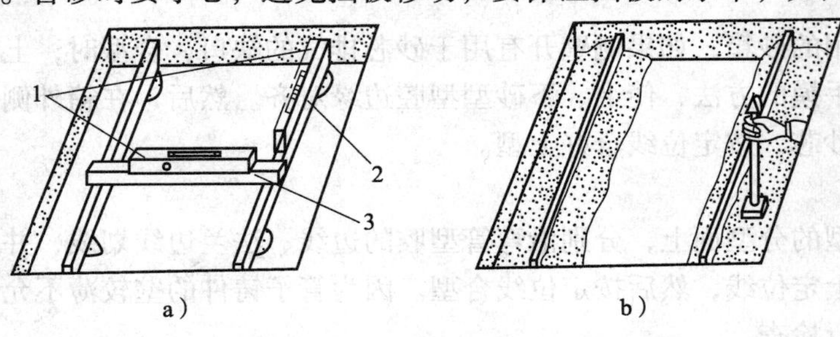

图 4—72 砂床的制备（二）

a）校正挡板 b）固定挡板

1—水平仪 2—挡板 3—刮板

3．如图 4—73a 所示，向坑内填入型砂并高出一些，下面的型砂可稍加舂实。在挡板上各放一块厚约 10 mm 的垫板（见图 4—73b），长度与挡板相当，然后用刮板沿垫板刮去高出的型砂。拿走垫板，用一块平板将高出的型砂均匀敲压至挡板高度。

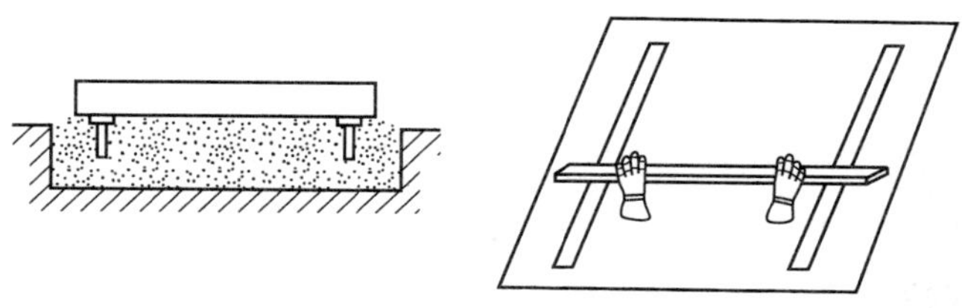

图 4—73　砂床的制备（三）
a）舂砂　b）放置垫板

4．如图 4—74 所示，一人将刮板的一端按在挡板上，另一人将另一端从上向下压，把高出挡板的型砂压到下面的型砂中，压出一个扇形面积。另一人用同样的方法压出对面的扇形，然后移动平板的位置，继续压扇形，轮流交叉进行，直至将高出的型砂全部压入挡板为止，最后用刮板沿着挡板将型砂刮平。

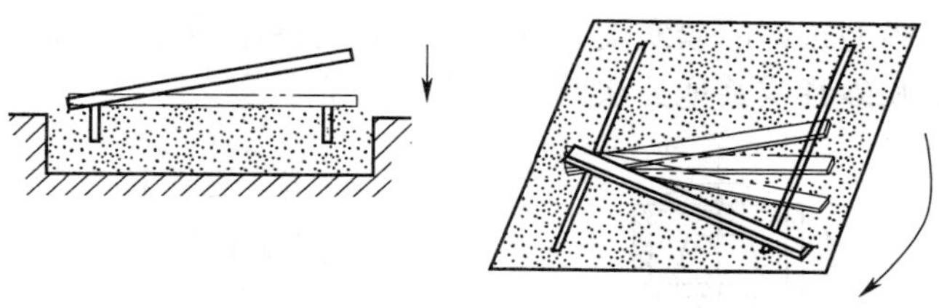

图 4—74　砂床的制备（四）

三、无盖地坑造型

中、大型砂芯使用的芯骨，大多采用铸铁制造，多为一次性使用，也有少数采用组合式的多次使用，大多都用生铁制造。芯骨适宜粗糙，在保证其刚度要求的情况，其他要求不严格。为了方便造型，大多采用无盖地坑造型，在软砂床上进行。

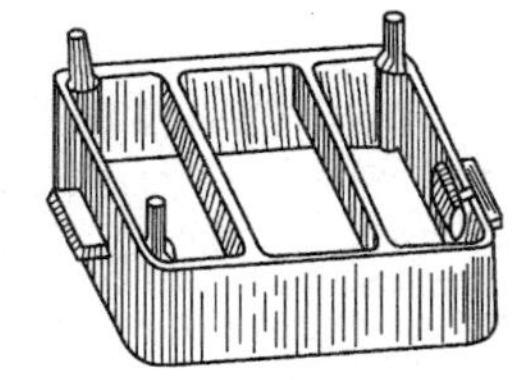

图 4—75　小砂箱模样

如图 4—75 所示，小砂箱无盖地坑造型的操作过程如下。

1．根据砂箱尺寸在地面上挖一个比砂箱尺寸大 50～100 mm 的坑。

2．坑内填入一层型砂，放入砂箱模样，并用木槌轻轻敲击，将砂箱模样压入型砂中。

3．在砂箱模样上平面放置水平尺，将模样校正成水平。注意模样四个边框都要用水平尺测量。

4．用压铁将模样压住，周围填砂、舂实。当两端舂砂至把手处时，从内侧将把手活块模样放入，填砂、舂实。此处舂砂应特别小心，不要将把手舂歪，直至箱外侧舂平。

5．将把手活块模由箱内侧抽出，并用薄铁皮将放置把手的孔挡住，箱内填砂，沿箱壁紧实，中间部分稍加紧实，箱带处用手压实即可。

6．用刮板刮去多余型砂，抽出薄铁皮，模样周围刷水，起出模样，修整砂型，并在一侧挖出溢流口，造型完成。

课题十 机器造型

一、机器造型的特点

我国铸造工业使用的造型机械种类繁多，下面主要介绍常用的黏土砂机器造型。

造型机一般可按其紧实砂型的方式进行分类，常用的有下列形式。

1. 振击式成型

工作台将砂箱与型砂举升至一定高度（20～80 mm），然后突然下落与机座产生振击，使型砂因受冲击力而得到紧实，如图4—76所示。其振击频率为150～200次/min。一般需经过几十次振击，砂型方能达到所需的紧实度。在振击过程中，砂箱下层的型砂受到上部型砂的作用力较大，紧实度较好；上层型砂受力小，紧实度较低。从图4—77振击紧实砂型紧实度分布曲线可知，砂型顶部的紧实度很低。为防止铸件胀砂和翻箱时掉砂，一般在振击紧实后，必须采用手工和砂舂或其他方法对砂型表面补充紧实。

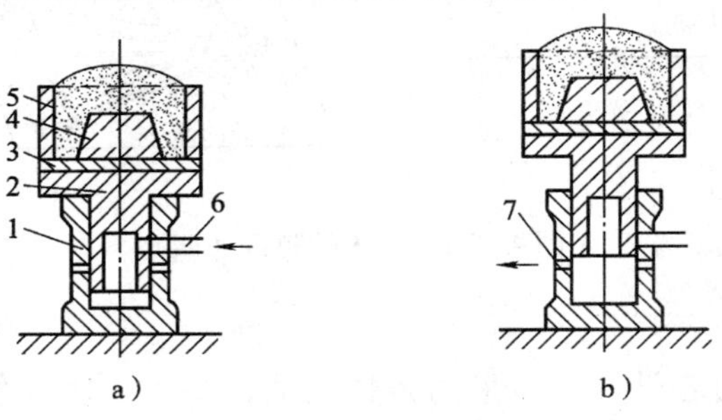

图4—76 振击机构

a）振击前的位置 b）振击中的位置

1—气缸 2—活塞 3、4—模板 5—砂箱 6—进气孔 7—排气孔

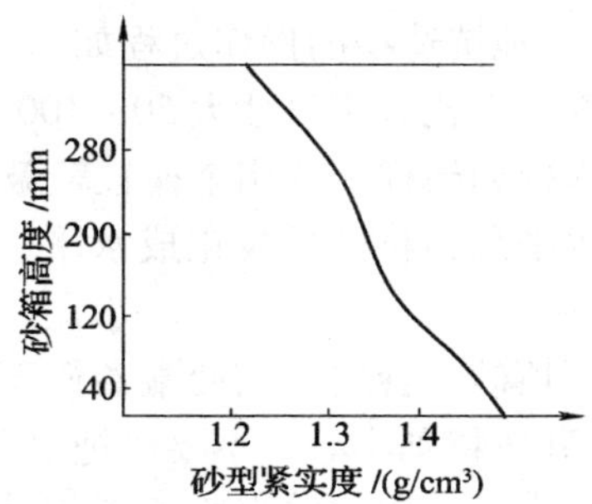

图4—77 振击紧实砂型紧实度分布曲线

振击造型适用于模样较高的砂型。与其他造型相比，其结构简单、使用成本低。但生产效率低，噪声、振动和能耗大，所以这种造型方法已逐渐减少使用。

2．压实式成型

通过气压或液压作用到压板或组合压头（多触头）上，将型砂紧实成型。经压实紧实的砂型，其平均紧实度与所施的压实力成正比。压实力常用单位面积上的压力表示，称作压实比压。根据造型机压实比压的大小，压实式成型可分为低压造型、中压造型和高压造型。

（1）低、中压造型

一般压实比压，低压为0.15～0.4 MPa，中压为0.4～0.7 MPa。由于型砂在压实过程中（产生移动时）受到箱壁及砂粒之间的阻力，其压力传递自上而下逐渐减小，导致砂型紧实度呈下小上大的状态。为了适当改善这种情况，可以采用成型压头，如图4—78所示。通常，低压造型的砂型平均紧实度仅为1.2～1.3 g/cm^3，砂型上、下端面的表面硬度也只有70～80硬度单位，而砂型的垂直面或凹面硬度为50～60硬度单位。在浇注时由于受金属液静压力作用，易导致型腔因型壁移动而扩大，造成铸件增厚或产生缩松、缩孔和胀砂等缺陷。采用中压造型时，这种情况有所改善。

低、中压造型机结构简单，使用成本低、生产效率高、噪声和能耗小，通常只适用于砂箱高度小于150 mm的小件造型。

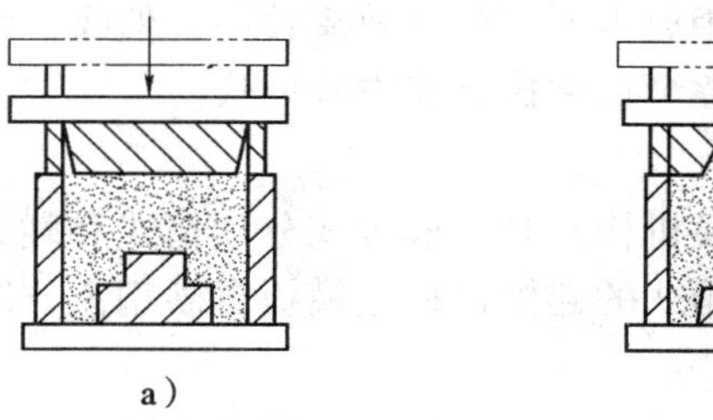

图4—78　压实压头

a）压头　b）成型压头

（2）高压造型

当压实比压提高到0.7 MPa以上时称为高压造型。采用高压造型使砂型的紧实度和硬度大幅度提高（紧实度达1.6～1.8 g/cm^3；硬度达90硬度单位），从而进一步提高了铸件精度、致密度和表面质量。铸件表面粗糙度值可达*Ra*12.5μm，尺寸精度达IT7～IT5级。

高压造型的比压一般不超过1.5 MPa，过高的比压对砂型的紧实度和硬度增加很少，副作用却很大，会导致砂型的透气性下降较多，起模阻力增加，易使砂型拉断。同时，过高的比压会造成砂粒间因黏土膜变薄而产生弹性变形，在起模后砂型型壁会出现回弹现象，使砂型发生变形甚至开裂。因此，高压造型的比压应合理选择。

高压造型一般采用液压传动。为使紧实度均匀，通常都配备多触头压头。多触头压头由多个浮动小压头组成，每个压头尾部是一个小液压缸。由于所有小液压缸的油路是相互连通的，故在压实砂型时，每个小压头上的压力传递均相同，可以随模样高度变化自行调整各压头的压实高度，自动形成一个高精度的“成型压头”，如图4—79所示。

高压造型的生产效率高、噪声小、粉尘少、劳动条件好；但机构复杂，对工装要求高，设备维修保养难度大，使用成本高。适用于精度要求高、较复杂的中小型铸件的大量生产。

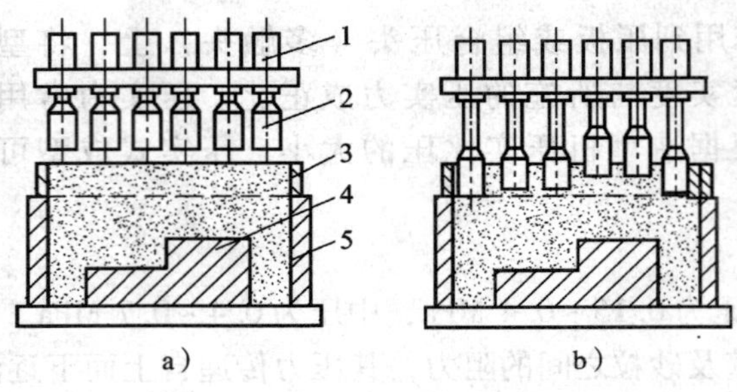

图 4—79　多触头压头的压实过程

a）加压前　b）加压后

1—小液压缸　2—多触头　3—辅助框　4—模样　5—砂箱

3. 振压式成型

对型砂先进行振击紧实，然后再加以压实。振压式造型机一般都装有一个复合气缸，内缸为振实气缸，外缸为压实气缸。振压造型在一定程度上克服了单纯振实和单纯压实的不足，且砂型上、下紧实度相对较均匀。

振压式成型机构较简单、使用成本低、生产效率较高，但噪声大、造型局限性较大。只适用于小型铸件的大量生产，将逐渐被微振压实方式取代。

二、造型机的起模方式

造型机一般均配备机械化起模机构。其起模方式分顶箱式和翻箱式两种。顶箱式起模的过程是模板自砂型下方脱离；翻箱式的起模过程是模板自砂型上方脱离。

1. 顶箱式起模

顶箱起模的方式如图 4—80 所示。砂型造好后，造型机模板下的 4 根顶杆顶住砂箱四个角同步上升，使砂型与模板分离，实现起模，被称作顶箱去程起模。还有一种方式是工作台带着砂箱缓慢下降中，先将砂箱置于边辊道上固定，而工作台带着模块继续下降，完成起模，这种方式称为顶箱回程起模。此法广泛用于各种高效造型机。

对一些较高、形状复杂或起模斜度小的模样，为避免起模时拉坏砂型，可在模板上增设一块漏模板，采用顶箱漏模起模方式，如图 4—81 所示。

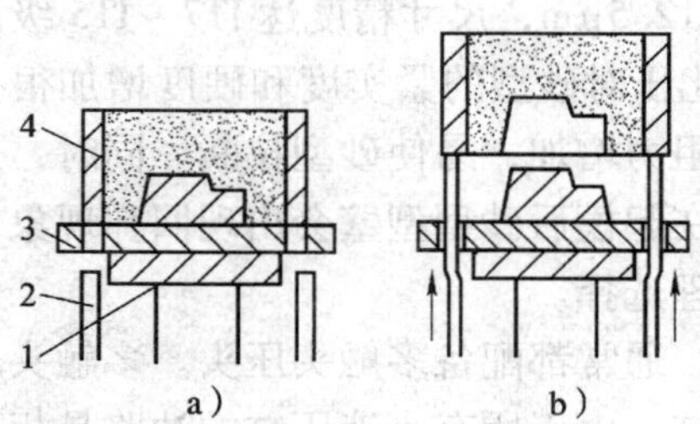

图 4—80　顶箱起模方式

a）起模前　b）起模后

1—工作台　2—顶杆　3—模板　4—砂箱

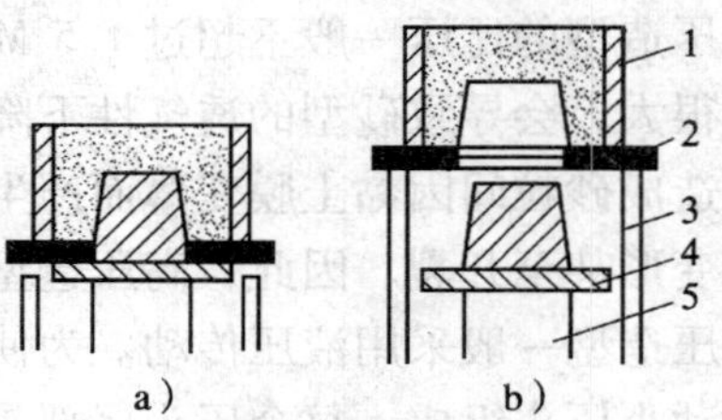

图 4—81　顶箱漏模起模方式

a）起模前　b）起模后

1—砂箱　2—漏模板　3—顶杆

4—模板　5—工作台

2. 翻箱式起模

机器造型的翻箱起模常用两种方式，即翻台式和转台式。这两种方式的实质是一样的，均需将模板和砂箱翻转 180°后再起模，其起模工艺性好。但由于结构复杂，所以，这种方法一般只用于大、中型铸件或有大凸块的下砂型起模。其起模过程如图 4—82 所示。先将砂箱和模板一起夹紧，工作台面绕支轴翻转 180°后模板固定不动，接箱台上升托住砂箱后松开夹紧装置，再缓缓下降，完成起模动作。

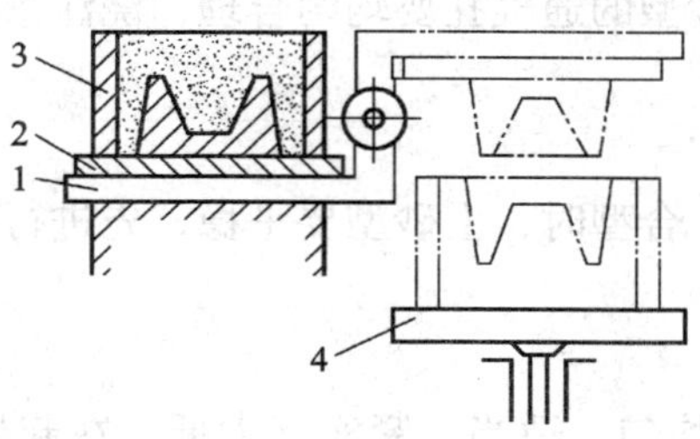

图 4—82　翻箱起模方式

1—翻台　2—模板　3—砂箱　4—接箱台

技能训练

以拨叉铸件为例练习造型的方法及操作过程（见图 4—83）

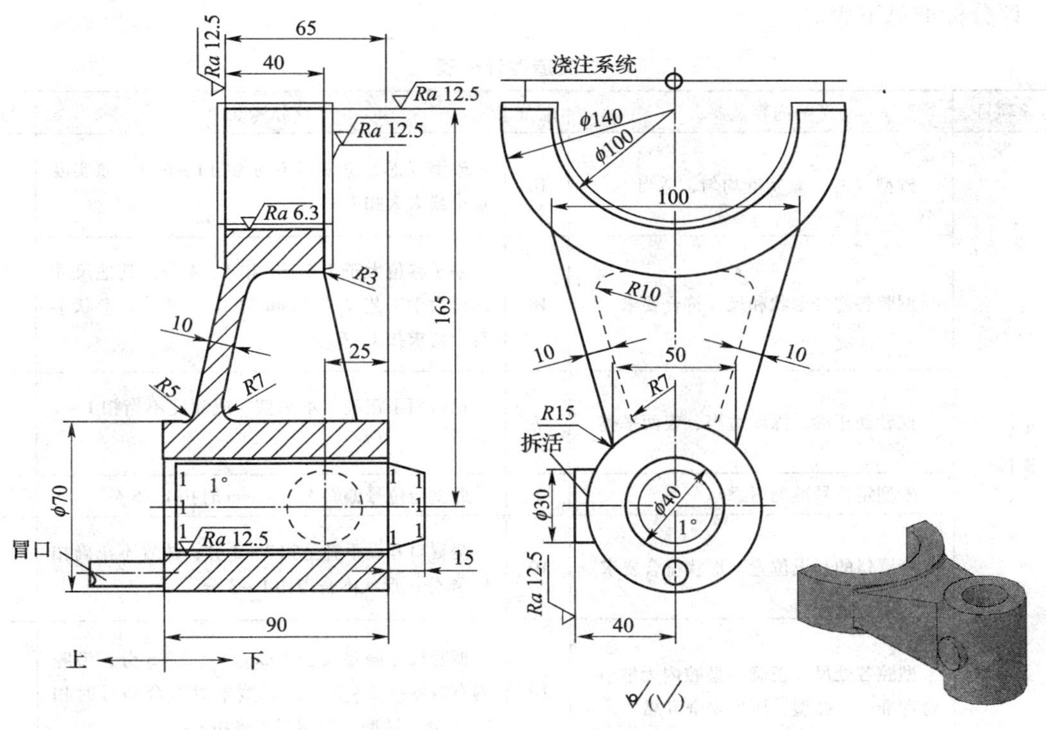

图 4—83　拨叉

1. 实训设备

造型用工具、辅具。

2. 操作步骤

(1) 型砂选用

注意型砂有足够的强度，韧性要好，透气性大于80，水分含量6% ~7%。

(2) 造型、造芯

造型时紧实度要均匀，砂型的通气孔要均匀合理，浇注系统形状、尺寸、位置要符合工艺规定，表面平整光洁。

(3) 合型、浇注

合型前将砂型清理干净，合型时，上砂型要平稳，先进行验型再合型。浇注时浇注系统保持充满状态。

3. 质量分析

(1) 砂型（芯）紧实度均匀、适当。紧实度太低，在起模、翻转、搬运和浇注时容易掉砂；但紧实度太高，透气性和退让性就会变差。

(2) 型腔各部分形状和尺寸符合要求。

(3) 挖砂面正确、深度适当、表面平整，砂型定位号准确可靠。

(4) 浇冒口的开设位置、形状和尺寸符合要求。

(5) 砂芯形状、尺寸符合要求，芯骨合理，排气通畅，安放牢固。

(6) 合型方法正确，型腔内无散砂，抹型、压型安全可靠。

4. 评分标准

评分标准见下表。

拔叉造型评分表

考核项目	考核内容及要求	配分	评分标准	得分
主要项目	砂型（芯）紧实度均匀、适当	10	砂型（芯）紧实度不均匀扣1~6分；紧实度过小或太大扣1~4分	
	型腔各部分形状和尺寸符合要求	18	搭子移位大于1.5 mm扣1~4分；其他尺寸误差大于工艺尺寸2 mm时扣1~8分；形状不符合要求扣1~6分	
	挖砂面正确、深度适当、表面平整	7	挖砂面不正确、不平整，或深度不当扣1~7分	
	砂型定位号准确可靠	5	砂型定位号偏斜大于1 mm时扣1~5分	
	浇冒口的开设位置、形状符合要求	10	浇冒口开设不齐全扣2~3分；位置不正确扣1~4分；形状不合理扣1~3分	
	型腔各处尺寸正确，型腔内无散砂，合理准确，抹型、压型安全可靠	10	型腔尺寸偏差大于2 mm时扣1~3分；型腔内有散砂扣1~2分；合型未对准合型号时扣1~2分；抹型、压型不正确扣1~3分	

续表

考核项目	考核内容及要求	配分	评分标准	得分
一般项目	砂型分型面平整	5	分型面不平整扣1~5分	
	表面光滑、轮廓清晰、圆角均匀	10	型腔表面不光滑扣1~4分；轮廓不清晰扣1~4分；铸造圆角不均匀扣1~2分	
	出气孔的数量和分布合理	5	出气孔的数量不足扣1~3分；分布不合理扣1~2分；未插出气孔时不得分	
	砂芯制造尺寸、形状符合要求，芯骨可靠，排气通畅	4	尺寸或形状不符合要求扣1~2分，芯骨不可靠扣1分，排气不通畅扣1分	
	浇冒口表面光滑，浇道各组元连接四角均匀	5	浇冒口系统表面不光滑扣1~3分；浇注系统各组元连接圆角不均匀，或不是圆角扣1~2分	
	砂芯安放位置正确、牢固、排气通畅	4	砂芯位置不正确扣2分；不牢靠扣1分；排气不通畅扣1分	
安全生产	达到国家安全生产法规的有关规定或企业自定的有关规定	4	违反有关规定扣1~4分	
	达到企业有关文明生产规定标准	3	工作场地整洁，造型工具、辅具和量具放置合理不扣分；稍差时扣1分；很差时扣3分	
时间定额	2 h		每超过20 min，扣5分	

练　习

1. 什么叫分模造型？它有什么特点？
2. 什么叫挖砂造型？为什么说挖砂造型只适用于单件小批量生产？
3. 简述砂箱造型的特点。
4. 什么叫刮板造型？什么样的铸件可采用刮板造型？
5. 简述小型旋转刮板架的安装和校正方法。
6. 铸造生产中对砂芯有什么要求？
7. 制造砂芯用的芯盒有哪几种形式？它们各自的应用范围是什么？
8. 芯盒造芯与刮板造芯各有什么特点？
9. 在砂芯中有哪些通气类型？

第五单元

造芯方法与技术

课题一 手工造芯专业知识

一、砂芯的作用及性能特点

1. 砂芯的分类

砂芯通常有下述几种分类方法：按尺寸大小分类、按干湿程度分类、按黏结剂分类、按造芯工艺分类、按砂芯复杂程度分类。

2. 砂芯的作用

（1）形成铸件的内腔、内孔

砂芯的几何形状与要形成的内腔及内孔一致，如图5—1所示。

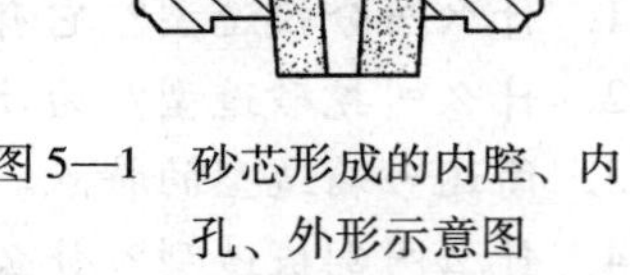

图5—1　砂芯形成的内腔、内孔、外形示意图

1、2—砂芯　3—铸件

（2）形成铸件的外形

对于外部形状复杂的局部凹凸面，工艺上均可用砂芯来形成。

（3）加强铸型强度

某些特定铸件的重要部分或铸型浇注条件恶劣处，可用砂芯形成。

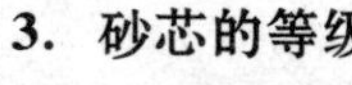

3. 砂芯的等级

砂芯的等级按其复杂程度一般分为五级，见表5—1。

表5—1　砂芯的等级

砂芯等级	特　　点	应　　用
一级	几何形状复杂、断面细薄或厚薄相差悬殊，与金属液接触面积大，且芯头尺寸小	如发动机机体水套芯、发动机缸盖水道芯、液压阀体件砂芯等
二级	几何形状较为复杂，与金属液接触面积大，在重要铸件中所形成的内腔完全或部分不加工	如发动机的机体主体芯
三级	砂芯表面的复杂程度一般，没有细薄的断面	用来形成铸件内腔
四级	外形不复杂，用来形成铸件内外表面	如一般机床床身的砂芯
五级	要求有良好的干强度，在砂芯中心部位安放焦炭块来改善其退让性和透气性	用来形成大型铸件的内腔

4. 砂芯制造方法的分类及选择

（1）砂芯制造方法的分类

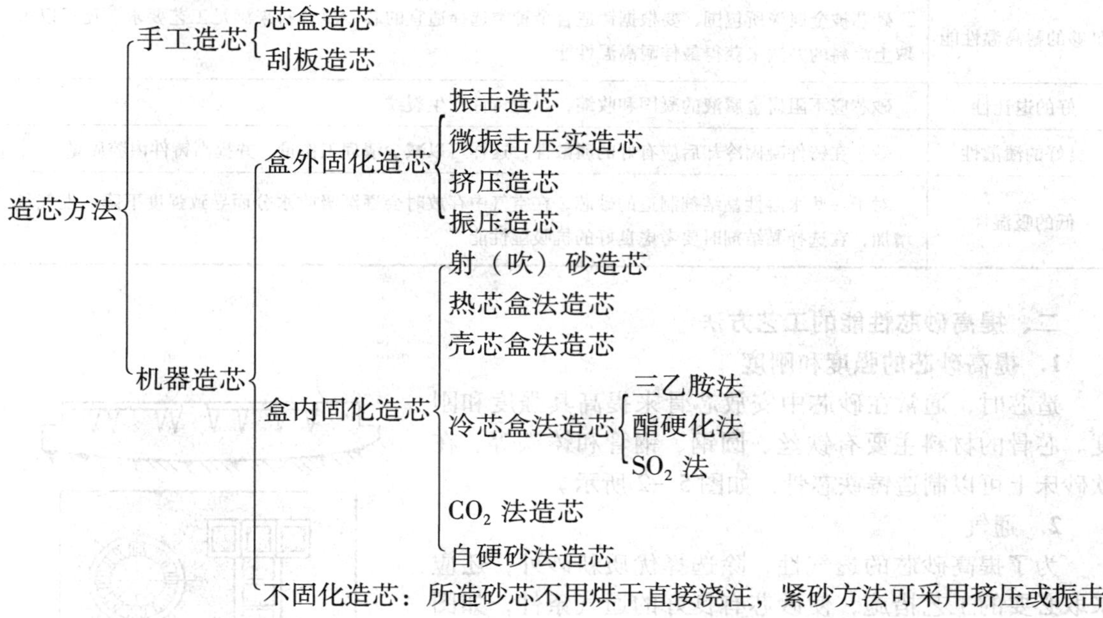

（2）砂芯制造方法的选择原则

砂芯制造方法应根据砂芯的尺寸、形状、生产的批量、铸件尺寸精度及其生产条件来选择。形状简单，需安放芯骨、取出活块或需开设通气孔等工序及单件小批量生产的砂芯，则采用手工造芯。

只有当批量生产时，才考虑用机器造芯。机器造芯生产效率高，紧实度均匀，砂芯质量好，便于机械化、自动化。尤其适用于热芯盒、壳芯盒、冷芯盒等用树脂作黏结剂的造芯方法。必须指出，此类造芯方法所用设备复杂，投资费用较高，对工艺装备精度要求较高，且制造周期长。

5. 砂芯的性能特点

由于砂芯是用来形成铸件内腔或重要部分的，因此，砂芯除芯头外，一般都被高温金属液所包围。所以，砂芯在铸件浇注时的工作条件比铸型更为恶劣，故对砂芯的要求比铸型更高，见表5—2。

表5—2　　砂芯的性能

砂芯的性能	使用特点
足够的工艺强度	砂芯在制造、运输、下芯和浇注过程中，应不破损、不变形，并能经受金属液的冲击力、浮力等多种力的作用，应具有足够的强度和刚度。除了要选择最适宜的芯砂混合料，在某些生产条件及砂芯结构状况下，还要采取设置芯骨的工艺手段来提高砂芯的强度和刚度
低的发气性	砂芯由芯砂混合料制成。混合料中的黏结剂和附加物，在高温金属液作用下会产生气体。气体达到一定的压力时侵入金属液中，使铸件产生气孔等缺陷，要求砂芯的发气量越低越好
良好的透气性	砂芯在高温作用下产生的气体应能顺利排出型外，这是砂芯应具备的重要工艺条件

续表

砂芯的性能	使用特点
足够的耐高温性能	砂芯被金属液所包围，要根据铸造合金种类选择适宜的芯砂混合料来满足工艺要求。还可以采取上涂料的办法来获得最佳耐高温性能
好的退让性	砂芯应不阻碍金属液的凝固和收缩，以免铸件产生裂纹
良好的溃散性	砂芯在铸件凝固冷却后应有好的溃散性，这样可以减少清理工作量，并提高铸件内腔质量
低的吸湿性	对于一些水溶性黏结剂制造的砂芯，在空气中存放时会逐渐吸收水分而导致强度下降、发气量增加，在选择黏结剂时要考虑良好的抗吸湿性能

二、提高砂芯性能的工艺方法

1. 提高砂芯的强度和刚度

造芯时，通常在砂芯中安放芯骨来提高其强度和刚度。芯骨的材料主要有铁丝、圆钢、钢管和铸铁等。在软砂床上可以制造铸铁芯骨，如图5—2所示。

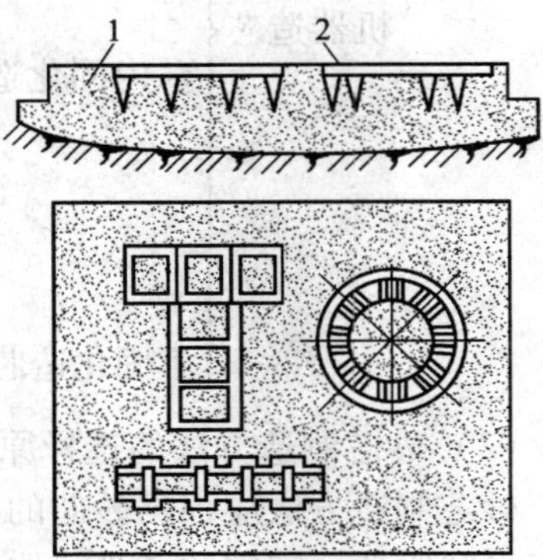

图5—2　铸铁芯骨制造示意图

1—砂床　2—芯骨

2. 通气

为了提高砂芯的透气性，除选择优质新砂外，还应采取必要的工艺措施，使砂芯有良好的通气条件，如图5—3所示。

（1）用通气针在砂芯内扎通气道

其主要用于形状不复杂的砂芯，如图5—3a所示。

（2）用芯棒形成通气道

在热芯盒造芯中采用这种方法，如图5—3b所示。

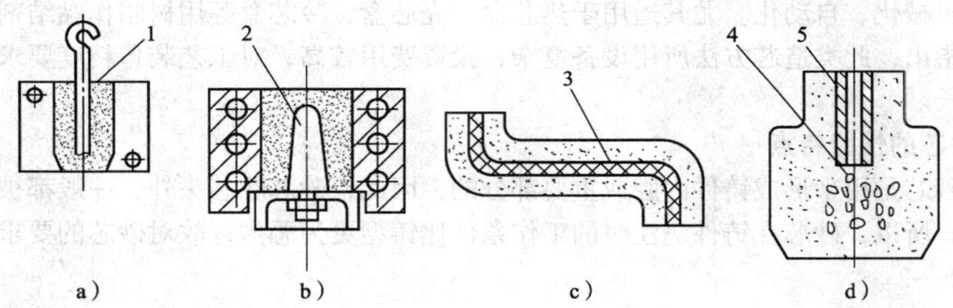

图5—3　砂芯通气类型

a）气针通气　b）芯棒通气　c）蜡线通气　d）焦炭及钢管通气

1—通气针　2—芯棒　3—蜡线　4—焦炭　5—钢管

（3）用蜡线作通气道

用于薄而复杂或弯曲的砂芯，如图5—3c所示。在砂芯加热烘干时，蜡线被熔化流出，在砂芯中形成通气道。现在也有用成品塑料网状通气管来代替蜡线的，效果相同且使用方便。

（4）用空心钢管作芯骨

制作长圆柱体铸件砂芯时，在钢管上钻很多小孔来透气。

（5）在砂芯内放焦炭、炉渣

对于大型铸件的砂芯，在其中心部位或厚大部位填放焦炭或炉渣，并做出通气道至芯头，这样既能增加砂芯的透气性，又能提高砂芯的退让性，减少芯砂用量和便于清理，如图5—3d 所示。

3. 涂料

当采用的砂芯黏结剂和造芯紧实度难以承受高温金属液或金属液压力的作用，使铸件产生黏砂时，应在砂芯表面涂上涂料。这是提高砂芯表面耐火度、表面强度和降低表面粗糙度的有效工艺措施，从而防止黏砂、夹砂等缺陷，并便于清砂。

三、砂芯的整修及拼合

1. 砂芯的整修

砂芯的整修是在砂芯硬化后进行的一道工序，主要包括修毛刺飞翅、修补缺损、扎通气道等。其操作要点如下。

（1）在修锉砂芯时，可用旧木锉刀将飞翅和毛刺擦去，应注意不要损坏砂芯原有的表面。

（2）在修补砂芯缺损部位时，用配制好的修补料进行修补。

（3）重要的芯头部位不要修补，以免丧失原有的形状尺寸。

（4）砂芯上设置的通气道要扎通。

（5）整修好的砂芯应装入工位器具或整齐地安放在指定地点。

2. 砂芯的拼合

因工艺需要分开制作的多个砂芯，往往要组装和拼合成一个大的或较复杂的砂芯。拼合的方法主要有胶合料黏结、金属熔接、螺柱连接等。

（1）用胶合料黏结

这是最广泛使用的一种方法。可用糊精、淀粉、树脂和水玻璃等为黏结剂配制的胶合料，也可使用市场上配制好的胶合料。

（2）用易熔金属料连接

对于某些特殊砂芯，可以用易熔金属料浇灌。在造芯时做出预留孔，连接时浇灌易熔金属料，如图 5—4 所示。易熔金属可用锌或铝的废料。

（3）螺柱连接

较大较重的砂芯可用螺柱连接，如图 5—5 所示。

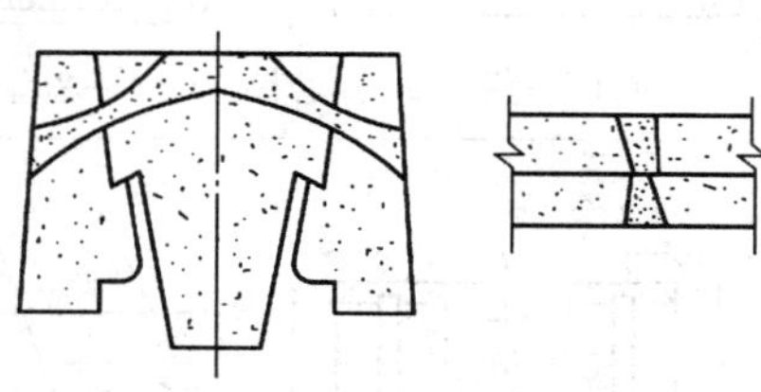

图 5—4　砂芯利用易熔金属料连接

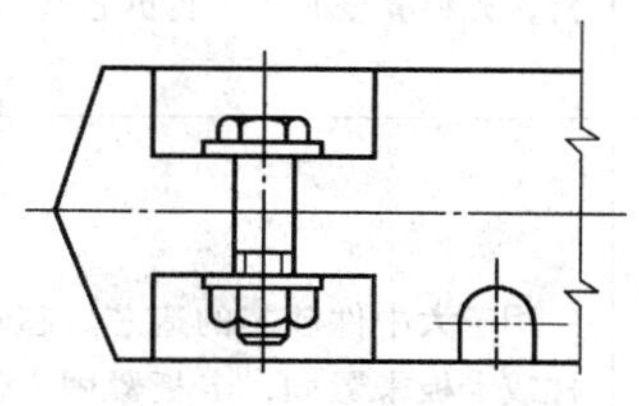

图 5—5　螺柱连接

课题二 造芯方法

一、手工造芯方法

手工造芯是传统的造芯方法，一般依靠人工填砂紧实，也可借助木槌或小型捣固机进行紧实，制好后的砂芯放入烘炉内烘干硬化。

手工造芯可分为芯盒造芯及刮板造芯两种。

1. 手工芯盒造芯

手工芯盒造芯是最基本的造芯方法，可根据砂芯的形状、大小及工艺特点分类（见表5—3）。

表5—3　　手工芯盒造芯方法分类

类别	说　明	图　示
敞开整体式	制作尺寸不很大、形状较简单的砂芯。若砂芯有局部凸台或凹坑，在芯盒上应做成活块。敞开整体式芯盒的紧砂面大，砂芯紧实度好，尺寸精度高	1—芯盒　2、5—活块　3—砂芯　4—通气棒　6—烘芯板
对开式	用于对开分型的芯盒造芯	垂直分型芯盒　水平分型芯盒
套框脱落式	适用于形状复杂、尺寸精度要求较高的砂芯。芯盒体由组块形成，外加套框以定位和固定芯盒组块，砂芯紧实后，翻转芯盒，先将套框脱去，再拆芯盒组块	1—套框　2—烘芯板　3、4—芯盒组块
拆卸式	用于大中件砂芯的造芯。芯盒组块用螺柱或卡板来紧固，卡板紧固方便，螺柱紧固较繁琐	用卡板紧固　用螺柱紧固 1—卡板　2—芯盒组块　3—螺柱　4—底板

2. 刮板造芯

刮板造芯用于特定结构的砂芯。如圆柱体砂芯的造芯工艺，它不需要芯盒，可以减少造芯工作的工作量。刮板造芯一般有旋转刮板和导向刮板两种。

（1）旋转刮板造芯

旋转刮板也称车板，可以制作铸管砂芯。其方法是：在选定的钢管上预先打好出气孔，在管中安放好转轴；放在旋转架上；在钢管上绕上几层草绳。操作时草绳一定要层层绕紧勒实，最后外层刮出砂芯层，如图 5—6 所示。显然，这种造芯法具有砂芯强度及刚度高、砂芯的透气性及退让性好、芯砂用量小、芯骨可以回收利用、经济效益高等很多优点。

（2）导向刮板造芯

用于制作在长度方向断面无变化或变化较少、直的圆弧的砂芯。如图 5—7 所示的砂芯，是用三块刮板刮出的有分枝断面且断面不同的砂芯。操作时，先用刮板 1、2 沿基准平板 4 移动刮出相应形状，后用刮板 3 刮出过渡部分，而三个断面连接过渡处用手工修理。

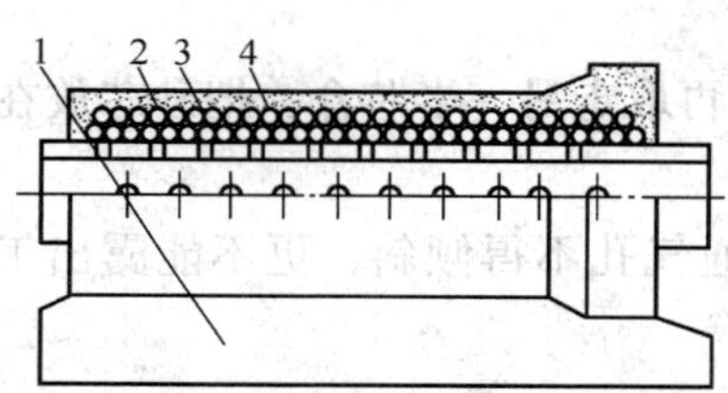

图 5—6　旋转刮板造芯

1—刮板　2—黏土砂芯　3—草绳　4—钢管

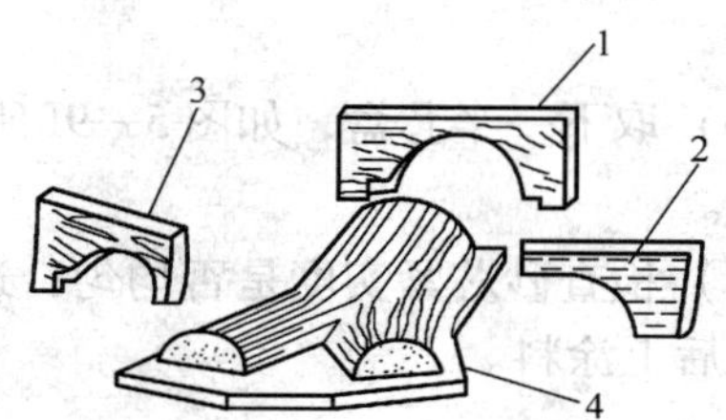

图 5—7　导向刮板造芯

1—刮板　2—刮板　3—刮板　4—基准平板

二、整体式芯盒造芯

整体式芯盒没有可拆部分，如图 5—8 所示。为了方便舂砂，芯盒上面有较大的敞口。为了翻转后安放型芯方便，敞口面一般是平面，它适用于形状简单的砂芯。如图 5—8a 所示是把芯盒放在平板上，从较大的敞口面填砂后舂砂、刮平；图 5—8b 所示是翻转后放在烘干板上的砂芯。整体式芯盒造芯训练过程如下。

1. 首先检查芯盒有无变形和损坏，经清扫干净后放在平板上，在芯盒内放入 10 ~ 20 mm 厚的芯砂舂实。

2. 芯骨用泥浆水或清水浸湿以增强芯骨和芯砂的黏结力。

3. 把芯骨放正（根据下芯时吊运方法确定芯骨的放置），用木槌将芯骨轻轻下敲，使芯骨比芯盒的上平面稍低，然后铲入部分芯砂继续舂实。

4. 放入通气材料，继续填砂舂实。

5. 刮去高出芯盒平面的芯砂，做出通气孔。若不需翻转，则可轻轻松动取出芯盒。若需翻转，则先将烘干板放在芯盒上，再连同芯盒一起翻转 180°，松动后取下芯盒，砂芯便留在烘干

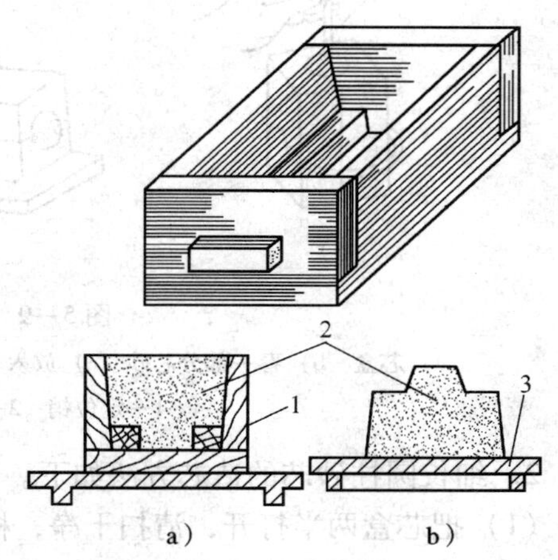

图 5—8　整体式芯盒造芯

a）芯盒放在平板上造芯　b）放在烘干板上的砂芯

1—芯盒　2—砂芯　3—烘干板

板上。

6. 挖出吊环，修整砂芯，然后上涂料。

三、对分式芯盒造芯

1. 对分式芯盒适用于制造圆柱形或一些形状对称的砂芯。用对分式芯盒制造粗短砂芯的训练过程如下。

(1) 检查芯盒两半定位销配合是否准确，清理芯盒内表面，如图 5—9a 所示。

(2) 把芯盒对合夹紧放在工作台上，填一部分砂舂实，如图 5—9b 所示。

(3) 舂紧 50 mm 厚，把芯骨用泥浆水或清水浸过后敲入（芯骨长度要比型芯短 5 ~ 6 mm），继续舂砂至满，如图 5—9c 所示。

(4) 舂好后，刮去多余的芯砂，然后沿砂芯中心用气孔针扎出上、下贯通的通气孔，如图 5—9d 所示。

(5) 取下芯盒上的夹钳，放平芯盒，轻轻敲动，使芯盒与砂芯间产生间隙，如图 5—9e 所示。

(6) 取下一半芯盒，如图 5—9f 所示。用手托住砂芯再取走另一半芯盒，把砂芯放在烘干板上。

(7) 检查砂芯紧实度是否均匀，通气孔是否贯通。通气孔不得倾斜，更不能露出工作面。最后上涂料。

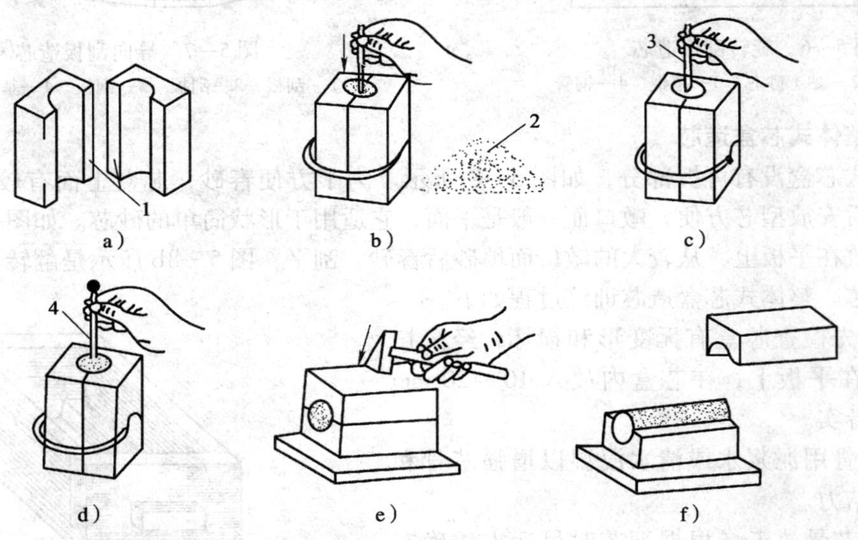

图 5—9 对分式芯盒制造小芯

a）芯盒 b）舂一部分芯砂 c）放入芯骨 d）扎出气孔 e）松动芯盒 f）取下一半芯盒

1—定位销 2—芯砂 3—芯骨 4—通气针

2. 细长圆柱砂芯的造芯方法如下。

(1) 把芯盒两半打开，清扫干净，检查定位销是否准确可靠。

(2) 将一半芯盒填砂舂实，在舂砂过程中放入芯骨（芯骨要用泥浆水或清水浸湿），刮去多余的芯砂，使芯砂稍高于芯盒的贴合面。

(3) 在另一半芯盒内填砂舂实，然后刮平，并在刮平面的中心挖出一条通气槽。

（4）在刮平的贴合面上刷一层泥浆水，而后吻合两半芯盒，把芯盒放平。

（5）轻轻敲击芯盒，促使上、下两部分黏合，修平两端面，并要保持通气孔上、下贯通，不能因修端面而堵塞。

（6）松动芯盒后取下一半芯盒，检查砂芯无损坏，然后用手扶住芯盒翻转 180°倒出砂芯，放在烘干板上，修整后上涂料。当生产数量多时，可以采用多联芯盒，如图 5—10 所示。这样一次能做出几个砂芯，以提高工作效率。如图 5—10a 所示为金属多联芯盒，图 5—10b 为木质多联芯盒。

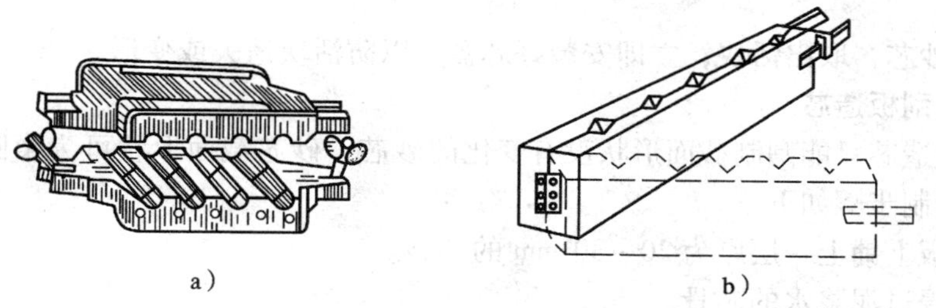

图 5—10　多联芯盒

a）金属芯盒　b）木质芯盒

四、脱落式芯盒造芯

形状复杂的砂芯常采用脱落式芯盒造芯，如图 5—11 所示。

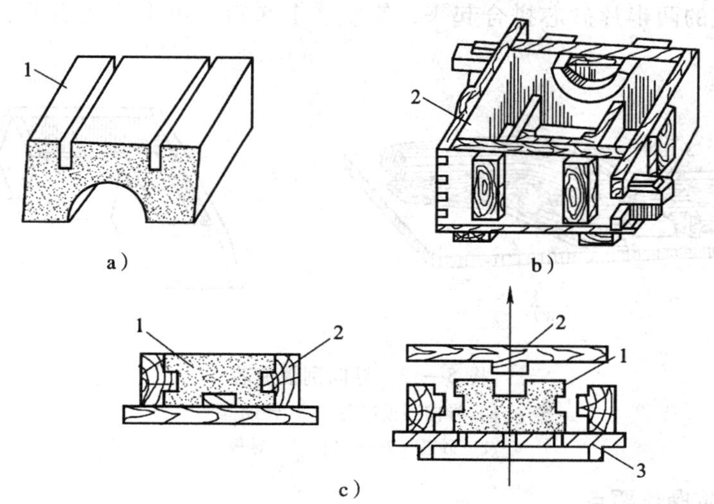

图 5—11　脱落式芯盒造芯

a）砂芯　b）芯盒　c）造芯示意

1—砂芯　2—芯盒　3—烘干板

为了舂砂方便，造芯时脱落芯盒的平面朝上，把芯盒中妨碍砂芯倒出的部分做成活块。取芯时，活块与砂芯一起倒出，从不同方向分别取下活块，如图 5—11c 所示。用脱落式芯盒造芯，基本上和整体式芯盒相同。造芯工艺除与整体芯盒造芯工艺相同的步骤外，还要注意以下几点。

1. 造芯前要把芯盒校对好，检查活块是否遗漏、颠倒，夹紧是否牢固，防止舂砂时芯盒尺寸胀大。

2. 清理芯盒，必要时用油布擦净，以防粘模。

3. 舂砂要紧实度均匀，尤其形状复杂的沟槽部分不得漏舂，芯骨的安放位置要正确，且便于吊运。

4. 脱落式芯盒造出的砂芯，一般尺寸较大、形状复杂，所以，在制造过程中要做到气孔通畅，分布均匀，上下贯通，以保证排气畅通。

5. 取出活块后，要修整好砂芯，检查紧实度是否均匀，然后上涂料。涂料的厚薄要均匀。

6. 造好砂芯，取出活块，立即安装好芯盒，以防活块遗失或变形。

五、导向刮板造芯

导向刮板造芯只能刮制截面形状没有变化的砂芯，砂芯截面形状可为半圆形或多角形。弯管砂芯的刮制步骤如下。

1. 在底板上铺上一层厚为 20 ~ 30 mm 的芯砂。

2. 放上浸过泥浆水的芯骨。

3. 填入一部分芯砂舂实，再根据砂芯的大小放入草绳或小焦炭块等通气材料。

4. 填入芯砂并舂实，为防止舂砂时芯砂散开，可做一个辅助框（见图 5—12b）将芯砂挡住，以提高舂砂效果。

5. 用刮板沿导板刮去多余的芯砂，制成半片砂芯。

6. 把刮制成的两半片砂芯拼合起来，修整、上涂料、烘干（也有些大砂芯先上涂料，烘干后再拼合）。

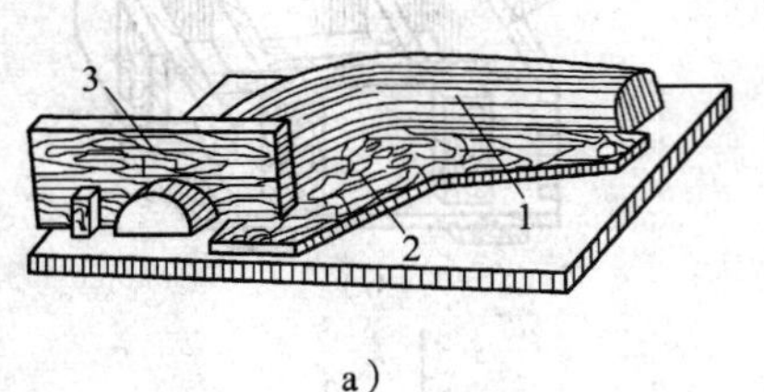

a）

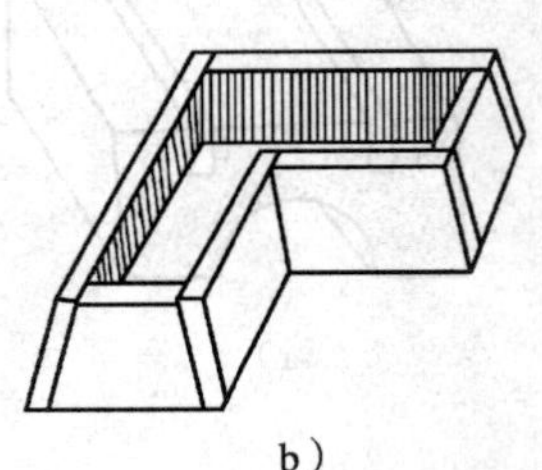

b）

图 5—12　导向刮板造芯

a）导向刮板造芯　b）辅助框

1—砂芯　2—刮板　3—导板

六、手工造芯操作要点

1. 保持芯盒内腔干净，这是砂芯达到良好表面质量的关键。因此，必须经常用柴油等清洗剂喷刷芯盒型腔，喷刷后还要吹干净。

2. 活块座与活块之间的配合要良好，保持其清洁。造芯时不得有残余砂，并注意防止磨损。

3. 在填砂紧实时，各处紧实度要均匀，特别注意局部薄弱部位和深凹处的紧实度。

4. 正确使用紧实工具。如用木槌、捣固机紧实时，不得舂在芯盒体上，以防损坏芯盒。

5. 在设置气道操作时，所设置的通气道与芯头出气孔相通，通气道不得开设在型腔上。

6. 安放芯骨时，一要注意芯骨周围用砂塞紧，二要注意外层吃砂量不得过小。

课题三 机器造芯

一、机器造芯

1. 机器造芯的特点

(1) 生产效率高，适用于成批大量生产。

(2) 砂芯尺寸精度高，用射砂造芯能生产出高质量砂芯。

(3) 砂芯紧实度高，表面质量好。

(4) 便于机械化、自动化造芯。

2. 机器造芯的分类

机器造芯可分为挤压紧实造芯、振击紧实造芯、射芯机造芯等。

二、普通机器造芯

普通机器造芯是指用一般挤压、振击等方式紧实的造芯方法。

1. 挤压紧实造芯

挤压紧实造芯是指砂芯通过成形管时获得紧实的一种连续性造芯方法。用于圆形、椭圆形或多边形等截面不变的砂芯造芯。一般用活塞挤压或螺旋进给挤压等。砂芯长度根据需要切割成段，烘干后修出芯头即可。

2. 振击紧实造芯

(1) 造芯方法

砂芯靠机械或气动振击达到紧实，这种造芯方法的紧实程度较好。

(2) 取芯

紧实后的砂芯，通过机械连杆机构将芯盒翻转 180°到起芯工位取芯，如图 5—13 所示。

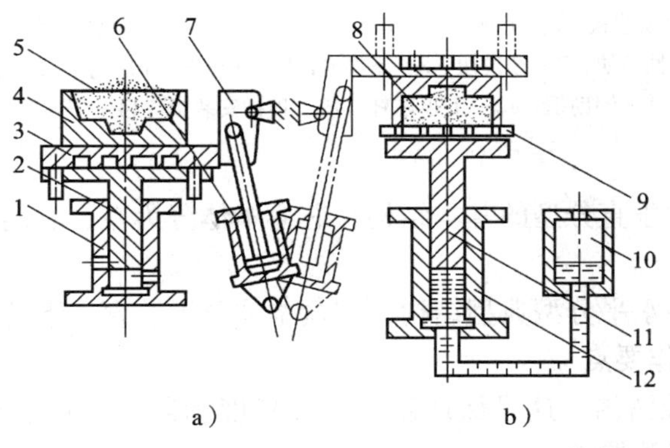

图 5—13 振击翻台造芯示意图

a) 加砂振击紧实 b) 接箱取芯

1—振击缸 2—振击活塞 3—翻台工作台 4—芯盒 5—芯砂 6—翻台缸 7—连杆 8—砂芯 9—烘芯板 10—油箱 11—接箱活塞 12—取芯缸

三、射芯机造芯

射芯机造芯是一种高效率的机械化造芯方式。它以压缩空气为动力，将芯砂以高速射入芯盒并获得紧实。射芯机种类很多，有普通射芯机、热芯盒射芯机、特殊用途射芯机、壳芯机和冷芯盒射芯机等。下面以热芯盒射芯机造芯为例进行介绍，如图 5—14、图 5—15 所示。

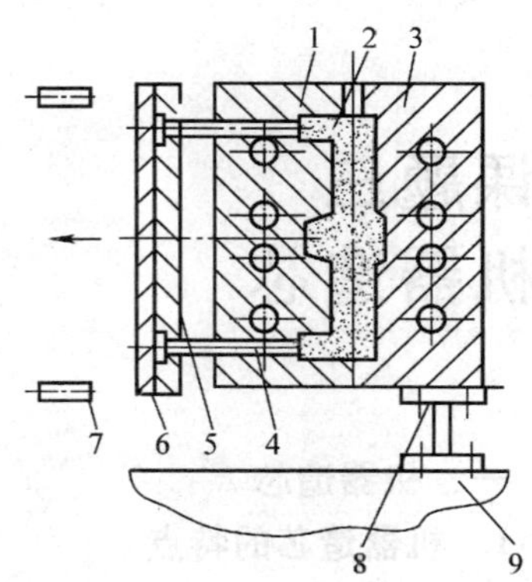

图 5—14　垂直分型热芯盒

1、3—芯盒　2—砂芯　4—顶芯杆
5—顶芯杆安装板　6—顶芯板
7—顶出杆　8—座脚　9—工作台

热芯盒造芯是将芯砂射入到加热至一定温度的芯盒内，砂芯靠芯盒的热量进行硬化的一种造芯方法。

1. 热芯盒造芯的优点

热芯盒造芯硬化快、生产效率高，砂芯强度高、尺寸准确、表面光洁、溃散性好，工艺简单，便于实现自动化，适合批量生产。

2. 热芯盒造芯的工艺特点

热芯盒基本上分为垂直分型和水平分型或水平—垂直组合分型方式。

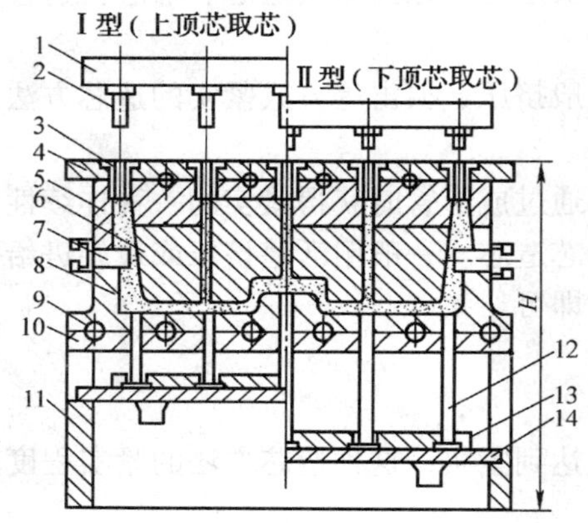

图 5—15　水平分型热芯盒

1—上顶芯板　2—上顶芯杆　3—导向管　4—上芯盒加热板　5—上芯盒
6—抽芯块　7—抽模块　8—下芯盒　9—加热管　10—下芯盒加热板
11—辅助框　12—下顶芯杆　13—顶杆安装板　14—下顶芯板

（1）垂直分型

如图 5—14 所示为垂直分型的基本结构，芯盒本体分为左、右两部分。

（2）水平分型

如图 5—15 所示为水平分型典型结构，芯盒本体分上芯盒、下芯盒及抽模块。

3. 热芯盒造芯操作要点

（1）保持芯盒内腔清洁。这是保证砂芯尺寸精度和射芯质量的重要操作要点，应经常用热芯盒清洗剂或酒精等擦洗。

（2）用热芯盒湿态砂造芯时，应在每班工作结束后拆卸射砂头，将储砂筒、射砂头用柴油清洗干净。

（3）操作者应按设备润滑及安全操作规程进行保养和操作。

技能训练

练习手工造芯

1．实训设备

芯砂、芯盒、定位销、芯骨及其他手工造芯工具等。

2．操作步骤

对分式芯盒手工造芯操作的具体操作步骤如图 5—9 所示。

3．质量分析

熟练使用手工造芯工具、辅具，按照造芯操作的步骤，完成对分式芯盒手工造芯的一般操作工艺。

4．评分标准

评分标准见下表。

对分式芯盒手工造芯操作的评分表

考核项目	考核内容及要求	配分	评分标准	得分
主要项目	准备好芯盒	10	芯盒干净，并保证定位销配合准确	
	舂制一部分芯砂	10	符合均匀、紧实的要求	
	放置芯骨	10	芯骨长度比型芯短 5 ~ 6 mm	
	扎通气孔	10	上下贯通的通气孔	
	松动芯盒	10	轻轻敲动，产生间隙	
	取芯	10	检查型芯紧实度是否均匀	
工具、设备的使用与维护	正确、规范使用工具，合理保养及维护工具	5	不符合要求酌情扣 1 ~ 5 分	
	正确、规范使用设备，合理保养及维护设备	5	不符合要求酌情扣 1 ~ 5 分	
	操作姿势、动作正确	5	不符合要求酌情扣 1 ~ 5 分	
安全及其他	安全文明生产，按国家颁布的有关法规或企业自定的有关规定	15	一项不符合要求扣 5 分，发生较大事故者全扣	
	操作、工艺规程正确	5	一处不符合要求扣 2 分	
	试样局部无缺陷	5	不符合要求从总分中扣 1 ~ 5 分	
时间定额	2 h		每超过 20 min，扣 5 分	

到铸造车间或校办实训工厂参加生产实践，完成实训任务。

（1）根据砂芯的性能特点，采取多种工艺方法提高砂芯性能。

（2）比较几种造芯方法，练习手工造芯操作。

在操作时，严格遵守安全操作规则，杜绝各种安全隐患，防止发生安全事故。

练　习

1. 什么叫分模造型？它有什么特点？
2. 什么叫挖砂造型？为什么说挖砂造型只适用于单件小批量生产？
3. 简述砂箱造型的特点。
4. 什么叫刮板造型？什么样的铸件可采用刮板造型？
5. 简述小型旋转刮板架的安装和校正方法。
6. 铸造生产中对砂芯有什么要求？
7. 制造砂芯用的芯盒有哪几种形式？它们各自的应用范围是什么？
8. 芯盒造芯与刮板造芯各有什么特点？
9. 在砂芯中有哪些通气类型？

第六单元

浇注系统设置

课题一 浇注系统的设置

一、浇注系统的组成及要求

浇注系统是铸型中液态金属进入型腔的通道总称，其基本组元有浇口杯、直浇道、浇口窝、横浇道和内浇道，如图6—1所示。

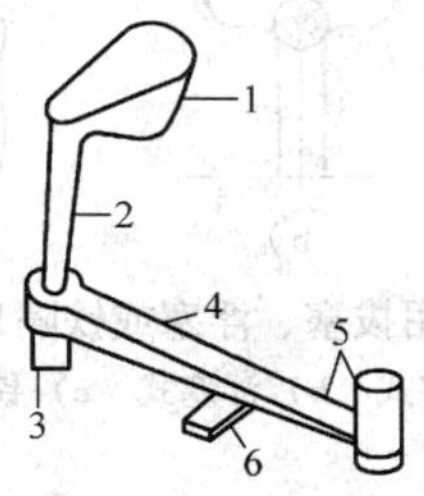

图6—1　典型浇注系统结构

1—浇口杯　2—直浇道　3—浇口窝

4—横浇道　5—末端延长段　6—内浇道

对浇注系统的基本要求主要有以下几点。

1. 在规定时间内充满型腔，保证铸件轮廓、棱角清晰。

2. 使金属液流动平稳，避免严重紊流，防止卷入、吸收气体和使金属过度氧化。

3. 具有良好的撇渣能力，防止产生夹渣和气孔缺陷。

4. 保证型腔内金属液面有足够的上升速度，以免形成夹砂、结疤、皱皮、冷隔等缺陷。

5. 金属液进入型腔时的流速不可过大，避免飞溅、冲刷型壁或砂芯。

6. 浇注系统结构力求简单，简化造型，减少清理工作量和液态金属的消耗。

二、浇口杯的设计

浇口杯的作用是承接来自浇包的金属液，防止飞溅和溢出，方便浇注；减少金属液对铸型的直接冲击；可以撇去部分熔渣、杂质，阻止其进入直浇道内；提高金属液静压力。浇口杯可分为漏斗形浇口杯和浇口盆两种，见表6—1。

表 6—1　　浇口杯的类型

类型	说　明	图　示
漏斗形浇口杯	结构简单，节约金属，但撇渣效果差。为了撇渣，一般常配合过滤网使用	
浇口盆	效果较好。底部设置堤坝有利于浇注操作，使金属液的浇注速度达到适宜的大小后再流入直浇道。这样，浇口盆内液体深度大，可阻止因水平旋涡的产生而形成垂直旋涡，从而有助于分离渣滓和气泡	

浇口杯中出现水平旋涡会带入渣滓和气体。为了减少或消除水平旋涡，最好采用拔塞、浮塞或铁隔片等方式，如图 6—2 所示。

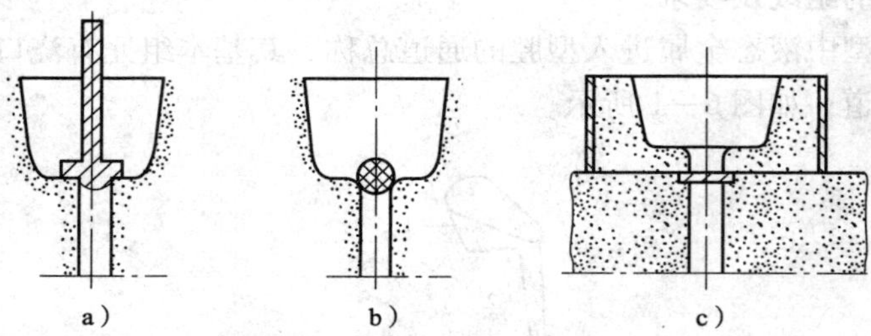

a）　　b）　　c）

图 6—2　采用拔塞、浮塞或铁隔片式的浇口盆

a）拔塞式　b）浮塞式　c）铁隔片式

三、直浇道的设计

直浇道的作用是把金属液平稳地引入横浇道内，它是建立型腔内金属液填充压力头的主要部分。金属液在直浇道内充满的高度越高，则流入型腔的速度越快，铸型的填充性就越好。因此，将直浇道设计成上下直径比为 $D/d=2\sim4$，如图 6—3 所示。

浇口杯与直浇道连接处若做成直角，由于截面的突然改变，会增加该处的流速，使该处真空度更大。为了清除这一现象，应将浇口杯与直浇道以圆角相连，其圆角半径 $R\geqslant0.25d$（d 为直浇道上端直径），如图 6—4 所示。

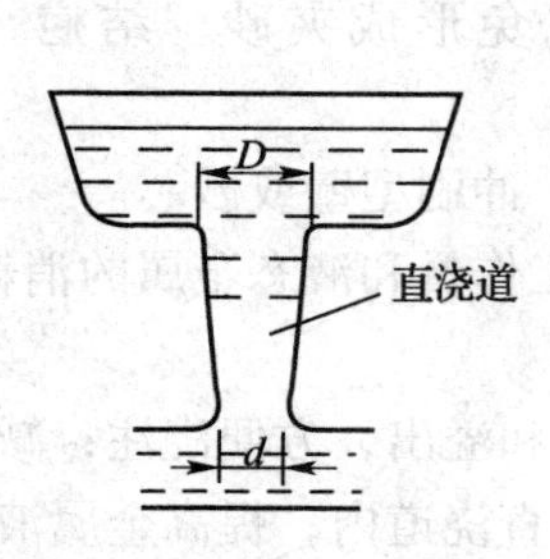

图 6—3　直浇道的设计（一）

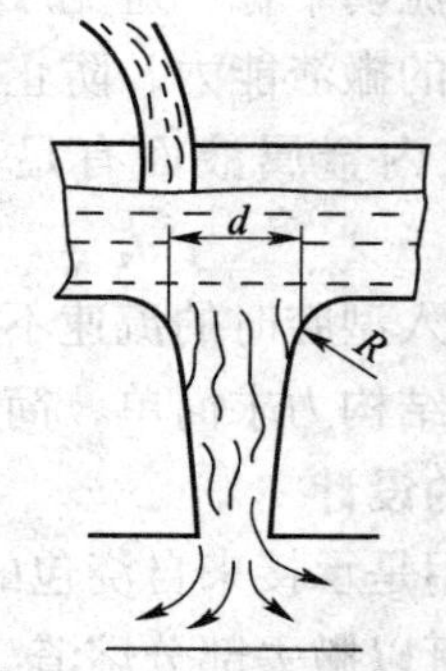

图 6—4　直浇道的设计（二）

金属液的速度在直浇道底部达到最高值，转而流向横浇道，会引起金属液紊流和搅动加剧，因而也应将直浇道与横浇道以圆角 R（$R \geqslant 0.25d$，d 为直浇道上端直径）相连接，如图 6—5 所示。为了减少液流的冲击，还应在直浇道底部设浇口窝。

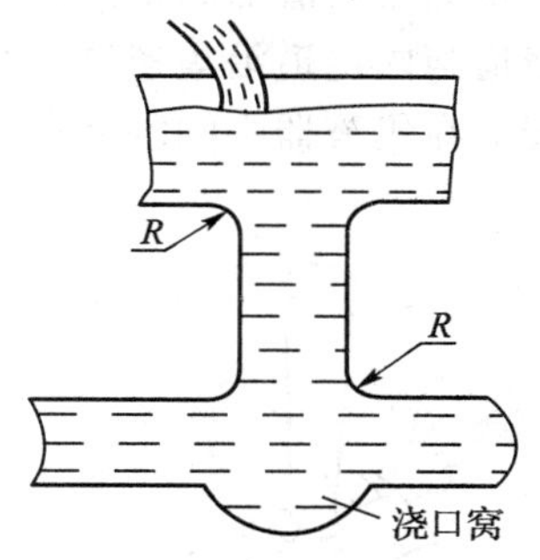

图 6—5　直浇道的设计（三）

四、横浇道的设计

将金属液从直浇道引入内浇道的水平通道是横浇道。横浇道除了向内浇道分配液流之外，主要起挡渣作用。为使各内浇道的流量比较均匀，应使横浇道的截面越靠近末端做得越小，且截面常做成梯形，如图 6—6 所示。

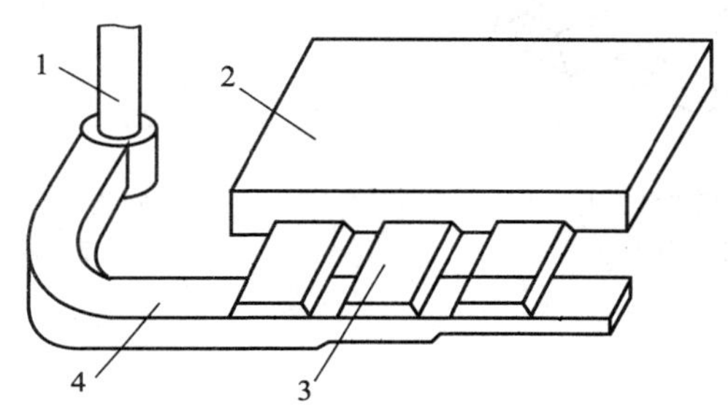

图 6—6　横浇道的设计（一）

1—直浇道　2—铸件　3—内浇道　4—横浇道

如图 6—7 所示，浇注之初，进入横浇道的金属液常带有较多的杂质。由于这些杂质多集中于横浇道的末端，而靠近横浇道末端的内浇道又处于较高压力下，所以为防止杂质被吸入内浇道，横浇道末端要延长到内浇道之外。图 6—7a 横浇道的设计错误，图 6—7b 的设计正确。

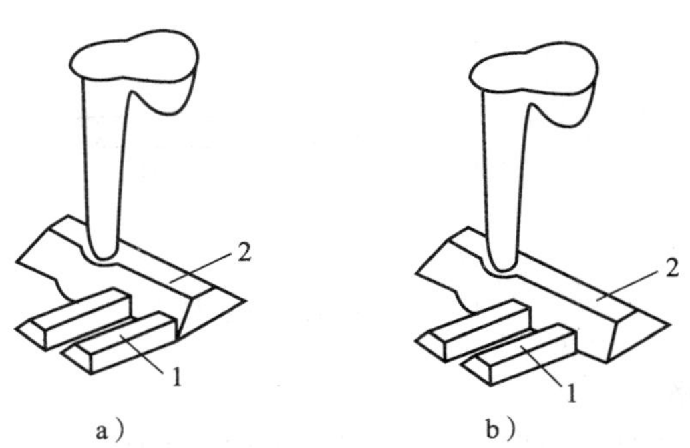

图 6—7　横浇道的设计（二）

a）设计错误　b）设计正确

1—内浇道　2—横浇道

缓流式横浇道又称阻流式横浇道，结构如图 6—8 所示。这种横浇道使液流在其中流动时不断改变流动方向，增加阻力，从而降低流速，有利于杂质上浮。其特点是结构简单、使用较广泛。

带离心集渣器的横浇道如图6—9所示，在横浇道与内浇道之间设置一个圆形集渣器，横浇道与内浇道沿集渣器切线方向设置，使金属液进入集渣器时形成旋转运动，离心力使杂质聚集在集渣器中间的液面上。这种横浇道的集渣效果好，多用于重要的铸件。

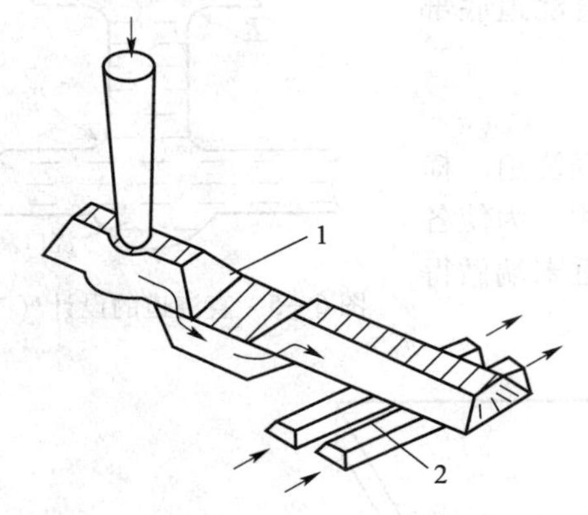

图6—8　横浇道的设计（三）
1—横浇道　2—内浇道

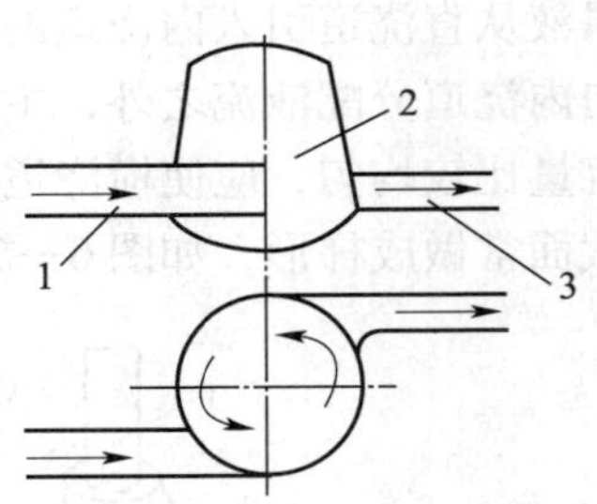

图6—9　横浇道的设计（四）
1—横浇道　2—集渣器　3—内浇道

五、内浇道的设计

1. 内浇道的作用

内浇道的作用是控制金属液充填铸型的速度和方向，调节铸型各部分的温度和铸件的凝固顺序，并对铸件有一定的补缩作用。设计内浇道时应力求使其流量分布均匀，金属充填型腔时平稳、无喷射或飞溅现象发生。

内浇道是把金属液直接导入型腔的通道，由于比较短，也就不具有挡渣的能力。因此，内浇道不宜顺着金属液流动的方向，应和横浇道成直角，最好是和横浇道成倾斜方向开制，从而避免杂质进入内浇道。图6—10a、b的内浇道设计最好，图6—10c、d可用。

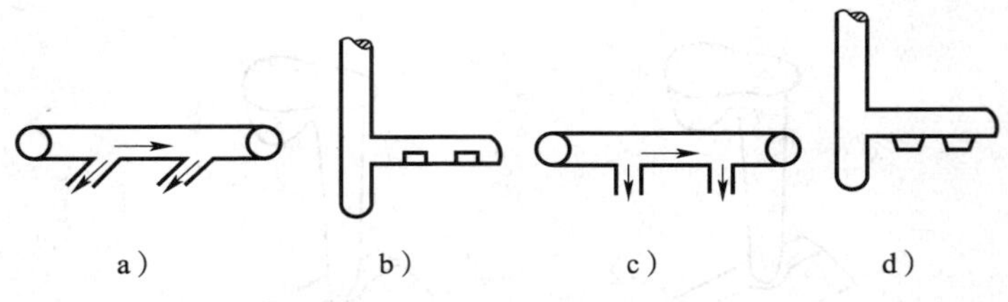

图6—10　内浇道的设计

2. 内浇道位置的选择

确定内浇道在铸件上的具体位置，应遵循下面一些原则。

（1）对要求同时凝固的铸件，内浇道应开在铸件壁薄的地方。轮廓尺寸较大的薄壁铸件，要设置较多的内浇道，使金属液很快而且均匀地充满铸型。

（2）对要求顺序凝固的铸件，内浇道应开设在铸件壁厚的地方。当条件许可时，最好是把内浇道开设在冒口处，使金属液通过冒口进入型腔，以提高冒口的补缩效率。

（3）内浇道不要开设在铸件的重要部位，因为在浇注过程中，高温金属液流经内浇道使其附近的砂型局部过热，易引起铸件组织局部晶粒粗大或产生缩松、热裂等缺陷。如图

6—11 所示的管类铸件内浇道就应开在法兰处，而不能开在管壁上。

（4）应使金属液沿着型壁注入型腔，而不要从正面冲击砂型或砂芯，尤其是不能冲击型腔中薄弱的凸出部分，防止冲坏而产生砂眼缺陷。

（5）内浇道不应开在靠近冷铁和芯撑的地方，以免削弱冷铁的激冷作用，防止芯撑熔化而失去支撑作用，造成砂芯漂浮。

（6）对旋转体铸件，内浇道开设应使金属液沿着铸件切线方向注入，并力求方向一致，便于杂质上浮和气体的排除，如图 6—12 所示。

图 6—11　内浇道的开设

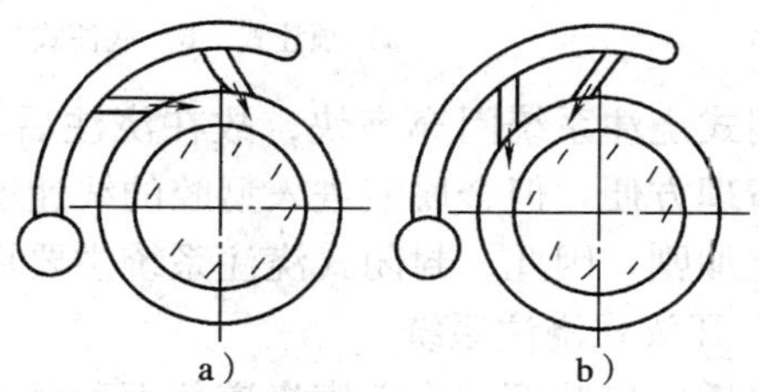

图 6—12　金属液沿切线方向注入

a）不合理　b）合理

（7）浇道开设不应妨碍铸件收缩。

（8）浇道开设应使落砂和清理方便。如图 6—13 所示为在箱带间开设两个直浇道和一横跨的浇注系统盆，这种设置方式使落砂困难。如图 6—14 所示为浇道开设在砂芯内，这种设置方式使去除浇道和铸件的精整都很困难。

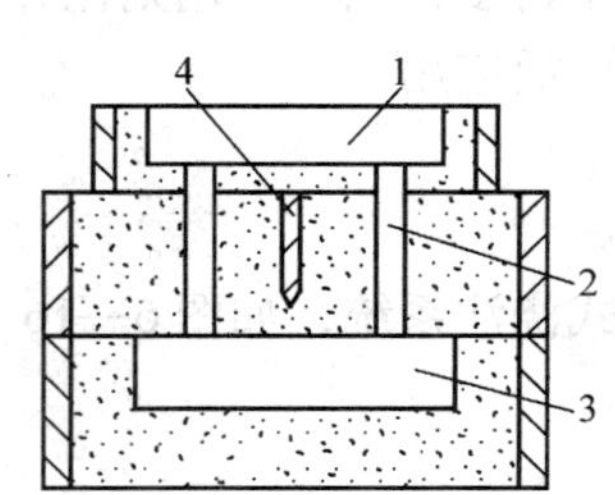

图 6—13　浇道设置使落砂困难

1—浇口盆　2—直浇道　3—铸件　4—箱带

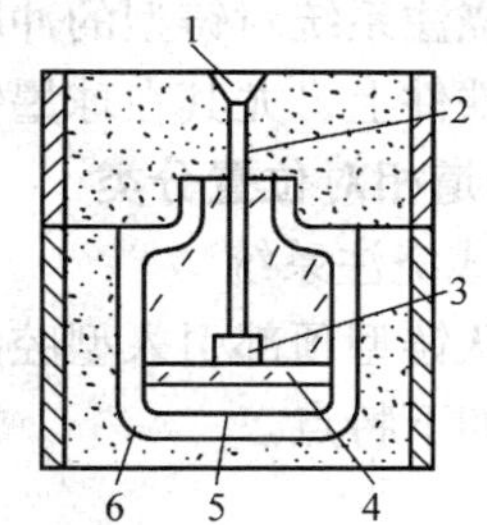

图 6—14　浇道设置使精整困难

1—浇口盆　2—直浇道　3—横浇道

4—内浇道　5—砂芯　6—铸件

六、浇注系统的类型及选择

浇注系统常用的分类方法有两种：一种是根据各组元截面比例关系的不同，即阻流截面位置的不同，分为封闭式、开放式和半封闭式浇注系统；另一种是按内浇道在铸件上的相对位置不同，将浇注系统分为顶注式、底注式、中注式和阶梯注入式等类型，如图 6—15 所示。

1．按截面比例关系分类

（1）封闭式浇注系统

直浇道出口截面积大于横浇道截面积总和、横浇道出口截面积总和大于内浇道截面积总和的浇注系统称为封闭式浇注系统。

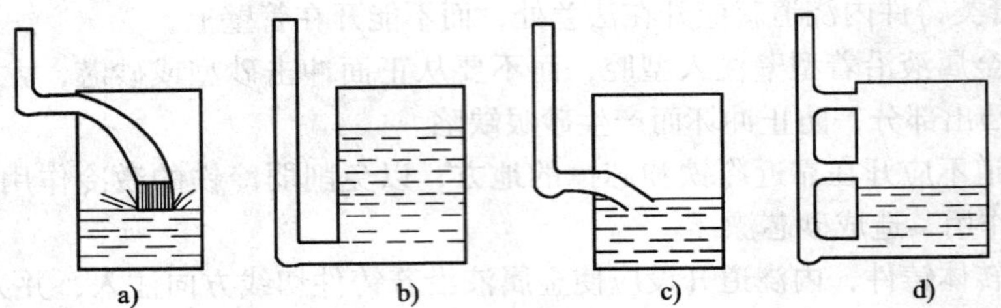

图 6—15　浇注系统的类型

a）顶注式　b）底注式　c）中注式　d）阶梯注入式

封闭式浇注系统因充满快，故在浇注后不久就有较好的挡渣能力，可减少金属液的消耗，且清理方便。但金属液进入型腔的线速度高，易冲坏砂型和砂芯，易产生喷溅并使金属液的氧化加剧。因此，封闭式浇注系统主要用于中、小型铸铁件。

（2）开放式浇注系统

直浇道出口截面积小于横浇道截面积总和、横浇道出口截面积总和小于内浇道截面积总和的浇注系统称为开放式浇注系统。

开放式浇注系统挡渣能力很差，消耗的金属液也较多，但充型平稳，主要用于易氧化的有色金属铸件、球墨铸铁件及使用漏包浇注的铸钢件。

（3）半封闭式浇注系统

直浇道出口截面积小于横浇道截面积总和，但大于内浇道截面积总和的浇注系统，称为半封闭式浇注系统。

半封闭式浇注系统对铸型的冲刷比封闭式浇注系统小得多，挡渣作用则比开放式好。因此，在各类铸铁件上，尤其在球墨铸铁件及表面干型中广泛应用。

2. 按内浇道相对位置分类

（1）顶注式浇注系统

熔融金属从铸型顶部引入型腔的浇注系统称为顶注式浇注系统，如图 6—16 所示。顶注式浇注系统有如下特点。

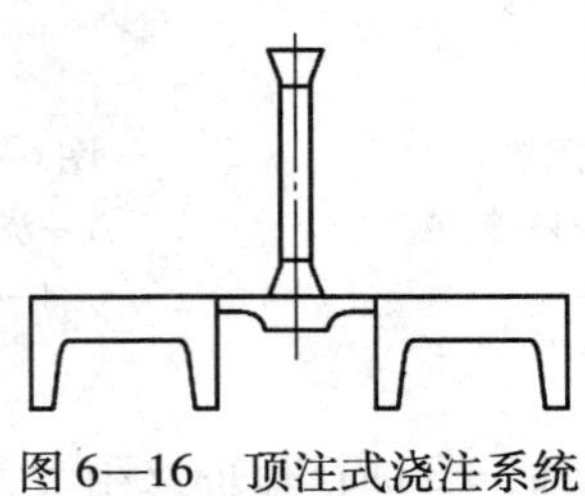
图 6—16　顶注式浇注系统

1）对铸型底部冲击力大，流股与空气接触面积大，金属液会产生激溅、氧化，易造成砂眼、铁豆、气孔、氧化夹渣等缺陷。

2）利于顶部冒口对铸件的补缩，减少轴向缩松的倾向及冒口的体积。

3）可减少薄壁铸件浇不到、冷隔等缺陷，浇注系统的结构简单而紧凑，便于造型，金属消耗量也少。

顶注式浇注系统有两种特殊结构形式，即压边浇注系统和雨淋浇注系统。它们都能细化流股，有边浇边补缩的作用，见表 6—2。

表 6—2　　顶注式浇注系统的两种特殊结构形式

形式	说　明	图　示
压边浇注系统	浇注系统底面压在型腔边缘上所形成的缝隙式顶注浇注系统，特点是： 浇注口以一条窄而长的缝隙与铸件顶部连接，浇注时金属液通过压边缝隙顺壁充型，液流对铸型冲击力小；铸件可自下而上地顺序凝固，故浇注过程中有补缩作用。压边浇注系统主要用于壁较厚的铸铁件和有色合金铸件。结构简单，节约金属，挡渣作用良好，便于清除。压边宽度一般为 2 ~7 mm	
雨淋浇注系统	金属液由开设在浇注系统盆底部或横浇道底部均匀分布的直孔式内浇道注入型腔的顶注式浇注系统，特点是： 横浇道和内浇道都位于铸件上方，金属液分成多股细液连续地落入型腔，因而液流对铸型的冲击减轻，液面活跃，排气方便，减少了夹杂物上浮的阻力，并不致粘附在型壁和型芯上；同时还形成铸件自下而上的顺序凝固条件。雨淋式浇注系统主要用于薄壁铸铁件	1—出气冒口　2—横浇道　3—直浇道 4—内浇道　5—铸件

（2）底注式浇注系统

熔融金属从铸型底部引入型腔的浇注系统称为底注式浇注系统，如图 6—17 所示。

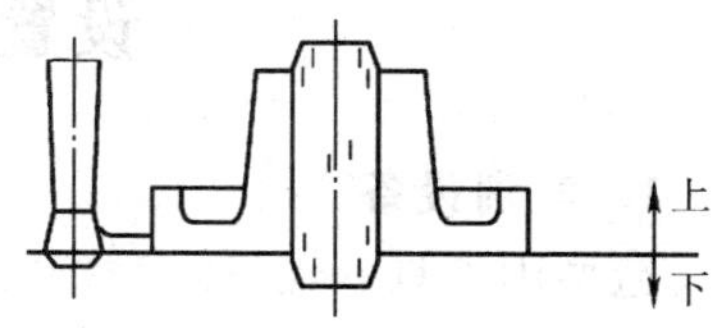

图 6—17　底注式浇注系统

底注式浇注系统的特点是：充型平稳，不会产生激溅、铁豆，型腔内的气体易于排出，金属氧化少，但金属液在上升过程中长时间与空气接触，表面易生成氧化膜从而影响铸件的表面质量，对铸件补缩不利。

底注式浇注系统主要用于高度不大、结构复杂的铸件。铸钢件及易氧化的铝镁合金、铝青铜及黄铜等多采用底注式浇注系统。牛角浇注系统和反雨淋式浇注系统都属于底注式浇注系统。

（3）中注式浇注系统

型腔分布在上下型内时，内浇道开设在分型面上，使金属液由铸型中部引入型腔的浇注系统，称为中注式浇注系统，如图 6—18 所示。

中注式浇注系统对于铸件在分型面以下的部分是顶浇，对分型面以上的部分则是底浇，故兼有顶注式和底注式的特点，广泛用于各种壁厚均匀、高度较小、水平尺寸较大的中、小型铸件上。

（4）阶梯式浇注系统

在铸件的高度方向上开设若干内浇道，使熔融金属从底部开始逐层地从若干不同高度引入型腔的浇注系统，称为阶梯式浇注系统，如图 6—19 所示。

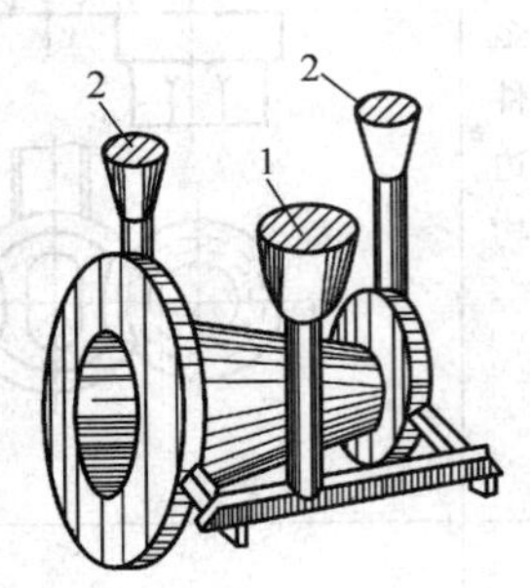

图 6—18　中注式浇注系统

1—浇口杯　2—冒口

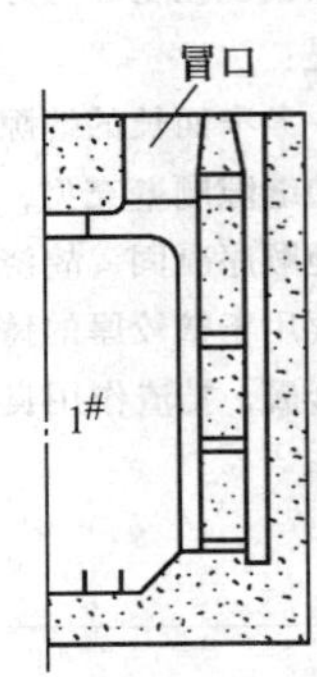

图 6—19　阶梯式浇注系统

阶梯式浇注系统的特点是：充型平稳，避免因压头过高或熔融金属从高处落下冲击型腔，造成严重的喷射和激溅。金属液自下而上地充满型腔，有利于排气，而且铸件上部的温度高于下部，有利于实现顺序凝固，可使冒口充分补缩铸件。内浇道分散，减轻了局部过热现象。阶梯式浇注系统可减少铸件上的砂眼、气孔、冷隔、浇不到、缩孔、缩松、氧化等缺陷，而使其组织致密。但其结构复杂，造型和清理工作也较复杂。阶梯式浇注系统广泛应用于高大、复杂、大型及重型铸件上。

技能训练

设置衬套铸件中注式浇注系统

1. 实训设备

造型用工具、辅具。

2. 操作步骤

（1）根据铸件的特点，确定浇注系统在铸件浇注时的位置为中注式，如图 6—18 所示。

（2）设置内浇道的位置、数量，确定直浇道、横浇道。

3. 质量分析

浇注系统的作用是将金属液合理而正确地引入型腔内，得到优质的铸件。正确选择浇注系统的结构、尺寸和合理地安排进入型腔的位置非常重要。合理的浇注系统能保证铸件质量，且节省金属的消耗；如果浇注系统安排得不合理，就会使铸件产生气孔、砂眼、夹杂物、冷豆、缩孔、裂纹和浇不到等缺陷。

4. 评分标准

评分标准见下表。

考核项目	考核内容及要求	配分	评分标准
主要项目	确定浇注系统在浇注时的位置	30	不符合要求酌情扣 1～10 分
	浇注系统中每个浇道的形状、数 量、横截面积	30	不符合要求酌情扣 1～10 分
工具、设备的使用与维护	正确、规范使用工具，合理保养及维护工具	5	不符合要求酌情扣 1～5 分
	正确、规范使用设备，合理保养及维护设备	5	不符合要求酌情扣 1～5 分
	操作姿势、动作正确	5	不符合要求酌情扣 1～5 分
安全及其他	安全文明生产，按照国家颁布的有关法规或企业自定的有关规定	15	一项不符合要求扣 5 分，发生较大事故者全扣
	操作、工艺规程正确	5	一处不符合要求扣 2 分
	试样局部无缺陷	5	不符合要求从总分中扣 1～5 分
时间定额	1 h		每超过 20 min，扣 5 分

课题二 冒口的设置

一、冒口的作用

冒口是指在铸型内储存供补缩铸件用熔融金属的空腔，也指该空腔中充填的金属。浇注铸型的液态金属，由于凝固时的体积收缩，往往会在铸件的厚实部位中心产生集中性的缩孔，或在铸件不易散热的其他部位产生分散性的缩松，严重降低了铸件的力学性能。因此，在铸件上需设置一定数量的冒口，补充金属液在凝固收缩时的需要，以消除缩孔和缩松。冒口的设置应符合顺序凝固原则，具体应满足以下几点。

1. 冒口的凝固时间应大于或等于铸件的凝固时间。
2. 在凝固期间，冒口应有足够的金属液补缩铸件的收缩。
3. 冒口中的液态金属必须有足够的补缩压力和通道，以使金属液能顺利地流到需补缩的部位。
4. 在保证铸件质量的前提下，使冒口所消耗的金属液最少。

冒口的主要作用是补缩铸件，防止缩孔和缩松。此外，还有如下一些作用。

1. 排气作用。在浇注过程中，型腔中的气体可以通过冒口逸出。
2. 聚集浮渣的作用。避免造成铸件夹渣、砂眼等缺陷。
3. 明冒口可作为浇满铸型的标记。
4. 合型时，可以通过冒口检查定位情况。

二、冒口的种类

按冒口在铸件上的位置，分为顶冒口和侧冒口；按冒口顶部是否被型砂所覆盖分为明冒口和暗冒口；按冒口的作用分为普通冒口和特种冒口。

1. 顶冒口

顶冒口一般设置在铸件最高和最厚的部位上方，利用重力作用能有效地补缩铸件。顶部敞开和大气相通的叫作明顶冒口；顶部被型砂所覆盖的称为暗顶冒口。顶冒口的类别与特点见表6—3。

表6—3　　顶冒口的类别与特点

类别	特　点	图　示
明顶冒口	便于检查合型情况；有利于浇注时型腔内气体的排除；便于补缩金属液和加保温剂；便于观察浇注情况；造型方便；但消耗的金属量多，且杂物易落入型腔	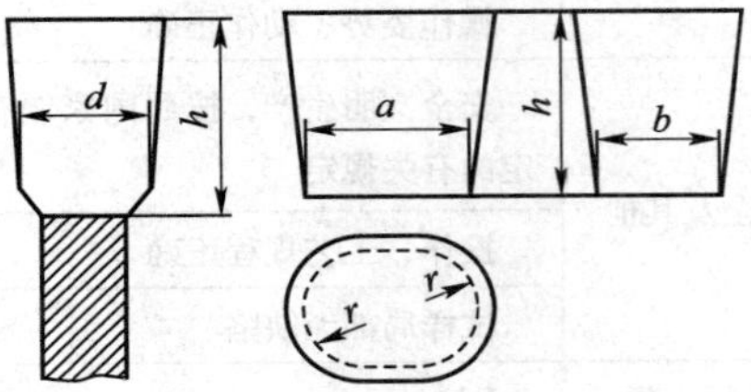 d　h　a　h　b　r　r
暗顶冒口	暗顶冒口的应用非常普遍，特点与明顶冒口相反。通常在上砂型很高时，为减少冒口的金属消耗而采用暗顶冒口。由于暗顶冒口不能实现补浇金属液，故不适用于大型铸件	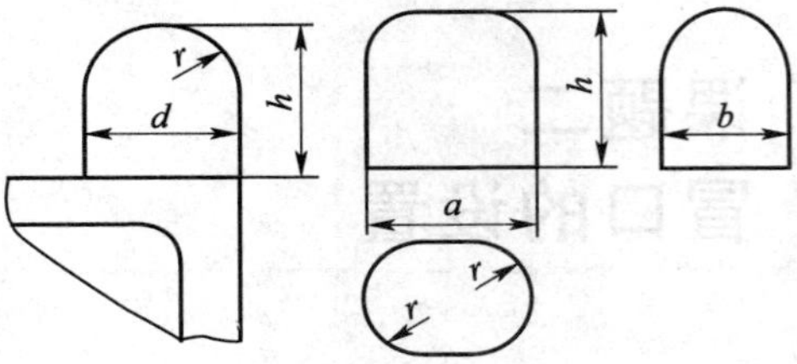 r　d　h　h　b　a　r
球形冒口	属于特殊形式的暗冒口。由于其散热面积最小，能有效地利用冒口中的金属液实现对铸件的补缩，故铸件工艺出品率高。但造型时，冒口模样必须做成可拆卸式的	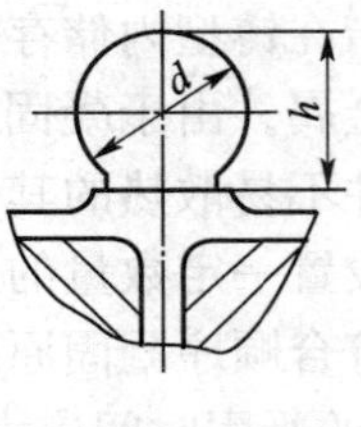 d　h
压边冒口	可做成明或暗的两种形式，常用于热节不大的小型铸铁件	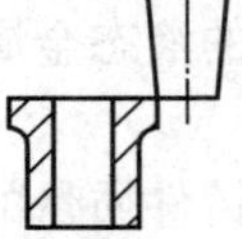

注：工艺出品率 $=\dfrac{\text{铸件质量}}{\text{铸件质量}+\text{冒口质量}+\text{浇注系统质量}}\times100\%$。

2. 侧冒口

侧冒口又称为边冒口，是指设置在铸型被补缩部分侧面的冒口，如图6—20a所示。可分为明侧冒口和暗侧冒口，以暗侧冒口应用最多。为了更有效地发挥暗侧冒口的补缩作用，常做成大气压力冒口，即在冒口顶部安放气压砂芯或造型时做出凹砂顶。

3. 特种冒口

常用的特种冒口有加压冒口和发热冒口。如图6—20b所示为腰圆形发热保温冒口。特种冒口比普通冒口具有更高的补缩效率，使铸件工艺出品率提高。

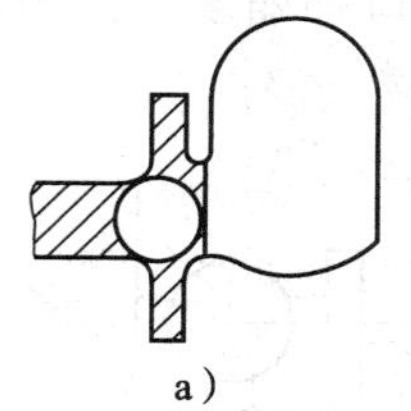

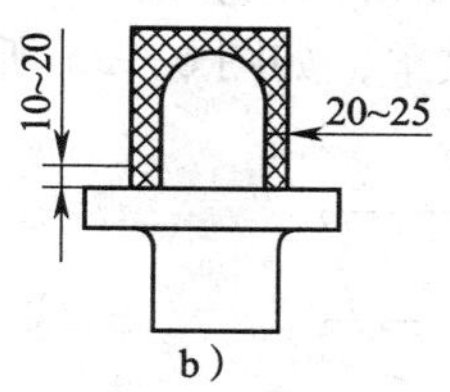

图 6—20 暗侧冒口和特种冒口

a）暗侧冒口 b）特种冒口

三、冒口位置的选择

冒口位置首先应根据产生缩孔的位置来决定，冒口在铸件上的位置正确与否，对获得完整铸件有着重要意义。具体可根据以下原则来选择。

1. 冒口应放在铸件最后凝固的地方，即铸件上一些比较厚大、局部加厚和热量难以散失的地方，如图 6—21 所示。

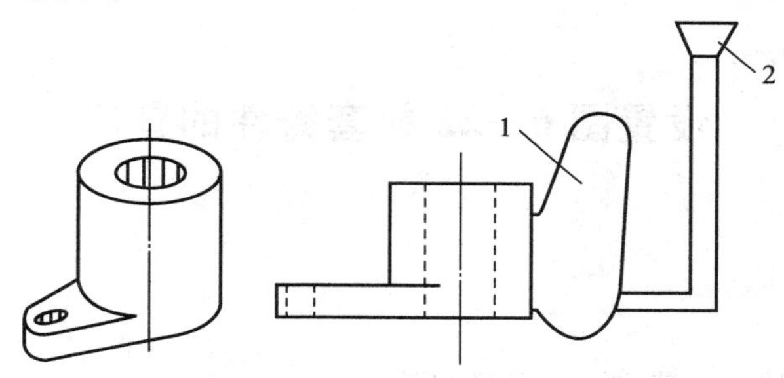

图 6—21 冒口位置的选择——顺序凝固原则

1—冒口 2—浇口

2. 冒口应尽量放在铸件最高、最厚的地方，利用金属液的重力补缩；同时，熔渣等也容易浮到冒口中，便于排出型腔内的气体，如图 6—22 所示。

3. 冒口不应放在铸件容易被拉裂或应力集中的部位。因为这些地方设置冒口会使冷却速度更慢、热应力更大，当铸件冷却收缩时，这些地方就更容易产生裂纹，如图 6—23 所示。

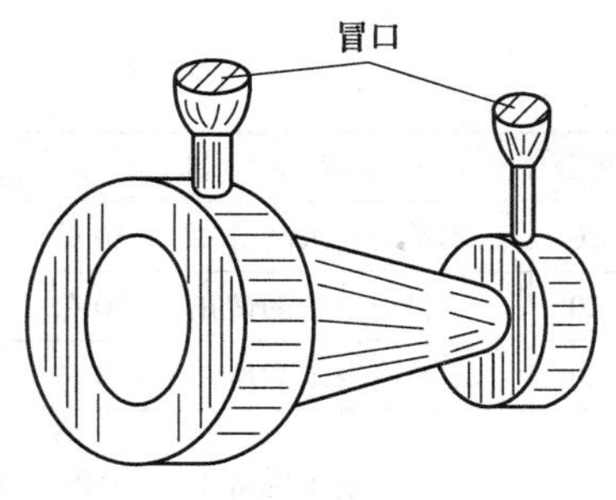

图 6—22 冒口位置的选择——放在铸件的最高处

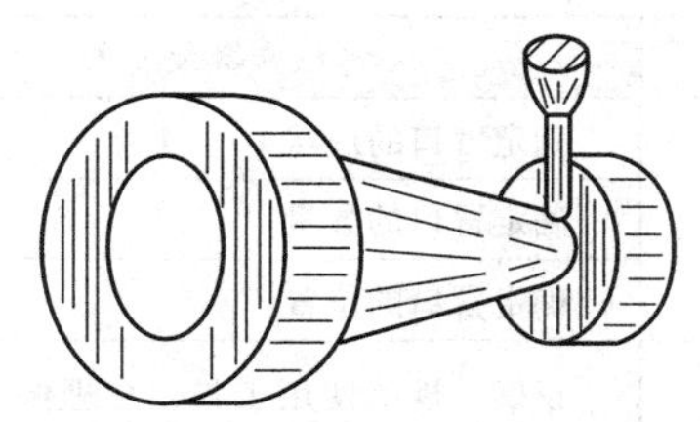

图 6—23 冒口位置的选择——不应放置的部位

4. 冒口应尽可能放在铸件需要加工的部位。在铸件加工时，去掉冒口残余部分，可节省加工费用，同时也不影响铸件的外观，如图 6—24 所示。

5. 在冒口有效补缩范围内，应尽可能使一个冒口补缩多个热节或铸件，以节约金属，同时提高冒口的补缩效率，如图 6—25 所示。

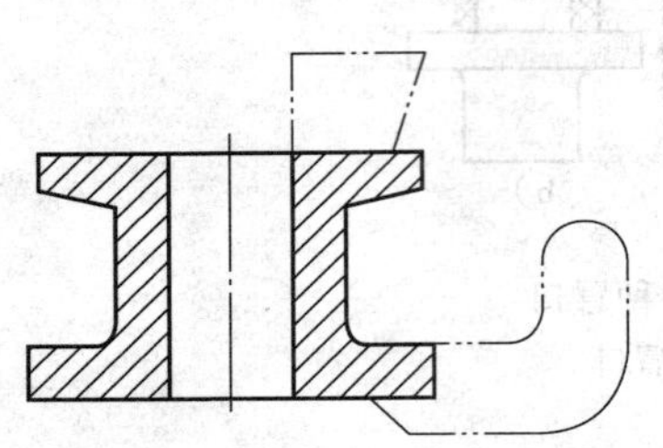

图 6—24 冒口位置的选择——放在需要加工的部位

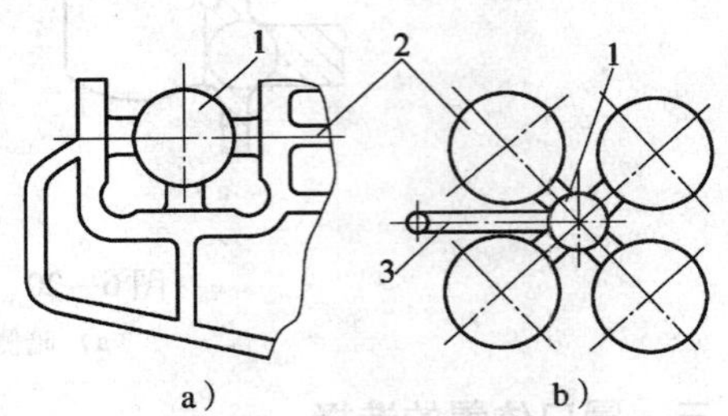

图 6—25 一个冒口补缩多个热节
a）补缩三个热节 b）补缩四个铸件的热节
1—冒口 2—铸件 3—浇道

技能训练

设置图 6—22 衬套铸件的冒口

1. 实训设备

造型用工具、辅具。

2. 操作步骤

（1）根据铸件的特点，确定冒口的数量为两个。

（2）设置冒口的位置为铸件的最高和最厚处。

（3）冒口的形状采用明顶冒口。

3. 质量分析

冒口通常位于铸型的顶部或热节附近，具有补缩、排气、集渣以及作为浇注时的充满标志等作用。冒口是生产健全致密铸件的主要控制手段，也是减少金属消耗、提高成品率、降低成本的重要因素。

4. 评分标准

评分标准见下表。

考核项目	考核内容及要求	配分	评分标准	得分
主要项目	确定冒口的形状	20	不符合要求酌情扣 1 ~ 10 分	
	确定冒口的数量	20	不符合要求酌情扣 1 ~ 10 分	
	确定冒口的位置	20	不符合要求酌情扣 1 ~ 10 分	
工具、设备的使用与维护	正确、规范使用工具，合理保养及维护工具	5	不符合要求酌情扣 1 ~ 5 分	
	正确、规范使用设备，合理保养及维护设备	5	不符合要求酌情扣 1 ~ 5 分	
	操作姿势、动作正确	5	不符合要求酌情扣 1 ~ 5 分	

续表

考核项目	考核内容及要求	配分	评 分 标 准	得分
安全及其他	安全文明生产，按国家颁布的有关法规或企业自定的有关规定	15	一项不符合要求扣5分，发生较大事故者全扣	
	操作、工艺规程正确	5	一处不符合要求扣2分	
	试样局部无缺陷	5	不符合要求从总分中扣1~5分	
时间定额	1 h		每超过20 min，扣5分	

课题三 冷铁的设置

一、冷铁的作用

为增加铸件局部的冷却速度，在砂型、砂芯表面或型腔中放置的金属物或其他激冷物，称为冷铁。冷铁分为外冷铁和内冷铁。外冷铁是指造型时放置在模样表面上的冷铁；内冷铁是指放置在型腔内，能与铸件熔合为一体的冷铁。各种铸造合金均可使用冷铁，尤以铸钢件应用最多。

冷铁的主要作用如下。

1. 与冒口配合使用，加强铸件的顺序凝固，提高冒口的补缩效率，防止铸件产生缩孔或缩松。

2. 加快铸件局部的冷却速度，使铸件倾向于同时凝固，防止铸件产生变形和裂纹。

3. 加快铸件某些特殊部位的冷却，以达到细化基体组织、提高铸件表面硬度和耐磨性的目的。

4. 在铸件难以设置冒口的部位，尤其是铸件局部厚实的凸出部位，放置冷铁可以防止缩孔或缩松。

二、外冷铁

外冷铁只与铸件的表面接触，不和铸件熔接。因此，可以重复使用，应用非常广泛。

1. 外冷铁的分类

（1）按所处位置

有布置在铸件的搭子和法兰平面上、T形接头处平面上、十字及T形转角处，以及其他不规则形状表面的外冷铁，如图6—26所示。

（2）按制造方式

有钢材轧制的外冷铁，以及铸造成形和冲压成形的外冷铁。

（3）按所起作用

有直接作用和间接作用的外冷铁。前者与铸件表面直接接触，后者和铸件之间隔有一层

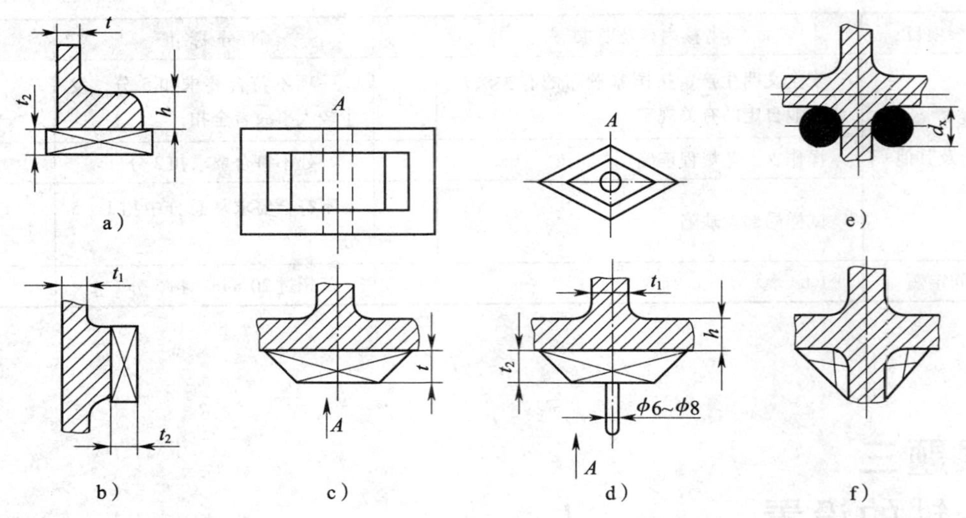

图 6—26　外冷铁形状

a）、b）平面直线形　c）平面梯形　d）平面棱形　e）圆柱形　f）异形

较薄的造型材料。

2. 使用外冷铁的注意事项

（1）外冷铁紧贴铸件表面的地方应光洁，需去除锈污等脏物。

（2）设在铸钢件外侧的冷铁四周应有一定的斜度，以免型砂和冷铁分界处冷却速度差别过大而导致铸件产生裂纹。图 6—27a 所示外冷铁的形状设计不合理，应采用图 6—27b、c 的形式。对于铸铁、有色合金铸件则三种形式均可使用。

（3）外冷铁边缘与砂型接触处不应有尖角砂，如图 6—28 所示。冷铁 1 的设计不合理，冷铁 2 的设计合理。因为尖角砂在浇注时易冲毁和剥离，造成砂眼、夹杂物等缺陷。

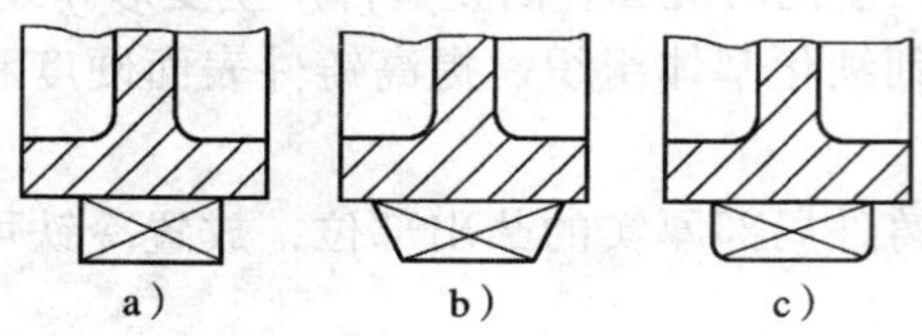

图 6—27　外冷铁的形状

a）不合理　b），c）合理

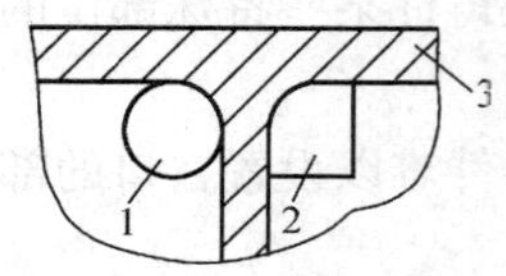

图 6—28　圆角处外冷铁形状

1、2—冷铁　3—铸件

（4）应合理选择外冷铁的厚度。太薄的冷铁只在凝固初期发生微弱的激冷作用，甚至与铸件熔合在一起；但冷铁过厚易使铸件产生裂纹。外冷铁厚度一般为铸件壁厚的 0.5 ~ 0.7 倍或为搭子厚度的 0.8 倍左右。对于圆钢冷铁，其直径可取接近铸件的壁厚。

（5）当外冷铁位于铸件壁的顶部或侧部时，需用吊钩把冷铁固定在砂型上；当放置数量较多时，冷铁必须交错地排列，并在冷铁之间的砂型上割出铸肋，防止铸件产生裂纹。

另外，也可以用导热性较高的造型材料混合料来代替外冷铁，如石墨、镁砂或混有铁屑、铁砂的造型材料。

三、内冷铁

内冷铁在浇注后熔合于铸件中。因此，内冷铁材质应和铸件材质基本相同或相近。内冷铁的激冷作用比外冷铁强，因此，通常在外冷铁激冷作用不够时才采用。使用内冷铁时，其尺寸必须严格控制，如果内冷铁的质量小于实际所需的质量，其作用就差，不能有效地消除缩孔、缩松。如果内冷铁质量过大，则不能很好地熔合，影响铸件的力学性能，严重时引起铸件裂纹。

内冷铁一般用钢制成，对于要求不高但又厚实的铸件，如砧子、打桩锤等，可用浇注后的直浇道棒作内冷铁，以降低成本。对于中小型铸钢件，为使内冷铁容易同铸件熔接在一起，可以用螺旋形钢屑或用铁丝弯成螺旋形冷铁，如图 6—29c 所示。常用内冷铁的形状和安放方法如图 6—29 所示。

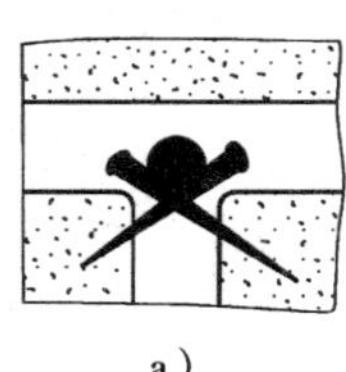

a）

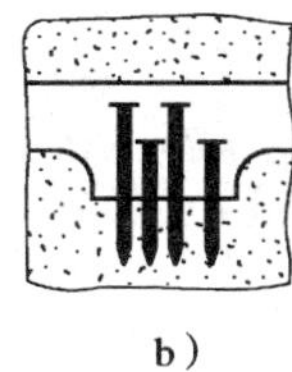

b）

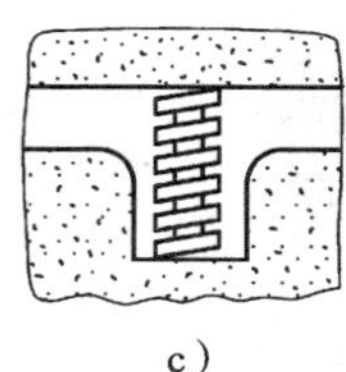

c）

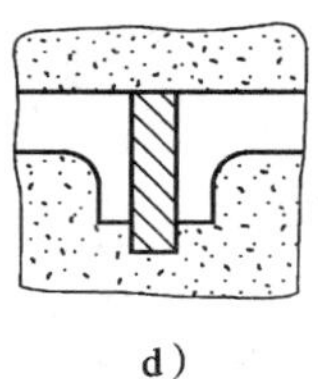

d）

图 6—29 常用内冷铁的形状和安放方法

a）托住冷铁 b）插铁钉 c）螺旋冷铁 d）圆棒冷铁

在铸件的底部或侧面有凸出的厚壁截面，当不能或不宜用冒口来补缩时，可以在这些地方插些铁钉或放置圆钢冷铁，如图 6—29b、d 所示。在 T 形或十字形接头处如果冷铁较长且截面向上时，要用钉子交叉托住，如图 6—29a 所示。截面向下时要用吊钩固定。

使用内冷铁应注意以下几点。

1. 使用前，内冷铁要经过喷砂或喷丸处理，除去表面铁锈和油污，必要时可镀锡或镀锌来防止氧化。

2. 放好内冷铁合型后，应在 3 ~ 4 h 内浇注，防止冷铁聚集水分而使铸件产生气孔。对于放有大量内冷铁的铸型，浇注前应用火焰加热铸型，以去除冷铁表面水分。内冷铁在铸型中要固定牢固。

3. 对壁较薄的铸件一般不放内冷铁；对承受高温、高压和质量要求很高的铸件，也不宜放内冷铁。

4. 在放内冷铁铸件的正上方，应开设出气孔。如上方是暗冒口，冒口上的出气孔应增大一些。

5. 当采用栅状内冷铁时，单根冷铁直径不宜超过 30 mm。

6. 需要加工的铸件，内冷铁在加工后不得暴露，以免影响铸件的力学性能。

练 习

1. 什么叫浇注系统？正确的浇注系统应满足哪些要求？

2. 直浇道、横浇道、内浇道的作用各是什么？

3. 为加强横浇道的挡渣作用，常用的方法有哪些？

4. 浇注系统按内浇道相对位置可分成哪几类？各有何特点？
5. 内浇道位置的选择应遵循什么原则？
6. 什么叫冒口？有什么作用？
7. 冒口位置的选择应遵循什么原则？
8. 什么叫冷铁？有什么作用？
9. 使用外冷铁应注意什么？

第七单元

砂型（芯）的烘干与铸型装配

课题一 砂型（芯）的烘干

湿砂型铸造由于砂型强度低、发气量大等原因，特别是在生产重型或大型铸件时，金属液对铸件的热作用时间长，静压力大，容易产生气孔、砂眼、黏砂、夹砂等缺陷，不能达到生产要求。因此，目前在生产重型或大型铸件及质量要求较高的铸件时，往往采用干砂型铸造。

一、干砂型铸造

经过烘干后的高黏土砂型称为干砂型。干砂型在烘干的过程中，由于水分的蒸发、黏土薄膜的烧结和有机物的燃烧，提高了砂型表面的硬度、整体强度和透气性，减少了浇注时的发气量。而含有油类、松香和水玻璃等特殊黏结剂的砂型，必须经过烘干，除去其中的水分，促进黏结膜的固化，才能产生黏结力，发挥黏结作用，获得较高的干强度。

1. 干砂型造型的工艺特点

干砂型的制造工艺比湿砂型要复杂一些，一般可分为造型、烘干及烘干后的修整、检验、合型等工序。干型的造型与湿型的造型基本相似，不同的有以下几点。

（1）干砂型造型时所用的型砂必须是干型砂。砂型的紧实度比湿型要高，分型面靠近型腔处及水平芯头座靠近型腔的一端都应在修型时压低 1 ~ 2 mm，如图 7—1 所示。在砂型浇注系统附近的大平面处要插钉加固，型腔表面、浇冒口处要刷涂料。浇冒口的开设应特别注意根据铸件的特点选择其形式、大小及数量，其位置、形状、尺寸均应符合工艺要求。

（2）干砂型必须经过烘干，这是与湿型最主要的区别。干砂型都是整体烘干的，这样大大减少了由于水分引起的发气量，提高了透气性，增加了强度，减少了铸件缺陷的产生。

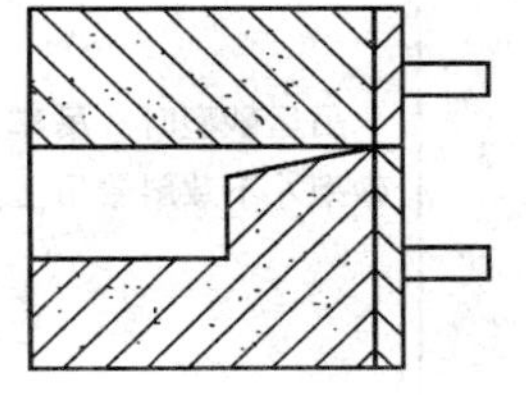
图 7—1　修出披缝

（3）由于烘干过程中，砂型有时会出现变形、过烧、损坏等现象，因此，烘干后的砂型必须经过修整。修整后还要经第二次烘干和检验，使其符合工艺的要求。

（4）干砂型的合型工作比湿型复杂。这主要是因为干砂型本身的塑性很差，有的型芯较多，因此，合型工作应特别细致。如型芯装配时芯头处要垫泥条或油灰，分型面处也要垫泥条或油灰，不同的芯头形式采用不同的排气、定位和固定方法。另外，合型后排气孔处要做出标记，放置引火物，并要抹好箱缝。

2．干砂型铸造过程中的安全技术

在干砂型铸造过程中，砂型（芯）需入炉烘干和合型，往往需要把砂型吊起、翻转和搬运。为了保持上述工作的平稳无振动，防止在砂型翻转或吊运过程中损坏，操作者要严格遵守安全操作规程，保证安全文明生产。

（1）吊运前，要检查砂箱的搭手、吊攀、起重钩、钢丝绳、链条等有无损坏，吊砂型时必须两人挂绳，保持左右平稳，不能对角挂，必须挂两个箱把，由一人指挥吊车工作。吊运时需注意的问题见表 7—1。

表 7—1　　干砂型吊运时需注意的问题

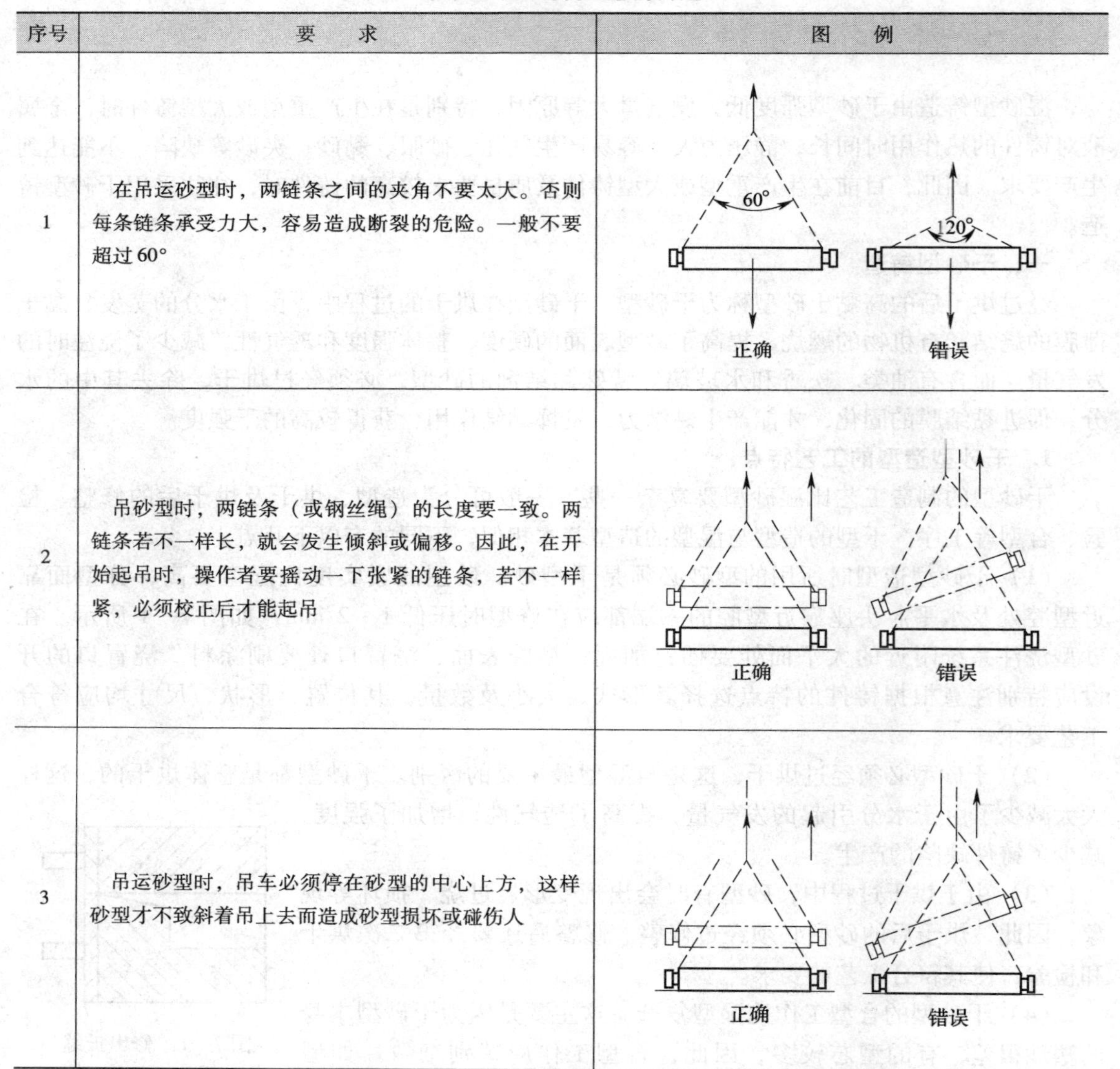

序号	要　　求	图　　例
1	在吊运砂型时，两链条之间的夹角不要太大。否则每条链条承受力大，容易造成断裂的危险。一般不要超过 60°	60°　正确　120°　错误
2	吊砂型时，两链条（或钢丝绳）的长度要一致。两链条若不一样长，就会发生倾斜或偏移。因此，在开始起吊时，操作者要摇动一下张紧的链条，若不一样紧，必须校正后才能起吊	正确　错误
3	吊运砂型时，吊车必须停在砂型的中心上方，这样砂型才不致斜着吊上去而造成砂型损坏或碰伤人	正确　错误

续表

序号	要　求	图　例
4	吊尺寸较长的砂型要用天车，这样吊运平稳牢靠又便于砂箱的翻转。否则，易造成不稳定甚至发生挂圈脱落的危险	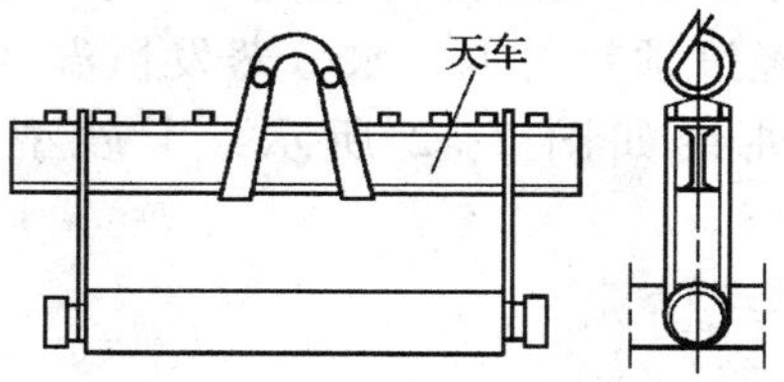 天车
5	使用天车时，链条或挂圈必须靠紧砂箱。否则，易造成不稳定甚至发生挂圈脱落的危险	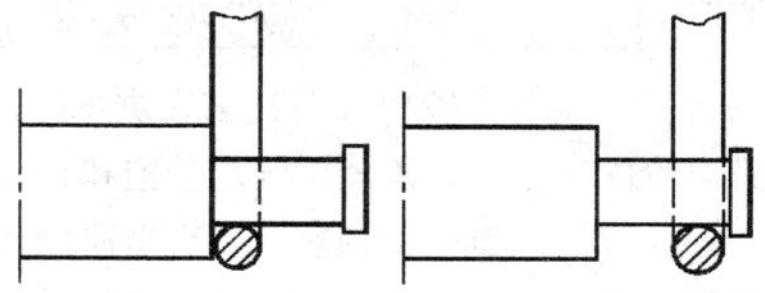 正确　错误
6	砂箱的吊轴边缘要完整。如吊轴边缘残缺不全，就会在翻转时造成链条或挂圈脱出的危险	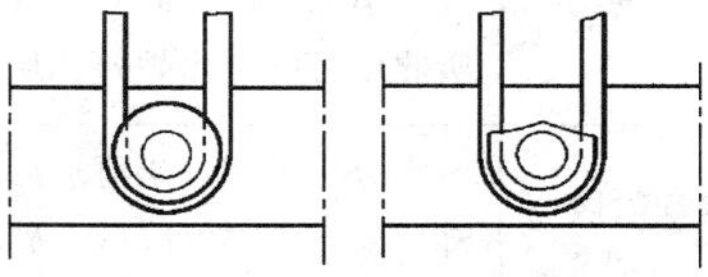 正确　错误
7	吊运砂型时严禁砂型上面站人，严禁在吊运的砂型下面行走或工作。行灯要用 36 V 的低压灯	
8	吊车运行先响铃、后启动，人员避开吊运的物件。物件要平稳轻放，手不能扶砂箱下沿，以防压伤，不准吊车边落边放垫板	

（2）翻箱前，要检查并做必要的准备，防止翻箱起模时的塌箱、掉砂和掉模。翻箱和叠箱时需注意的问题见表 7—2。

表 7—2　　翻箱和叠箱时需注意的问题

序号	要　求
1	翻转砂型时，不要起得太高，要尽量放低，只要保证砂型能方便翻转即可
2	翻转时不能超重，吊起后工作人员要站在旋转方向的侧面，以保证安全
3	在翻转砂型时，手不能挡着链条或钢丝绳，以防碰伤；翻转时要做到平稳无振动
4	叠箱要平稳牢靠、砂箱四角垫平，以避免造成下层砂箱的变形及损坏。严禁叠放不平，以防在砂型吊运过程中损坏
5	堆叠砂箱高度不得超过 1.5 m。在便于热气流动的条件下叠箱间隙尽量小，砂型间隙一般在 50～100 mm，以提高烘炉效率。置放时下面放大砂型，上面放小砂型，不准斜放，不准大小倒置。要用垫铁垫稳，不允许用砖头或木块垫箱

二、烘干的基本知识

1. 烘干工艺过程

不论是表面层烘干或完全烘干砂型（芯），其烘干过程都要经过预热升温、水分蒸发恒温及降温冷却三个阶段。烘干曲线如图 7—2 所示，干砂型的烘干工艺过程见表 7—3。

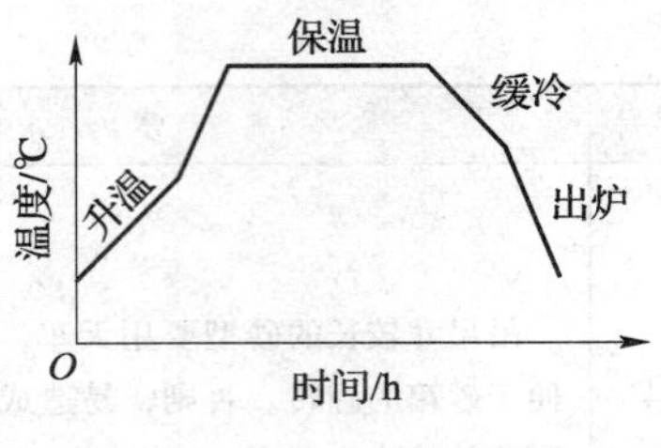

图 7—2　烘干曲线

表 7—3　干砂型的烘干工艺过程

阶段	具体操作及作用
预热升温阶段	砂型（芯）装在烘炉内，关掉大部分排气烟道，用小火慢慢加热提高炉温，把热气保留在炉中，迫使炉气水分饱和，延缓水分从砂型（芯）表面蒸发，使砂型（芯）内部逐渐预热升温，达到全部预热，然后迅速提高炉温，达到恒温烘干温度
水分蒸发恒温阶段	在恒温蒸发过程中，砂型（芯）内部湿度大于外部，内部温度低于外部，水分由砂型（芯）内部不断往外迁移，热能由砂型（芯）外部向内部不断迁移，在热能与水分的迁移作用下水分被蒸发，恒温一段时间后开放全部排气道，让蒸发的水分排出炉外，新的干燥炉气不断进入炉内继续吸收水分并带出炉外，从而逐渐把砂型（芯）烘干
降温冷却阶段	水分蒸发到规定要求后，停止加热，并关闭部分排气道慢慢降低炉温，砂型（芯）随炉缓慢冷却，随着炉温的降低，砂型（芯）强度逐渐提高

2. 烘干工艺规范

（1）烘干温度的确定

砂型（芯）最适宜的烘干温度主要取决于砂型（芯）中黏结剂的性质。过高的烘干温度将引起黏结剂结构的破坏。各类黏结剂砂芯的烘干温度可参考表 7—4。

表 7—4　砂型（芯）的烘干温度　℃

砂型（芯）的类别	最高温度	最适宜的温度	砂型（芯）的类别	最高温度	最适宜的温度
黏土砂型	350～450	350～400	植物油砂芯	200～240	200～220
铸钢黏土砂型	450～550	400～450	矿物油砂芯	220～250	210～240
黏土砂芯	300～350	250～300	沥青砂芯	240～270	230～250
加木屑黏土砂芯	150～250	300～550	糖浆砂芯	150～180	140～170
树脂砂型	150～250	180～220	树脂砂芯	150～230	170～200
水玻璃烘干砂型	180～200	170～190（烘 1 h）	改性米糠油砂芯	200～230	190～220

（2）烘干时间的确定

砂型（芯）的烘干时间主要取决于砂型（芯）的含水量、截面尺寸、黏结剂性质、用砂粒度、炉内的装载量、烘干温度及炉子的结构等因素。特别是砂型（芯）的尺寸大小，随着尺寸的增加，烘干时间也要延长。砂芯烘干时间参考值见表 7—5，砂型烘干时间参考值见表 7—6。

表 7—5　　砂芯烘干时间参考值

砂芯体积/m³	黏土黏结剂砂芯/h	有机黏结剂砂芯/h	砂芯体积/m³	黏土黏结剂砂芯/h	有机黏结剂砂芯/h
<0.001	2~3	1~2	0.05~0.1	10~12	5~6
0.001~0.002	4~5	2~3	>0.1	12~14	6~7
0.02~0.05	8~9	4~5			

表 7—6　　砂型烘干时间参考值

砂箱内框尺寸/mm	铸铁、非铁合金铸件砂型			铸钢件砂型			地坑造型、移动式烘干炉烘干		
	烘干温度/℃	燃烧室工作时间/h	烘干总时间/h	烘干温度/℃	燃烧室工作时间/h	烘干总时间/h	烘干温度/℃	烘干时间/h	烘干深度/mm
600×500 ~ 1 200×900	350~400	4~5	6~8	400~450	5~6	7~10	350~400	6~8	>30
1 200×900 ~3 500 ×2 500	350~400	6~8	9~12	400~450	7~8	16~20	350~400	10~12	>40
3 500×2 500 ~5 000 ×3 500	400~450	8~10	18~24	450~500	8~10	18~24	400~450	20~24	>40
5 000×3 500 ~5 500 ×4 000	400~450	10~12	24~36	450~500	10~12	24~36	400~450	30~36	>50

三、烘干设备与烘干方法

1. 整体烘干设备与烘干方法

主要的大型复杂的铸件的砂型和砂芯，一般需要整体烘干。砂型（芯）的整体烘干常在周期作业式或连续作业式烘干炉内进行。周期作业式烘干炉又分为烘干大砂型和砂芯的房间式烘干炉和专门烘干小砂芯抽屉式烘干炉。连续作业式烘干炉是利用传送带将泥芯沿烘干炉一端输入炉内，而由另一端送出。房间式烘干炉是目前许多厂家使用的类型，下面主要介绍房间式烘干炉。

房间式烘干炉是用耐火砖砌成的房间，如图 7—3 所示。工作时在炉外先把砂型或砂芯装在台车 4 上，装满后推入烘干室 6。燃料可采用烟煤、油或煤气等在相应的燃烧室 1 内燃烧，热气通过火孔、火墙等通道 3 进入烘干室，废气和水汽通过烟道 2 排出，这样逐渐将砂型（芯）烘干。

整体烘干砂型（芯）的方法见表 7—7。

在装车过程中，砂型（芯）与平板车之间、各砂型（芯）之间、砂型（芯）与四周炉墙和炉顶之间都要留有间隙，以便于热空气与湿气交换和流动，装炉间隙见表 7—8。

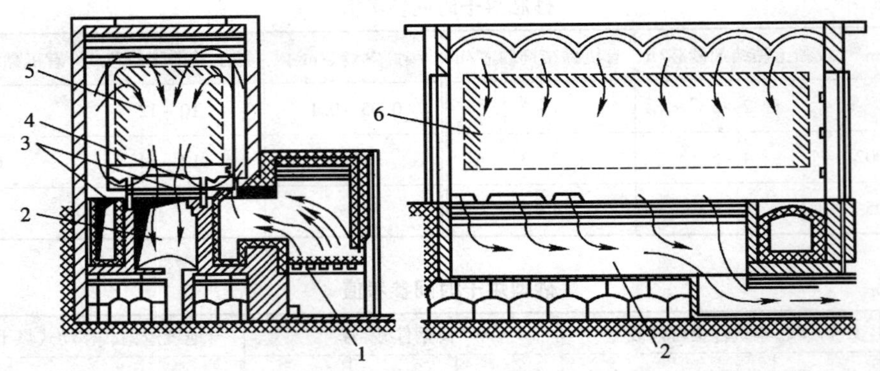

图 7—3　房间式烘干炉

1—燃烧室　2—烟道　3—通道　4—台车　5—砂型或砂芯　6—烘干室

表 7—7　　整体烘干砂型（芯）的方法

步　骤	要　求
绘制砂型（芯）烘干曲线图	根据砂型（芯）种类、大小和厚度情况、铸件质量要求来确定所烘干砂型（芯）的烘干温度和烘干时间，画出砂型（芯）烘干曲线图
装车	将平板车拉出炉外固定好，把烘干时间和烘干温度相同或相近的砂型（芯）装入同一炉中，把尺寸大和厚度厚的砂型（芯）放在下层
入炉	码放好砂型（芯）后，检查装车宽度和高度尺寸，缓慢地将平板车推入炉内，观察进炉情况，不得有碰撞现象
点火升温	如果用木材或煤作燃料，先烧小火，火苗旺盛后用小型鼓风机助燃；用气体燃料时不用鼓风机助燃
监控	在升温干燥过程中要注意升温快慢，控制好最高温度以及在各种温度停留的时间
停火	停止向炉内投入燃料，让炉内燃料燃尽
出炉	根据烘干曲线要求，炉温下降后就可出炉

表 7—8　　装炉间隙　　mm

砂型（芯）分类	砂型（芯）与平板车距离	砂型（芯）与炉墙距离	砂型（芯）与炉顶距离	砂型（芯）与炉门距离	砂型（芯）之间距离
小型	≥40	≥120	≥150	200	20 ~ 40
中型	≥70	≥150	≥200	250	40 ~ 80
大型	≥100	≥180	≥250	250	80 ~ 140

2. 表面烘干设备和烘干方法

大型和特大型砂箱造型或地坑造型，无法并且也没有必要将厚大的砂型或砂芯送入烘干炉整体烘干，只要将砂型（芯）表面烘干一定深度就能浇注出合格的铸件；有的中型铸件质量要求不高，也只需烘干砂型（芯）表层即可。用于表面烘干的设备有移动式烘干炉、喷枪、电力烘干，其中，移动式烘干炉可在原地烘干，因而应用较广。

移动式烘干炉的工作原理如图 7—4 所示，可分为鼓风机送风和压缩空气送风两种。烘干时，将上砂型扣在下砂型上，燃料（焦炭、煤等）在燃烧室 2 燃烧生成的炉气与鼓入的空气相混合，沿加热管 3 通过浇口或冒口吹入型腔进行烘干。在气流进入的正下方，放一块黏土板 4，防止因受热快而形成裂纹或因局部过热而损坏。废气带着水分通过其他浇冒口或出气通道逸出。若用压缩空气送风，则用橡皮管把压缩空气送入与炉气相混合，以代替鼓风机。除移动式烘干炉外，还可采用柴油喷枪、煤油或柴油喷灯进行表面烘干，砂型和型芯修整后的二次烘干多用这种方法。

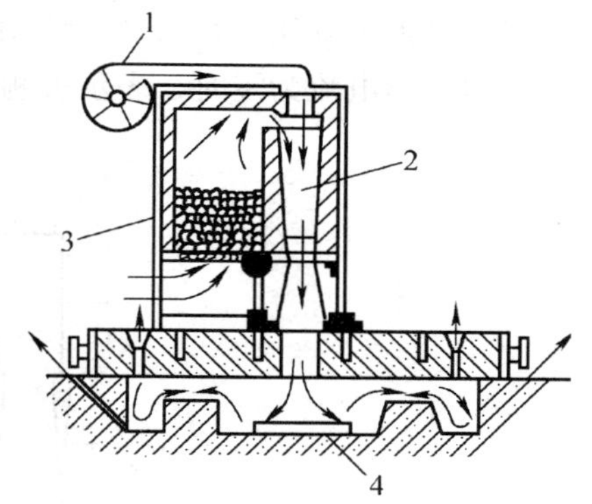

图 7—4　移动式烘干炉

1—鼓风机　2—燃烧室

3—加热管　4—黏土板

表面烘干砂型（芯）的方法见表 7—9。

表 7—9　　表面烘干砂型（芯）的方法

步骤	要　求
绘制砂型（芯）烘干曲线图	根据铸型大小、砂型种类、铸件质量要求确定烘干深度、烘干温度以及烘干时间，画出烘干曲线图
安装烘炉	先将地坑造型或砂箱造型的砂型按顺序装好，砂型不抹箱、不紧固
点火升温	烘炉安装好后即可点火升温，待火苗引着燃料达到中等火势后，打开鼓风机或压缩空气开关送微风助燃，随着火势的增大慢慢加大进风量
恒温烘烤	通过观察安装在砂型中的热电偶，控制送风量和排气孔数量，达到恒温要求和恒温烘烤时间
检查烘干深度	在恒温烘干后期，注意观察、检测烘干程度，如果达到烘干要求，则停止加入燃料，减少送风量，稍后停止送风，让砂型缓慢冷却，再开型检查烘干情况

四、烘干质量的检查方法

砂型和型芯的烘干质量直接影响铸件的质量，烘干后必须对砂型和型芯的烘干质量进行认真检查，常用的方法有间接法、直接法和经验法三种。

1. 间接法

用高温计测量炉内温度的变化，以便了解、分析和控制砂型和型芯的烘干状况，新式烘干炉还可按预定的烘干曲线自行调节。目前一些车间普遍应用间接法，即测量烘干炉的温度和湿度。若炉内湿度较大说明尚未干燥，若湿度小、炉气温度高则说明砂型和型芯已烘干或接近烘干。因此，可以用炉内温度的变化来控制烘干过程。

2. 直接法

用仪表直接测量砂型或型芯的烘干程度。

（1）利用电流表检测砂型（芯）的干湿程度

根据湿度越小电导率也越小的原理，借测量电阻的大小来证明砂型和型芯的湿度。方法是：将两根金属棒插入要检查的砂型或型芯中，两金属棒间保持5～10 mm的距离，如图7—5所示。测量时接通电源开关，导线上通过低压电流（电源可用干电池或蓄电池供应，也可以把交流电降压至5～8 V后使用）。随着砂型或型芯的逐渐干燥，电流也随着湿度的降低而减弱。当电流为零时，表示被测部位已经烘干。

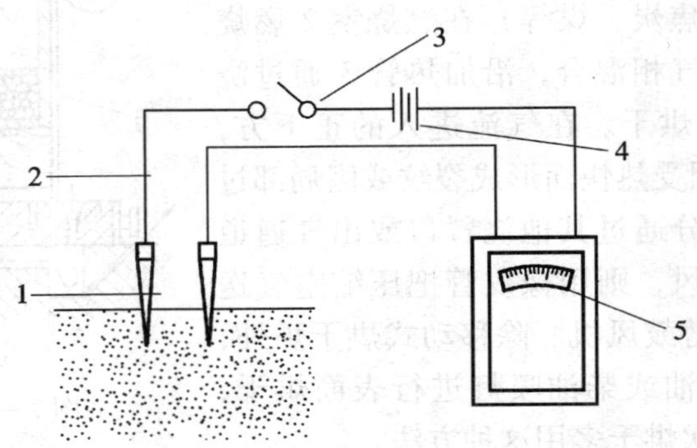

图7—5　利用电流表检测砂型（芯）的干湿程度

1—金属棒　2—导线　3—开关　4—电源　5—电流表

（2）利用温度计测量砂型（芯）内部的干湿程度

当测得温度不到100℃时表示未干，当温度超过100℃时说明已经干燥，因为砂型或型芯干燥前是不会超过100℃的。将温度计插入被测砂型或型芯中即可测得温度值。

（3）烘干砂型（芯）残余水分检验指标

对烘干冷却到室温的砂芯，可在砂型（芯）的规定部位取样以测定残余水分的含量。对于中大砂芯、厚砂层铸型，检查部位与砂层表面的距离≥80 mm，残余水分质量分数允值≤0.4%；对于小型芯、薄砂层铸型干透后，残余水分质量分数允值也为≤0.4%。

3. 经验法

常用的方法有目测法和听声法。

（1）目测法

对于较大的砂型和型芯，可以观察通气孔，若有水汽冒出则表明未干；也可以用金属棒插入通气孔内，如有水汽凝结在上面，则表明未干。

对油类黏结剂砂芯表面烘干程度来说，最简便的一种检验方法是用指甲在砂芯表面上划痕。烘干的砂芯划痕为一条细白线；烘干不足的划痕无白色线条且有砂黏在手指上；烘干过度划痕时会出现表面酥松。

观察烘干后砂芯表面的色泽。合脂砂芯表面呈棕褐色且有光泽为烘干良好，桐油砂芯表面呈棕黄色或棕色且有光泽的为烘干良好；合脂砂芯表面呈黄色或棕黄色，桐油砂芯呈淡黄色或黄色为烘干不足；合脂砂芯表面呈暗棕黑色，桐油砂芯表面呈棕褐色为烘干过度。

（2）听声法

出炉后的砂型和型芯常常凭经验判断是否已经烘干。可以用手指弹击其表面，若发出的声音清脆则表明已经烘干，若发出的声音低沉则表明没有烘干。

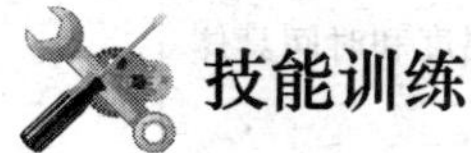

技能训练

砂型（芯）烘干

1. 实训设备

房间式烘干炉及配套小车等。

2. 操作步骤

（1）绘制砂型（芯）烘干曲线图

根据铸件要求、砂型大小、厚度情况及砂型种类来确定所烘型（芯）的烘干温度和时间。炉温为 150 ~ 220℃，升温时间为 1.0 ~ 2.2 h，保温温度为 180 ~ 240℃，保温时间为 4 h，出炉温度 <150℃。

（2）装车

将平板车拉出炉外，将砂芯装入小车上，型（芯）与平板之间、各型（芯）之间、型（芯）与四周炉墙和炉顶之间都要留有间隙，以便于热空气与湿气交换和流动。装炉间隙：砂型与平板车距离≥40 mm，砂型与炉墙距离≥120 mm，砂型与炉顶距离≥150 mm，砂型与炉门距离为 200 mm，砂型上下及四周之间距离为 20 ~ 40 mm。

（3）入炉

码放好型（芯）后，检查装车高度和宽度，缓慢地将平板车推入炉内，观察进炉情况，不得有碰撞现象，平板车入炉后，检查炉门与平板车及砂型的间隙大小，一切合格后关上炉门。

（4）点火升温

用煤、木材作燃料时，先烧小火，火苗旺盛后使用小型鼓风机助燃。

（5）监控

在升温干燥过程中，要注意升温快慢，控制好最高温度及各温度下停留的时间。

（6）停火

停止向炉内投入燃料，让炉内燃料燃尽。

（7）出炉

根据烘干曲线要求，炉温下降后就可出炉。

3. 质量分析

砂芯的烘干质量主要是指砂芯残余水分的含量。因本项目是小型芯，待干透后，在规定部位取样以测定残余水分质量分数（允值为≤0.4%）。也可以用目测法观察烘干后砂芯表面的色泽。合脂砂芯表面呈棕褐色且有光泽为烘干良好；表面呈黄色或棕黄色为烘干不足；表面呈暗棕黑色为烘干过度。

4. 评分标准

评分标准见下表。

砂型（芯）烘干实训评分表

考核项目	考核内容及要求	配分	评分标准	得分
绘制砂型（芯）烘干曲线图	正确绘制砂型（芯）烘干曲线图	10	烘干曲线图上缺少烘干温度和时间具体数值扣1分	
			烘干曲线图上缺少加温、保温和冷却三个过程其中之一的扣5分	
装车	型（芯）与平板之间、各型（芯）之间、型（芯）与四周炉墙和炉顶之间都要留有间隙	10	间隙符合要求得10分	
			间隙不符合要求的每一处扣2分	
入炉	码放好型（芯）后，检查装车高度和宽度，平稳缓慢地将平板车推入炉内，无任何碰撞现象	10	检查合格后，关紧炉门得10分	
			有一次碰撞现象扣2分	
			关炉门时站在门缝或门上的孔眼前时扣10分	
点火升温	一次性点着火，并先烧小火，火苗旺盛后使用小型鼓风机助燃	5	符合工艺要求，得5分	
			发生一次没有点着火扣2分	
监控	注意升温快慢，及时控制好最高温度以及在各种温度下的停留时间	10	符合烘干工艺要求得10分，烘干温度和时间有一次超过烘干工艺要求扣2分	
停火	停止向炉内投入燃料，让炉内燃料燃尽	5	停止时，炉内燃料燃尽，得5分	
			烘干温度和时间已达到要求，但炉内燃料未燃尽，每延长1 min扣1分	
出炉	根据烘干曲线要求，炉温下降后出炉并检查烘干情况，然后卸车	10	根据烘干曲线，符合工艺要求，得10分	
			拉车出炉时有一次碰撞现象扣2分	
			出炉时若靠近或正对炉门缝，扣10分	
烘干质量	方法1：用水分测定法。待砂（芯）干透后，在规定部位取样以测定残余水分质量分数允值为≤0.4%	20	残余水分质量分数允值为≤0.4%得20分	
			每超过或降低0.01%扣2分	
	方法2：用目测法观察烘干后砂（芯）表面的色泽。要求表面呈棕褐色且有光泽		表面呈棕褐色且有光泽得20分 表面呈黄色或棕黄色得10~15分 表面呈暗棕黑色得0~5分	
安全及其他	安全文明生产，按国家颁布的有关法规或企业自定的有关规定	15	一项不符合要求扣5分，发生较大事故者全扣	
	操作、工艺规程正确	5	一处不符合要求扣2分	
时间定额	2 h		每超过20 min扣5分	

注：烘干质量测定可选择两种方法的任意一种方法。

课题二 铸型装配

砂型装配简称为合箱，它是造型的最后一道工序，它直接影响着铸件的质量，如果工作疏忽，便会造成气孔、砂眼、错箱、偏芯、披缝和抬箱等缺陷。所以，砂型装配是一项细致的工作。

一、砂型（芯）烘干后的修整、检验及砂芯连接和装配

1. 砂型（芯）的修整

（1）清理毛边和修补

烘干后的砂芯和型芯沿分型面或紧贴烘干板的地方，往往会有凸起的毛边。可以用刮刀、锉刀或砂轮等工具来清理。砂芯和型芯较大面积的缺陷要修补。修补时将损坏处用水润湿或刷上稀泥浆水，补平、修整后要刷上涂料用喷灯烤干。

（2）机械修整

对于分成两片制造的型芯，在烘干后组合前要对分型面进行机械加工，使其尺寸对准，表面平整。在型芯的分型面上要留 1 ~ 2 mm 的加工余量。型芯的机械加工，一般是将型芯放入特制的夹具内，用刮板刮平，如图 7—6 所示。大量生产时，可在特制的磨床上用砂轮磨平。

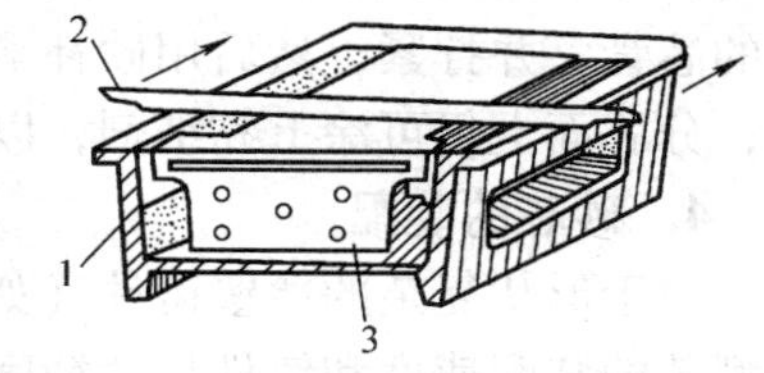

图 7—6　刮平型芯

1—夹具　2—刮板　3—型芯

2. 砂芯的检验

型芯烘干后，除了检查是否干透、有无损坏、通气孔是否堵塞外，有时还要对型芯的外形尺寸进行检查，特别是那些易变形的型芯（因为芯盒的变形和磨损、烘干板的变形、运输过程中的振动、烘干时的胀缩等都是影响型芯尺寸的因素）。

（1）用量具检验型芯

单件生产时常用一般量具（直尺、角尺、卡尺等）来检验尺寸。

（2）用专用样板检验型芯

当生产批量较大时，为了提高工作效率，常用专用样板来检验，如图 7—7 所示。将型芯放在平台上，用样板 1 来检查。一套样板要由两块样板组成，一块是过端，即最大允许尺寸，另一块是不过端，是最小允许尺寸。检验时，被检型芯应以过端样板通过、不过端样板通不过为宜。若只有一块样板检验，则根据型芯和样板间的间隙大小凭借经验判断是否合格。

（3）用卡规检验型芯

检验时将型芯 2 放在平台 3 上，如图 7—8 所示。卡规 1 有两个检验尺寸，是根据被检型芯允许的最大和最小尺寸制出的。型芯的被检部分应通过卡规的最大尺寸，而不能通过最小尺寸。图 7—8a 是用来检验型芯直径的卡规；图 7—8b 是用来检验型芯高度的卡规。用卡规检验型芯，适用于批量较大而形状简单的型芯。

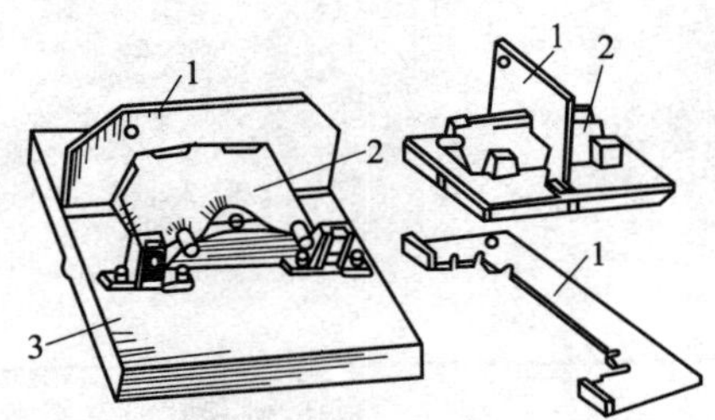

图 7—7　用专用样板检验型芯

1—样板　2—型芯　3—平台

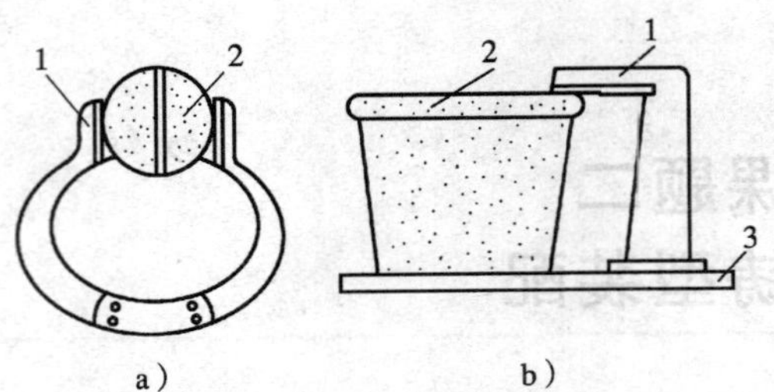

图 7—8　用卡规检验型芯

a）检验型芯直径　b）检验型芯高度

1—卡规　2—型芯　3—平台

3. 砂芯的连接

形状复杂的型芯，为了便于造芯，常分成两片或更多部分来制造。烘干后经过检验和修整，再将型芯各部分连接起来。常用的方法有以下几种。

（1）用黏结剂连接

在分芯面上涂刷一层黏结剂，使型芯黏合在一起。这种方法用于尺寸较小的型芯。黏结剂可用毛刷涂敷在分芯面上，要涂敷均匀。

（2）用螺栓连接

尺寸较大的型芯，一般是用螺栓把型芯连接起来，以保证牢固可靠。螺栓应直接连接坚硬的芯骨，并拧紧，然后用砂补平，如图 7—9 所示。补砂 4 要牢固，螺栓 2 左右用力要均衡，分芯面上仍可涂上黏结剂，以助于上下吻合。

4. 砂芯的装配

对于形状复杂的薄壁铸件（如发动机缸体），砂型中常要放入较多数量的型芯。为了提高型芯的装配速度和铸件尺寸精度，常将型芯在平台或专用夹具内组装好，经样板检验后，把型芯连接固定，一并吊入砂型中。组装型芯下入砂型后，还要用样板检验，确保装配质量。单件或小批量生产时，在工艺允许的情况下，型芯也可以在砂型内装配，用样板检验，保证装配精度。

当三箱或劈箱造型时，往往可以直接在下砂型上组装型芯，这样可省去吊装型芯的工序，对保证装配质量也有积极作用。尤其是劈箱造型时，装配型芯工作方便，目前不少机床厂的床身造型采用这种工艺，如图 7—10 所示。

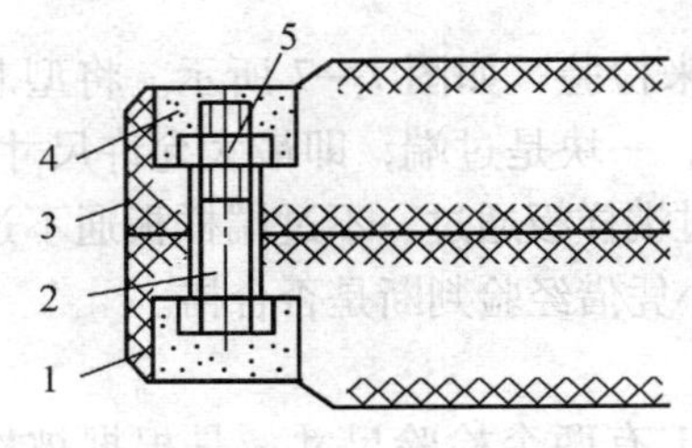

图 7—9　用螺栓连接型芯

1—下型芯　2—螺栓　3—上型芯

4—补砂　5—螺母

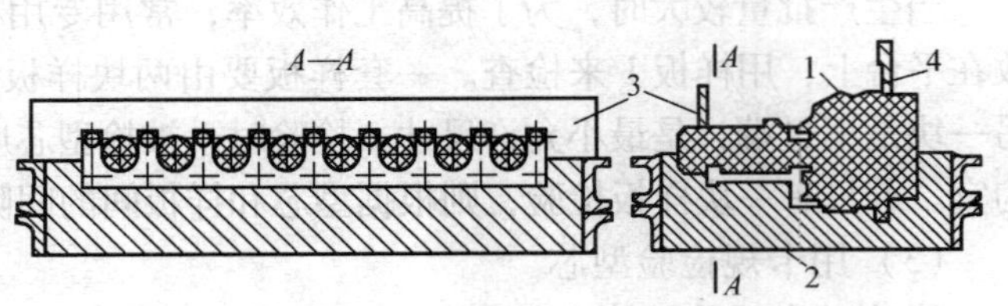

图 7—10　型芯装配示意图

1—型芯　2—砂型　3、4—样板

二、铸型装配

将铸型的各个组元，如上砂型、下砂型、芯子、浇口盆等组成一个完整铸型的操作过程，称为铸型装配，也叫合型。它是造型过程中最后一道工序，也是最重要的工序之一，一些铸件缺陷，如气孔、砂眼、错型、偏芯、漂芯、飞边、毛刺、抬型跑火等，都会因为这道工序操作不当而引起。合型时必须对砂芯进行装配，对于有些砂芯可先在型外进行预装配，大部分砂芯需要在型内按某一基准面进行装配。装配时，要保证尺寸准确、连接可靠、固定稳当、排气通畅等。

1. 砂芯的固定

砂芯的固定有两种方法：用芯头固定和用芯撑固定。

（1）用芯头固定砂芯

芯头是砂芯的重要组成部分，砂芯通过芯头支撑在铸型中，保证砂芯在其自身的重力及金属液的浮力作用下位置不变。这种固定方式既方便又经济，因此应用最普遍。常见的芯头形式见表 7—10。

表 7—10　　常见的芯头形式

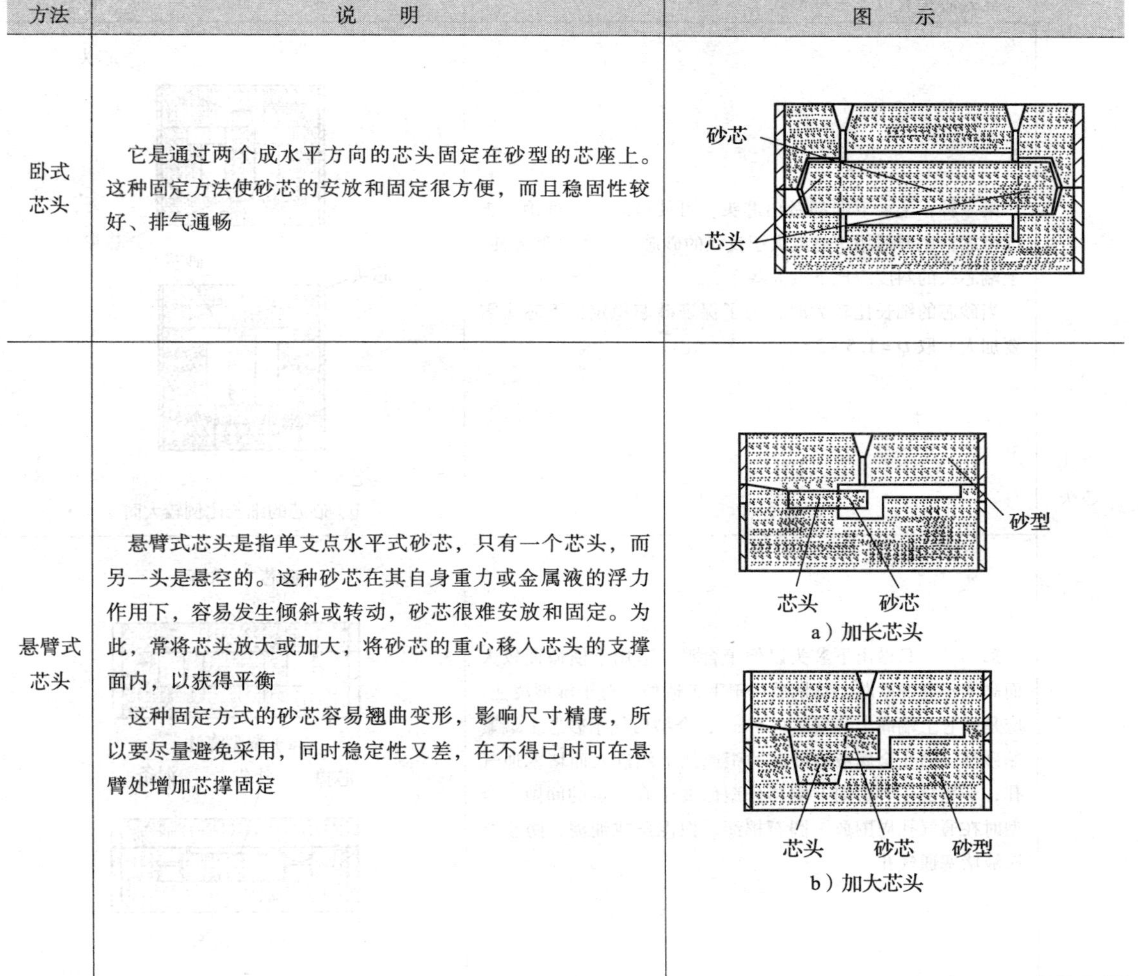

方法	说　明	图　示
卧式芯头	它是通过两个成水平方向的芯头固定在砂型的芯座上。这种固定方法使砂芯的安放和固定很方便，而且稳固性较好、排气通畅	
悬臂式芯头	悬臂式芯头是指单支点水平式砂芯，只有一个芯头，而另一头是悬空的。这种砂芯在其自身重力或金属液的浮力作用下，容易发生倾斜或转动，砂芯很难安放和固定。为此，常将芯头放大或加大，将砂芯的重心移入芯头的支撑面内，以获得平衡 这种固定方式的砂芯容易翘曲变形，影响尺寸精度，所以要尽量避免采用，同时稳定性又差，在不得已时可在悬臂处增加芯撑固定	a）加长芯头 b）加大芯头

续表

方法	说　明	图　示
挑担式芯头	将两个或几个铸件的砂芯串联起来共用芯头使悬臂砂芯安放稳固，称为挑担式芯头，也叫联合芯头。这种固定方式的优点是：造型操作省工省力；可节约原材料（型砂、木材等）；由于砂芯是对称的，因此安放方便、稳定可靠。一般适用于中、小型铸件，且生产数量较多的情况 对小型弯管件，如一箱只做一件，由于砂芯的重心不在两个支撑点的连线上，故砂芯固定困难，可采用挑担式芯头	芯头 砂型 砂芯 a）挑担式芯头固定砂芯 砂芯 芯头 芯头 芯头 b）采用挑担式芯头铸造弯管
立式芯头	立式芯头有以下三种形式	
	第一种：上、下端都做出芯头，可使砂芯定位准确，支撑可靠，主要适用于高度大于直径的砂芯，为了合型方便，上端芯头的斜度应比下端大些 当砂芯的细长比较大时，为了保证砂芯稳定，下芯头需要加大，取 $D=1.5\sim2d$	砂芯 芯头 芯头 a） 芯头 砂芯 芯头 b）砂芯的细长比例较大时
	第二种：只做出下芯头以便于合型，适用于横截面较大而高度不高的砂芯，特别适用于手工造型。对于湿型浇注，应是砂芯上端高出分型面0.5 mm，合型后便于砂芯上端紧贴砂型，防止金属液将砂芯冲歪或从上端进入而堵塞通气孔；干型浇注时，则上端与分型面要留有一定的间隙，合型时在通气孔周围放一圈石棉绳、白泥条或油泥，防止金属液堵塞通气孔	砂芯 铁钉 a）湿型浇注 芯撑 砂芯 泥条 b）干型浇注

续表

方法	说　明	图　示
立式芯头	第三种：上、下芯头都不做也能使砂芯保持稳定状态。它适合直径远大于高度、自身比较稳的大砂芯。由于没有芯头，下芯时，要根据图样调整好砂芯的准确位置，更要支好芯撑，防止砂芯移动（湿型浇注时可以插铁钉固定砂芯）。干型浇注时要在上面压泥条 这种砂芯的设计，可减小砂箱的高度	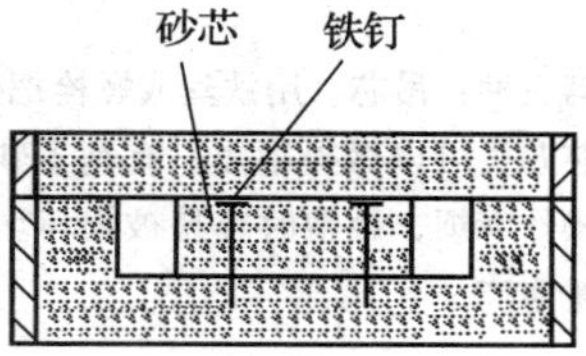 砂芯　铁钉 a）湿型浇注 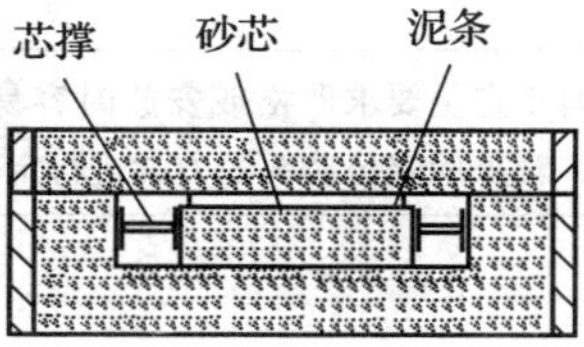 芯撑　砂芯　泥条 b）干型浇注
悬挂式芯头	悬挂式芯头实际上是一种立式芯头，砂芯上部的芯头放在芯座上或固定在某处，使砂芯处于悬吊状态。有以下三种形式	
	第一种：预埋砂芯。将芯头做成上大下小的形式，造型时将砂芯事先放在模样上对应位置的备用孔内，只露出芯头，这样，填砂舂实后芯头被埋在砂型中。这种方式只适用于重量不大的小砂芯	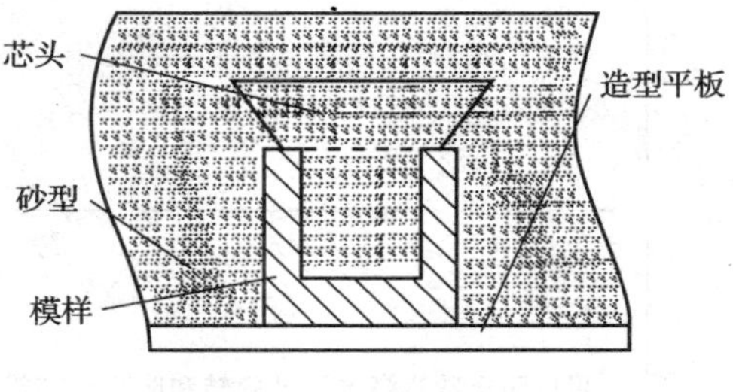 芯头　造型平板　砂型　模样
	第二种：盖板砂芯。将砂芯头扩大，放在下型中，这种方式操作方便，有利于保证铸件精度及组织流水线生产	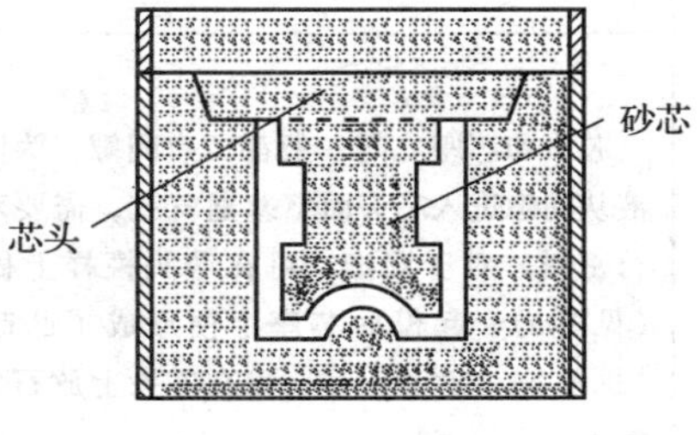 砂芯　芯头

续表

方法	说　明	图　示
悬挂式芯头	第三种：吊芯。用铁丝或螺栓把砂芯吊在上型，吊芯芯头可以做得很短，有利于砂芯排气，但吊芯操作麻烦，翻型时容易被损坏。只适宜单件小批量生产	
定位式芯头	对于定位要求严格或安放时容易搞错方位的砂芯，常采用定位芯头的方式进行定位	
	可以防止砂芯绕水平轴线旋转的定位芯头	
	可以防止砂芯绕水平轴旋转和防止砂芯沿水平轴方向移动的定位芯头	
	芯头和芯座之间一般都留有间隙，为防止金属液从间隙进入芯头而堵塞通气孔，需要对间隙进行密封。对于湿型，可在芯头模样上做出沟槽（见图 a），起模后芯座上便形成了凸起的砂堤（见图 b）。对于干型，可在芯头上放石棉绳、白泥条等进行密封	a）　b）

(2）用芯撑固定砂芯

在砂型组装和浇注时，支撑吊芯、悬臂砂芯和部分砂型的金属构件称为芯撑。在浇注过程中砂型或砂芯不能保证其正确位置时，用一定厚度和形状、表面经过处理的芯撑，可保持型或芯在型腔中的正确位置。当砂芯较多，且尺寸较大时，单靠芯头定位是远远不够的，必须安放芯撑，以增加砂芯的支撑点和承压面积，使砂芯稳固。如图 7—11 所示的 2#砂芯，适当加大芯头同时配合安放芯撑控制铸件壁厚，可防止砂芯倾斜。

对于一些大型复杂铸件，砂芯又不能设置芯头，而且难于采用吊芯时，只能用芯撑来支撑砂芯，如图 7—12 所示。当用芯撑固定砂芯时，由于砂芯的位置不易控制，又不能设置上芯头，所以合型前必须注意防护砂芯上端面的通气孔，严防浇注时金属液钻入，影响砂芯的排气。

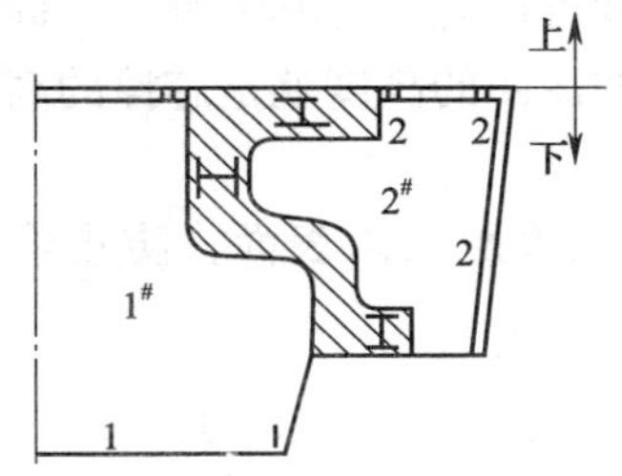

图 7—11　加大芯头同时配合安放芯撑

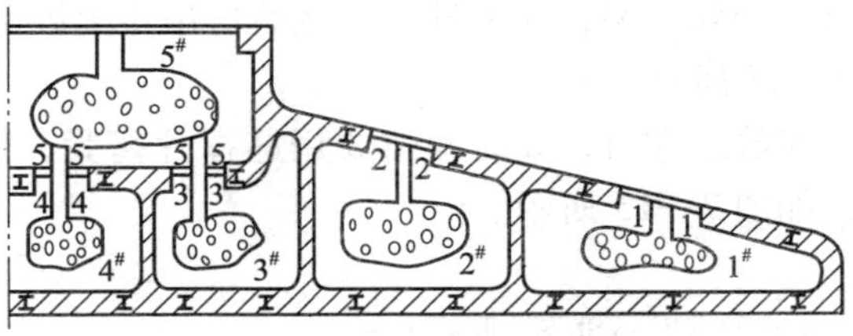

图 7—12　用芯撑支撑固定砂芯

1）芯撑的结构。芯撑的端部有较大的支撑面，分双面和单面两种，双面芯撑用于干型，单面芯撑用于湿型。如图 7—13a 所示的芯撑用于较大的砂芯，柱上带螺纹的芯撑用来支撑需承受水压试验或煤油试验铸件的砂芯；图 7—13b 所示的芯撑用于中型砂芯的支撑；图 7—13c 所示的芯撑用于薄壁铸件；图 7—13d 所示的芯撑用于厚大铸件；湿型因强度和硬度较低，常用图 7—13e 所示的单面芯撑支撑砂芯。在实际生产过程中，要根据砂芯的大小、形状、工作条件等选择芯撑，对于特殊铸件也可以自行设计芯撑。

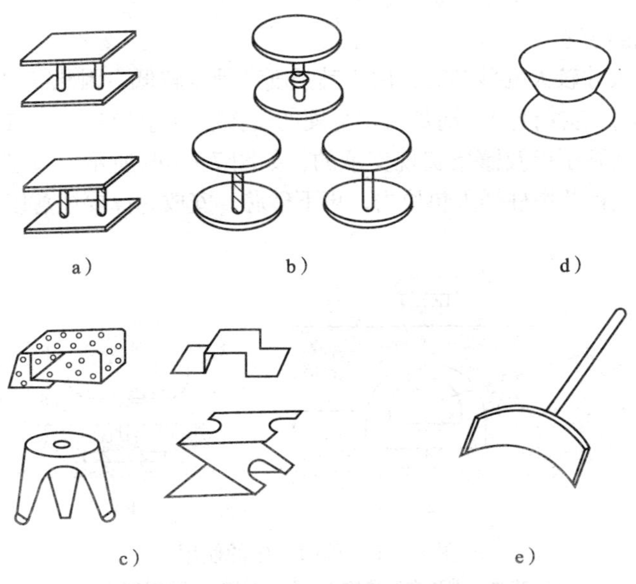

图 7—13　芯撑的结构

2）对芯撑的要求。浇注后，芯撑便同铸件熔焊在一起，因此，对芯撑有如下要求：

①芯撑的熔点要稍高于浇注金属的熔点，以保证它在铸型未浇满前不至于软化而失去作用。

②承压铸件应尽量少用或不用芯撑。如果必须使用，则芯撑柱上要有螺纹或沟槽，以保证芯撑与铸件熔焊可靠。

③芯撑表面要干净，不允许有锈蚀或油污，一般芯撑要镀锡后才能使用。

④芯撑不能过早地放入型腔中，以防水汽在其表面凝结，使铸件产生气孔等缺陷。

2. 芯撑的安放

（1）双面芯撑的安放

双面芯撑的高度就是铸件的厚度，一般应根据铸造工艺图来选用芯撑，或者铸造工艺图上直接就规定出芯撑的形状和尺寸。对于干型，芯撑的高度可用验型的办法测得，即在砂芯上放一个软泥座，合上砂型，然后再吊走上砂型，被压缩的泥团的高度就是芯撑的高度，如图 7—14 所示。

安放芯撑时，如有间隙要用芯撑片塞紧，芯撑应塞放在型腔的内表面，防止移动或跌落，如图 7—15 所示。

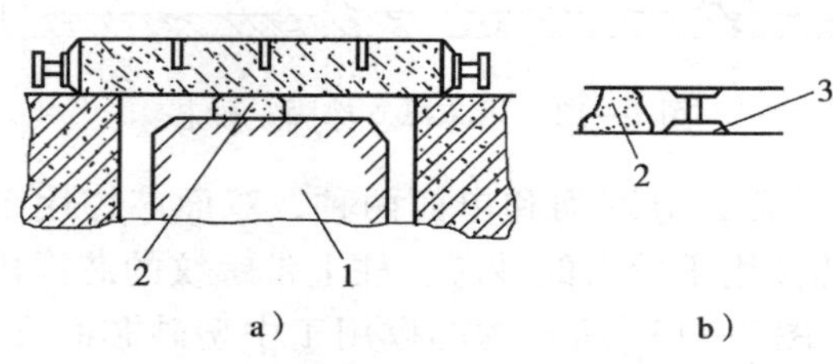

图 7—14　验测芯撑高度

a）放置泥团合型　b）确定芯撑高度

1—砂芯　2—软泥座　3—芯撑

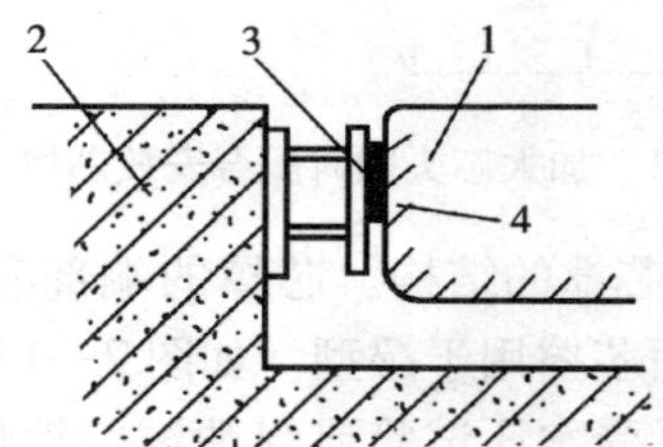

图 7—15　芯撑片的使用

1—型芯　2—砂芯　3—芯撑　4—芯撑片

（2）单面芯撑的安放

在湿砂型中安放尺寸较大的砂芯时，由于其强度和硬度较低，因此需要接触面较大的芯撑。

如图 7—16a 所示，芯撑杆的一端要顶在坚硬的支撑物（垫块）上，支撑物在造型时预埋在砂型里，上部的芯撑是靠压板及镶条实现支承的；如图 7—16b 所示，造型时，在砂型里埋入特制的垫块，下芯前，先将芯撑柱插入垫块内，再下砂芯。安放芯撑要注意以下几点。

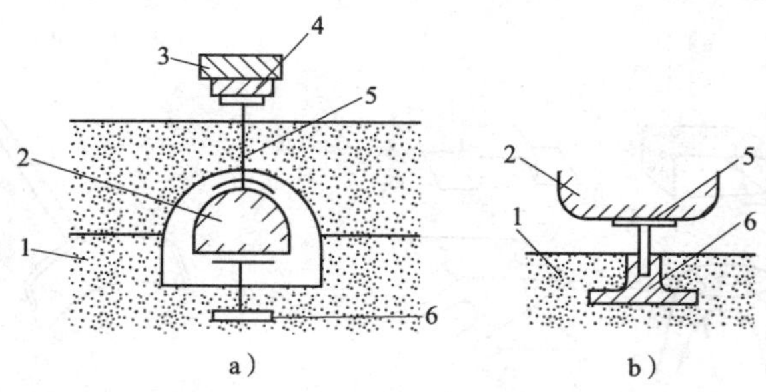

图 7—16　单面芯撑的使用

a）芯撑一端顶在坚硬物上　b）芯撑一端插在垫块上

1—砂型　2—砂芯　3—压板　4—楔块　5—芯撑　6—垫块

1）芯撑安放要牢固，避免移动和脱落。

2）芯撑支撑面应与砂芯或砂型表面严密贴合。

3）砂芯每个面上的芯撑数量要足够，布置要适当。

3. 砂芯在型内的排气

砂芯在砂型中安放好后，需采取措施使浇注时砂芯中产生的气体能顺利地通过砂型排出。

对于尺寸较小的卧式砂芯，可用通气针一端塞入芯头的气孔里，另一端引到砂箱外，合型后，抽出通气针便留下通气道；或将草绳的一端塞入芯头的出气孔里，另一端由分型面引到箱外，合型后把草绳抽出，便留下一个排气通道，如图7—17所示。对于尺寸较大的卧式砂芯，可用一根钢卷屑作为引气的通道。

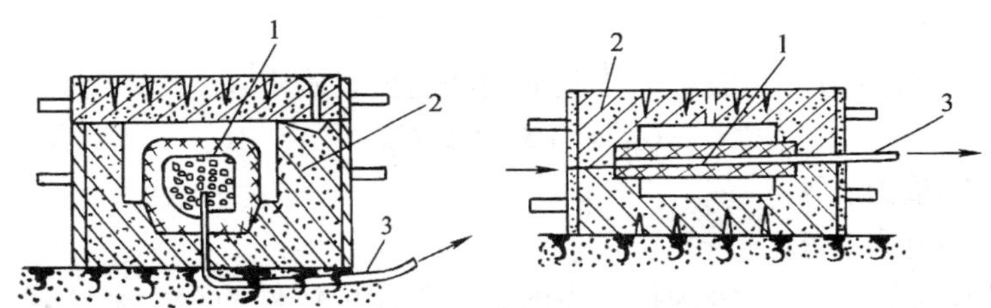

图7—17　用草绳做出排气孔

1—砂芯　2—砂型　3—草绳

对于立式砂芯可在芯座上扎通气孔，将砂芯产生的气体引到型外即可，如图7—18a所示。在较大砂芯排气孔的四周筑泥环4，以防金属液流入而堵塞通气孔，确保砂芯产生的气体能顺利排出，如图7—18b所示。最后在通气孔的出口做上标记，以便浇注时点火引气。

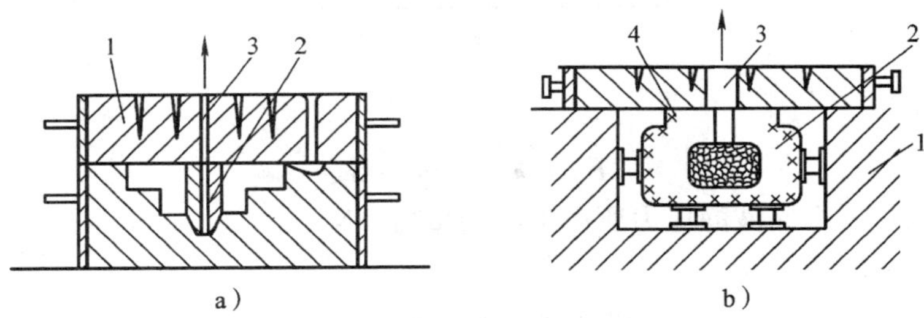

图7—18　立式砂芯的排气通道

1—砂型　2—砂芯　3—排气孔　4—泥环

4. 合型及合型检查

（1）合型前的准备检查

1）检查型腔、芯座、砂芯芯头的几何形状和尺寸是否符合工艺要求，损坏的地方要进行修补，修补后还需进行检查并烘干。

2）检查型腔内和砂芯表面的浮砂和脏物是否清除干净。

3）检查各出气孔是否畅通。

4）检查浇注系统各部分是否畅通、干净。

（2）合型及合型检查

1）对于干型，为防止跑火可沿分型面一周压上泥条或石棉绳，但不得堵塞排气孔。

2）用吊车合型时，上砂型要吊平并垂直下落，按原有的定位方式准确合型。

3）检查直浇道与下砂型的横浇道是否对准。

4）检查分型面的密封情况，防止跑火。

5）放好浇口盆并盖好，以防杂物落入。所有通气孔要做出标记，以便浇注时点火引气。

5．铸型的紧固

作用在上型的力有金属液静压力所产生的抬型力、砂芯浮力产生的抬型力、浇注时金属液冲击上型所产生的动压力、上型的重力。除了上型的重力外，这些力会对上型造成很大的顶箱力，有可能将上型顶起，造成跑火（漏箱）和泥芯飘浮等现象。所以，一定要将上下型用螺栓紧固或用压铁压住后才能浇注。紧固的方法应根据砂型的大小、砂箱结构和造型方法来决定。

（1）砂型紧固力（压重）的计算

1）小型砂型压铁重力。一般可以按照下列经验公式确定：

$$G_{压} = (3 \sim 5)\ G_{件}$$

式中　$G_{压}$——压铁重力，N；

$G_{件}$——铸件重力，N。

2）中、大型砂型的重力。因为抬型力的大小不能用铸件的重力来计算，因而压铁的重力，最好用抬型力的公式计算。抬型力的计算如图7—19所示。

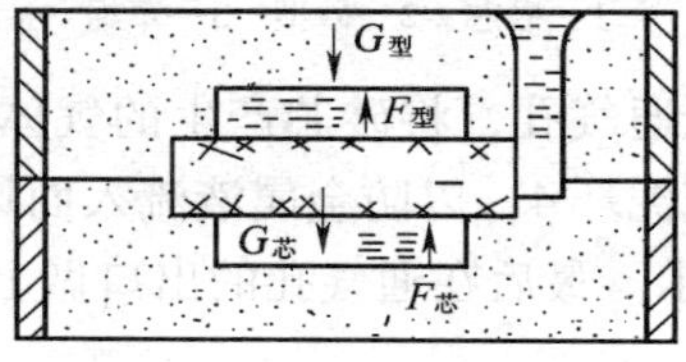

图7—19　抬型力的计算

计算公式为

$$F_{抬} = F_{型} + F_{芯} - G_{型}$$

其中：①$F_{型}$——金属液静压力所产生的抬型力，N。

$F_{型} = S_{型}\ h\rho_{铁}\ g$

$S_{型}$——上型型腔顶面的水平投影面积，m^2；

h——内浇道以上的金属液静压头，m；

$\rho_{铁}$——铁液的密度，kg/m^3；

g——重力加速度，9.8 m/s^2。

②$F_{芯}$——克服砂芯重力以后，砂芯浮力形成的抬型力，N。

$F_{芯} = \rho_{铁}\ gV_{芯} - G_{芯}$

$V_{芯}$——被金属液所包围的那部分砂芯的体积，m^3；

$\rho_{芯}$——砂芯的密度，kg/m^3；

$G_{芯}$——砂芯的重力，N。

③$G_{型}$——上型的重力（包括砂箱与型砂的重力），N。

【例】　求图7—20所示铸铁件的砂型压重为多少？（上型的质量约200 kg，铁液的密度$\rho_{铁}$为$7.2 \times 10^3\ kg/m^3$，砂芯的密度$\rho_{芯}$为$1.5 \times 10^3\ kg/m^3$，重力加速度g取10 m/s^2，安全系数取1.5。）

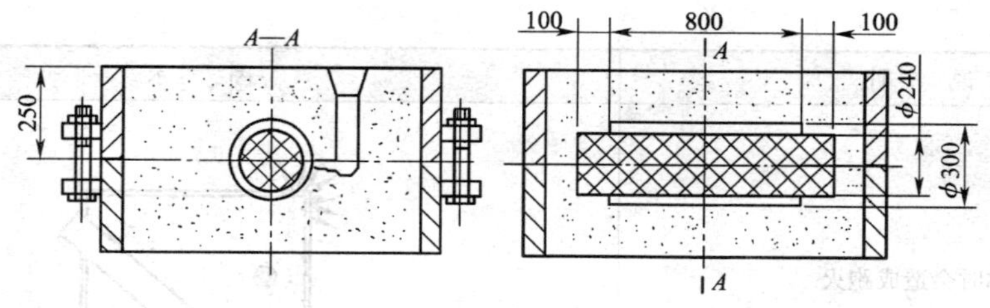

图 7—20　求铸铁件的砂型压重

解：$F_{抬}=F_{型}+F_{芯}-G_{型}$

$F_{型}=S_{型}h\rho_{铁}g=0.8\times0.3\times0.25\times7.2\times10^{3}\times10=4\ 320\ N$

$F_{芯}=\rho_{铁}gV_{芯}-G_{芯}$

$=\rho_{铁}g\times0.8\times\pi D^{2}/4-\rho_{芯}g\ (0.8+2\times0.1)\ \times\pi D^{2}/4$

$=7.2\times10^{3}\times10\times0.8\times3.14\times0.24^{2}/4-1.5\times10^{3}\times10\times1\times3.14\times0.24^{2}/4\approx1\ 926\ N$

则：$F_{抬}=F_{型}+F_{芯}-G_{型}$

$=4\ 320+1\ 926-2\ 000=4\ 246\ N$

考虑保险系数则 $M_{压}=1.5F_{抬}/g=636.9\ kg$

答：该铸铁件的砂型压重质量为 636.9 kg

（2）紧固操作

1）小型铸型的紧固。为防止浇注时因金属液的浮力将上型抬起而造成跑火，浇注前必须做好砂型紧固工作。小型铸型一般采用压箱铁来紧固。

①压箱铁的形式。压箱铁可分为普通压箱铁（见图 7—21a）和成型压箱铁（见图 7—21b）。普通压箱铁要放在砂箱边上，且要压得均匀对称。成型压箱铁高度较低、面积较大，常用于脱箱造型。压箱铁不得影响砂型的排气。

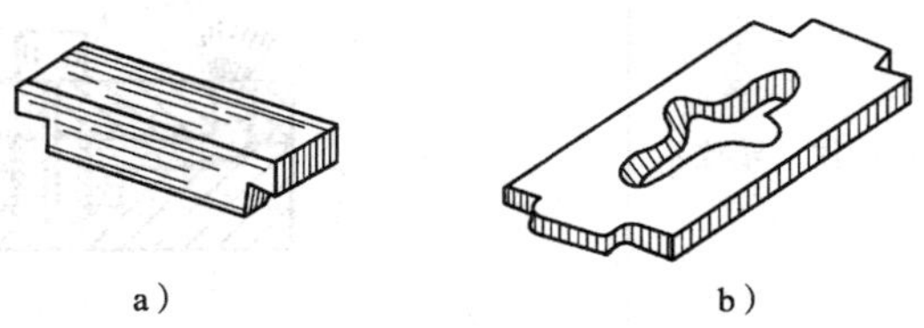

a）　　　　b）

图 7—21　压箱铁

a）普通压箱铁　b）成型压箱铁

②压箱铁的放置。用压铁紧固砂型时应注意：压铁重量应大于抬型力；安放压铁时要小心轻放，且要压放在箱带或箱边上，位置要对称均衡；安放压铁时不能堵住出气孔，也不能妨碍浇注操作，表 7—11 为压箱铁放置示例。

表 7—11　　**压箱铁放置示例**

说　明	图　示
压箱时，压箱铁块要放得对称，压箱位置不能妨碍浇注工作	正确

续表

说　明	图　示
压箱铁块不对称时会造成跑火	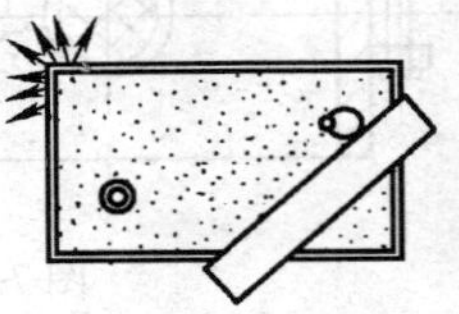 错误
防止压箱铁块压坏铸型，应把压箱铁块放置在箱带或箱边上，最好放在垫板上	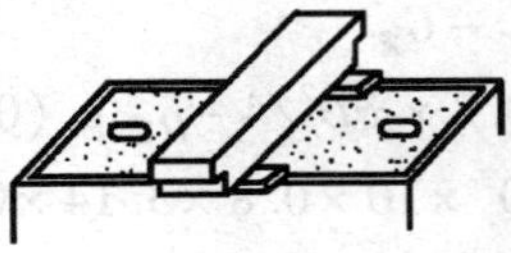 正确
当压箱铁块底面不平或弯曲时，要垫上垫板，以防止砂型被压坏	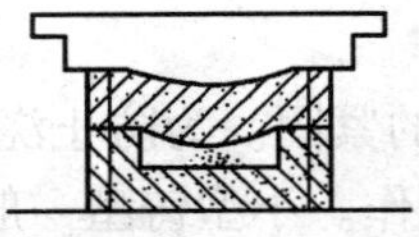 错误
压箱铁块不能把型芯的排气孔堵住，导致不能正常排气而造成铸件废品	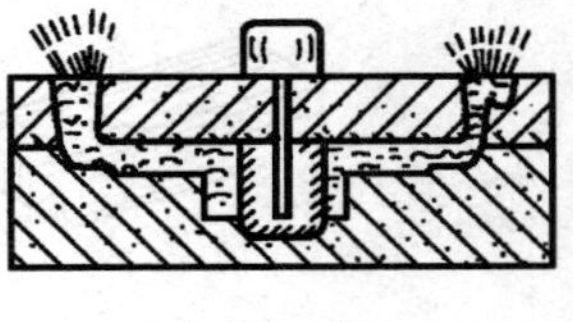 错误

2）中型铸型的紧固。中型铸型的抬型力较大，因此需用卡子或螺栓紧固。

①卡子紧固。使用卡子要左右对称、用力均匀、安装牢固，如图 7—22 所示。这种简易卡子安装时要用木楔或铁楔楔牢。

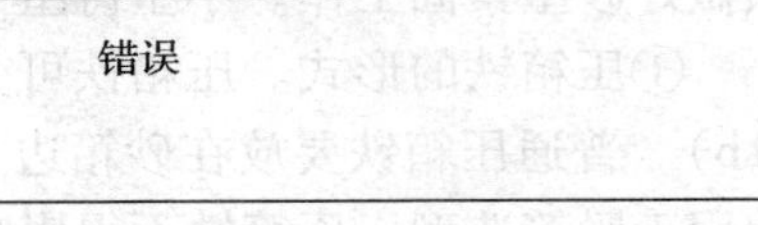

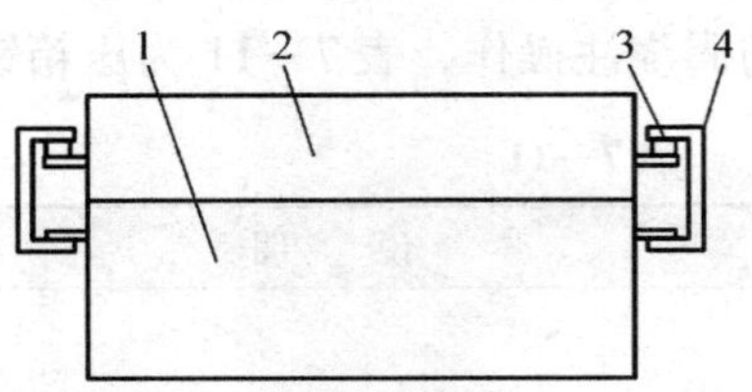

图 7—22　用简易卡子紧固铸型

1—上型　2—下型　3—楔铁　4—卡子

如图 7—23 所示是用带有斜面的卡子紧固铸型。卡子有斜面，砂箱上的紧固箱耳也加出相应的斜面。最好采用标准的箱卡和箱耳，以提高工作效率和紧固质量。如图 7—23a 所示是使用卡子紧固铸型，也可以配合楔铁楔牢。箱耳及卡子结构如图 7—23b 所示。

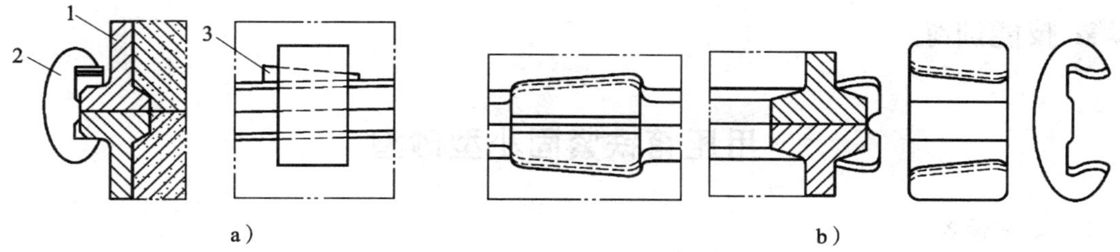

图 7—23　斜面卡子紧固铸型

a）配合楔铁使用　b）斜面卡子及箱耳结构

1—铸型　2—卡子　3—楔铁

②螺栓紧固。常见的形式有：直接将螺栓穿入上、下箱紧固箱耳的螺孔内拧紧而紧固，如图 7—24a 所示；螺栓配合夹板紧固铸型，如图 7—24b 所示；配合压板通过上、下箱的吊环来紧固铸型，如图 7—24c 所示；用 U 形螺栓将上、下箱的吊轴夹紧，如图 7—24d 所示。

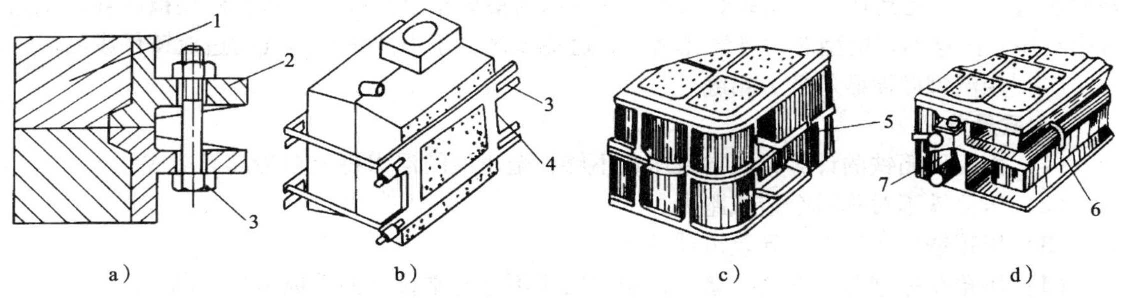

图 7—24　螺栓紧固铸型

a）利用箱耳紧固　b）用夹板紧固

c）用压板紧固　d）用 U 形螺栓紧固

1—铸型　2—箱耳　3—螺栓　4—夹板　5—吊环　6—卡子　7—U 形螺栓

3）大型铸型的紧固。大型铸件的抬型力大，因此常用大型螺栓与压梁来紧固。大型铸件的浇注高度较高，为了保证安全可在地坑中浇注，如图 7—25 所示。

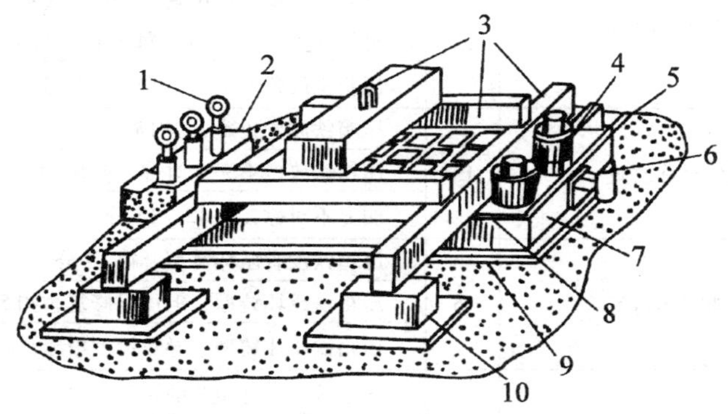

图 7—25　地面造型压铁紧固方法

1—浇口系统塞　2—浇口系统盆　3—压铁　4—冒口盖　5—冒口

6—导桩　7—上型　8—楔铁　9—垫板　10—垫铁

技能训练

用压箱铁紧固小型砂型

1. 实训设备

砂型、压箱铁等。

2. 操作步骤

（1）砂型紧固力（压重）的计算。

（2）根据计算结果选择压箱铁。压箱铁可分为普通压箱铁和成型压箱铁两种，本项目选用的压箱铁为普通压箱铁。

（3）压箱铁的放置。压箱时，压箱铁要放得对称，防止因不对称而造成跑火，或压箱位置不合适妨碍浇注工作，还要防止压箱铁压坏铸型。应把压箱铁放置在箱带或箱边上，最好放在垫板上。尤其是当压箱铁底面不平或弯曲时更要垫上垫板，以防止砂型被压坏。压铁压箱时还要注意不要把型芯的排气孔堵住，避免型芯由于不能正常排气而造成铸件废品。

（4）用湿型砂泥砂箱的分箱缝。

3. 质量分析

（1）由于压箱铁的计算错误导致压重不够，金属液的浮力将上型抬起而造成跑火。

（2）压箱铁不对称时会造成跑火。

（3）压箱铁压坏铸型，导致铸件废品。

（4）压箱铁把型芯的排气孔堵住，型芯由于不能正常排气而造成铸件废品。

（5）用湿型砂泥砂箱的分箱缝时，没能完全泥住分箱缝。

4. 评分标准

评分标准见下表。

用压箱铁紧固小型砂型实训评分表

考核项目	考核内容及要求	配分	评分标准	得分
压箱铁质量的计算	压箱铁质量计算正确，符合工艺要求	15	压箱铁质量计算正确，压箱铁放置正确，得15分	
			每少0.5 kg扣5分，每多1 kg扣1分	
			压箱铁放置不正确，扣10～15分	
压箱铁的放置（1）	压箱铁完全对称放置	15	压箱铁放置正确，得15分	
			压箱铁放得不完全对称，扣5～10分	
			明显不对称，扣12～15分	
压箱铁的放置（2）	压箱铁不能压坏铸型	15	压箱铁没有压坏铸型，得15分	
			压箱铁压坏铸型，但可以修复，扣5～10分	
			压箱铁压坏铸型，导致铸型报废，扣15分	
压箱铁的放置（3）	压箱铁不能把型芯的排气孔堵住	15	压箱铁没有把型芯的排气孔堵住，得15分	
			压箱铁把型芯的排气孔堵住，但及时发现，扣5～10分	
			压箱铁把型芯的排气孔堵住，没有发现，扣15分	

续表

考核项目	考核内容及要求	配分	评分标准	得分
填实分箱缝	用湿型砂填实分箱缝，防止漏铁液跑火	15	按照工艺要求，用湿型砂填实分箱缝，得15分	
			没能完全泥住分箱缝，但及时发现，扣5~10分	
			没能完全泥住分箱缝，没有发现，扣10~15分	
安全及其他	安全文明生产，按国家颁布的有关法规或企业自定的有关规定	15	一项不符合要求扣5分，发生较大事故者全扣	
	操作、工艺规程正确	10	一处不符合要求扣2分	
时间定额	0.5 h		每超过5 min，扣2分	

练 习

1. 干型制造主要应用在哪些场合？与湿型造型相比有何制造工艺特点？
2. 干型在翻转、叠放、吊运时应注意什么？
3. 去除砂型（芯）中的水分，必须满足哪两个基本要求？
4. 烘干过程分为几个阶段？各阶段水分烘干的特点是什么？
5. 砂型（芯）的烘干温度、烘干时间是怎样选定的？
6. 常用的烘干炉有哪些类型？熟悉其结构、工作原理。
7. 怎样检验砂型（芯）的烘干质量？
8. 检查砂型（芯）的外形尺寸有哪些方法？
9. 砂芯常用哪些方法连接？
10. 用芯头固定砂芯的方法有几种？
11. 芯撑的作用是什么？对芯撑有哪些要求？如何正确地使用芯撑？
12. 叙述铸型装配的操作要点。

第八单元

铸造合金的熔炼

课题一 铸铁的熔炼

一、铸铁熔炼用原材料

1. 耐火材料

耐火材料通常制成一定形状（耐火砖）或直接用散料和水按一定比例配制成泥状使用，在炉内修砌成一定的尺寸、形状，通常将这层耐火材料（耐火砖）称为炉衬。

冲天炉所用的耐火材料种类很多，一般可分为以下三种。

（1）酸性耐火材料

酸性耐火材料有硅砖、半硅砖、高铝砖和黏土砖。硅砖含硅的质量分数在93%以上，用硅砂加工制成，它是一种强酸性耐火材料；半硅砖主要含 SiO_2 以及含 $A1_2O_3$ 的质量分数在15%～30%，属强酸性砖；高铝砖含 $A1_2O_3>46\%$（质量分数），$SiO_2<50\%$（质量分数），属近中性耐火材料，因其抗酸性较强，但仍划入酸性耐火材料范围；黏土砖含 $A1_2O_3$ 为30%～45%（质量分数），SiO_2 为55%～65%（质量分数），它是一种弱酸性耐火材料，耐火度一般不低于1 650℃，抗急冷急热性好，在冲天炉中广泛应用。

（2）中性耐火材料

中性耐火材料有铬砖（铬铁矿质耐火材料）、石墨和焦炭等。

（3）碱性耐火材料

碱性耐火材料为镁砖及镁砂，MgO的质量分数在85%以上，能抵抗碱性炉渣的侵蚀，耐火度在2 000℃以上。

耐火砖有不同的形状和尺寸，以适应修砌不同形状、大小的炉膛。具体规格和尺寸可参考有关标准。在修砌耐火砖炉体时，常用耐火泥的浆料作黏结剂构成砖缝。

耐火泥也有酸性碱性之分，即黏土质、高铝质、硅质和镁质四种。

使用时注意酸性耐火砖应用酸性耐火泥，以避免在高温下发生酸碱性中和反应。

2. 炉料

冲天炉用炉料由燃料、金属料及熔剂三部分构成。

（1）燃料

冲天炉熔炼的燃料主要用焦炭。焦炭由焦煤干馏而成，它是炼焦厂的主要产品，其主要化学成分有固定碳、灰分、硫和水分等，焦炭的质量是影响铁液温度和成分的重要因素之一。固定碳的含量要高（质量分数不低于80%），灰分、硫分要低，而且要有一定的强度和块度。我国铸造用焦的成分和性能见表8—1，焦炭块度大小可按表8—2选用。

表8—1　　铸造用焦的性能

序号	指标名称		焦炭级别		
			ZJ—1	ZJ—2	ZJ—3
1	湿度（%）	含水量不大于	4.0	4.0	4.0
2	灰分（%）	平均含量	8.0	10.0	14.0
		极限含量	10.0	12.0	15.0
3	含硫量（%）	平均含量	0.45	0.8	1.0
		极限含量	0.60	1.0	1.2
4	挥发物（%）	不大于	1.5	1.5	1.5
5	机械强度	平均值	310	310	310
	（焦炭在转鼓内残留量）	极限值	280	280	280
6	焦粉含量（%）（粒度<5 mm）	极限值	4	4	4
7	焦炭气孔率（%）	不大于	35	42	45

注：转鼓残留量是在滚筒内装入410 kg焦炭，以10 r/min的转速转动15 min后，筒内大于25 mm焦炭块残留量，焦炭强度越高，残留量越多。

表8—2　　焦炭块度的选择

生产效率（t/h） 焦炭块度/mm 焦炭用途	1～2	3～5	7	≥10
底焦	80～120	90～160	90～180	100～200
层焦	40～100	60～120	60～140	90～180

（2）金属料

冲天炉熔炼的金属料包括生铁、回炉料、废钢及铁合金四种。

1）铸造生铁（包括球墨铸铁用生铁）。铸造生铁已有国家标准（见表8—3），牌号有Z34、Z30、Z26、Z22、Z18、Z14几种，它是按平均含硅量作代号的，如Z18，代表铸造生铁，平均含硅质量分数为1.80%。在中小型冲天炉如能破碎到每块重量为2～5 kg，其熔化效果会更好，铁液温度和熔化率也会有明显提高。

表 8—3　　　　　　　　铸造用生铁（GB/T 718—2005）　　　　　　　　%

<table>
<tr><th colspan="2" rowspan="2">铁号</th><th>牌号</th><th>铸 34</th><th>铸 30</th><th>铸 26</th><th>铸 22</th><th>铸 18</th><th>铸 14</th></tr>
<tr><th>代号</th><th>Z34</th><th>Z30</th><th>Z26</th><th>Z22</th><th>Z18</th><th>Z14</th></tr>
<tr><td rowspan="13">化学成分（质量分数）</td><td colspan="2">C</td><td colspan="6">>3.3</td></tr>
<tr><td colspan="2">Si</td><td>3.20～3.60</td><td>2.80～3.20</td><td>2.40～2.80</td><td>2.00～2.40</td><td>1.60～2.00</td><td>1.25～1.60</td></tr>
<tr><td rowspan="3">Mn</td><td>1 组</td><td colspan="6">≤0.50</td></tr>
<tr><td>2 组</td><td colspan="6">0.50～0.90</td></tr>
<tr><td>3 组</td><td colspan="6">0.90～1.30</td></tr>
<tr><td rowspan="5">P</td><td>1 级</td><td colspan="6">≤0.06</td></tr>
<tr><td>2 级</td><td colspan="6">0.060～0.100</td></tr>
<tr><td>3 级</td><td colspan="6">0.100～0.200</td></tr>
<tr><td>4 级</td><td colspan="6">0.200～0.400</td></tr>
<tr><td>5 级</td><td colspan="6">0.400～0.900</td></tr>
<tr><td rowspan="3">Si</td><td>1 类</td><td colspan="6">≤0.030</td></tr>
<tr><td>2 类</td><td colspan="6">≤0.040</td></tr>
<tr><td>3 类</td><td colspan="6">≤0.050</td></tr>
</table>

2）回炉料。它包括浇、冒口，废铸件及废铁等，要按不同牌号、成分分类堆放，要清除表面黏砂及内部砂芯，破碎成一定块度；加入废钢的目的是降低铸铁的含碳量，改善力学性能。

3）废钢。它是指废钢件冲压或切割钢材剩下的边角料等。冲天炉加入废钢的主要目的是降低铁水的含碳量。由于来源较复杂，使用时应注意成分，如生产可锻铸铁件，若在炉料中混有含铬的合金钢，会造成退火困难。若成分不明多用火花鉴别来判断。块度和原生铁大体相同，重量为 3～5 kg，厚度要大于 3 mm，如使用厚度低于 3 mm 的废钢或钢切屑，最好打包压块或烧结后使用，否则将增加氧化损失。使用时应去掉表面严重锈蚀、泥砂，严格清除密封的容器、废旧弹壳及中空容器等，以防熔炼时产生爆炸现象。

4）铁合金。铁合金主要用于调整铸铁化学成分和孕育处理。铁合金种类很多，常用的铁合金有硅铁和锰铁，其次是磷铁、铬铁和钼铁等。使用时，第一成分要符合要求，如硅铁炉后加入含硅 45% 的硅铁，前炉则用含硅 75% 的硅铁；第二需烘干后使用；第三块度应合适，一般为 40～80 mm。若块度过大，易造成成分不均，过小易串料。若一定要使用过小的块度，则需用水玻璃（或黏土、水泥均可）将合金碎块（或粉料）黏结成大块再用。常用的硅铁、锰铁牌号见表 8—4 和表 8—5。

表 8—4　　硅铁牌号　　%

牌号		化学成分（质量分数）				
汉字	代号	硅	锰	铬	磷	硫
			不大于			
硅 90	Si90	87 ~ 95	0.4	0.2	0.04	0.02
硅 75	Si75	72 ~ 80	0.5	0.5	0.04	0.02
硅 45	Si45	40 ~ 47	0.7	0.5	0.04	0.02

表 8—5　　锰铁牌号　　%

锰铁类别	牌号		化学成分（质量分数）					
	汉字	代号	锰	碳	硅	磷		硫
						Ⅰ	Ⅱ	
			不小于	不大于				
低碳	锰 0	Mn0	80.0	0.5	2.0	0.15	0.30	0.02
中碳	锰 1	Mn1	78.0	1.0	2.0	0.20	0.30	0.02
	锰 2	Mn2	75.0	1.5	2.5	0.20	0.30	0.02
碳素	锰 3	Mn3	76.0	7.0	2.5	0.20	0.33	0.03
	锰 4	Mn4	70.0	7.0	3.0	0.20	0.38	0.03
	锰 5	Mn5	65.0	7.0	4.0	0.20	0.40	0.03

（3）熔剂

冲天炉熔炼的熔剂主要是石灰石（CaO）。石灰石加入炉内的作用是：石灰石受热分解后，其中 CaO 即与焦炭中的灰分、砂粒及被侵蚀的耐火材料等熔渣化合形成有一定流动性的炉渣，以便排出炉外。石灰石中 CaO 的质量分数应大于 50%，SiO_2 和 Al_2O_3 的总质量分数不超过 3%。萤石可以稀释炉渣，提高流动性，但在造渣过程中会产生有害的气体氟化氢（HF），造成对环境的污染，应尽可能少用或不用。

二、冲天炉的构造及熔化过程

铸铁熔炼可使用的熔炉种类很多，其中以冲天炉和感应电炉应用最广。冲天炉的热能来自燃料——焦炭的燃烧热，而感应电炉是以电能作为热源。目前，我国 90% 以上的铸件所用铁液是用冲天炉熔炼的，下面主要对冲天炉进行介绍。

1. 冲天炉的构造

冲天炉的种类较多，但其基本结构大致相同，都由支撑部分、炉体部分、炉顶部分、前炉部分和送风系统组成，有的还附有热风装置。如图 8—1、图 8—2 所示为常见的冲天炉外形及结构简图。

（1）支撑部分

它由炉底板、炉门和炉腿等组成。炉底板中间开有一个较大的圆孔，装有两扇半圆形的炉门，修炉时工人可由此进出，打炉时炉料由此门放出。熔化前先将炉门封死，用支撑铁柱撑好。整个炉子的重量都由炉底部分承受，故要求结实牢固。

图 8—1　冲天炉的外形

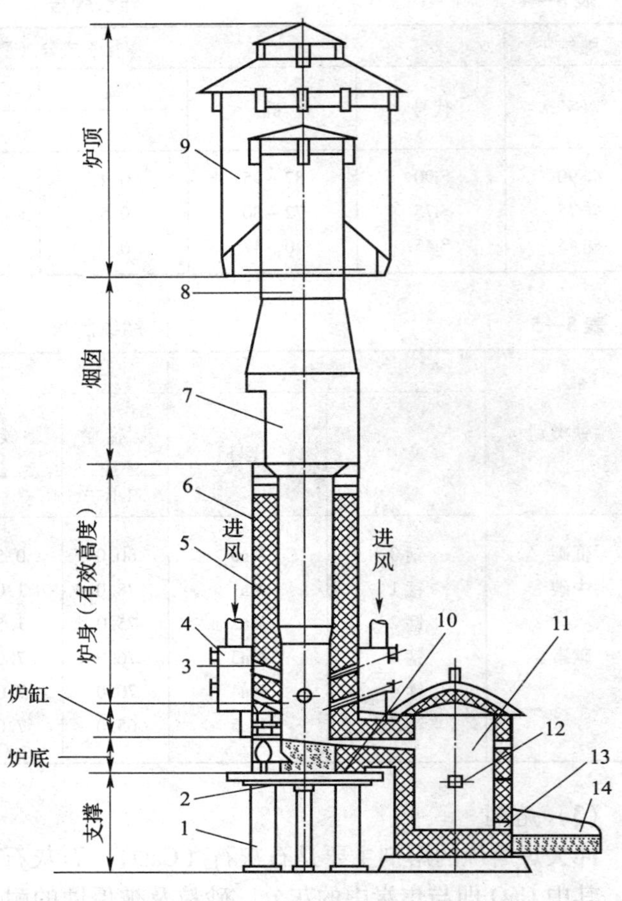

图 8—2　冲天炉结构简图

1—炉腿　2—炉门　3—风眼　4—风箱　5—炉衬　6—炉壳　7—加料口　8—烟囱　9—火花捕集器　10—过桥　11—前炉　12—出渣口　13—出铁口　14—出铁槽

（2）炉体部分

炉体部分由炉底、炉缸和炉身三部分组成。炉体外壳用 6 ~ 10 mm 的普通碳素钢板焊成。在炉壳内表面每隔 1 ~ 1.5 m 的高度焊上一个支撑圈，如图 8—3 所示，用以提高炉壳刚度，支撑炉身，并可防止炉衬塌落。

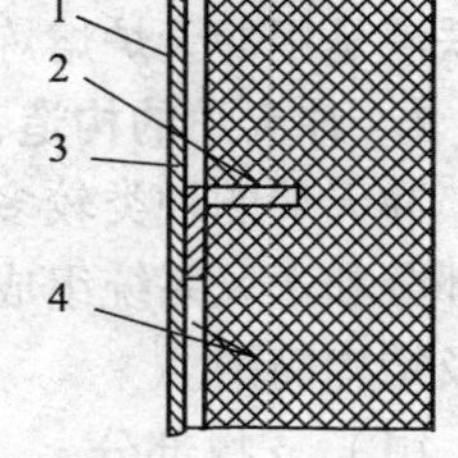

图 8—3　炉壳支圈

1—炉壳　2—支撑圈　3—石棉板　4—炉衬

1）炉底。从炉底门至炉缸底部一段，叫作炉底。炉底用型砂捣固而成，要求不允许漏铁液，并易于打炉。图 8—4 所示为小型冲天炉常采用的活动式炉底。炉底和炉缸连在一起，炉底板上装有轮子，支柱上装有轨道，轮子沿轨道移动，可将炉缸拉出来，这种结构可改善劳动条件，提高修炉质量及效率。

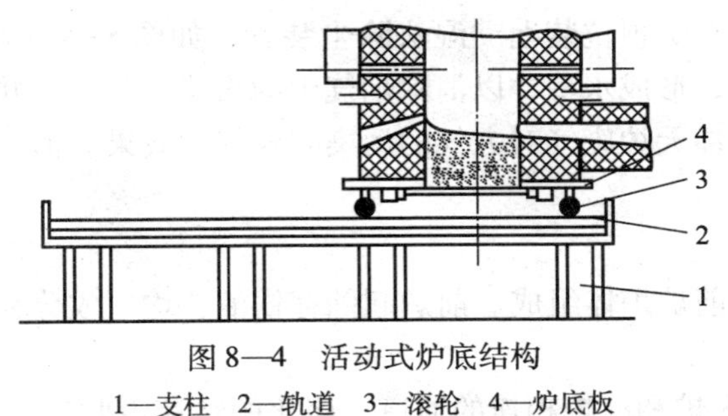

图 8—4　活动式炉底结构

1—支柱　2—轨道　3—滚轮　4—炉底板

2）炉缸。第一排风口中心线至炉底之间的炉身称为炉缸。对固定式炉底结构来说，炉缸外壳上留有工作门，作为点火和修炉底用。对活动式炉底结构，炉缸外壳上只留一个点火孔。无前炉的冲天炉炉缸起储存金属液的作用，炉缸上留有出铁口、出渣口。有前炉的冲天炉炉缸较浅，它只起汇集铁液和炉渣并导入前炉的作用。

3）炉身。炉身是冲天炉的主要部分，炉料的预热及整个熔化过程全在此进行。炉体的外壳用钢板焊接成，里面砌有耐火砖。耐火砖与炉壳间留有空隙，并填入干砂或绝热材料，使炉壁受热时有膨胀的余地，并能减少热量的损失。炉身下部有一个钢板焊成的风带，并开设几排通向炉内的风口。

加料口以下一段炉衬是用空心铁砖砌成，以防炉料投入时砸坏炉衬。而其余部分的炉衬用耐火砖等耐火材料砌成。

（3）炉顶部分

炉顶部分由烟囱和除尘器组成，起排出炉气和收集灰尘的作用。

1）烟囱。烟囱的内壁用一般的耐火砖砌成，它的作用是把炉内生成的气体和火花引到车间外面，加强冲天炉的气体流动。它的下部与炉身相接处有加料门，炉料即由此加入炉内。

2）除尘器。除尘器分为干法除尘和湿法除尘两种。

①干法除尘。即在炉顶装上火花捕集器，如图 8—5 所示。该装置结构简单，但它不能去除废气中的有害气体，净化效果较差。当带灰尘的气体进入火花捕集器时，由于截面积突然增大，气流速度降低，有些灰尘在自重作用下沉降下来，经落灰管流下收集。

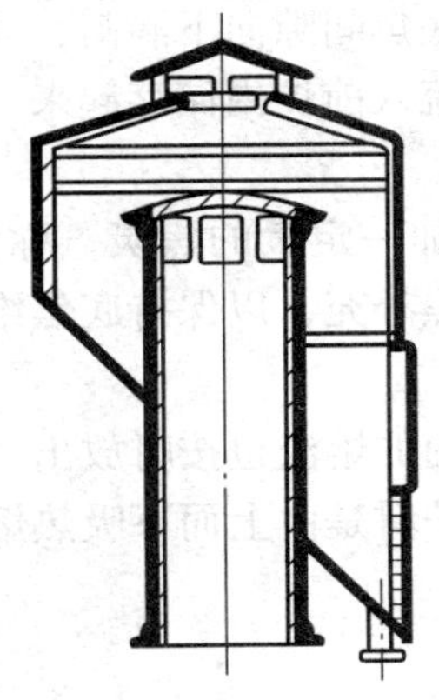
图 8—5　火花捕集器

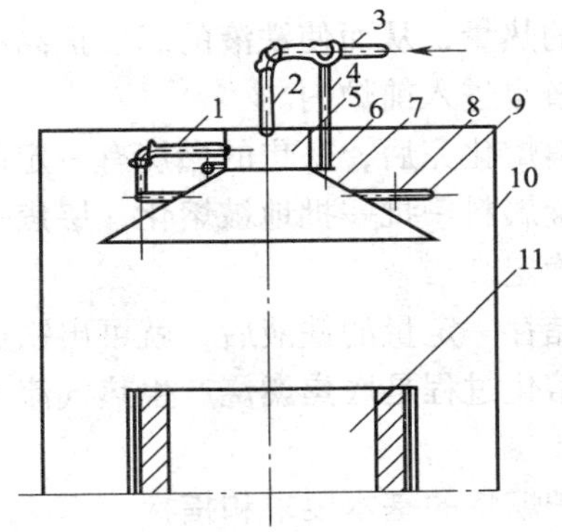

图 8—6　湿法除尘装置

1 ~4—进水管　5—水箱　6—环形水管　7—冲天炉炉顶
8—环形水管　9—喷水嘴　10—烟罩　11—冲天炉烟囱

②湿法除尘。它是在炉顶位装上一湿法除尘装置，如图 8—6 所示。在工作过程中，炉顶上除尘装置连续喷水，形成水幕，以消除烟气中的火花及灰尘，并溶解二氧化硫和氢氟酸等有害成分。它对减少冲天炉废气对大气的污染有较好的效果。但必须解决污水的处理等问题。

（4）前炉部分

前炉部分由过桥和前炉炉体组成。前炉起储存铁液，均匀成分和温度，减少增碳、增硫及使渣铁分离的作用。

1）过桥。它是冲天炉和前炉相连的通道，熔化的铁液由此流入前炉。它用耐火材料砌成。

2）前炉。前炉炉壳用钢板焊成，里面砌有耐火砖，底部开设出铁口，炉侧的中上部开设出渣口。正面与过桥口对应处开设过桥窥视孔。前炉上端盖有炉盖以减少金属液热量的散失。与前炉相对应，常常将冲天炉本身叫作“后炉”。

（5）送风系统

送风系统由风管、风带、风口组成。它将鼓风机吹来的风沿炉子的周边均匀、平稳地送入炉内，使空气能充分地深入炉膛中心，以促进焦炭燃烧。

1）风管。它是连接鼓风机和风带的管道，为减少送风阻力，应尽量缩短风管长度，避免急转弯。

2）风带。它是用钢板焊成，围绕在冲天炉风口处的箱体，其作用是使空气能够均匀而又平稳地进入各风口。

3）风口。在冲天炉炉身上为鼓入空气而开的孔口。风口有一排、两排或多排，排距和每排风口数有多种情况，形状为圆形，风口大小以它的总面积占主风口区的炉膛截面积的百分比表示。风口应朝里稍有向下的斜度，一般在 5°～15°范围内变动。

2. 冲天炉的熔化过程

冲天炉工作时，首先装入炉膛的是焦炭，并将其点燃，这部分焦炭称为底焦，它是炉内放出热量产生高温熔化金属料的源泉。底焦的加入量以高度衡量，由下排风口中心线到底焦上平面的距离称为底焦的高度（熔化时会变化）。当空气由风口吹入炉内时，底焦产生激烈的燃烧反应，使底焦顶面的金属料被加热熔化，形成的铁液沿底焦间隙向下滴落，并进一步吸收红热焦炭的热量，从而使铁液的温度提高，最后经过过桥流入前炉内储存起来。与此同时所形成的熔渣也进入前炉内。

一批金属料熔化完后，底焦的燃烧有一定的消耗，必须补加一定量的焦炭，称为层焦。在熔化过程中金属料一批一批地被熔化，层焦一批一批地向底焦补充，以保持底焦维持正常高度，使燃烧稳定。

待前炉内储存一定量的铁液后，就可出铁进行浇注，前炉内的熔渣也按时放出。概括地说，冲天炉的熔化过程是底焦燃烧产生热气流上升的过程，而炉料是由上而下吸热熔化的过程。

三、冲天炉熔炼的基本要求和指标

1. 铁液温度

铁液温度是冲天炉熔炼过程技术指标的综合体现。冲天炉铁液温度的高低对铸件质量有很大影响。

温度高的铁液，其流动性好，可以完好地充填铸型。同时有利于铁液中的气体和夹杂物的排出。当铁液温度过低时，易造成铸件产生冷隔、浇不足、气孔等一系列缺陷。特别是对于球墨铸铁、孕育铸铁的铁液，要求有更高的温度。所以，一般希望冲天炉的出铁温度尽可能高于1 430℃。

2. 铁焦比

铁焦比反映了铸铁熔炼时每吨焦炭所能熔化的铁料量，是冲天炉的一个主要经济技术指标。铁焦比的计算方法如下：

$$\text{总铁焦比} = \frac{\text{总熔化炉料量}}{\text{总用焦量}}$$

为了节约焦炭，应在保证铁液温度的前提下，尽量提高铁焦比，降低焦炭的消耗。

3. 铸铁熔炼时主要元素的变化率

在冲天炉工作中，一般将硅、锰元素的烧损率作为衡量冲天炉的重要技术指标之一。因为这一指标不但说明了铸铁内合金元素的消耗大小，也直接反映了铁液氧化程度的高低。

4. 冲天炉的熔化率和熔化强度

（1）熔化率

熔化率即冲天炉每小时能熔化铁料的吨数，如3 t冲天炉的熔化率为3 t/h，一般工厂的冲天炉的熔化率多在1.0～10 t/h范围内。近年来，国内外冲天炉均在向大型化方向发展。

一般说来，冲天炉的熔化率要与车间的造型能力和生产需要相适应。为了满足生产需要，保证和提高冲天炉的熔化率是冲天炉工作的一项重要要求。

（2）熔化强度

熔化强度是反映冲天炉炉膛单位面积熔化铁料能力大小的物理量。熔化强度的计算公式如下：

$$\text{熔化强度} = \frac{\text{冲天炉熔化率}}{\text{冲天炉炉膛（熔化带）截面面积}}$$

一般冲天炉的熔化强度为6～9 t/（h·m^2），也有的超过10 t/（h·m^2）。

四、冲天炉的熔炼操作工艺

冲天炉的结构、炉料的准备和操作工艺等，决定了它的熔炼状况。而熔炼操作工艺又是冲天炉能否熔炼出优质、高产、低消耗的铁液的重要环节，是稳定和提高冲天炉熔炼效果的关键。在生产中，即便是同样结构的冲天炉，选用同样的焦炭，由于熔炼操作的不同，经常会出现不同的熔炼效果。所以，操作者必须严格遵守熔炼操作工艺，正确判断炉况，及时地发现并排除故障，才能熔炼出优质、高产、低消耗的铁液。

1. 熔化前的准备工作

熔化前的准备工作包括炉料准备和对修炉后的质量进行检查。不同的冲天炉对炉料的块度、规格有不同的要求。炉料应分类堆放，以免在加料时搞错。炉料要干燥，锈蚀应尽量少。对炉膛形状、风口角度、炉底、前炉、出铁口、出渣口等处，应进行修理后的质量检查。修炉后炉膛内要进行烘干、预热。对称量、加料、送风等辅助设备要进行检查。

2. 点火

点火一般在熔化前2 h左右进行。点火前先由工作门放进一些刨花和较小的木柴，把炉底铺满，其余的木柴由加料口投入炉内，接着装入第一批底焦（占底焦总量的2/3左右）。

然后用耐火材料将工作门封住（有时此门不封，到开风前封堵），仅留一小孔以便点火，接着点燃刨花，此时应把全部风口、出铁口、出渣口打开，自然通风，让空气进入炉内帮助底焦燃烧。

目前有些工厂不用刨花和木柴引火，直接用喷油嘴点燃底焦，效果良好，既简单又容易掌握。

3. 加料

在底焦面上加入底焦重量25%的熔剂，然后按每批料顺序加入（金属料→层焦→熔剂），直到加满为止（至加料口的下沿）。金属料加料次序为：生铁→铁合金→回炉料→废钢。冲天炉炉料的布置如图8—7所示。

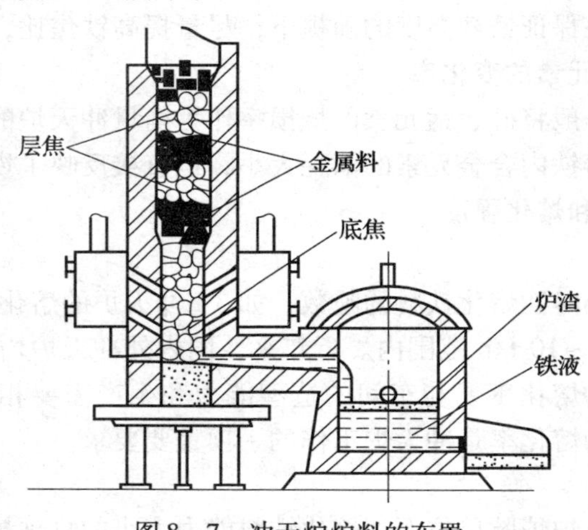

图8—7 冲天炉炉料的布置

（1）层焦的加入

一般中小型冲天炉底焦的高度在1 250 ~ 1 500 mm范围内变动。层焦的加入一般按重量计算。根据经验，每批层焦的厚度取150 ~ 200 mm为宜。由炉子熔化区截面积的大小可求出每批层焦的体积，然后按焦炭的堆密度（400 ~ 500 kg/m³）求出重量。例如，炉子熔化区的内径为600 mm，则层焦重量为：$m_{层焦}=450\ kg/m^3\times3.14\times(0.3\ m)^2\times0.15\ m=20\ kg$。

（2）金属料的加入

每批金属料的重量由铁焦比而定，一般为10∶1。如果层焦加入量为20 kg，则每批金属料的加入量应为200 kg。至于每批金属料中应加入多少生铁、废钢、回炉料及铁合金就需要进行配料计算。而配料计算必须根据铸件牌号及铸件结构、大小和壁厚来确定铁液的化学成分，并要掌握各种金属炉料的成分，还要掌握各元素在炉内的变化规律，初步确定各种金属料的配比。通常一批金属料的配比（质量分数）大致如下：铸造生铁或炼钢生铁40% ~ 60%，回炉料30% ~50%，废钢10% ~25%。

（3）熔剂的加入

加入石灰石的质量分数一般为层焦的30% ~40%。

当金属炉料有变动时，应在两种批料之间加入一批隔焦，以免不同成分的铁液互相混杂。在熔化过程中，为了保持底焦高度，每隔若干批料，要加入接力焦。

4. 送风熔化

炉料装好后，将其预热20 ~ 30 min，再开始送风，以保证第一包铁液的温度和熔化正常进行。

鼓入炉内的空气必须有一定的送风量，以保证底焦充分地燃烧、放热，一般以每分钟鼓入炉内空气在标准状态下的立方米数来表示，其单位为 m^3/min，必须保证有必要的送风压力把足够的空气送入炉内。冲天炉熔炼时所需风量可以风口区的炉膛面积计算，一般按 90～120 $m^3/(min \cdot m^2)$ 求出风量。小风口冲天炉所使用的风压力为 8～16 kPa（相当于 60～120 mmHg）。

如果底焦高度合适，一般在送风 5～8 min 后就可在风口处看到铁液滴落。如铁液滴落时间过长，说明底焦过高；反之则过低。必须及时调整高度，使底焦高度在熔化过程中不致有太大的波动。

5. 出铁与放渣

（1）出铁

出铁开风半小时左右后，就可出铁。出铁时用尖头的长铁棒先轻轻将泥塞周围凿一圈，待见到烧结的泥塞呈暗红色时，或有少量铁液冒出时，即迅速用力凿开封出铁口的泥塞，使铁液从出铁槽流出。当铁液前炉储存一定的铁液后，可用铁钎将出铁口的耐火泥扎掉，打开出铁口出铁。铁液进入浇包，然后浇注铸型。注意出铁重量要准确，牌号要分清；交换牌号，交界的铁液不能浇注重要铸件。所需铁液出完后用工具及时将出铁口堵上。目前许多工厂在出铁口上方安装了机械堵口装置，使用方便，安全可靠，如图 8—8 所示。

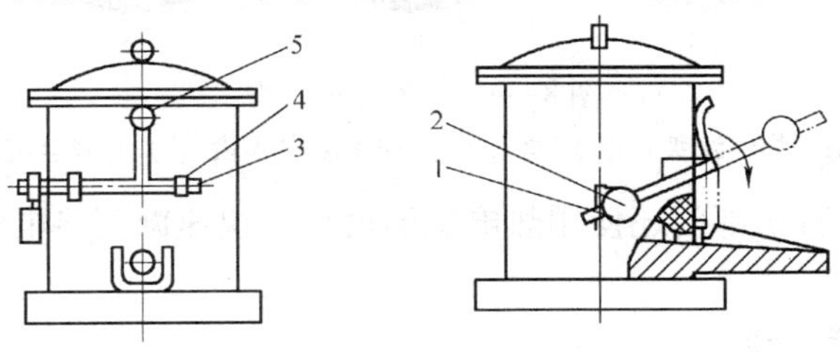

图 8—8　机械堵出铁口装置

1—手柄　2—重锤　3—转轴　4—轴承　5—塞头

（2）出渣

出渣时间可根据炉中熔渣量而定，一般每 40～60 min 出一次。总的原则是：勤出渣、勤放渣。若出渣不及时，熔渣留在炉内过久，就会变黏而不易清除，因此冲天炉要勤放渣。有时为了方便，渣口可以一直开放，只在铁液面超过出渣口时才堵上，这样不仅能减少出渣操作，还能使铁液温度有所提高。

6. 停风打炉

当熔化任务即将完成时，即可停止加料。为防止料柱降低而使风量与风压变化过大，影响最后几批炉料的正常熔化，在适当减少风量、风压的同时可再加 1～2 批炉料。

停风前，要打开风口（然后停风），以防 CO 积聚发生爆炸，并出净炉内铁液和炉渣。清理炉周围的场地，不得有积水，吊开前炉盖，即可打炉。如有热风炉胆，打炉后还应继续鼓风 15～20 min（才能停风），以防烧坏炉胆。同时喷水将剩余的红热炉料和焦炭熄灭。

打炉工作完成后，清理现场，整理好工具，熔化便告结束。

五、冲天炉熔炼过程的炉前检验和炉况判断

1. 炉前检验

炉前检验是初步鉴定铁液的质量（温度、成分等）是否符合要求的检验方法。

（1）测量铁液温度

铁液温度一般采用光学高温计测定。光学高温计是利用物体的单色辐射强度随温度的变化而变化的原理制成的。

光学高温计结构简单、使用方便、机动灵活、容易携带，而且不与被测物体接触，所以在铸造生产中常用它来测量铁液温度。使用时，将物镜对准被测物体（如铁液表面），调好焦距，再来调节滑线电阻，使灯丝亮度与被测物体表面亮度相同（即灯丝隐没了）。此时从刻度盘上直接读出被测物体的温度。

使用光学高温计时应注意：根据被测铁液温度来决定使用的量程，若用第二量程（即1 200～2 000℃），铁液温度超过了1 400℃，应插入滤光玻璃，以减弱辐射强度，延长灯泡使用寿命。测量前放入红色滤光片，并将指针调至1 300℃左右以便快速测定。测温时注意让灯丝隐没在被测物象的背景中，如图8—9所示。观测者要站在最便于观测的地方，对准铁液流进行测量。物镜与铁液流间的距离应符合说明书规定，并尽量避开烟气、灰尘等的干扰，以免影响测量的准确度。

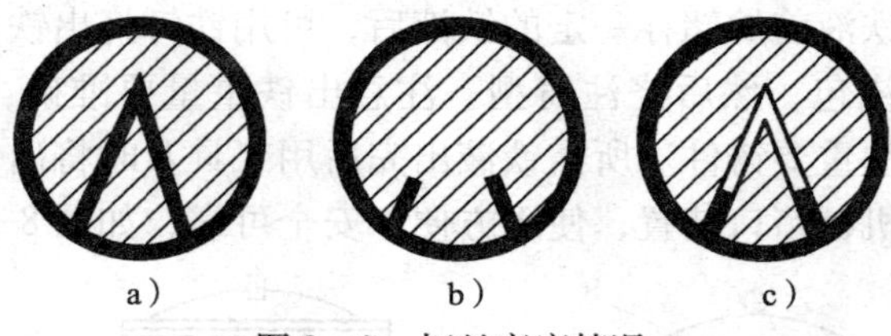

图8—9 灯丝亮度情况

a）灯丝亮度低于被测物体温度 b）灯丝亮度等于被测物体温度 c）灯丝亮度高于被测物体温度

此外，有些工厂和科研部门还使用热电偶温度计、快速微型热电偶和光电比色高温计等来测定铁液温度。

（2）判断铸铁中碳、硅含量

三角试样用来判断铸铁中碳、硅含量，其规格如图8—10所示。

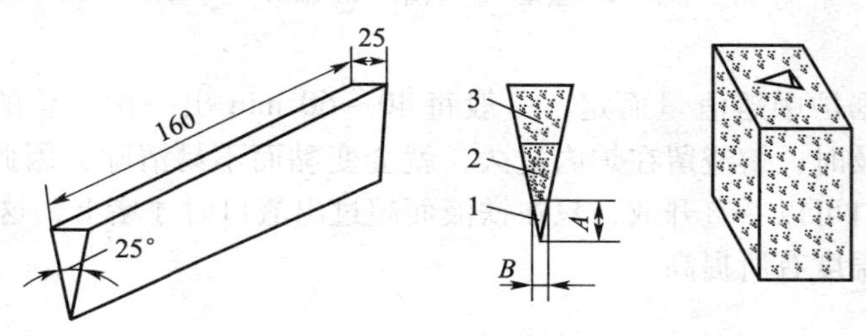

图8—10 三角试样

1—白口层 2—麻口层 3—灰口层

操作时用干净的铁勺从铁液包中取出一些铁液，浇入预先做好的试样砂型（可用干砂型或湿砂型）中。试样冷却至暗红色（600～700℃）淬入水中。若水强烈沸腾，则说明试样温度过高，下水速度过快；若水微沸腾，并有吱吱声响，则速度合适。试样从水中取出冷却后用锤将试样击断打断，测量试样白口宽度 B，观察截面颜色和组织。

一般白口宽度应为铸件薄壁处的1/6～1/3（湿砂型比干砂型激冷作用强，白口宽度宽），白口宽度越大，说明碳当量越低，反之碳当量越高。白口宽度过大，铁液应补加孕育剂，一般补加 $w_{FeSi75}=0.1\%$，白口宽度可减小1～1.5 mm。白口宽度过小，应向包内冲入适量铁液以调整其成分。

2. 冲天炉的炉况判断

冲天炉的熔化过程是一个复杂的物理、化学变化的过程。如果一旦出现故障，就会通过各种现象反映出来。炉况判断就是通过对风口、出铁口、出渣口、加料口、铁液及炉渣的观察，风量和风压的测量，来综合判断炉内的炉料、炉气的运动情况，以及所发生的物理、化学变化，并采取相应的措施解决可能出现的问题。根据冲天炉熔化过程的各种现象所总结整理的判断炉况的资料见表 8—6。

表 8—6　冲天炉熔化状况的观察及控制

观察项目	现象判断与控制
观察风口	1. 熔化开始，送风 5 ~ 7 min 时，从主风口能看到铁液滴下来；送风 10 ~ 12 min 时，在前炉窥视孔处，见到成串的铁花飞出；送风 14 ~ 15 min 时，在出铁口看到铁液流出，说明底焦高度合适。若过早地见到铁液流出，说明底焦高度偏低，应及时补加接力焦使底焦高度达到合适的程度，若见到铁液较晚，说明底焦偏高，通过熔化调整解决 2. 熔化过程中，风口一直发白、发亮、铁液下落速度较快，说明底焦高度合适，熔化正常，若风口发暗有黑渣，说明炉温低，应及时加接力焦，或适当调控风量，否则不但造成铁液严重氧化，还有可能发生“落生”现象；若风口情况良好，铁液温度也较高，但熔化慢，则可能底焦过高；若熔化过程中风口一直发暗，铁液发红，可能风量偏小，焦炭燃烧不充分，应及时调整风量，使其正常燃烧
观察炉渣	观察炉渣时，用铁棒蘸炉渣拉成细丝，观察炉渣颜色 1. 炉渣呈黄绿色玻璃状，说明炉子熔化正常 2. 炉渣有白点或白条，说明炉温低，石灰石加入量偏多，炉衬侵蚀严重，应减少熔剂，补加接力焦 3. 炉渣呈黑色玻璃状、疏松、放渣时发泡，可能因风量过大造成底焦燃烧而偏低，或者炉料中砂子灰分太多，炉衬脱落严重或熔剂不足，此时可补加接力焦、调整风量使其正常熔化 4. 炉渣呈黑色玻璃状、致密比重大，说明渣内含氧化铁较多、铁液氧化严重，炉温低、熔剂偏少，此时应增加熔剂，减少风量、补加焦炭 5. 炉渣呈深咖啡色，说明含硫较多，应勤放炉渣，以防炉渣造成铁液增硫
观察出渣口	根据出渣口冒出的火苗来判断炉内情况 1. 出渣口火苗呈蓝色或黄色，有少量白烟，说明熔化正常 2. 火苗发红，说明底焦低或有棚料现象，此时铁液温度低 3. 火苗呈蓝色，并喷出很多渣棉，且火焰有力，说明底焦偏高、风量大 4. 出渣发生外喷，压力增大，说明炉内有棚料现象，若压力减少、停止外喷，表明过桥堵塞
观察风压、风量	1. 当用罗茨式鼓风机时，风压上升、风机声音低沉时，说明炉内料柱阻力增加或风口堵塞；若风压明显下降则说明炉料偏低或有棚料、漏风等故障发生 2. 当用离心式鼓风机时，风量减小、风压升高，说明风口结渣、炉料细碎；若风量增加风压下降时，则可能出现炉内棚料、料柱偏低；若风压、风量频繁波动时，可能炉内料块不均，出现小型棚料现象
观察加料口	1. 加料口火焰呈桃红色并有少量蓝色，加料后又立即熄灭，为炉内熔化正常 2. 加料口火焰旺盛、带黄色，加料后压不住火苗，说明风量过大 3. 加料口不见火苗，白烟无力旋出，说明炉内棚料 4. 当炉子有效高度较高，有热风炉胆时，加料口温度在 100 ~ 150℃为宜

续表

观察项目	现象判断与控制
观察铁液	1. 根据铁液表面氧化膜的宽度来判断铁液温度 （1）铁液表面完全被氧化膜覆盖，铁液温度在1 340℃左右 （2）铁液表面氧化膜宽度大于一指宽时，铁液温度在1 340～1 350℃ （3）铁液表面氧化膜接近一指宽时，铁液温度在1 360～1 370℃ （4）铁液表面无氧化膜，铁液温度则高于1 380℃ （5）铁液表面无氧化膜，并有火头、白烟出现，铁液温度超过1 400℃ 2. 根据铁液温度判断炉内熔化情况 （1）铁液熔化前期温度高，而后逐渐下降时，可能是因炉膛逐渐扩大而造成底焦高度下降，应补加接力焦 （2）铁液温度突然下降，可能是因棚料造成底焦下降或因风口堵塞、炉衬塌落而影响炉内正常熔化 （3）铁液温度忽高忽低，是因炉料块度差别太大或批料过大、送风不稳或棚料造成。要通过调整风量、批料重量、料块大小来解决 （4）铁液呈白色而流动性好，说明温度高；铁液并不十分白，但流动性好，是铁液中的碳、硅含量高，温度正常；铁液白而流动性不好，则说明铁液碳、硅含量低 3. 根据铁液表面氧化膜花纹的变化，判断铁液情况 铁液冷却至1 380℃左右，表面出现一层薄薄的白色氧化膜，一边产生，一边破裂、移动、形成花纹，通过铁液表面花纹的大小、形状，可以判断铁液的成分和质量。下面介绍几种铁液花纹和铸铁牌号的大致关系 **【例1】**当铁液花纹清净、表面氧化膜似芝麻漂浮状，如例1图所示。铁液成分（质量分数）为：C 3.2%～3.6%，Si 1.9%～2.2%，Mn 0.6%～1.0%，P<0.2%，S<0.2%，相当于牌号HT150 **【例2】**当铁液花纹清净、氧化物少，花纹呈龟甲状，如例2图所示。龟甲状细碳量偏下限、硅量偏上限，龟甲状粗则情况相反，以此可以判断铁液成分（质量分数）大致为：C 3%～3.5%，Si 1.6%～2.0%，Mn 0.8%～1.2%，P<0.2%，S<0.2%，其牌号相当于HT200 **【例3】**当铁液花纹呈粗竹叶状，如例3图所示，碳、硅量偏低，其成分（质量分数）大致为：C 2.9%～3.2%，Si 1.4%～1.6%，Mn 0.8%～1.2%，P<0.2%，S<0.2%，牌号相当于HT200 **【例4】**花纹呈麦粒状、四周翻滚如平缓齿轮状，如例4图所示。可判断铁液成分（质量分数）大致为：C 2.6%～3.0%，Si 1.0%～1.4%，Mn 1.0%～1.3%，P<0.2%，S<0.2%，牌号相当于HT30 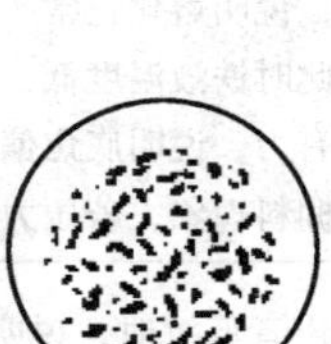 例1图 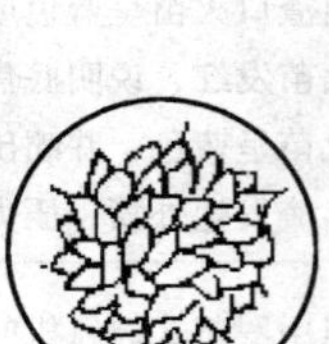 例2图  例3图 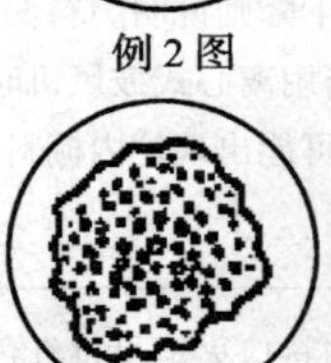 例4图

续表

观察项目	现象判断与控制
观察铁液	4. 根据铁液火花特征，判断铁液碳、硅含量的多少 铁液含碳量低，火花呈火星状。特点是：体积小，分叉不明显，白而亮且数量多，飞出速度快而急，在空气中停留的时间短，溅出的距离近，如图 a 所示；当铁液碳、硅含量高时，火花呈火球状，其特点是体积大、分叉多，数量少、亮度弱，颜色呈暗红或橙红色，飞出速度慢、距离远，有时喷溅到 2 ~ 3 m 远处，如图 b 所示 a）　b） 铁液的火花特征

六、冲天炉常见故障及其排除（见表 8—7）

表 8—7　冲天炉常见故障及其排除措施

故障名称	主要原因	排除措施
棚料（即冲天炉内在风口以上，炉料不能顺利下降的现象）	主要由于熔渣凝结、粘连或卡料等原因所造成	（1）在炉子修砌、炉料准备及装料时就必须采取措施防止 （2）熔化时，可以用铁棍从加料口捅捣炉料，短时间停风，以减少炉内层料的下降阻力 （3）如果棚料时间较长，当故障排出后，要补加 1 ~ 2 批层焦
出铁口冻结	出铁口冻结往往出现在熔化初期。主要原因是出铁口形状尺寸不对或铁液温度过低	一般解决办法是用钢钎凿开，冻结严重时要用细长铁管通氧气吹开
出渣口堵塞	产生原因是渣口形状、尺寸不对，炉渣流动性差或堵出渣口的泥塞太黏、太湿	一般用钢钎就能凿开
漏铁液	主要原因是修炉质量不高，尤其是靠近冲天炉过桥处的炉底，由于修筑不便，此处修补材料打得过松	铁液漏得不严重，可用耐火泥进行补塞，一旦严重只能停炉修理
过桥堵塞	产生原因是开风时过桥口被小块焦炭堵塞，因热气流无法通过而使过桥未能充分预热，当开风初期的冷铁液积聚在过桥口时，就易冻结	（1）应保证修炉质量，并将过桥修成向前炉方向扩大，还可将后炉过桥口修得适当高于炉底 （2）若发生过桥堵塞，应先停风，打通前炉窥视孔，用铁棒捅或插入管子吹氧

七、冲天炉操作的安全技术

1. 修炉操作

（1）修炉工人应在炉温降至50℃以下时方可进入炉内。

（2）炉内照明用12 V以下的低压照明灯，灯上应有防护罩。

（3）修炉工人进入炉内以前，必须先仔细检查炉内是否有松动的砖块和隔住的炉料、熔渣等可能下落的东西，并在上方安设防护罩或安全网。炉内有人工作时，炉子下方不许有人站立。

（4）清理炉壁时，必须戴防护眼镜，修筑炉底或炉壁时，不要用手直接去抹，以免碰到炉渣或其他尖利的东西将手划破。

（5）为了减少灰尘，清理前可以在炉壁上喷些水，并戴上口罩以免吸入过多的灰尘。

2. 加料

（1）冲天炉加料口应比加料台高出0.5 m，加料、测量底焦高度及检查炉料下降情况时，尽量不要向炉内探身，以免中毒或不慎落入炉内。

（2）加料平台应保持整齐清洁，加料设备的安全限位装置必须可靠。

（3）称料和加料时要严格防止把易爆物品和其他有害杂质加入炉内。

（4）底焦中不准混入金属物，以免冻结出铁口。

3. 熔化操作

（1）炉前操作工人应穿戴防护用品，操作时一定要戴防护眼镜。

（2）鼓风机开动前必须向所有人员发出信号，出铁口、出渣口、风口及加料口等处正前方的人员都应该避开。

（3）无论在什么情况下，停风时都必须立即敞开风口，一直到重新鼓风后再关闭，以免引起爆炸事故。

（4）炉前不许有积水及易燃物品，操作所用工具必须保持干燥，与铁液接触前必须预热。

（5）出铁、出渣时出铁口、出渣口正前方不得有人站立，操作工人也不应正对铁液流出的方向。

（6）捅风口时，操作工人应避开风口方向，风口正前方不许有人站立。

（7）炉底下面、前炉坑中，应铺上干砂，不得有积水。

（8）打炉操作时，无关人员要远离炉子，操作工人也应尽量离得远一些。

（9）炉底打下后立即用水喷灭。

技能训练

冲天炉的炉前检验

1. 实训设备

冲天炉、光学高温计、三角试样砂型等。

2. 操作步骤

（1）测量铁液温度。

（2）观察三角试样。炉前三角试样检验是以不同的碳、硅含量在不同的冷却速度下引起铸铁宏观组织的变化为依据，来判断铁液成分。

1）根据铸件的壁厚、力学性能要求的不同，制作三角试样的砂型（应与浇注的铸型性质相同）。

2）浇注三角试样，待其凝固后即可从砂型中取出，清除表面的型砂。

3）待其冷却至暗红色（约600℃）即浸入水中冷却。

4）从水中取出，用锤将试样击断。

5）测量其白口宽度，根据白口宽度判断碳当量。根据锤击击断的难易和断口平齐情况判断其强度的高低。

6）观察断口层颜色和组织粗细程度，判断铸铁牌号。

3. 质量分析

（1）能熟练地使用光学高温计，根据被测铁液温度来决定使用的量程。

（2）根据铸件的壁厚、力学性能要求的不同，熟练地制作三角试样的砂型（应与浇注的铸型性质相同）。

（3）能熟练地测量其白口宽度，根据白口宽度判断碳当量；根据锤击击断的难易和断口平齐情况判断其强度的高低；观察断口层颜色和组织粗细程度，判断铸铁牌号。

4. 评分标准

评分标准见下表。

冲天炉炉前检验实训评分表

考核项目	考核内容及要求	配分	评分标准	得分
测量铁液温度	物镜对准被测物体（如铁液表面），快速调好焦距	15	在2 min以内调好焦距，得15分	
			不能很快地调好焦距，每延长1 min扣5分	
	调节滑线电阻，在4 min以内，使灯丝亮度与被测物体表面亮度相同	15	调节滑线电阻，在4 min以内，使灯丝亮度与被测物体表面亮度相同（即灯丝隐没了）得15分	
			不能很快地调节好电阻，使灯丝亮度与被测物体表面亮度相同，每延长1 min扣5分	
	在1 min以内，从刻度盘上准确地读出被测物体的温度	10	在1 min以内，从刻度盘上准确地读出被测物体的温度，得10分	
			不能很快地从刻度盘上准确地读出被测物体的温度，每延长10 s扣5分	

续表

考核项目	考核内容及要求	配分	评分标准	得分
观察三角试样	根据铸件的壁厚、力学性能要求的不同，制作三角试样的砂型	10	按照工艺要求，正确制作三角试样的砂型，得10分	
			制作三角试样的砂型线性尺寸每误差1%扣2分	
	浇注三角试样，待其凝固后即可从砂型中取出，清除表面的型砂	5	按照规定从砂型中取出，清除表面的型砂，得10分	
			表面的型砂清除不干净，扣5～10分	
	从水中取出，用锤将试样击断，击断时温度控制在100～200℃	10	击断试样时，温度控制在100～200℃，得10分	
			每升高或降低20℃扣1分	
	测量其白口宽度，根据白口宽度判断碳当量	5	根据白口宽度正确判断碳当量，得5分	
			判断碳当量有明显误差，扣2～5分	
	根据锤击击断的难易和断口平齐情况判断试样强度	5	判断正确，得5分	
			判断有明显误差，扣2～4分	
	观察断口层颜色和组织粗细程度，判断铸铁牌号的高低	5	判断正确，得5分	
			判断铸铁牌号有明显误差，扣2～3分	
安全及其他	安全文明生产，按国家颁布的有关法规或企业自定的有关规定	15	一项不符合要求扣5分，发生较大事故者全扣	
	操作、工艺规程正确	5	一处不符合要求扣2分	
时间定额	2 h		每超过20 min，扣5分	

课题二 铸钢的熔炼

铸钢与铸铁相比，具有较高的强度、塑性和冲击韧性，并具有优良的焊接性、切削加工性等工艺性能。但铸钢的铸造性能差，生产工艺和熔炼设备复杂，成本较高。铸钢的铸造性能差，表现在下面几个方面。

（1）流动性差（高锰钢除外），易形成冷隔、浇不到等缺陷。

（2）收缩性大，铸钢的体收缩率为10%～14%，线收缩率为2.2%～2.5%（灰铸铁的线收缩率只有0.5%～1.0%），故容易形成缩孔、缩松、热裂和冷裂等缺陷。

（3）氧化和吸气性大，容易产生夹杂和气孔。

（4）熔化、浇注温度较高，铸型受热作用强，容易产生黏砂。

铸钢的熔炼就是通常所说的炼钢。作为生产铸钢件的铸造车间最常用的是电弧炉炼钢或感应炉炼钢，通常说的电炉炼钢其实就是电弧炉炼钢。也有许多工厂采用感应电炉炼钢，而且多以工频炉和中频炉为主。

一、铸钢的铸造性能及铸造工艺

1. 铸造性能

铸钢的综合力学性能比铸铁高，但其铸造性能比铸铁差得多。主要表现如下。

（1）流动性差（高锰钢除外）

浇薄壁铸件时容易形成冷隔缺陷。主要原因如下。

1）铸钢的熔点高于铸铁，使钢液在相同的流程中比铁液的热量散失更大。

2）各种合金元素对流动性也有不同的影响，合金中 Mo、V、Cr、Ti 等都会降低钢液的流动性。能提高铸钢流动性的合金元素有 Si、Mn、Cu、Ni 及稀土元素，它们分别在降低液相点、缩小凝固温度范围、脱氧并使脱氧产物及时溢出钢液等方面各自发挥着作用，以提高钢液的流动性。

（2）体收缩和线收缩均较大

由于铸钢没有石墨析出过程，其液态收缩和凝固收缩均比灰铸铁大 3 倍左右，固态收缩比灰铸铁大两倍左右。铸钢的体积收缩率为 10% ~14%，线收缩率为 2.2% ~2.5%（而灰铸铁的线收缩率仅为 0.5% ~1%），易产生缩孔、缩松、热裂和冷裂等缺陷。

（3）熔点高

铸钢比铸铁的熔化温度高。因此，钢液易氧化，吸气性大，容易产生夹渣和气孔等缺陷，容易造成黏砂。

2. 铸造工艺特点

由于铸钢的铸造性能差，因此为获得合格的铸件，必须在铸件设计、造型工艺、浇注规范及造型材料等方面采取相应的措施，以防止缺陷的产生。

（1）铸钢件的结构设计要合理

铸件壁过厚时容易出现缩孔及缩松，所以在保证铸件使用性能的前提下应尽量采用较小的壁厚，但一般不能小于 8 mm，否则容易产生冷隔和浇不到的缺陷；铸件壁厚要均匀，壁厚变化要利于顺序凝固，壁的连接处要平滑过渡或做出圆角，这样可减少铸件的内应力，防止变形和裂纹；采用铸筋可加强铸件的强度；应尽量减小铸件的大平面，避免浇注时产生冷隔、夹砂、结疤等缺陷；一般应尽量减小热节或将其移到铸件不重要的部位；尽力避免深沟、窄隙，以利于清砂。

（2）浇注系统的开设

正确引导钢液入型是防止铸件产生裂纹和缩孔的有效办法。开设浇注系统时要明确铸件的凝固顺序。

1）当铸钢件厚薄差别较小时，钢液应从铸件薄的地方引入，这样温度均匀，冷却一致，从而达到同时凝固的目的，以防止或减少内应力的产生。

2）当铸钢件壁厚差别较大时，要使铸钢件自薄向厚的方向依次定向凝固，钢液由铸钢件最厚的地方引入，如图 8—11 所示。在图 8—12 中，钢液从内浇道先流入冒口再到铸件，形成明显的定向凝固，这样有利于补缩。

3）当铸钢件壁薄而尺寸较大时，内浇道可以多开几个，做到均匀对称，如图 8—12 所示。可以避免因局部过热而产生热裂。为了使铸件各部分均匀冷却，常在铸件上较厚的部位放置内、外冷铁来调节。

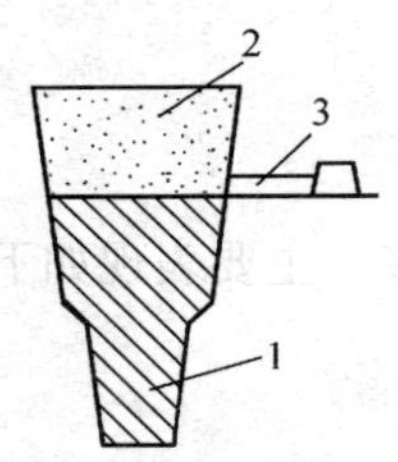

图 8—11　钢件顺序凝固

1—铸件　2—冒口　3—内浇道

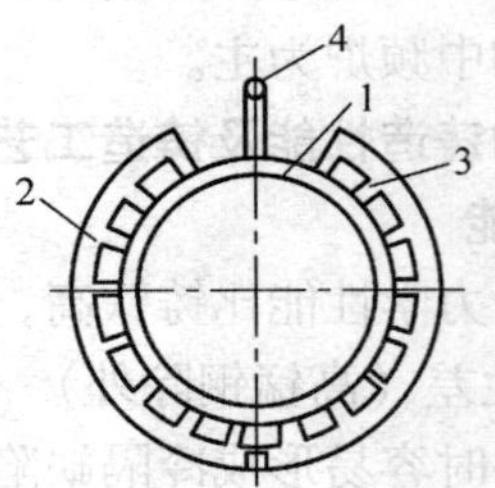

图 8—12　钢液由多个内浇道引入

1—铸件　2—横浇道　3—内浇道　4—出气冒口

4）铸钢件的冒口要比灰铸铁的冒口大。为了起到补缩作用，必须使冒口保持最热。为了调整冷却顺序，可以配置冷铁，如图 8—13 和图 8—14 所示。

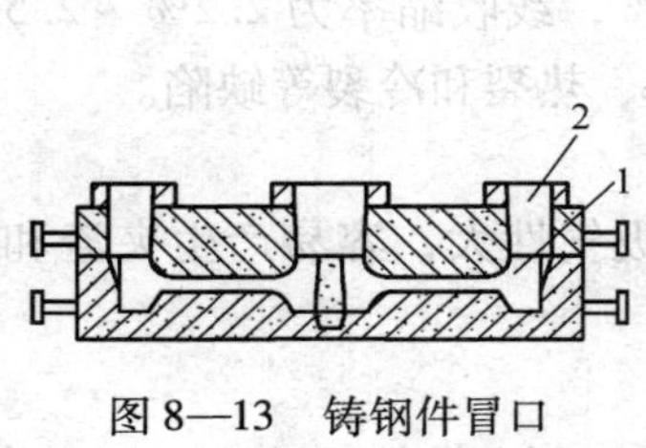

图 8—13　铸钢件冒口

1—铸钢件　2—冒口

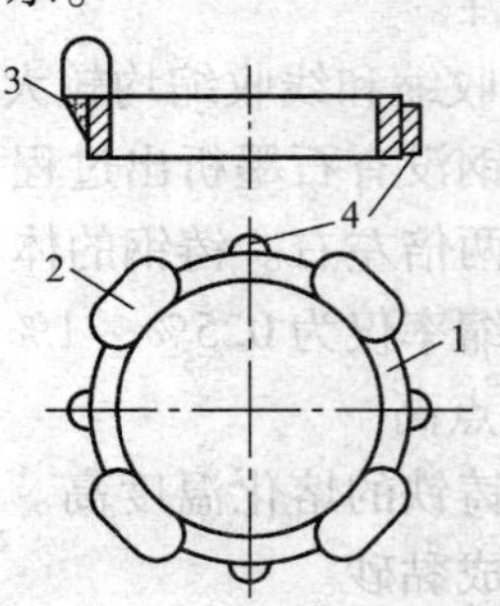

图 8—14　铸钢件冒口、冷铁配置使用

1—铸件　2—冒口　3—工艺补贴　4—冷铁

3. 铸钢件用造型材料

（1）铸钢件干型用砂

由于铸钢件的浇注温度高，浇注时冲刷力大，所以要求型砂必须具有高的耐火度、强度、透气性（一般采用石英砂，干型浇注应用广泛）。为了防止铸件出现裂纹，对于那些收缩应力大的部位，背砂中应加入木屑，以增加退让性。

铸钢件造型时，型砂一般分为面砂和背砂。采用砂粒较细的面砂，型砂塑性好，可得到较光洁的铸件；而背砂使用较粗的砂粒可以提高透气性，还可以降低成本。

型砂中的黏结剂一般用耐火黏土。干型面砂配比举例如下：

硅砂（40/70，5/100）	88% ~90%
耐火黏土	10% ~12%
水分	6% ~7%

铸件越大，选用石英砂的颗粒也越大。铸钢件往往采用水玻璃砂，干燥速度快，可节省烘干费用，又有好的强度。近年来，有些企业试用石灰石砂代替石英砂也取得了一定的成效。

（2）铸钢件湿型用砂

有些小型铸钢件可以采用湿型铸造。它对型砂的要求比较严格，以防止铸件出现砂眼、黏砂及气孔等缺陷。铸钢件湿型用砂具有如下特点。

1）用700/100的细石英砂，砂中的灰尘应少。

2）采用膨润土，并要进行活性处理，尽量减少黏土用量，可加入糖浆等附加物，尽量减少水分。

3）在砂型表面上喷涂糖浆、纸浆废液或水玻璃，以提高铸型表面强度（喷涂后将表面烘干）。铸钢件湿型用砂的性能：含水4.5%～5.5%，湿压强度（0.55～0.75）$\times 10^5$ Pa，湿透气性面砂>100，背砂>200。湿型面砂配比举例如下：

硅砂（50/100）	88%～90%
膨润土	10%～12%
碳酸钠	0.2%
水分	4.5%～5.5%
糊精	0.2%～0.4%

（3）铸钢件用芯砂

铸钢件的表面黏砂（尤其是内腔）特别严重，这是由于型芯受热面积大、散热面积小，金属作用型芯压力大造成的。所以，要提高铸钢件的表面质量，除了要求芯砂有高的耐火性外，还要增加它的退让性，不易出砂的型芯可采用油砂。对于较大的型芯，有些工厂应用石灰石砂（以黏土或水玻璃作黏结剂）也取得了显著效果。

（4）铸钢用涂料

铸钢干型涂料一般采用石英粉；重型铸钢件可采用铬矿粉。涂料以糖浆作黏结剂，便于清砂，铸钢件表面质量也好些。涂料配比举例如下：硅粉93%、黏土3%、水柏油4%。

二、铸钢熔炼用原材料

1. 耐火材料

（1）炉衬材料

炼钢炉炉衬的耐火材料有碱性、酸性和中性三种。碱性耐火材料有镁质和镁铬质耐火砖、镁砂、镁质耐火泥、白云石及白云石砖等。酸性耐火材料有硅砖、半硅砖和硅砂。中性耐火材料有铬砖、碳质耐火材料等。炼钢炉上也用黏土质和高铝质等弱酸性的耐火材料（砖）。

（2）黏结剂

炉衬材料的黏结剂有焦油、沥青、卤水、硼酸和水玻璃。焦油是炼焦的副产品，沥青是提炼焦油后的残留物，都是碱性炉衬的黏结剂。卤水的主要成分是氯化镁（$MgCl_2$），通常以固态（卤块）供应，使用时加水加热熬制。卤水用于碱性炉衬，水玻璃、硼酸对酸、碱性炉衬都适用。

2. 炉料

（1）钢铁材料

它包括废钢、炼钢生铁（或铸造生铁）及废铁。废钢是电弧炉炼钢的主要金属炉料，占钢铁材料的70%～80%。废钢分为普通废钢和返回废钢两种。普通废钢来源广泛，成分和规格复杂，只适用于用氧化法炼钢。返回废钢包括废锭、短锭、切头切尾、浇冒口、废铸件等。返回废钢除锈蚀严重者外，原则上均用返回法炼钢。

生铁用在电弧炉炼钢中，一般用于提高炉料中的配碳量。当废钢来源不足或所炼钢种允许时，在氧化法熔炼中可提高生铁在配料中的比例以节约废钢。生铁的配入比例一般占金属料的10%～30%。近年来在冶金行业中还出现了采用一定比例的铁液作为电弧炉的原料。

炉料中配入废铁（铁屑、废灰铸铁件等），可代替生铁配料，以降低钢的成本。

钢铁材料应破碎成一定的块度，清除锈蚀后使用。废钢内不得混有铅、锡、锌等金属，因铅密度大，易沉底造成漏炉事故；锡易使钢产生热脆；锌易挥发，其氧化物易侵蚀炉顶。废钢中更不允许混有密封容器、易爆物和易燃物，以避免造成事故。

（2）铁合金

铁合金的主要作用是增加钢中合金元素的含量，有硅铁、锰铁、铬铁、钨铁及钒铁等。某些铁合金如硅铁、锰铁、硅钙、硅锰铝等都是很强的脱氧剂。

（3）造渣材料

造渣材料应根据炉子所用耐火材料的属性来选用。碱性电弧炉用造渣材料有石灰、萤石及废黏土质耐火砖块。在酸性电弧炉中，采用硅砂、黏土砖块及石灰作为造渣材料。

（4）氧化剂

常用的氧化剂有铁矿石、氧化铁皮（铁鳞）、氧气等。加入氧化剂的目的是使钢液在氧化期内碳、硅、锰、磷等杂质氧化，并引起钢液沸腾，从而有利于杂质进入炉渣中和气体的逸出。

（5）脱氧剂和增碳材料

生产中常用的脱氧剂和增碳材料有炭粉（焦炭粉、电极粉、木炭粉等）、硅铁粉、硅钙粉等。炭粉也是增碳剂，钢液的含碳量过低时用它来增碳。

三、铸钢的熔炼设备

铸钢熔炼设备有电弧炉、钢包精炼炉、感应电炉、等离子电弧炉、平炉等。电弧炉熔炼速度快，钢液温度高，有良好的脱磷、脱硫条件，容易操作控制，可以熔炼出质量较高的碳素钢和合金钢，适合浇注各种类型的铸件。因此，电弧炉是铸钢生产中用得最广泛的一种炼钢设备。感应电炉及等离子电弧炉主要用来熔炼高级合金钢及高温合金，用来浇注要求较高而又比较复杂的铸件。平炉应用较少，只在重型铸钢厂浇注大件时使用。下面主要介绍电弧炉。

1. 电弧炉的特点

电弧炉炼钢是靠石墨电极和金属炉料间放电产生的电弧，使电能在弧光中转变为热能，并借助辐射和电弧的直接作用，加热并熔化金属和炉渣，从而冶炼出各种成分的钢和合金的一种炼钢方法。

电弧炉炼钢与其他炼钢方法相比较，有以下两个特点。

（1）靠电弧加热，其温度可以高达2 000℃以上，超过了用一般燃料加热的其他炼钢炉所能达到的温度，熔化期的热量大部分是在被加热的炉料包围中产生的。而且避免了大量高温废气带走热量造成的热损失，所以热效率高，同时用电能加热能精确地控制温度。

（2）由于炉内没有可燃气体，故可以根据工艺要求，在各种不同的气氛中进行加热，也可在任何压力下或真空中进行加热。

由于电弧炉炼钢具有上述特点，故能冶炼出含磷、硫、氧低的优质钢；能使用各种元素（包括铝、钛等容易被氧化的元素）进行钢的合金化，冶炼出各种类型的优质钢和合金，例如，滚动轴承钢、不锈耐酸钢、耐热钢以及磁性材料等。

炼钢电弧炉根据炉衬的性质不同，可以分为碱性炉和酸性炉。碱性炉和酸性炉的耐火材料、造渣原料及熔炼特点见表 8—8。

表 8—8　　碱性炉和酸性炉的耐火材料、造渣原料及熔炼特点

分类	耐火材料	造渣原料	熔炼特点
碱性电弧炉	用碱性耐火材料，如镁砂、白云石等作炉衬	用以石灰为主的碱性材料造碱性渣	能有效地去除钢中的有害元素磷、硫
酸性电弧炉	用硅砖、硅砂、白泥等酸性材料修砌炉衬	用以硅砂为主的酸性材料造酸性渣	无法去除钢中的有害元素磷、硫，所以，炼钢要求用含磷、硫很低的原材料（一般以铸件或钢锭为产品）

2. 三相电弧炉的结构

目前我国铸钢件生产常选用三相电弧炉。电弧炉的容量（每次熔炼钢液量）有 0.5 t、1.5 t、3 t、5 t、10 t、20 t 等。三相电弧炉的形式多样，如图 8—15 所示为一种 3 t 三相电弧炉的外形。三相电弧炉的结构基本相同，主要由炉体、炉盖、电极升降机构与夹持机构、倾炉机构、电气装置和水冷装置等构成，如图 8—16 所示。

图 8—15　一种 3 t 三相电弧炉的外形

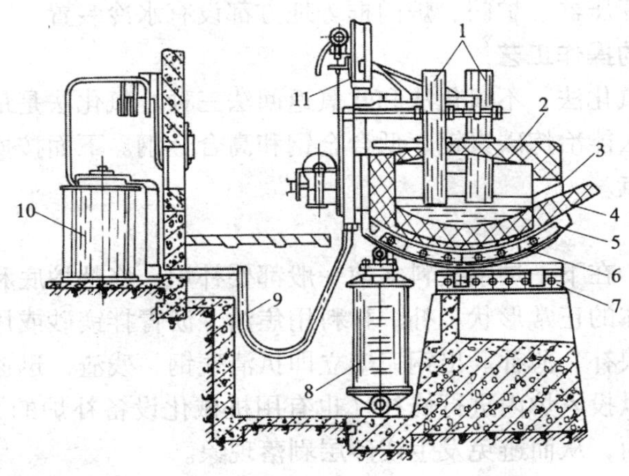

图 8—16　三相电弧炉结构

1—电极　2—炉顶　3—出钢口　4—炉底壳　5—炉底耐火材料　6—炉底支撑部分
7—导向架　8—炉体倾斜机构　9—电缆　10—变压器　11—电极升降机构

（1）炉体

炉体是电弧炉的主要部分，它的外壳由钢板焊成，内部用耐火材料砌筑而成。酸性炉的炉体内部用硅砖砌成，硅砖表面的炉衬用水玻璃硅砂打结而成。碱性炉的炉体内部用镁砖和黏土砖砌成，镁砖表面的炉衬用焦油镁砂、焦油镁砂砖或卤水镁砂打结而成，炉体上开有炉门、出钢口及出钢槽。

（2）炉盖

炉盖是用钢板焊成的炉盖圈（空心的，内部通水冷却），在圈内用耐火砖砌筑。酸性电弧炉一般用硅砖砌筑炉盖，碱性炉一般用高铝砖砌筑炉盖。电弧炉炉盖也有用耐火水泥捣制成的，还有通水冷却的全水冷和半水冷炉盖。三相电弧炉盖上开有引入电极的三个电极圆孔。

（3）电极升降机构与夹持机构

电弧炉中的电极上升与下降一般是自动控制的。电极升降的自动控制系统由电气部分（自动控制线路）和电极升降机构（执行机构）两部分组成。立柱固定不动，电动机驱动升降机构使横臂沿着立柱上下运动，从而带动电极升降。升降机构有液压传动式和机械传动式两种。电极夹持机构一般用弹簧固紧的夹板或螺栓固紧的夹板夹持电极。

（4）倾炉机构

在熔炼过程中出渣和出钢都要倾斜电炉。出渣倾斜量小一些，出钢倾斜量较大，以便将炉内钢液和熔渣出净。倾斜机构有液压传动式和机械传动式两种。

（5）电气装置

电气装置包括供电线路、变压器、互感器、开关等。高压供电线路供给的电压一般是6.3 kV或10 kV，高压电流经过空气断路器、高压油开关、塞流线圈、电压切换开关而接在变压器的原边线圈上，经过降压后，由变压器的二次侧线圈以低电压供给各电极。电压互感器和电流互感器是电弧炉的功率自动调节装置，对电弧长度进行自动控制。

（6）水冷装置

电弧炉有很多地方需要水冷降低设备温度，以保证电弧炉正常工作。在炉圈、炉盖、电极孔、电极夹持器、变压器、炉门、炉门框等地方都设有水冷装置。

四、碱性电弧炉的操作工艺

电弧炉炼钢分为氧化法、不氧化法和吹氧返回法三种。氧化法是最基本的且应用最广的炼钢方法。用这种方法能冶炼碳素钢、低合金钢和高合金钢。下面按操作顺序来叙述氧化法炼钢的操作及工艺要点。

1. 补炉

每炼完一炉钢后，在下一炉钢装料之前一般都要补炉。修补炉底和被侵蚀的渣线及被碰坏的部分，以保持炉体的正常形状。补炉材料用焦油、沥青拌镁砂或用卤水拌镁砂。补炉操作的要点是：高温、快补、薄补。出钢完毕立即扒清残钢、残渣，迅速进行补炉操作，一般是用大铲贴补或用铁锹投入炉内进行修补（也有用机械化设备补炉的），这样能使补炉材料牢固地烧结在炉衬表面，从而避免发生镁砂层剥落现象。

2. 装料

补炉完毕后即可装料。先在炉底铺上一层石灰，石灰质量约为炉料质量的2%，加入石灰垫底可以减小炉料对炉底的冲击作用。然后在石灰上面铺一层中小块度的炉料，将大块料装在电极下面的高温区，大块料之间的间隙用小块料塞紧，炉膛周围再装中、小块料和生铁，在上部装入剩下的小料、散碎料和钢屑。如果有配碳用的焦炭块或电极块应装在炉膛中间，在电极下面堆放大焦炭或电极块有利于电极起弧。装好的炉料顶面应为球形，炉料装得紧实、牢靠有利于导电和传热，防止熔化时发生大塌料而损坏电极。一般 3 t 以上的电弧炉用料罐从炉顶装料，小型电弧炉一般采用人工装料。

3. 熔化期

熔化期的任务是将固体炉料迅速熔化成钢液，并进行脱磷处理。熔化期占整个熔炼时间的 50% 以上。

熔化期的操作是：装料完毕，仔细检查各种设备，如果正常，即可开始通电熔化，电极下面最先熔化形成三个孔。当电极下降到炉底后，为了继续熔化炉料，则提升电极，在电极提升的过程中，旁边的炉料会自动塌落下来，这样炉料就逐渐被熔化。远离电极的炉料不易被熔化，为加速熔化，可以人工用耙子将这些炉料推到电极下面助熔。有些工厂在炉内熔有一定钢液后或在推料助熔阶段，采取吹氧助熔的方法来加速炉料的熔化。吹氧时将吹氧管从炉门插入钢液内，但不可深入炉底或靠近炉壁，以防损坏炉衬。

在熔化过程中，为避免钢液直接暴露在电弧下面吸氧和氧化，并要在熔化期除去一部分磷，以及利于稳定电弧，故在熔化形成熔池之前就要造好渣，及时分批投入造渣材料石灰。加入的石灰量为炉料质量的 1% ~2%。为了调整炉渣的流动性，可以加入适当的氟石。

炉料熔化后形成钢液熔池，炉料中的铁、硅、锰、磷等元素被炉气中的氧所氧化，生成氧化物与石灰化合，形成炉渣覆盖在钢液表面。为了脱去一部分钢液中的磷，在熔化末期分批投入小块矿石（炉料质量的 1% ~2%）。炉料熔清后，熔化期结束，这时的炉渣中含有大量的磷，此时应将熔池中大部分炉渣排除炉外，然后再加入石灰、氟石另造新渣。

当炉料熔化到 90% 左右时，取样分析钢液中的碳元素含量。待熔清后取样对钢液进行全面分析，掌握各种元素含量，作为炼钢后几个阶段控制元素含量的依据。

4. 氧化期

炼钢过程中进行硅、锰、磷和碳等元素氧化反应的阶段叫作氧化期。氧化期的第一阶段主要是造渣脱磷以及除去钢液中的气体和夹杂物，这一阶段炉温不宜过高。脱磷造渣材料有矿石、石灰石和氟石。脱磷造渣去渣后，将钢液温度提高到 1 550℃（热电偶测温）以上，则进入第二阶段。

氧化期的第二阶段是氧化脱碳沸腾精炼以及去除钢液中的气体和夹杂物。氧化脱碳有矿石脱碳、吹氧脱碳和矿石—氧气结合脱碳三种脱碳方法。

铁矿石的主要成分是氧化铁，当将矿石加入钢液中后，碳被氧化生成大量的一氧化碳气泡，造成钢液沸腾，钢液中的氮、氢等气体随一氧化碳气泡逸出，悬浮在钢液中的夹杂物也同时被气泡吸附而进入炉渣，从而使钢液得到净化。由于矿石溶解在钢液中要吸收热量，所以矿石要分批加入。每吨钢液每批加矿石量以 10 ~15 kg 为宜，最后一批矿石不超过 10 kg。加矿石过多会使钢液温度急速下降，钢液发生翻滚沸腾（大沸腾容易使钢液温度大幅度降低）。

采用吹氧脱碳法时，氧气压力为 0.6 ~0.8 MPa，吹氧管一般为 $\phi13 \sim \phi19$ mm 的钢管。吹氧过程要不断地移动吹氧管，使整个熔池沸腾比较均匀。

采用矿石—吹氧结合脱碳法，即在吹氧的同时分批加入矿石。

随着碳的氧化沸腾，当含碳量略低于规定要求时，停止加矿石或吹氧，使钢液净沸腾5～15 min（大炉时间应长一些，小炉时间可短一些）。通过净沸腾让残存在钢液中的过量氧化亚铁继续与碳反应，可以进一步净化钢液。当钢液的含磷量和含碳量符合要求，钢液温度高于出钢温度时，可以停电、扒除氧化渣，进入还原期。

5. 还原期

还原期的主要任务是：造好还原渣，对钢液进行脱氧、脱硫，调整化学成分，控制好出钢温度。

扒去氧化渣后，往熔池中加入锰铁进行“预脱氧”；接着加入石灰、氟石、碎硅砖块造稀薄渣覆盖钢液，以减少钢液吸气和降温。石灰: 氟石: 碎硅砖块 =3.5:1:1，其总加入量为钢液质量分数的2%～3%。稀薄渣形成后马上造还原渣脱氧和脱硫。还原渣有白渣和电石渣两种。白渣适合熔炼碳质量分数不大于0.35%的钢种，电石渣适合熔炼碳质量分数大于0.35%的钢种。

白渣的造渣方法是先加入石灰和氟石，当其熔化后再加入炭粉。每吨钢液加入石灰8～12 kg，氟石1～12 kg，炭粉1.5～2 kg，并紧闭炉门和电极孔10～15 min。炉渣中的碳起脱氧作用，石灰起脱硫作用。造渣材料每隔6～8 min加入一批，以保证还原反应连续进行。第二批及以后各批造渣材料中，每吨钢液加入石灰4～6 kg，硅铁粉2～3 kg，硅铁粉起脱氧作用。造渣过程要一直进行到形成良好的白渣为止。为了充分地进行脱氧和脱硫，钢液在良好的白渣下还原时间一般不少20～25 min。

电石渣的造渣方法：首先加入石灰和氟石，待熔化成渣后再加入炭粉，每吨钢液加入石灰8～12 kg，氟石1～2 kg，炭粉4～5 kg。紧闭炉门，封好电极孔，加大电流还原15～20 min。电石渣中的碳起脱氧作用，石灰起脱硫作用。为了继续脱硫和脱氧，每隔10 min左右加入一批造渣材料，每批造渣材料中，每吨钢液加入石灰4～6 kg，炭粉1～2 kg。调整炉渣的过程要一直进行到形成良好的电石渣为止，钢液在良好的电石渣下还原的时间一般不少于20～25 min。由于电石渣黏度大，在出钢前必须把电石渣变成白渣，其方法是将炉门打开，让空气进入炉内，渣中的电石就会被空气中的氧所氧化而变成石灰。

钢液经过充分还原，并检测含氧量和含硫量都已降到合格程度后，测量钢液温度。如果钢液温度达到出钢温度要求时，再调整钢液的化学成分。熔炼碳素钢时加入适量的硅铁和锰铁来调整钢液的含硅量和含锰量。熔炼合金钢时，除了加硅和锰外，还要调整其他合金元素的含量。化学成分和出炉温度都调整好以后，用铝或钛进行最终脱氧。加铝量为钢液质量分数的0.1%～0.15%。用铝脱氧有插入法和冲入法两种操作方法：插入法是在电极停电后，将铝块插入炉内钢液中进行脱氧，插铝后马上升起电极倾炉出钢；冲入法是将铝块放在出钢槽中或浇包底部，利用钢液将铝冲熔进行脱氧。插入法脱氧效果优于冲入法脱氧。

6. 出钢

还原操作使钢液成分合格、脱氧良好、温度合适后即可出钢。首先准备好各种工具和盛钢桶（浇包），清理干净出钢口和出钢槽，然后专人操作倾炉机构倾炉出钢。出钢时要求钢液流柱要粗（不能散流），将钢液和钢渣全部倾入盛钢桶中，然后在钢液表面盖上保温材料。钢液在盛钢桶中镇静5 min以后开始浇注。

五、铸钢的浇注

铸钢件的浇注温度见表8—9。

表 8—9　　铸钢件的浇注温度

铸件类型	壁厚/mm	质量/kg	浇注温度/℃			
			ZG230 - 450	ZG270 - 500	ZG310 - 570	ZG340 - 640
小铸件	6 ~ 20	<100	1 560 ~ 1 580	1 550 ~ 1 570	1 540 ~ 1 560	1 530 ~ 1 550
薄壁铸件	12 ~ 25	<500	1 550 ~ 1 570	1 540 ~ 1 560	1 530 ~ 1 550	1 520 ~ 1 540
结构复杂铸件	20 ~ 30	<3 000	1 540 ~ 1 560	1 530 ~ 1 550	1 510 ~ 1 520	1 510 ~ 1 530
中等铸件	30 ~ 75	<5 000	1 535 ~ 1 560	1 530 ~ 1 545	1 525 ~ 1 550	1 515 ~ 1 540
厚大铸件	70 ~ 150	2 500 ~ 5 000	1 540 ~ 1 560	1 530 ~ 1 550	1 520 ~ 1 540	1 510 ~ 1 530
重型铸件	150 ~ 500	>5 000	1 530 ~ 1 550	1 510 ~ 1 540	1 510—1 530	1 500 ~ 1 520
形状简单铸件	<500	>3 000	1 525 ~ 1 550	1 520 ~ 1 545	1 505 ~ 1 530	1 500 ~ 1 525

在浇注铸钢件时，还有一个重要的工艺参数，即镇静时间。为了使钢液中的气体和夹杂物有充分的时间上浮和控制浇注温度，钢液出炉后需要在浇包中停放一段时间（即镇静时间），才能浇注。镇静时间一般在 5 min 以上，时间太短气体和夹杂物来不及充分上浮；但时间也不宜过长，否则包衬会因长时间受高温作用而破坏。包衬材料被侵蚀而进入钢液，增加钢液中的非金属杂物，还会造成钢液温度下降。

对于不同结构和技术要求的铸件，选用不同的浇注速度。一般中、小型铸钢件的浇注时间见表 8—10。

表 8—10　　中、小型铸钢件的浇注时间

铸件质量/kg	<100	100 ~ 300	300 ~ 500	500 ~ 1 000	>1 000
浇注时间/s	<10	<20	<30	<60	全流浇注

技能训练

碱性电弧炉炼钢操作

1. 实训设备

三相电弧炉。

2. 操作步骤

（1）补炉

每炼完一炉钢后，出钢完毕立即扒清残钢、残渣，迅速进行补炉操作，一般是用大铲贴补或用铁锹投补（也有用机械化设备补炉的）。

（2）装料

先在炉底铺上一层石灰，石灰质量约为炉料质量的 2%，加入石灰垫底可以减小炉料对炉底的冲击作用。然后在石灰上面铺一层中小块度的炉料，将大块料装在电极下面的高温

区，大块料之间的间隙用小块料塞紧，炉膛周围再装中、小块料和生铁，在上部装入剩下的小料、散碎料和钢屑。

（3）熔化期

熔化期的任务是将固体炉料迅速熔化成钢液，并进行脱磷处理。熔化期占整个熔炼时间的50%以上。

（4）氧化期

炼钢过程中进行硅、锰、磷和碳等元素氧化反应的阶段叫氧化期。氧化期第一阶段主要是造渣脱磷以及除去钢液中的气体和夹杂物，这一阶段炉温不宜过高。氧化期的第二阶段是氧化脱碳沸腾精炼以及去除钢液中的气体和夹杂物。

（5）还原期

还原期的主要任务是造好还原渣，对钢液进行脱氧、脱硫，调整化学成分，控制好出钢温度。

（6）出钢

还原操作使钢液成分合格、脱氧良好、温度合适后即可出钢。钢液在盛钢桶中镇静5 min以后开始浇注。

3. 质量分析

（1）补炉

补炉材料用焦油、沥青拌镁砂或用卤水拌镁砂。补炉操作要点是：高温、快补、薄补。出钢完毕立即扒清残钢、残渣，迅速进行补炉操作。

（2）装料

装好的炉料顶面应为球形，炉料装得紧实、牢靠有利于导电和传热，防止熔化时发生大塌料而损坏电极。

（3）熔化期

在熔化过程中，为避免钢液直接暴露在电弧下面吸氧和氧化，并要在熔化期除去一部分磷，以及利于稳定电弧，故在熔化形成熔池之前就要造好渣，及时分批投入造渣材料石灰。

（4）氧化期

炼钢过程中进行硅、锰、磷和碳等元素氧化反应的阶段叫氧化期。氧化期第一阶段主要是造渣脱磷以及除去钢液中的气体和夹杂物，这一阶段炉温不宜过高。氧化期的第二阶段是氧化脱碳沸腾精炼以及去除钢液中的气体和夹杂物。

（5）还原期

还原期的主要任务是：造好还原渣，对钢液进行脱氧、脱硫，调整化学成分，控制好出钢温度。

（6）出钢

出钢时要求钢液流柱要粗，不能散流，将钢液和钢渣全部倾入盛钢桶中，然后在钢液表面盖上保温材料。钢液在盛钢桶中镇静5 min以后开始浇注。

4. 评分标准

评分标准见下表。

碱性电弧炉炼钢操作实训评分表

考核项目	考核内容及要求	配分	评分标准	得分
补炉	每炼完一炉钢后，出钢完毕立即扒清残钢、残渣，迅速进行补炉操作	15	按照规定及时补炉，得 15 分	
			没有及时补炉，扣 10 ~ 15 分	
装料	按照规定的先后要求，正确地装料	10	按照规定的先后要求，正确地装料得 10 分	
			没有正确地装料，扣 5 ~ 7 分	
熔化期	在此期间完成脱磷处理	10	按规定，在该时间完成脱磷处理，得 10 分	
			在此期间未完成脱磷处理，扣 5 ~ 10 分	
氧化期	在第一阶段完成造渣脱磷以及除去钢液中的气体和夹杂物，第二阶段完成氧化脱碳沸腾精炼以及去除钢液中的气体和夹杂物	15	第一阶段完成造渣脱磷以及除去钢液中的气体和夹杂物，第二阶段完成氧化脱碳沸腾精炼以及去除钢液中的气体和夹杂物，得 15 分 未完成其中一项，扣 10 分	
还原期	造好还原渣，对钢液进行脱氧、脱硫，调整化学成分，控制好出钢温度	15	造好还原渣，对钢液进行脱氧、脱硫，调整化学成分，控制好出钢温度，得 15 分 未完成其中一项，扣 3 ~ 5 分	
出钢	还原操作使钢液成分合格、脱氧良好、温度合适后即可出钢	15	还原操作使钢液成分合格、脱氧良好、温度合适后即可出钢，得 15 分 未完成其中一项，扣 3 ~ 5 分	
安全及其他	安全文明生产，按国家颁布的有关法规或企业自定的有关规定	15	一项不符合要求扣 5 分，发生较大事故者全扣	
	操作、工艺规程正确	5	一处不符合要求扣 2 分	
时间定额	2 h		每超过 20 min，扣 5 分	

课题三 铸造有色金属的熔炼

除了由铁和钢组成的黑色金属外，其他金属均称为有色金属。它们具有比钢更好的导电性、导热性、耐蚀性以及轻质、摩擦系数低等一系列优点。因此它们在工业中占有重要的地位。铸造有色合金具有良好的导电性、导热性、耐磨性和耐蚀性，因此广泛应用于生产和生活的各个领域。

一、铸造有色金属的铸造性能及铸造工艺特点

1. 铸造性能

铸造有色金属极少使用纯金属，大量使用的是合金，常用的铸造有色合金有铝合金、铜

合金和轴承合金。此外还有镁合金、锌合金、锑合金、钛合金等。下面主要介绍铸造铝合金、铸造铜合金的铸造性能，见表8—11。

表8—11　　铸造铝合金、铸造铜合金的铸造性能

<table>
<tr><th colspan="2">种类</th><th>铸造性能</th><th colspan="2">铸造结果（或优缺点）</th><th>改进措施</th></tr>
<tr><td colspan="2" rowspan="4">铸造铝合金</td><td>铸造铝合金熔点较低，流动中热量损失较小，具有较好的流动性</td><td colspan="2">会导致铸件容易产生机械黏砂、飞翅和毛刺等缺陷</td><td>在造型时要求砂粒较细，砂型紧实度高和砂型表面粗糙度值小，分型面及芯头等地方间隙要小</td></tr>
<tr><td>铝和铝合金中的一些金属元素的化学性质很活泼，极易氧化</td><td colspan="2">生成的氧化物密度接近于铝的密度，而且不溶于铝，熔点也较高，因此极易混于铝液成为夹杂物，而且不易排除</td><td>为了排除和避免产生氧化物夹杂，应加强精炼操作，少搅动。熔炼时用覆盖剂严密覆盖铝液表面。浇注时防止冲击、飞溅，浇注系统应有除渣和集渣设施</td></tr>
<tr><td>铸造铝合金吸气性普遍较强</td><td colspan="2">铝铸件易形成针孔缺陷</td><td>为防止合金吸气，除应加强液面覆盖精炼外，还应对炉料进行去污干燥处理。为增加型、芯透气性，尽量采用金属型或外冷铁创造快冷条件，以防溶气析出</td></tr>
<tr><td>铸造铝合金根据合金成分不同，有的铝合金凝固温度范围较大</td><td colspan="2">易产生缩松或缩孔的缺陷，同时容易产生热裂缺陷</td><td>除加快冷却外，还要加适当大小的冒口，采用退让性较好的砂芯</td></tr>
<tr><td rowspan="5">铸造铜合金</td><td rowspan="2">铸造锡青铜</td><td>凝固温度范围大</td><td>有很大的缩松、热裂和偏析倾向</td><td rowspan="2">最大优点是氧化倾向小和线收缩率小</td><td rowspan="2">（1）尽量提高冷却速度和采用定向凝固原则，创造良好的补缩条件，以利于减小凝固温度范围和补缩，使铸件组织致密
（2）尽量减小型、芯对铸件收缩的阻碍，防止铸件热裂</td></tr>
<tr><td>有糊状凝固的特点，加上氢气的析出</td><td>会导致反偏析的产生</td></tr>
<tr><td rowspan="3">铸造铝青铜</td><td>凝固温度范围小且凝固收缩量较大</td><td colspan="2">有较大的产生缩孔的倾向</td><td>采用有足够的补缩能力的冒口，实施定向凝固的原则</td></tr>
<tr><td>在高温时极易氧化</td><td colspan="2">在熔炼和浇注时会产生大量的氧化夹杂物</td><td>在熔炼时要加速熔炼过程、少搅拌、覆盖好液面。浇注系统要有效地挡渣，并保证浇注系统平衡不出现喷射、飞溅、冲击现象</td></tr>
<tr><td>线收缩量大</td><td colspan="2">有产生较大的铸造应力和冷裂倾向</td><td>合理开设内浇道以消除热节，降低冷却速度，减小对铸件收缩的阻碍</td></tr>
</table>

2. 铸造工艺特点

(1) 铝合金铸造工艺特点

铝合金铸件造型工艺特点见表 8—12。

表 8—12　　铝合金铸件造型工艺特点

项目	工艺特点	图示	图示说明
浇注系统的特点	铝合金铸件应按顺序凝固的原则，即远离浇口的地方先凝固，浇口附近后凝固	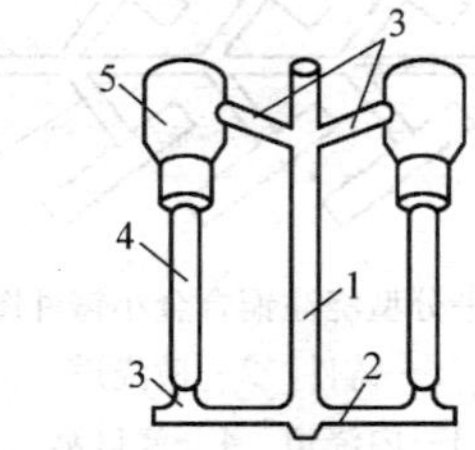 铝合金铸件的浇注系统图 1—直浇道　2—横浇道 3—内浇道　4—铸件　5—冒口	金属液自下面流入铸型，保证了流动平稳，横浇道两端伸长可以集渣。冒口中的金属液是由上层内浇道流入的，这样有利于补缩
	较大的铸件最好开设环形横浇道，多开设内浇道。使金属液很快地流入型腔，减少金属液氧化和局部过热	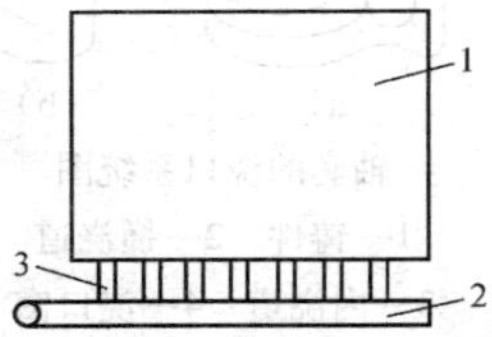 铝合金铸件开设多个内浇道 1—铸件　2—横浇道　3—内浇道	采用多个内浇道。这样可以快浇、减少氧化，有利于内浇道的补缩作用
	浇注系统应保证金属液较快地、平稳地浇满铸型，防止产生涡流和飞溅等现象，因为这些都是造成夹渣、气孔等的主要原因		
	由于金属液易氧化，应在浇注系统中安排有过滤作用的浇口组		
铸件冒口的开设	铸造铝合金由于收缩性大，往往采用冒口补缩，冒口位置要合理，尺寸得当；还要考虑便于清除。有条件还可以应用特殊冒口，也可以配合冷铁使用来提高补缩效率	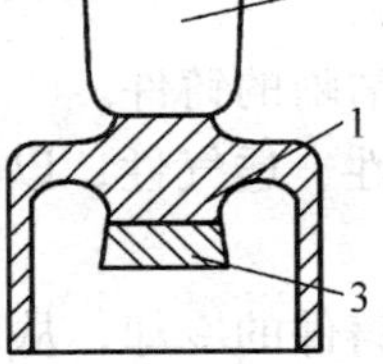 铝合金铸件冒口、冷铁配合使用 1—铸件　2—冒口　3—冷铁	图中冒口、冷铁配合使用，铸件四周薄壁很快冷却，中部壁厚冷却缓慢易形成缩松。图中上部用冒口 2，下部放置冷铁 3，迫使铸件中部自下而上地定向凝固，最后由冒口补缩，从而获得完好的铸件

（2）铜合金铸造工艺特点

铜合金铸造工艺特点主要包括浇注系统的特点和对砂型紧实度的要求，见表 8—13。

表 8—13　　铜合金铸件造型工艺特点

项目	工艺特点	图示	图示说明
浇注系统的特点	铜合金（除锡青铜外）收缩性能大，因此浇注系统要保证铜液平稳流入铸型，铸型内气体能顺利排出，能起到良好的挡渣作用，并能控制冷却顺序	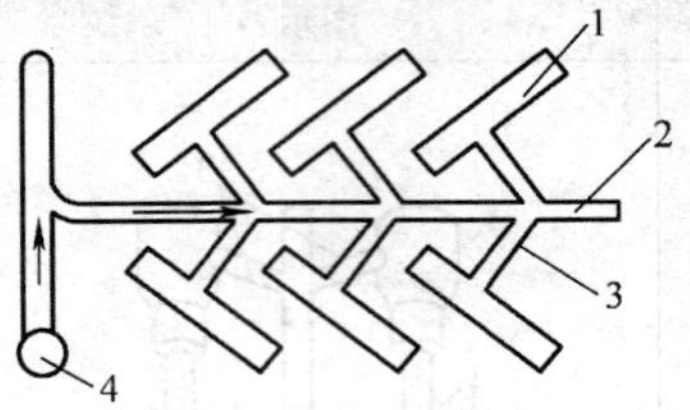 水平分型浇注铜合金小铸件图 1—铸件　2—横浇道 3—内浇道　4—浇口窝	铜液的流入方向逆向横浇道，这样有利于挡渣。横浇道的两端有利于集渣
		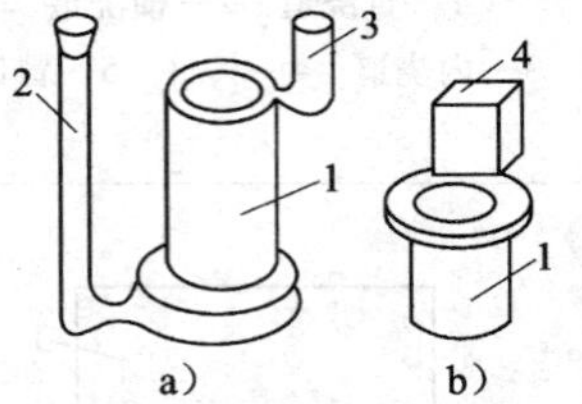 a）　b） 轴套的浇口系统图 1—铸件　2—横浇道 3—内浇道　4—浇口窝	高度较大的铸件，如图 a 所示，为了减少冲刷，铜液由铸型底部引入，为使冒口具有高温铜液有利于补缩，浇满后再用高温铜液点浇冒口。高度较小的轴套类铸件，可以采用压边浇口，如图 b 所示
	有些铸件的边缘无法或不便开设内浇道，常采用牛角形浇道来解决，这样金属液可以平稳地流入铸型		
对砂型紧实度的要求	铜合金的密度比一般铸造合金大，因此浇注时金属液对砂型的压力大，为了防止胀砂和得到表面光洁的铸件，舂砂要紧一些；但不要太紧，以免影响透气性		

3. 铸造铝合金、铸造铜合金用造型材料

（1）铝合金的造型用砂

铝合金的浇注温度较低，流动性好，能生成坚固的表面氧化膜；具有较大的收缩性和热脆性，因此造型材料必须具备以下特点。

1）塑性好不粘模，以便制造轮廓清晰的铸件。

2）型砂要具备足够的强度、退让性、透气性，以防铸型在搬运、装配时损坏，减少铸造应力以及防止出现气孔等缺陷。

3）尽量具有好的导热性，以加速铸件的冷却，从而细化晶粒。

铝合金用砂粒度要细（100/200），由于浇注温度低，可以多用旧砂降低成本，也可以选用黏土砂。

铝合金铸件一般采用滑石粉作涂料，小件也可以不用涂料；大型铝铸件有时也采用石墨粉作为涂料。

（2）铜合金的造型用砂

铝合金的浇注温度比灰铸铁低（1 100～1 200℃），密度较大，因此造型材料必须具备以下特点。

1）要求造型材料强度高，有好的透气性和耐火性。

2）为了使铸件表面光洁，造型用砂颗粒要细（70/140～100/200）。

对于结构复杂，易掉砂、冲砂的铸型，造型材料要有更高的湿强度（$0.4\sim0.6\times10^5$ Pa）。采用湿型时也可用煤粉砂作面砂，或加入一些重油。干型涂料用石墨粉或滑石粉。

3）对芯砂要求更高的质量，为了提高湿强度可加入少量面粉、糖浆，为了提高干强度可采用油类黏结剂。

二、铸造有色金属熔炼用原材料

有色合金熔炼用原材料包括炉料和辅助材料。因铝合金和铜合金的铸造性能及铸造工艺不同，熔炼用原材料也有所区别。铝合金和铜合金的熔炼用原材料见表8—14。

表8—14　铝合金和铜合金的熔炼用原材料

铝合金熔炼用原材料			
名称		作用	材料举例
炉料	铝锭	—	由冶金部门提供的纯金属锭及预制合金锭
	回炉料	—	指生产中铸件的浇冒口及废铸件等
	中间合金	能降低难熔元素的熔点，避免某些元素（如硅）与铝引起放热反应而使合金过热和烧损	常用的中间合金有铝硅、铝铜和铝锰中间合金等
辅助材料	熔剂	可以溶解和吸附铝液中的氧化物，使铝液与炉气隔离，减少合金的吸气和氧化作用	常用的熔剂是：氯化钾（KCl）50%、氯化钠（NaCl）50%的混合物
	变质剂	含硅量高的铝合金需要进行变质处理，以达到细化组织提高机械性能的目的	常用的变质剂是氟化钠（NaF）、氯化钠（NaCl）、氯化钾（KCl）等盐类的混合物，氟化钠67%、氯化钠33%和氟化钠25%、氯化钠62.5%、氯化钾12.5%是常用的两种变质剂
	精炼剂	去除铝合金熔液中处于悬浮状态的非金属夹杂物、金属氧化物和溶解于合金中的气体	常用的精炼剂有氯化锌（$ZnCl_2$）、氯化锰（$MnCl_2$）、氯化钛（$TiCl_4$）和六氯乙烷（C_2Cl_6）。另外也可以通入氯气、氮气除气精炼
铜合金熔炼用原材料			
名称		作用	材料举例
炉料	铜锭	—	由冶金部门提供的纯金属锭及预制合金锭
	回炉料	—	指生产中铸件的浇冒口及废铸件等
	中间合金	能降低难熔元素的熔点，避免某些元素，如铝（Al）、硅（Si）与铜引起放热反应而导致合金过热，并能起到调节合金的作用	常用的中间合金有铜镍、铜铝、铜铁、铜锰、磷铜等。磷铜还是很好的脱氧剂

续表

<table>
<tr><th colspan="4">铜合金熔炼用原材料</th></tr>
<tr><th colspan="2">名称</th><th>作用</th><th>材料举例</th></tr>
<tr><td rowspan="3">辅助材料</td><td>覆盖剂</td><td>覆盖剂能起到防止氧化和造渣的作用</td><td>常用的覆盖剂有木炭粉、碎玻璃及苏打混合料、苏打及硼砂混合料，硼砂与长石混合料等。用量以盖满金属液表面为原则，当采用坩埚炉熔炼时，加入水量一般是炉料重量的 0.7～1.5%</td></tr>
<tr><td>氧化剂</td><td>起到除气作用，由氧化物和造渣剂两部分组成</td><td>如 50% 的氧化铜和 50% 的碎玻璃；50% 的氧化铜、25% 的石英砂和 25% 的硼砂等</td></tr>
<tr><td>精炼剂</td><td>具有吸附或溶解氧化物，并聚集成渣的能力。在生产中有时对含铝的铜合金进行精炼，以去除三氧化二铝（Al_2O_3）的夹杂物和气体</td><td>常用的精炼剂有 60% 的食盐和 40% 的冰晶石（Na_3AlF_6）；20% 的晶石、20% 的萤石和 60% 的氟化钠（NaF）等</td></tr>
</table>

三、铸造有色金属的熔炼设备

铸造有色合金的熔炼炉根据其结构和热源的不同，有坩埚炉、感应电炉、反射炉和电弧炉多种炉型。

1. 坩埚炉

在有色合金熔炼中，坩埚炉是使用较广的炉型，其形式多样，如图 8—17 所示是一种燃气坩埚炉的外形。燃气坩埚炉的结构如图 8—18 所示，热源通过坩埚的侧面和底面加热炉料，合金可以不和炉气接触，合金成分几乎不受燃气的影响，能保证合金液的合金成分和温度的均匀性，并且可以进行多种合金交替连续的高质量熔炼。坩埚炉的热源较广，有焦面料和煤炭固体燃料、重油液体燃料、天然气或煤气气体燃料，以及电能等。但是坩埚炉的热效率低，不容易获得高温，每炉的熔化量也较小（最大熔化量为 500 kg）。

图 8—17　坩埚炉的外形

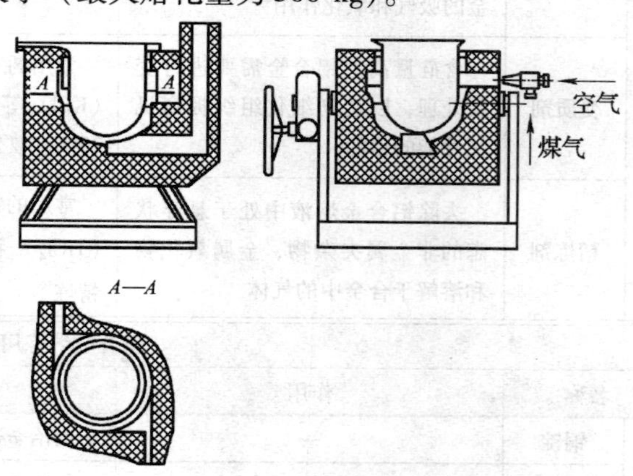

图 8—18　坩埚炉的结构

2. 感应电炉

如图 8—19 所示为一种感应电炉外形图，如图 8—20 所示为感应电炉结构示意图。加热原理是：由一次线圈产生的交变电磁场在被加热的炉料内感生出强大的二次电涡流而发热，使炉料被熔化和过热。在二次电涡流的作用下合金液产生搅动而使合金成分和温度均匀。感应电炉根据交流电的频率分为工频（50 Hz）、中频（500～10 kHz）和高频（10 kHz 以上）三种，工频炉容量可达数吨，中频炉最大容量 500 kg，高频炉最大容量只有 100 kg。感应电炉的优点是热效率最高（可达 70%～90%），操作卫生安全，适用于多种合金的交替高质量熔炼。但是设备较复杂，成本较高，电涡流搅动增大了合金液的氧化烧损和吸气等。

图 8—19　感应电炉外形

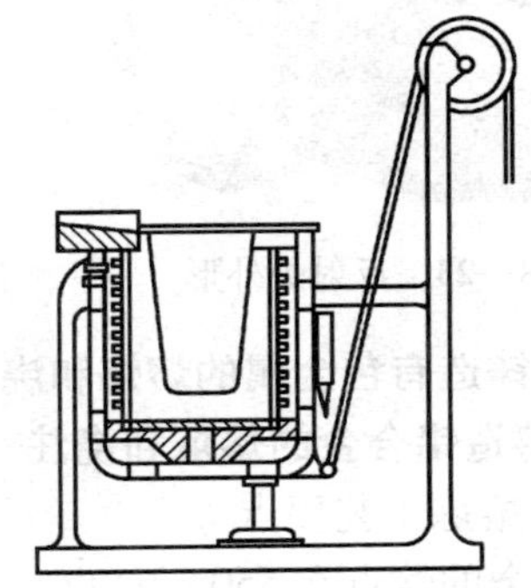

图 8—20　感应电炉的结构

3. 电弧炉

如图 8—21 所示为一种电弧炉的外形，如图 8—22 所示为单相电弧炉的结构。它是通过熔池上方两个石墨电极间产生的电弧加热熔化炉料。熔炉的炉体可以绕水平轴转动，使合金的温度和成分均匀。但是熔炉容量较小，最大容量只有 500 kg，热效率只有 10%～25%，熔炼成本较高，设备较复杂，故使用较少。

图 8—21　单相电弧炉

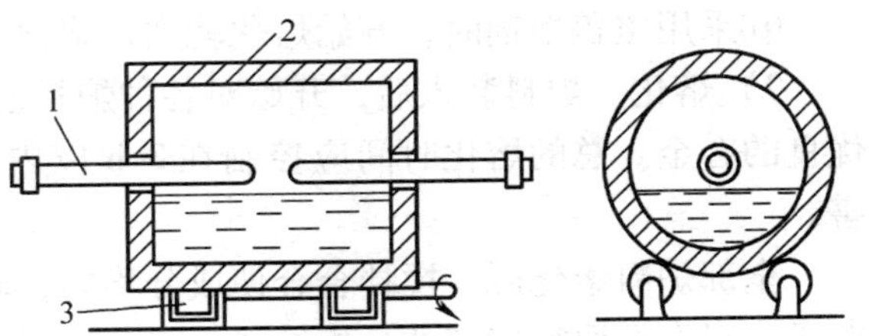

图 8—22　单相电弧炉的结构

1—石墨电极　2—炉体　3—支撑辊

4. 反射炉

如图 8—23 所示为一种反射炉的外形，如图 8—24 所示为反射炉的结构。加热方法是用气体燃料或液体燃料喷射入炉，直接在炉料上面燃烧。这种加热炉熔池内温度上高下低，上表面的合金易过热、氧化烧损、吸气和蒸发，从而直接影响合金的熔炼质量。反射炉容量可达每炉数吨，熔化速度较快。但是热效率较低（10%～25%），设备较复杂，劳动条件较差。

图 8—23　反射炉外形

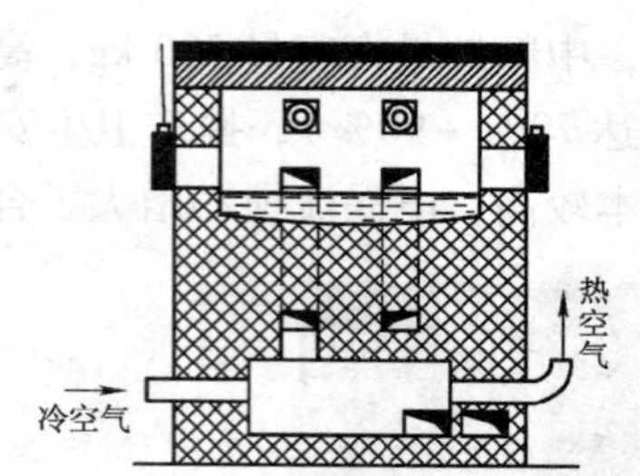

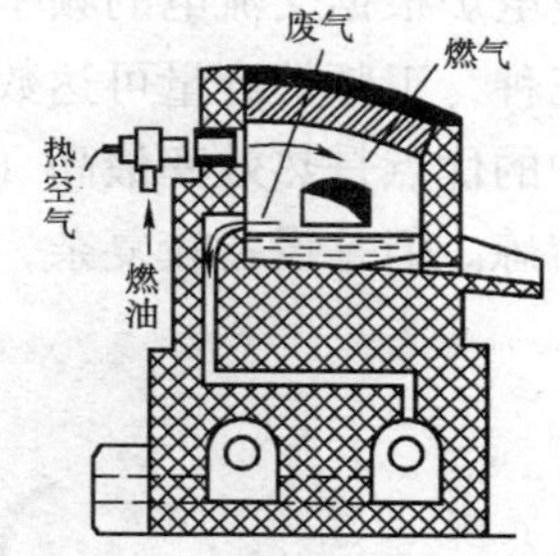

图 8—24　反射炉的结构

四、铸造有色金属的熔炼和浇注

1. 铸造铝合金的熔炼和浇注

（1）熔炼工艺要点

铝合金的熔点在 550 ~ 630℃，浇注温度通常为 650 ~ 750℃。随着温度的不断提高，铝合金的吸气及氧化也不断增加，因此在熔炼过程中，铝液温度最好不超过 800℃。同时要避免经常搅动，减少金属液的氧化。

1）装料。铝合金熔炼时的装料顺序对保证快速熔化、减少元素烧损有很大影响。其原则如下：

①当用铝锭和中间合金时，首先装入铝锭，然后加入中间合金。

②当用预制合金锭熔化时，首先装入预制合金锭，然后补加所需数量的铝和中间合金。

③当炉料由回炉料和铝锭组成时，首先熔化炉料中最多的那一部分。

④当坩埚容量足以同时装入几种炉料时，应首先装入熔点相近的成分。低熔点炉料最后加入。

⑤当连续熔化时，坩埚应剩余一部分铝液，以加速下一炉的熔化。

⑥采用覆盖熔剂时，开始熔化就加入熔剂。

2）熔化。炉料装入后，开始对各种炉料进行加热熔化，应力求缩短熔化时间，以获得优良的合金。总的熔化时间应控制在 3 h 以内。熔化时间越长，合金的吸气和氧化则越厉害。

全部炉料熔化后，搅拌合金使成分均匀，取试样进行光谱分析，快速测定其主要组元及杂质。只有在取得满意的分析结果后，才可以进行合金的下一道工序。

3）精炼。所有的铸造铝合金均需进行精炼，以除去其中的气体和氧化物夹杂。精炼时要注意以下几点。

①作精炼的氯盐易返潮，使用前应进行烘烤。

②精炼时，要掌握好合金液的温度和精炼剂的加入量，采用气体作精炼剂时要掌握好通气时间和气体的压力。

③氯气是有剧毒的气体，而且储存氯气的瓶内压力很高，必须放置在专用的库房内，其管道及开关均需有良好的密封性与耐蚀性。

④合金精炼之后，使其静置 5 ~ 10 min，然后去除表面上的熔渣，以便进行下道工序。

4）变质处理。为了改变合金的结晶组织，提高力学性能，在合金精炼之后应进行变质处理。变质处理的操作是将占炉料重量的1% ~2%的变质剂均匀地撒在合金液表面上，保持10 ~ 12 min，待到结壳后，把它打碎并将其压入合金液中100 ~ 150 mm的深处，搅拌3 ~ 5 min，直到变质剂产生的钠火苗全部消失为止，然后调整到浇注温度，尽快浇注，以防变质处理效果随钠的损耗而变差。

变质处理时，如发现很难形成硬壳，可以加入少许的氟化钠（应是干燥的），使变质剂变稠。

（2）使用坩埚的注意事项

新坩埚使用前应放在烘干炉内预热（约300℃），烘干内部的水分，否则会因加热快使坩埚脱皮甚至裂纹。使用坩埚应注意以下几点。

1）不要把潮湿的坩埚放在熔炉内。

2）不要把坩埚长时间放在炉内，当金属液达到浇注温度后，要立即浇注。

3）不要让金属液在坩埚内冷凝。

4）不要把合金块抛入或塞入坩埚内，要轻轻放入。

5）不要把坩埚放在潮湿的地上。

6）不要把红热的坩埚放在冷风吹着的地方。

7）不用湿焦炭。不要向红热的坩埚内加入冷料。

（3）铝合金的浇注

1）浇注工具。铝液用浇包，由于浇注温度低（680 ~ 760℃），只需搪一层软材料然后刷一层涂料。一般用手端包、抬包较多。100 kg以上的浇包也可以用吊包。浇注前浇包应烘干、预热（包衬呈暗红色）。

2）浇注操作。铝液倒入浇包要注意挡渣、不要搅动。铝液自出炉到浇注时间尽量缩短，以保证正常的浇注温度。

浇注温度的高低由合金的种类确定。总的原则是：在保证铸件成型的前提下，浇注温度越低越好。

浇注速度要适中，要考虑到铝液的流动性，防止产生冲击、飞溅，并保持正常的上升速度和铸型排气。

浇注时，包嘴靠近浇口杯，保持浇注平稳不中断。浇口杯内的铝液既要保持充满又要防止液面翻动，尽量减少氧化。

2. 铸造铜合金的熔炼

（1）熔炼工艺要求

铜合金的熔炼必须有除气、脱氧过程，对于含铝、硅等易氧化元素的铜合金还应进行精炼，才能得到优质合金。

1）除气。铜合金在加热熔化时易吸收气体，如果这些气体在铸件凝固前来不及析出，就会产生气孔，影响铸件质量。金属液温度越高，暴露的表面积越大，停留的时间越长，金属吸气越严重。在金属液中加入氧化剂，可以与溶解于金属液中的氢气反应生成水蒸气逸出，从而达到除气的目的。在熔炼操作时还应注意铜液温度不要过高，表面要用覆盖剂保护好，并要及时浇注。

2）脱氧。为了除去铜液中的氢气，希望合金液中有较多的氧化亚铜，但氧化亚铜的存在最终是有害的，必须设法去除。生产中普遍采用加磷脱氧。磷与氧化亚铜反应生成的五氧化二磷（P_2O_5）气体从合金中逸出，磷酸铜可浮于液面，从而达到脱氧的目的。脱氧剂一般是以磷铜中间合金的形式加入。

3）精炼。一般铜合金经过除气、脱氧，就可以获得合格的合金。但对于铝青铜、铝黄铜、硅青铜等，易氧化生成高熔点氧化物，使铸件形成夹杂，必须经过精炼才能去除。精炼是往合金中加入精炼剂与氧化物夹杂生成低熔点熔渣，从而从合金液中清除。

4）加料顺序。熔炼铜合金时应先加入占炉料重量最多的铜和难熔合金，然后再加入易熔合金。对于难熔、易氧化、易挥发的元素以中间合金的形式加入为宜。

（2）铜合金的浇注

1）浇注工具。由于铜合金的浇注温度较灰铸铁低（1 000～1 150℃），浇包内衬只搪一层软材料，再刷一层涂料，经烘干预热后就可以使用。最常用的是手端包和抬包，浇注大件时也可以用吊包。

2）铜合金的浇注。未经预热的工具不得接触铜液，以避免引起爆炸和带入气体。

熔炼后要立即浇注，尽量减少金属液在大气中的停留时间。若需要停留时应覆盖保温剂。铁质工具在铜液中停留时间不宜太长，使用前应刷上涂料并经过预热。

浇注时，直浇道要保持充满，不得中断，包嘴距浇口杯的距离要尽量小。

技能训练

铝硅类合金（ZL104）熔炼与浇注

1. 实训设备

坩埚炉。

2. 操作步骤

铝硅类合金熔炼时，吸气倾向很大，熔炼过程中每道工序都要注意这一点。

（1）炉要预热到暗红色，炉料也要预热到 300～400℃，镁锭要在 680～700℃时迅速压入合金熔液中；利用氧化铝薄膜保护铝液（不要过分搅动，以免破坏保护膜）。

（2）用 C_2Cl_6 精炼，用量为 0.4%～0.6%，精炼温度以 730～740℃为宜。

（3）用四元变质剂（50% NaCl，10% KCl，30% NaF，10% Na_3AlF_6）进行变质处理，用量为 1.0%～1.5%，变质前要清渣，变质后静置 5～10 min，再清渣浇注。

（4）浇注温度一般为 690～730℃。厚大件要在压力下结晶。

3. 质量分析

（1）铝液温度

随着温度的不断提高，铝合金的吸气及氧化也不断增加，因此在熔炼过程中，铝液温度最好不超过 800℃。同时要避免经常搅动，减少铝液的氧化。

（2）坩埚炉的使用

1）新坩埚使用前应放在烘干炉内预热（约 300℃），烘干内部的水分，否则会因加热快使坩埚脱皮甚至裂纹。

2）不要把潮湿的坩埚长时间放在熔炉内，当金属液达到浇注温度后，要立即浇注；不要让金属液在坩埚内冷凝；不要把合金块抛入或塞入坩埚内（要轻轻放入）；不要把坩埚放在潮湿的地上；不要把红热的坩埚放在冷风吹着的地方；不要用湿焦炭；不要向红热的坩埚内加入冷料。

（3）铝合金的浇注

1）浇注工具。铝液用浇包，由于浇注温度低（680～760℃），只需搪一层软材料，刷一层涂料。一般用手端包、抬包较多。100 kg 以上的浇包也可以用吊包。浇注前浇包应烘干、预热（包衬呈暗红色）。

2）浇注操作。铝液倒入浇包要注意挡渣（不要搅动）。铝液自出炉到浇注时间尽量缩短，以保证正常的浇注温度。

3）浇注温度的高低由合金的种类确定，总的原则是：在保证铸件成型的前提下，浇注温度越低越好。

4）浇注速度要适中。考虑铝液的流动性，防止产生冲击、飞溅，并保持正常的上升速度和铸型排气。

浇注时，包嘴靠近浇注系统杯，保持浇注平稳不中断。浇注系统杯内的铝液既要保持充满又要防止液面翻动，尽量减少氧化。

4. 评分标准

评分标准见下表。

铝硅类合金（ZL104）熔炼与浇注实训评分表

考核项目	考核内容及要求	配分	评分标准	得分
炉预热	炉要预热到暗红色，炉料也要预热到300～400℃	15	炉预热到暗红色，炉料也预热到300～400℃，得15分	
精炼	用 C_2Cl_6 精炼，用量为0.4%～0.6%，精炼温度以730～740℃为宜	15	用 C_2Cl_6 精炼，用量为0.4%～0.6%，精炼温度在730～740℃，得15分	
变质处理	用四元变质剂（50% NaCl、10% KCl、30% NaF、10% Na_3AlF_6）进行变质处理，用量为1.0%～1.5%，变质前要清渣	15	用四元变质剂（50% NaCl、10% KCl、30% NaF、10% Na_3AlF_6）进行变质处理，用量为1.0%～1.5%，变质前清渣，得15分	
静置	变质后静置5～10 min	15	变质后静置5～10 min，得15分	
浇注温度	浇注温度一般为690～730℃	10	浇注温度为690～730℃，浇注操作规范，得10分	
安全及其他	安全文明生产，按国家颁布的有关法规或企业自定的有关规定	15	一项不符合要求扣5分，发生较大事故者全扣	
	操作、工艺规程正确	15	一处不符合要求扣2分	
时间定额	2 h		每超过20 min，扣5分	

练　习

1. 铸铁熔炼原材料有哪些？
2. 冲天炉的基本结构由哪几个部分组成？
3. 冲天炉的熔炼过程是怎样的？
4. 冲天炉熔炼的基本要求和指标有哪些？
5. 冲天炉熔炼操作工艺如何？
6. 冲天炉熔炼过程的炉前检验的项目有哪些？如何操作？
7. 冲天炉的常见故障有哪些？如何排除？
8. 冲天炉操作的安全技术要求有哪些？
9. 铸钢有哪些铸造性能及铸造工艺？
10. 铸钢熔炼原材料有哪些？
11. 铸钢熔炼设备有哪几种？试述三相电弧炉的结构。
12. 试述三相电弧炉氧化法炼钢操作工艺要点。
13. 铸造铝合金、铜合金熔炼原材料有哪些？
14. 铸造铝合金、铜合金有哪些铸造性能及铸造工艺？
15. 铸造有色合金的熔炼设备有哪几种？
16. 试述铸造铝合金、铜合金熔炼操作工艺要点。

第九单元

铸型浇注与铸件的落砂、清理

课题一 铸型浇注

一、浇注前的准备

掌握浇注初步知识的基础上，要进一步认识选择合理的浇注工艺、做好浇注前的各项准备、搞好文明生产是保证铸件质量和安全生产的重要措施。

1. 浇包的准备

浇包是用来盛纳、运输和浇注熔融金属的容器。由于铸型的大小不同，浇包的大小及结构也不同。浇注中、小型铸件时常用手端包和抬包，浇注中、大型铸件时常用吊包。

（1）常用的浇包

1）手端包。手端包是一人握着长柄进行浇注操作的浇包，手端包结构不一。如图9—1a 所示是把浇包套在浇包柄端的铁圈上，这种式样便于修理和烘烤，但浇注时如倾转过度会造成浇包翻转脱落；图 9—1b 是把浇包和长柄焊在一起，修理和烘烤时因浇包与柄相连而有所不便，但使用时不会翻转，比较安全；图 9—1c 是在浇包外壳上焊有带锥度的柄套，使用时把木柄插入柄套中，为了防止浇注时翻转，可以将柄套做成口形或在圆锥柄套上装有插销。这样修理使用都较方便，这种形式的手端包应用较为普遍。

2）抬包。抬包是由两人、四人或六人抬运金属液浇注铸型的。抬包一般容量在 50 ~ 100 kg，它适用于吊运设备条件较差的中、小型铸件的浇注工作，如图 9—2 所示。

3）吊包。吊包用于铸造车间浇注作业，在炉前承接金属液后，由行车运到铸型处进行

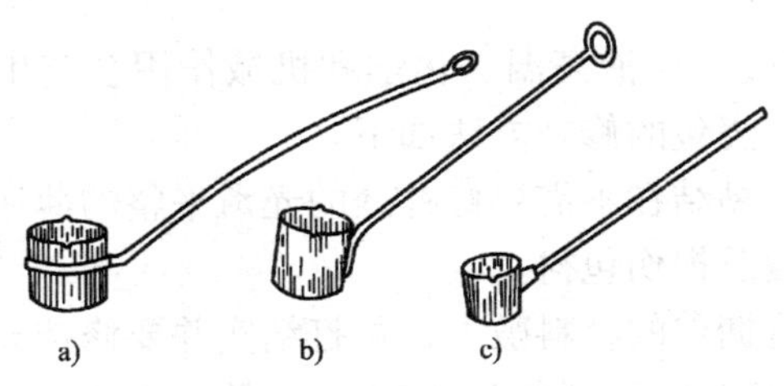

图 9—1　手端包

a）浇包套在柄端的铁圈上　b）浇包和长柄焊在一起

c）木柄插入浇包柄套内

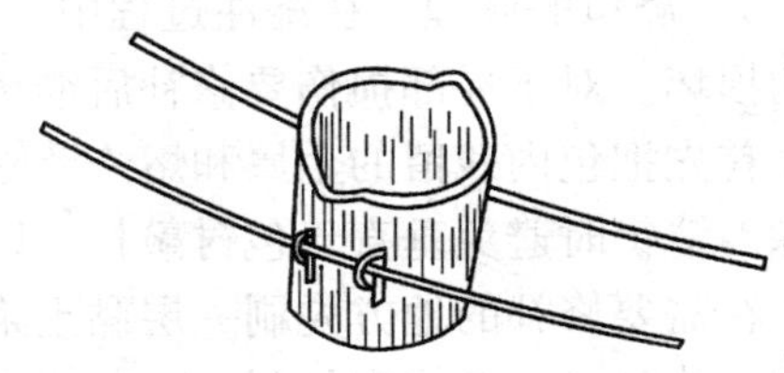

图 9—2　抬包

浇注。吊包的转动是通过一对斜齿轮机构和蜗轮传动机构实现的，如图 9—3 所示。蜗杆通过一对斜齿轮与吊包的手轮相连接，吊包两端转动轴与蜗轮连接。如果手轮不动，浇包便保持一定的倾斜位置而不会自动倾转，以保证浇注时的安全。

（2）浇包的结构与修理

1）浇包的结构。浇包的外壳是用钢板制成的，厚度一般为 2 ~ 12 mm。为了浇注安全和减少工人劳动强度，浇包的重心要稍低于转轴的中心，浇包的高度与顶圆内径之比是 1∶1。

浇包要搪上一层一定厚度的内衬，以保证外壳不致因高温金属液的作用而熔化，并具有保温作用。包衬结构如图 9—4 所示。30 kg 以下的小浇包内衬一般在包壳内直接搪上一层软材料，再刷一层涂料，如图 9—4a 所示。1 000 kg 以下的浇包应先搪一层硬材料，待硬材料晾干后再搪一层软材料，最后刷一层涂料，如图 9—4b 所示。1 000 kg 以上的大型浇包先在包壳内砌一层耐火砖，在耐火砖上搪一层软材料并刷上涂料，如图 9—4c 所示。包衬材料的配方见表 9—1。

图 9—3　吊包

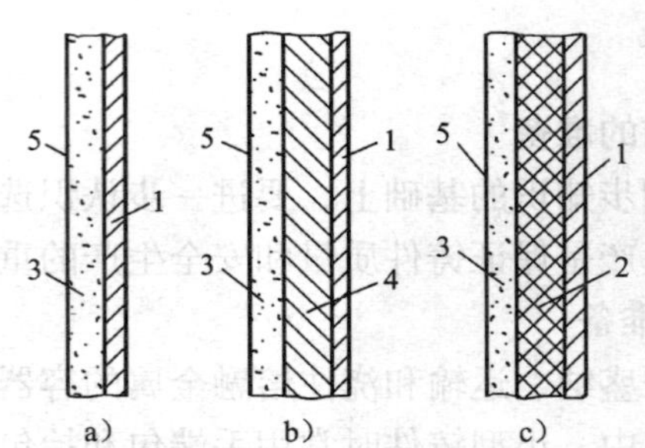

图 9—4　包衬结构

a）30 kg 以下的小浇包　b）1 000 kg 以下的浇包

c）1 000 kg 以上的浇包

1—包壳　2—耐火砖　3—软材料　4—硬材料　5—涂料

表 9—1　**包衬材料的配方**　%

名称	组成							
	黏土	耐火土	耐火砖粉	焦炭粉	石英粉	型砂	黑铅粉	水
硬材料Ⅰ 硬材料Ⅱ 软材料 涂料	10 40 20 10	20	35	45	35 60	35	90	适量

2）浇包的修理。在浇注过程中，包衬因受金属液高温、化学和机械作用会产生不同程度的损坏。对于局部损伤要修补后继续使用。浇包的修补方法如下。

首先把包内残留的金属和熔渣清除干净，黏结在不需要修补处的光滑平整的薄渣层不必清除。清铲时避免垂直于包衬敲打，以防振裂及损伤包衬。

在需要修补的地方先刷一层黏土浆，再将搪包的材料敷上，敲打结实并要修抹光滑。用耐火砖修补时，新修砌的耐火砖与原有的耐火砖要贴合紧密、牢固，砖缝要交错、缝隙要小于 2 mm，并用填料把砖缝填满。

要特别注意浇包嘴的修理质量，以保证金属液流出时呈近似圆柱形，否则浇注时会造成铁水流动不稳定，产生飞溅，容易发生事故或影响铸件质量。

最后要涂上一层涂料，加热烘烤。烘干后若发现有裂纹，要把裂缝补平，再刷上涂料烘干。

3）浇包的预热、烘干及检查。浇包搪好后要烘干。如果不烘干，在浇入金属液后会吸收热量而降低铁水温度，还会因金属液的沸腾而增加吸气，使铸件产生气孔。修包材料的水分要尽量少，修好后用文火烘烤以防裂纹。烘烤可以用木炭、木柴或烘炉。

烘烤后的浇包要检查干燥是否彻底，表面质量是否符合要求，包的转动部分的操纵是否灵活可靠。另外，烘干后的浇包若暂不使用，在使用前还需要预热，不然会降低第一包金属液的温度而影响铸件质量。

经过检查存在下列情况的浇包均不得使用。

①包衬太薄、损坏严重或局部严重侵蚀者。

②包衬未干或未预热到工艺规定温度。

③转动或活动部分失灵。

④吊架或吊耳有损伤、裂纹者。

⑤底注式浇包的注口及塞杆安装不符合要求。

2. 铸型的准备

（1）抹箱

对合型后的铸型应用抹箱泥（耐火土和型砂加水调成膏状物）将上、下型之间的缝隙抹死。对缝隙较大或大、中型砂箱，要用楔铁先将四个箱角塞紧（背箱），然后抹箱，抹箱时要防止损坏铸型或堵塞排气通道。

（2）铸型紧固

1）由于顶箱力小，小型铸件常用压铁紧固砂箱。砂箱造型是用普通压铁放在砂箱边上来紧固砂箱的。脱箱造型只能用高度较低、面积较大的成型压铁直接压在砂型上进行紧固。但应注意防止压坏砂型。大中型铸件常用螺栓、卡子等来紧固。紧固螺栓时，最好在对称方向同时进行，紧固时用力要均匀。带有斜面的卡子紧固砂型的速度较快，但要求砂箱上制有相当硬的斜面，这种方法常用于机器造型中。

2）地面造型也常用压铁紧固。由于压铁较重，直接压在砂箱上会将下砂型压坏，故将压铁压在砂型两旁的垫铁上，并使最下面的压铁与砂箱之间留有间隙，间隙处用斜铁塞紧，防止砂型抬起。

3. 其他准备工作

（1）挡渣工具

浇注时常用的挡渣工具有扒渣用的渣耙、渣勺，挡渣用的挡渣钩或挡渣棒，取样用的样勺、火钳，搅拌金属液的搅棒等。这些工具虽然简单，但经常与金属液接触，要特别注意干燥与清洁，切勿使其受潮或锈蚀。在与金属液接触前要预先烘烤，否则潮湿的冷工具插入金属液时会产生飞溅。最好把与金属液接触部分刷一层涂料，以免被高温金属液熔蚀。这些工具使用后应放回原处，做到文明生产。

（2）保温材料

金属液在包内除渣后要撒上一层稻草灰保温，中间包内的金属液尤其要采取保温措施。铸型浇满后，在浇、冒口上面也要盖上一层干砂、稻草灰等来保温，这样有利于铸件的补缩。

二、铸型所需金属液重量的计算

铸型所需金属液由铸件和浇冒口两部分组成。铸件质量是零件净重、加工余量、加厚部分的总和。浇冒口所需的金属液包括浇注系统和冒口的质量。浇注时准备的金属液还要考虑浇注过程中胀箱、跑火等金属液的损失，故浇包内准备的金属液比铸型所需金属液要重5%～15%，甚至更多。铸型所需金属液的计算主要考虑以下几点。

1. 形体分析

将铸造工艺图所提供的铸件和浇冒口系统的结构形状分解成若干个基本几何体，一般铸件都是由这些基本几何体组成的。基本几何体体积计算公式见表9—2。

表9—2　　基本几何体体积计算公式

	四棱柱	五棱柱	三棱柱	圆柱	圆筒
基本体视图	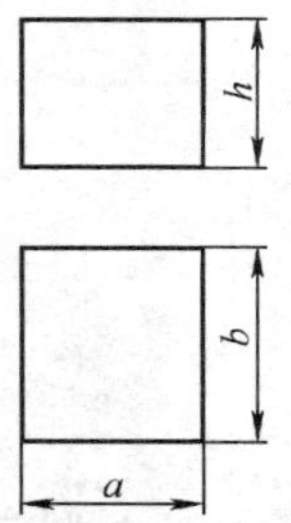	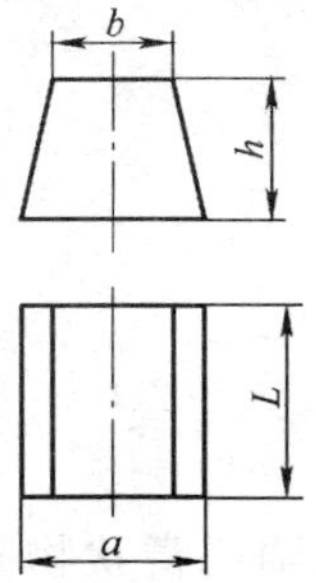	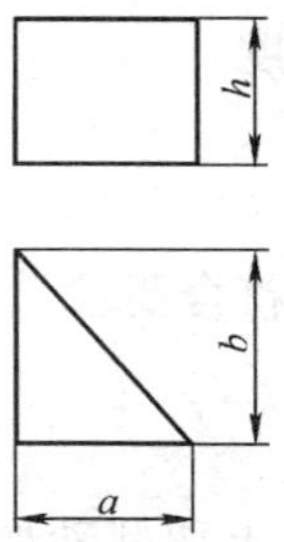	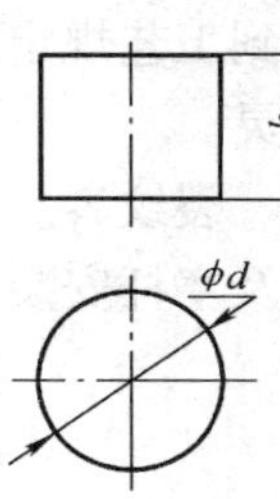	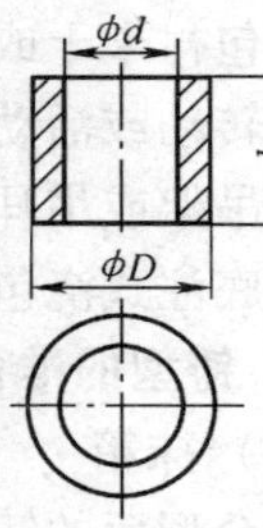
公式	$V=abh$	$V=\frac{1}{2}(a+b)Lh$	$V=\frac{1}{2}abh$	$V=\frac{\pi}{4}d^2h$	$V=\frac{\pi}{4}h(D^2-d^2)$
	圆锥	圆台	球	圆环	椭圆体
基本体视图	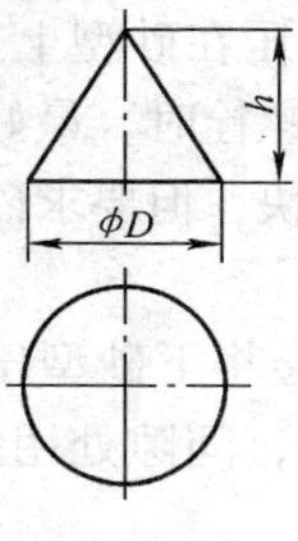	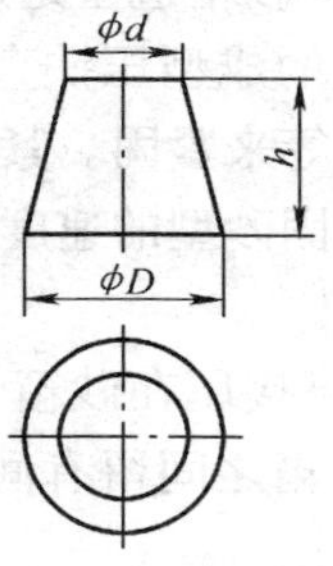	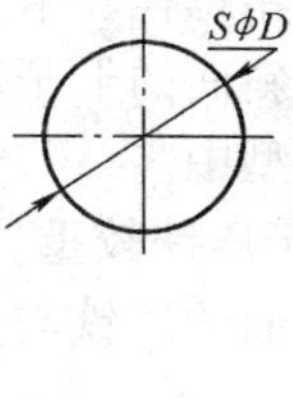	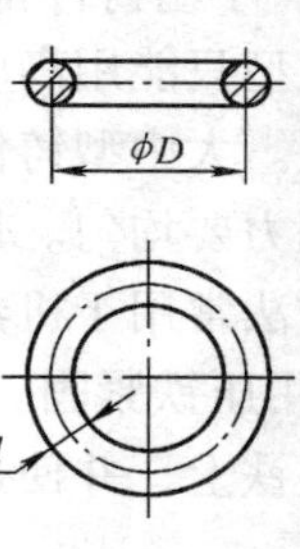	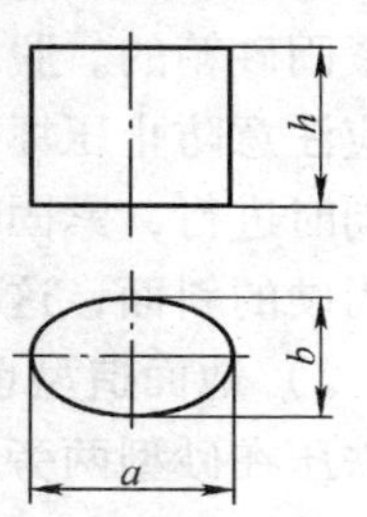
公式	$V=\frac{\pi}{12}D^2h$	$V=\frac{\pi}{12}h(D^2+Dd-d^2)$	$V=\frac{\pi}{6}D^3$	$V=\frac{1}{4}\pi^2Dd^2$	$V=\frac{1}{4}\pi abh$

2. 确定单位

根据铸件大小确定长度单位和密度值，图样上提供的长度单位是mm，对于大型铸件可以采用cm或dm作为计算单位。

3. 计算分解后的铸件与浇冒口系统的各基本几何体体积

4. 计算铸型所需金属重量 W

$$W=V\rho$$

铸铁密度值 ρ 取 7.8 kg/dm³。

5. 计算浇包准备金属液重量 W'

在铸型所需金属重量 W 上再加上10%的量。

$$W' = W + 10\% W$$

【例 9－1】 如图 9—5 所示为支架的铸造工艺图，试计算浇包准备金属液的重量。

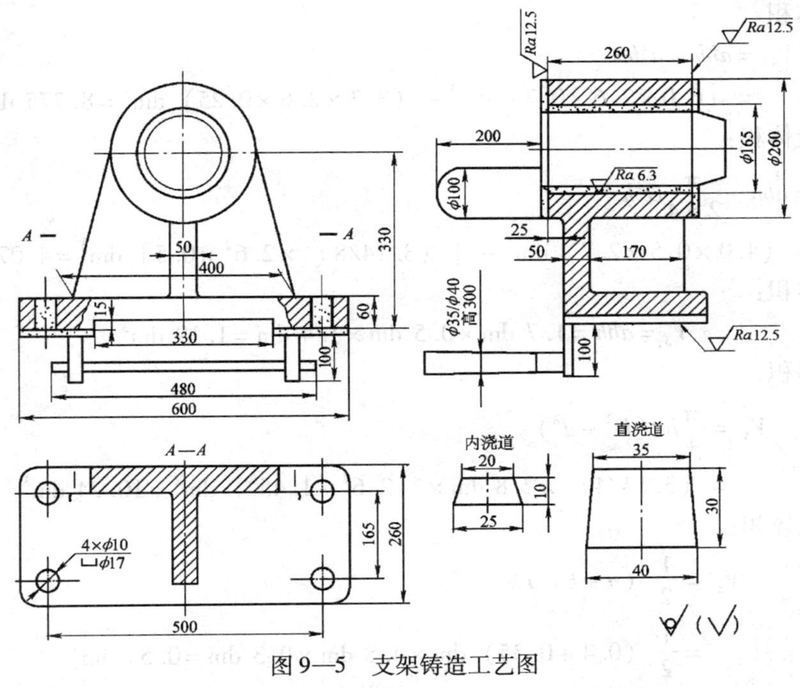

图 9—5 支架铸造工艺图

解： 1）形体分析。如图 9—6 所示为支架铸件及浇冒口采用形体分析法分解后的基本几何体视图及尺寸。

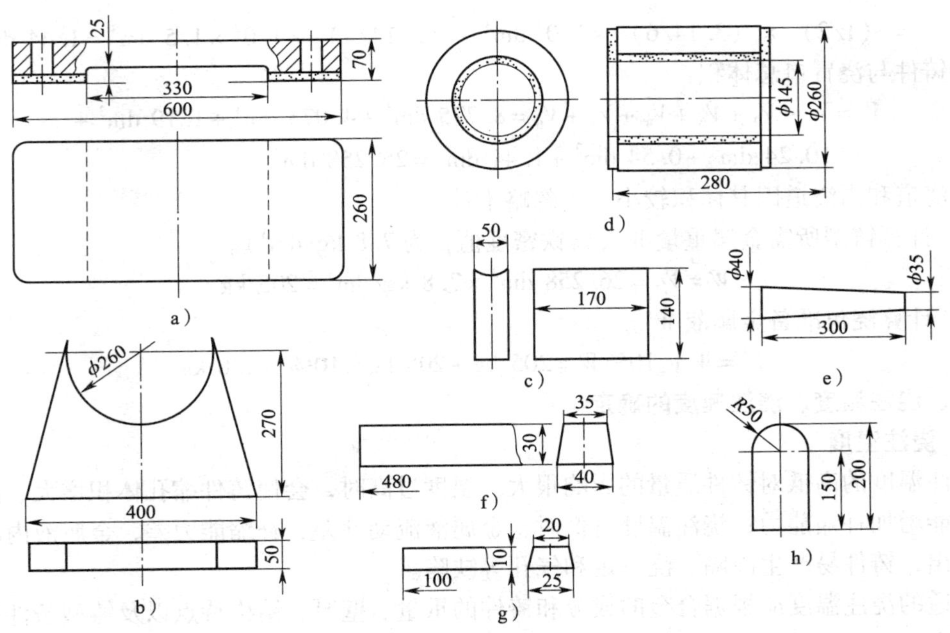

图 9—6 基本几何体视图及尺寸

a）底板 b）支撑板 c）肋板 d）圆筒 e）直浇道 f）横浇道 g）内浇道 h）冒口

2）确定单位。本铸件计算单位用 dm。

3）计算分解后的铸件与浇冒口系统的各基本几何体体积

①底板体积

$$V_1 = abh - a'bh'$$
$$= (6.0\times2.6\times0.7)\ \mathrm{dm}^3 - (3.3\times2.6\times0.25)\ \mathrm{dm}^3 = 8.775\ \mathrm{dm}^3$$

②支撑板体积：

$$V_2 = abh - \frac{\pi}{2\times4}D^2h$$
$$= (4.0\times0.5\times2.7)\ \mathrm{dm}^3 - [(3.14/8)\times2.6^2\times0.5]\ \mathrm{dm}^3 = 4.073\ \mathrm{dm}^3$$

③肋板体积：

$$V_3 = abh = 1.7\ \mathrm{dm}\times0.5\ \mathrm{dm}\times1.4\ \mathrm{dm} = 1.19\ \mathrm{dm}^3$$

④圆筒体积：

$$V_4 = \frac{\pi}{4}h\ (D^2 - d^2)$$
$$= (3.14/4)\times2.8\ \mathrm{dm}\times(2.6^2 - 1.45^2)\ \mathrm{dm}^2 = 10.24\ \mathrm{dm}^3$$

⑤横浇道体积：

$$V_5 = \frac{1}{2}(a+b)\ Lh$$
$$= \frac{1}{2}(0.4+0.35)\ \mathrm{dm}\times4.8\ \mathrm{dm}\times0.3\ \mathrm{dm} = 0.54\ \mathrm{dm}^3$$

⑥冒口体积：

$$V_6 = \frac{1}{2}\left(\frac{\pi}{6}D^3\right) + \frac{\pi}{4}D^2h$$
$$= (1/2)\times(3.14/6)\times1.0^3\ \mathrm{dm}^3 + (3.14/4)\times1.0^2\times1.5\ \mathrm{dm}^3 = 1.44\ \mathrm{dm}^3$$

⑦铸件与浇冒口总体积：

$$V = V_1+V_2+V_3+V_4+V_5+V_6 = 8.775\ \mathrm{dm}^3 + 4.073\ \mathrm{dm}^3 + 1.19\ \mathrm{dm}^3 + 10.24\ \mathrm{dm}^3 + 0.54\ \mathrm{dm}^3 + 1.44\ \mathrm{dm}^3 = 26.258\ \mathrm{dm}^3$$

直浇道和内浇道因其体积较小，可忽略不计。

4）计算铸型所需金属重量 W（铸铁密度值 ρ 为 7.8 $\mathrm{kg/dm^3}$）。

$$W = V\rho = 26.258\ \mathrm{dm}^3\times7.8\ \mathrm{kg/dm}^3 = 205\ \mathrm{kg}$$

5）计算浇包准备金属液 W'。

$$W' = W + 10\%W = 205\ \mathrm{kg} + 205\ \mathrm{kg}\times10\% = 226\ \mathrm{kg}$$

三、浇注温度、浇注速度的确定

1. 浇注温度

浇注温度的高低对铸件质量的影响很大。温度过高时，会使铸件缩孔体积增大、晶粒变粗，但能增加补缩能力；浇注温度过低时，金属液流动性差，补缩能力差，金属液内的气体不易排出，铸件易产生冷隔、浇不足和气孔等缺陷。

合适的浇注温度应根据合金的成分和铸件的重量、壁厚、结构特点以及铸型条件等因素综合考虑来确定。其原则是：厚大铸件和容易产生热裂的铸件要采用较低的浇注温度；薄壁铸件、小铸件、结构复杂不易充满型腔的铸件要采用较高的浇注温度。

对于灰铸铁而言，一般的经验是：高温熔炼、低温浇注。这样既有利于除渣和细化石墨，又可以避免由于高温浇注所带来的不利现象。

灰铸铁的浇注温度与牌号有关，高牌号的铸铁件采用较高的浇注温度。灰铸铁的浇注温度可参考表9—3。

表9—3　　灰铸铁的浇注温度

铸件壁厚/mm	~4	4~10	10~20	20~50	50~100	100~150	>150
浇注温度/℃	1 360~1 450	1 360~1 430	1 330~1 400	1 310~1 380	1 250~1 340	1 230~1 300	1 220~1 280

2. 浇注速度

浇注速度对铸件质量也有较大的影响。较快的浇注速度能使金属液迅速充满铸型，减少金属的氧化。对要求同时凝固的铸件有利于减少铸件各部分的温差。但浇注速度过快，金属液对砂型的冲刷力太大易产生冲砂。较低的浇注速度能增大铸件各部分的温差，有利于铸件的顺序凝固，有利于补缩。但浇注速度过低，金属液先后进入砂型的时间拉长，铸型因受热时间长，铸件易产生皱纹、冷隔夹砂及砂眼等缺陷。

总之，对于不同的铸造合金，不同的铸件结构和不同技术要求的铸件，选用的浇注速度也不同。选择原则是：薄壁、形状复杂或有较大平面的铸件，要采取快速浇注，使金属液在短时间内充满铸型；对于形状简单的厚实铸件，宜采取慢速浇注。浇注速度还要考虑砂型特点，一般情况下湿型的浇注速度比干型要快些。

应当指出，浇注速度的快慢，主要是由浇注系统断面尺寸来控制的，但是浇注操作对浇注速度也有一定的影响，要做到心中有数、相应配合。浇注速度一般用浇注时间表示。灰铸铁件的浇注时间可参考表9—4。

表9—4　　灰铸铁件的浇注时间

铸型中金属重量/kg	5~10	10~50	50~100	100~250	250~500	500~1 000	1 000~5 000
浇注时间/s	3~4	4~9	9~12	12~20	20~28	28~40	40~85

四、铸件的浇注操作技术

1. 小铸件的浇注操作

（1）端包行走和浇注姿势

端包行走时，浇包内金属液不宜太满，并将浇包置于行走位置的后方，这样较为安全。端包行走姿势如图9—7所示。使用手端包浇注时，要以一膝为支点，从而减轻劳动强度，也便于灵活控制浇注速度。手端包的浇注姿势如图9—8所示。

图9—7　端包行走姿势

图9—8　手端包的浇注姿势

（2）浇注操作技术

1）挡渣。浇注前要清除金属液表面的熔渣，除渣时要从浇包的后面或侧面将熔渣刮出，以避免碰坏包嘴。若浮渣太多，可以先在金属液面上撒一些干砂，使其黏结在一起一同除掉。除渣后在金属液面上撒一层稻草灰保温。除渣一般在中间包中进行。除渣后再将金属液倒入手端包。浇注时，把挡渣棒放在包嘴附近的金属液面上，以阻止熔渣进入浇口。

2）引气。浇注时，在砂型的排气孔和冒口处用刨花或废纸片点燃引气，或用红热的挡渣棒引气。这样可以使铸型中的气体迅速逸出，同时还可以减少有害气体的污染。

3）浇注。浇注时要掌握合理的浇注温度及控制浇注速度。形状复杂、薄壁铸件浇注温度要高，速度要快。浇注时浇注口要保持充满不能中断，以防产生浇不足或卷入气体。浇注开始和将要浇满时都要放慢速度，以防止金属液飞溅和减少抬型力。

2. 大、中型铸件的浇注操作

（1）金属液出炉后，要迅速将浇包液面上的熔渣扒除干净，覆盖上保温、聚渣材料，如稻草灰、干砂等。

（2）吊包中盛的金属液不能太满，其液面应低于包口 100 mm 左右，抬包和端包液面应低于包口 60 mm 左右。

（3）浇注时，要设专人挡渣或兼浇注指挥。

（4）浇包的包嘴要对准浇口杯。为了避免造成飞溅和保持一定的压力，要随时调节包嘴与浇口杯的距离，以保持浇注的稳定。底注式浇包的浇注口必须对正浇口杯。

（5）浇注过程中，要始终保持浇口杯充满，不得中断，不得使金属液造成飞溅和旋流。

（6）浇注开始后，立即用引火物（废纸或挡渣棒）点燃冒口及出气口处的引火物质，促使型腔中的气体迅速排出。

（7）设有冒口的铸件，浇满铸型后要补浇冒口，并覆盖保温剂，以利补缩。

（8）浇注过程中如发生跑火，应立即采取抢救措施，用泥堵住跑火的箱缝或增加压箱重量、拧紧紧固螺钉等。同时还要保持细流浇注，不能中断，且快速浇注。

（9）浇注时，若金属液溢出浇冒口，应用撬棍把刚刚凝固的金属除掉，以利于补缩。

此外，铸型的放置应尽量使浇口杯排成直线，从而缩短吊运时间和便于操作。

为了保证铸件质量和合理分配金属液，浇注时还要考虑到浇注顺序。铸铁件的浇注顺序是：冲天炉开始熔化的铁液由于温度低、成分波动大，只能浇注芯骨和不重要的铸件；中期高温铁液则适宜用来浇注小铸件和薄壁复杂铸件。

3. 浇注的安全技术规程

浇注是一项高温操作，必须严格遵守安全操作规程，切不可疏忽大意。尤其手端浇注体力消耗大，更要注意安全。浇注安全技术规程如下。

（1）操作者必须佩戴劳动保护用品。

（2）浇注道路保持干净，不得有杂物、积水，以免绊倒发生事故。

（3）铸型的放置要方便浇注工作的进行。最好浇口排成一行，铸型按一定规律放置，不得杂乱无章。

（4）起重设备、运输设备、浇包的转动机构要灵敏正常。吊钩、钢丝绳、链条等不能有损伤。手端包和包柄要牢靠，不能转动。

（5）浇包中的金属液不能盛得太满（一般不超过容积的80%），浇包起放要平稳协调。

（6）浇注工具如挡渣棒、火钳、铁棍等都要预热，防止接触金属液时造成飞溅伤人。

（7）挡渣工的站立位置不能正对包嘴。剩余的金属液不能随地乱倒，以免妨碍浇注工作或发生事故。

（8）浇注工作结束后，应全面检查、清理场地、熄灭火源。

技能训练

小铸件的浇注操作

1. 实训设备

手端包、砂型等。

2. 操作步骤

（1）端包姿式与行走

端包姿式与行走是铸造工的基本技能，它不仅影响工作效率，也是浇注安全的第一保证。实训时可以先用稀的水泥砂浆代替，再用铁液训练。

（2）挡渣

浇注前要清除金属液表面的熔渣，除渣时要从浇包的后面或侧面将熔渣刮出，以避免碰坏包嘴。若浮渣太多，可以先在金属液面上撒一些干砂，使其与浮渣黏结在一起一同除掉。

（3）引气

在砂型的排气孔和冒口处用刨花或废纸片点燃引气，或用红热的挡渣棒引气，其原理是：在浇注口使空气的温度升高、流动加快，即产生压差，从而使得砂型中的气体排放出来。

（4）浇注

浇注时要掌握合理的浇注温度、控制浇注速度。形状复杂、薄壁铸件浇注温度要高，速度要快。

3. 质量分析

（1）浇包内铁液不宜太满，行走时要把浇包置于行走位置的后方，这样便于行走也更为安全。使用手端包浇注时，要以一膝为支点，既可以减轻劳动强度，也便于灵活控制浇注速度和手端包的浇注姿势。

（2）除渣后在金属液面上撒一层稻草灰保温。除渣一般在中间包中进行。除渣后再将金属液倒入手端包。浇注时，把挡渣棒放在包嘴附近的金属液面上，以阻止熔渣进入浇注系统。

（3）浇注时，在砂型的排气孔和冒口处用刨花或废纸片点燃引气，或用红热的挡渣棒引气。这样可以使铸型中的气体迅速逸出，同时还可以减少有害气体的污染。

（4）浇注时浇注口要保持充满不能中断，以防产生浇不足或卷入气体。浇注开始和将要浇满时都要放慢速度，以防止金属液飞溅和减少抬型力。

4. 评分标准

评分标准见下表。

小铸件浇注操作实训评分表

考核项目	考核内容及要求	配分	评分标准	得分
端包姿势	浇包内铁液不能太满，要把浇包置于行走位置的后方 使用手端包浇注时，要以一膝为支点	20	端包运行的姿势正确，得20分 端包运行的姿势不正确，视情况扣5~15分	
挡渣	除渣时要从浇包的后面或侧面将熔渣刮出，以避免碰坏包嘴。若浮渣太多，可以先在金属液面上撒一些干砂，使其黏结在一起一同除掉。除渣后在金属液面上撒一层稻草灰保温。除渣一般在中间包中进行。除渣后再将金属液倒入手端包。浇注时，把挡渣棒放在包嘴附近的金属液面上，以阻止熔渣进入浇注系统	20	浇注前，及时清除金属液表面的熔渣 无铁液、表面无浮渣，得20分 铁液、表面有少量浮渣，扣5~10分 铁液、表面浮渣较多，未及时清理，扣15~20分	
引气	浇注时，在砂型的排气孔和冒口处用刨花或废纸片点燃引气，或用红热的挡渣棒引气。这样可以使铸型中的气体迅速逸出，同时还可以减少有害气体的污染	20	浇注时，引气方法得当，效果明显，得20分 引气不彻底，扣5~15分 没有引气过程，扣20分	
浇注	浇注时掌握合理的浇注温度及控制浇注速度。形状复杂、薄壁铸件浇注温度要高，速度要快。浇注时浇注系统要保持充满不能中断，以防产生浇不足或卷入气体。浇注开始和将要浇满时都要放慢速度，以防止金属液飞溅和减少抬型力	20	手端包的浇注姿势规范，得5分；浇注温度及控制浇注速度合理，得5分；浇注时浇注系统保持充满、不能中断，得10分 手端包的浇注姿势不规范，扣2~5分；浇注温度及控制浇注速度不合理，扣5~10分 浇注时浇注系统有中断现象，扣5~10分	
安全及其他	安全文明生产，按国家颁布的有关法规或企业自定的有关规定	15	一项不符合要求扣5分，发生较大事故者全扣	
	操作、工艺规程正确	5	一处不符合要求，扣2分	
时间定额	2 h		每超过20 min，扣5分	

课题二 铸件的落砂与清理

浇注冷却后的铸件必须经过落砂和清理，才能进行机械加工或使用。其内容包括落砂、清除砂芯、芯骨及浇冒口、铸件表面清理、铲除毛边和浇冒口余痕、表面修整等。

一、铸件的落砂

用手工或机械使铸件和型砂、砂箱分开的操作叫做落砂。落砂位置粉尘多，劳动条件差，应安装通风除尘装置。

1. 铸件在铸型中的停留时间

铸型浇注后，必须使铸件在铸型中停留一定时间，待其冷却到一定温度才能从铸型中取出。铸件在铸型中的停留时间是指金属液注入铸型后，至落砂时的一段时间，生产中称为落砂时间。一般铸钢和铸铁件的落砂温度为400～500℃，壁厚均匀的简单件为600℃，薄壁复杂中大件则取200～300℃。落砂温度可借助表面温度计和测温笔测定，实际生产中往往只控制铸件在砂型中的冷却时间。

落砂时间过短，铸件温度尚高，容易使铸件表面过硬，难以机械加工，也容易使铸件产生变形、裂纹等缺陷。但落砂时间过长，又会影响砂箱等工具的周转和造型面积的充分利用。因此，适宜的落砂时间和温度是很重要的。适宜的落砂时间应根据铸件的大小、复杂程度和金属的种类来确定。一般黑色金属落砂时铸件的温度在400℃以下；有色金属在相变温度以下100～150℃。铸件的落砂时间见表9—5。

表9—5　　铸件在铸型中的冷却时间　　h

铸件质量/kg	造型方法		铸件质量/kg	造型方法	
	在流水线上	在车间地面上		在流水线上	在车间地面上
≤10	≤0.15	0.5～1.0	500～1 000	1.5～3.0	4.0～10.0
10～30	0.15～0.4	0.8～1.55	1 000～2 000	—	10.0～15.0
30～50	0.25～0.5	1.0～2.0	2 000～3 000	—	15.0～20.0
50～100	0.3～0.6	1.5～3.0	3 000～5 000	—	20.0～30.0
100～250	0.5～1.0	2.0～4.0	5 000～10 000	—	30.0～40.0
250～500	0.8～2.1	3.0～6.0	10 000～20 000	—	40.0～60.0

注：1. 铸件质量应是每箱中铸件的总质量。

2. 壁厚大且质量大的铸件冷却时间取大值，反之取小值。

2. 落砂方法

（1）手工落砂

手工落砂是目前生产中常见的一种落砂方法，使用的工具有铁锤、铁钎和一些风动工具。

当铸件在砂型中冷却到250～450℃时进行落砂处理。首先拆除所有紧固装置，如螺栓、箱卡、压铁、箱外定位销、浇冒口圈等。然后打开砂箱，用锤敲击砂箱的四角，使型砂振落。人工落砂的大中型铸件，用起重机提开上箱（移至一旁），除去上箱框内砂块，将上箱放在一旁；然后提走中箱。当铸件暴露出来后，用钢钎或风枪铲去铸件上大砂块，把铸件提起支撑放置，敲去能敲掉的浇冒口（不能敲掉的则保留），捣碎型芯并取出芯骨或骨架。最后吊起下箱支撑放置，捣去下箱中的砂块，并将清理后的所有砂箱吊走堆放整齐，则铸件人工落砂结束。

对于较大的铸型应由吊车将砂箱吊起。如铸件同时被带起，应用大锤敲击铸件的浇注系统或冒口，首先打落铸件，然后锤击砂箱四角或用铁钎将砂箱四角的型砂打落，再用锤振落其他的型砂。用锤振击砂箱时，只能敲打砂箱四个角，不能将箱带、箱耳或其他地方打坏。下砂箱应先翻转后再落砂，落砂后的砂箱按类叠放在指定的地点。

手工落砂生产效率低，劳动强度大，作业条件差。为了减轻工人的劳动强度，改善作业条件，提高生产效率，应尽量采用机械落砂。

（2）机械落砂

在铸造生产中，由于产品类型、生产规模和具体生产条件不同，采用不同的落砂方法和落砂设备。在单件小批量和普通机械化造型流水线上，砂箱和铸件的落砂均在振动落砂机上同时完成。而在半自动化或自动化造型流水线上，通常是用捅箱机和落砂机进行落砂。在无箱造型流水线上，落砂可用振动落砂机或落砂滚筒。

目前使用较普遍的振动落砂机，按驱动方式分气动振动、机械偏心振动、惯性振动和电磁振动等。气动振动落砂机由于动力消耗大很少采用。下面主要介绍惯性振动落砂机和机械偏心振动落砂机。

1）振动落砂机

①惯性振动落砂机。如图 9—9 所示，落砂框架搁置在弹簧组上，安装在落砂框架上的主轴带有偏心重。当主轴由电动机带动回转时，偏心重产生的离心力即激振力使落砂框架振动；而后放在栅格上的砂型反复被抛起、落下，与栅格发生撞击，从而进行落砂。

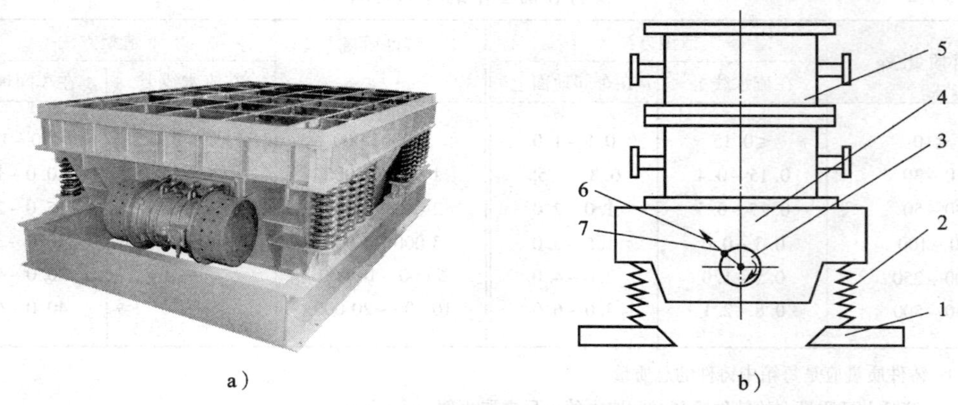

图 9—9　惯性振动落砂机

1—机座　2—弹簧　3—主轴　4—落砂框架　5—砂型　6—激振力　7—偏心重

②偏心振动落砂机。如图 9—10 所示，当电动机以带轮带动偏心轴回转时，就使落砂框架做上下运动。当落砂框架向上运动时，砂型被抛起，离开落砂框架，然后又靠自重下落，与固定在落砂框架上的栅格发生撞击，从而将砂型振散，进行落砂。

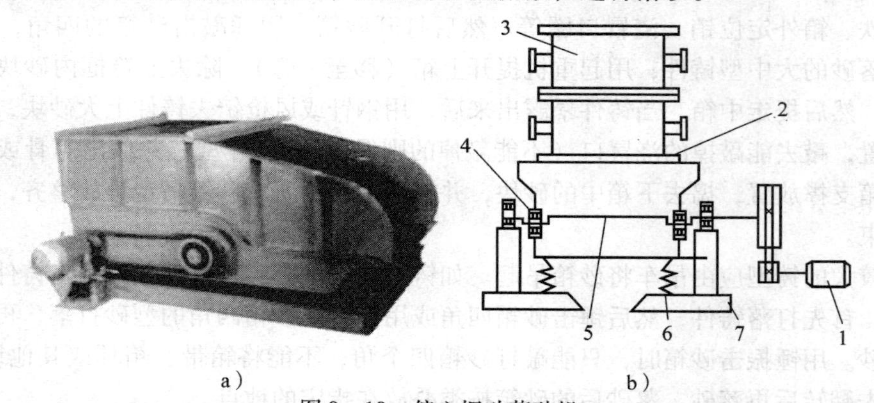

图 9—10　偏心振动落砂机

1—电动机　2—落砂框架　3—砂型　4—偏心轴　5—平衡重　6—弹簧　7—机座

我国生产的落砂机的规格见表9—6。

表9—6　　振动落砂机的规格

型号名称	主要技术规格				生产率/（箱/h）	外形尺寸 长×宽×高/mm	重量/t
	载重量（t）	栅格主要尺寸 长×宽/mm	振幅/mm	主轴转数/（r/min）			
L113型偏心振动落砂机	2.5	600×160	3	800	100～120	2 710×2 090×1 132	3.25
L121型惯性振动落砂机	1	1 000×160	3（空载时）	1 200	—	2 105×1 679×1 068	1.2
L128型惯性振动落砂机	7.5	1 800×1 400	0.5～1（满载时）	650	50～60	2 265×1 980×936	2.4
L134型惯性振动落砂机	4	1 600×1 400	6（满载时）	670	—	1 888×1 700×967	2

2）机械落砂的操作

①对于无箱带砂箱的落砂，在地面浇注时，可将砂箱连同铸件一起，吊至落砂栅格上，进行落砂。

②对于有箱带砂箱的落砂，通常是将上箱吊起，取出铸件，然后分别将上、下砂箱吊至落砂栅格上进行落砂。

③落砂前要对落砂的砂箱、铸件以及砂子的总重量进行估算，看是否在落砂机规定载重范围内。不允许在超负荷的情况下进行工作。

3）使用落砂机落砂时的注意事项

①不要把湿型砂、干型砂、自硬砂等混在一起，应分别落砂，分别堆放。

②要及时清除阻塞在落砂机栅格里的碎铁块和砂团，以免阻塞栅格降低落砂效果。

③要经常检查落砂机上的放松装置和螺钉，若松动应拧紧后方可继续使用。

二、铸件的清理

落砂后从铸件上消除表面黏砂、型砂、多余金属（包括浇冒口、飞翅和氧化皮）等过程总称为清理。

1. 砂芯的清理

落砂后，要从铸件中去除砂芯和芯骨，砂芯的清理要比铸件的落砂复杂得多。因为砂芯的强度较高，又大部分包在铸件里面，在清除砂芯过程中有时还需要保留完整的芯骨，以便继续使用，这样也给砂芯的清理带来一定的困难。清除砂芯的方法有：手工清砂，机械清砂，水力清砂以及水爆清砂等。

（1）手工清砂

手工清除砂芯的方法目前应用较多。使用的工具一般有钢钎、大锤、锤子和风动工具等。

手工清砂的方法为：先将铸件分型面及芯头处的飞翅打掉。用风铲和钢钎铲除芯头，并铲除砂芯中间部分的芯砂，露出芯骨。用大锤将不易取出的砂芯芯骨打断。敲击铸件，使靠近铸件的芯砂振落。敲击时，用力不要过大，锤头落下要平，最好不要敲击薄壁及大平面处，以防损坏铸件。铸件内腔的各个角落及较狭窄的部位，芯砂不易振落，应用风铲或钢钎仔细铲出。

手工清除砂芯劳动强度大、灰尘多、劳动条件差，所以应尽量用机械清理或新工艺来代替。

（2）气动落芯机清砂

气动落芯机的原理如图9—11所示，当气缸中通入压缩空气，使活塞向左移动时，就可将振动器推向左面，通过夹具将需清除砂芯的铸件夹紧，然后再将压缩空气通入振动器中，使内部的活塞左右振动，并撞击在夹具上，引起铸件振动，将其中的砂芯振松落下。

这种落芯机因振击力不大，只适用于清除以油类、纸浆、合脂作黏结剂的中小型砂芯，去除黏土砂芯的效果较差。

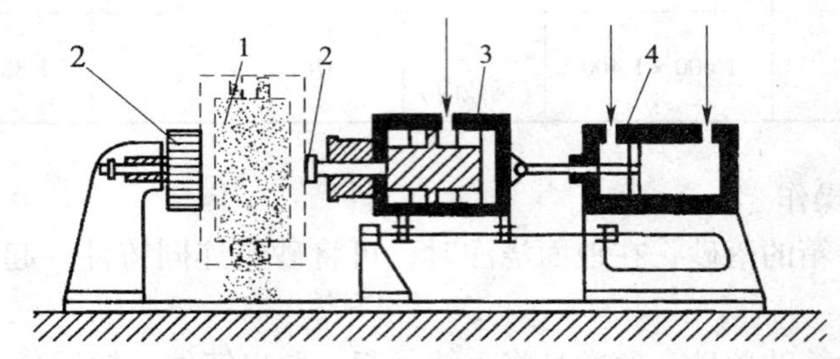

图9—11　气动落芯机原理图

1—铸件　2—夹头　3—振动器　4—气缸

（3）水力清砂

水力清砂是利用高压水束喷射铸件，清除黏附砂子的方法。这种清砂方法，清理效率高，质量好。水力清砂属湿法作业，因此，基本上没有灰尘飞扬，而且噪声小，劳动条件好。此外，还可与湿法再生配套使用，进行旧砂再生处理。水力清砂装置如图9—12所示。

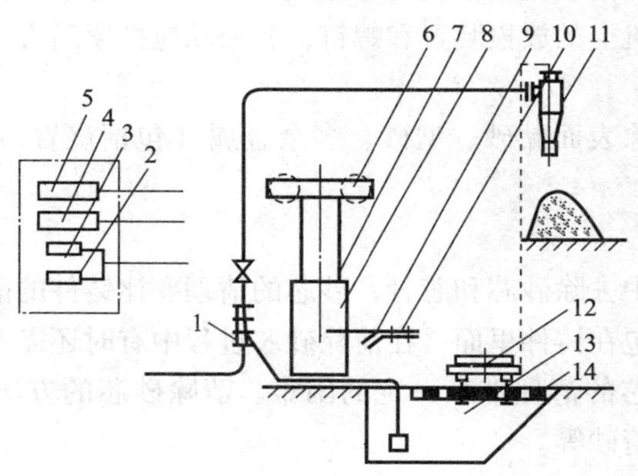

图9—12　水力清砂装置示意图

1—水力提升器　2、3—双柱塞式高压泵　4、5—离心泵　6—简易行车　7—导向轨道

8—操纵室　9、10—喷枪　11—水力旋流器　12—回转台车　13—清砂池　14—栅格

采用水力清砂时，要注意以下几点。

1）清砂前铸件必须冷却到50℃以下，以防温度过高时，在水的激冷作用下使铸件产生

裂纹。

2）清砂操作时，应先开高压水泵，待其空载运行正常后，再开水枪进行工作，否则会使高压水泵损坏。

3）操作水枪时，喷嘴离被清理的型（芯）砂平面要适中，一般为200～600 mm，太远芯砂不易打下来，太近影响喷嘴操作。

4）水枪的前后移动机构在不运动时，必须锁紧，以防开水枪时，在高压水的作用下突然向后运动伤人。

5）严禁随意调整安全阀，不准松动高压部分螺栓，并且要经常检查高压水泵、油泵等运行是否正常，如不正常应立即停车检查。

6）停车前应先打开卸水阀，然后切断电源停车。在冰冻期，一定要闭塞进水阀，并将高压水泵中的水放出，以防水泵冻裂。

（4）水爆清砂

利用浇注后铸件本身的余热浸入水中清除铸件中的砂芯和外表面残留型砂的方法称为水爆清砂。其原理是将具有一定温度的出箱铸件骤然浸入水池，使水迅速渗入型砂和砂芯内部，造成急剧气化、膨胀和增压而发生爆炸，使型砂和砂芯从铸件表面和内腔脱落，达到落砂的目的。水爆清砂池装置如图9—13所示。

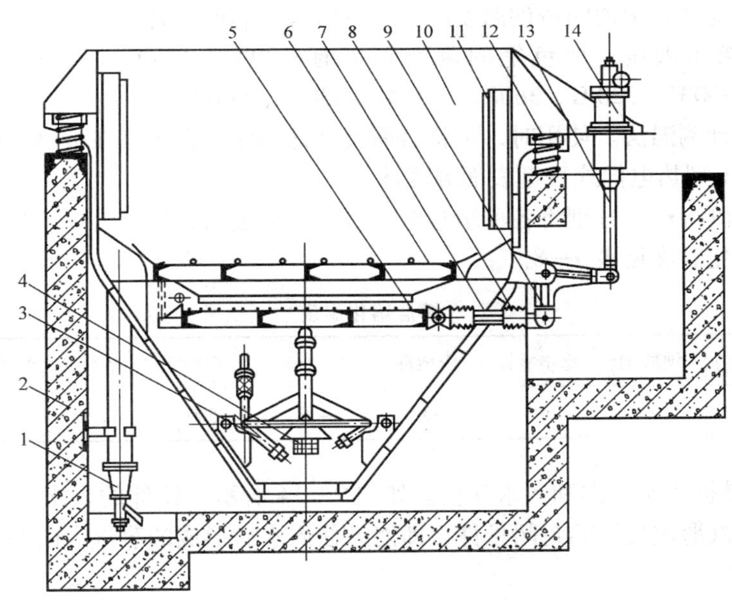

图9—13　水爆清砂装置示意图

1—气力提升器　2—基础坑　3—搅拌装置　4—吸笼　5—摆动格栅　6—保护格栅　7—连杆　8—橡胶伸缩套　9—曲拐　10—水爆池　11—撞击面　12—弹簧　13—轴　14—压力泵

采用水爆清砂时，要注意以下几点。

1）要使铸件的温度分布尽量均匀。大型铸件开箱后，应架空使之均匀冷却，否则铸件冷却不均匀在水爆时易产生裂纹。造成铸件局部过热的浇冒口残砂应打掉。芯头处的毛边和披缝也应打掉。否则，妨碍进水和出砂。对于出砂条件不利和局部渗水条件不好的铸件，应用锤震击该部位，从芯头处敲打芯骨使砂芯内部产生裂纹，以改善渗水条件。

2）要控制正确的入水温度。铸件的入水温度过高，铸件易产生裂纹，铸件入水温度过低，则不易起爆。铸件在砂型中的温度由铸件复杂程度决定：形状复杂、芯子较大、材质较脆的铸件在150～350℃进行水爆；形状简单、芯子较小且无收缩阻碍的铸件在250～450℃进行水爆；对于重大而复杂，并且含碳量又高的铸件在450～550℃进行水爆。

确定铸件温度的方法有以下几种。

①目测法。用眼睛观察铸件红热程度来判断铸件的温度，可参考表9—7确定。

表9—7　　用目测法观察铸件红热程度来判断温度　　℃

铸件颜色	铸件温度	铸件颜色	铸件温度
红白色（稍耀眼）	900以上	暗红色	450～500
火红色	700～800	紫红色	400～450
深红色	500～600	发黑色	400以下

②变色笔测温法。它是根据笔中的色素在一定温度下起变化的特性来指示温度的。使用时，可将变色笔在铸件表面划笔痕。若2 s内笔痕不变色，则说明铸件温度低于该笔指示温度；若笔痕立即烧掉，则说明铸件温度高于该笔所指示温度；若笔痕变色，说明所测铸件温度正是该笔所指示温度。变色笔的测温等级有：70℃、125℃、140℃、165℃、200℃、250℃、270℃、300℃、320℃、360℃、390℃、430℃、560℃。

③表面温度计测温法。使用时，可将表面温度计的触头直接靠在被测铸件表面上。常用的有WREA—891型热电偶式弓型表面温度计。

④化学熔盐测温法。分别将各种熔盐撒少量于铸件表面，根据熔盐熔化情况确定铸件表面温度。熔盐熔化温度见表9—8。

表9—8　　熔盐熔化温度　　℃

熔盐名称	硝酸钾	溴酸钠	重铬酸钾	溴酸钾	氯化钠	氯化钼	碘化钾	氯化锰	溴化钾
熔点	334	381	398	432	460	500	560	650	730

3）要正确掌握入水方向和入水深度。如图9—14所示，铸件的入水方向应保证水和铸件对所产生的蒸汽形成良好的封闭条件，即能憋住入水后形成的蒸汽，以保证短时间里达到

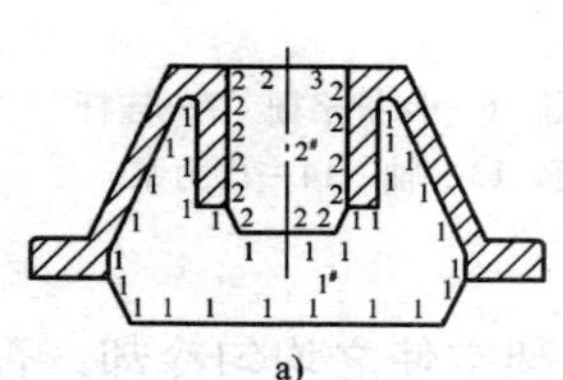
a）

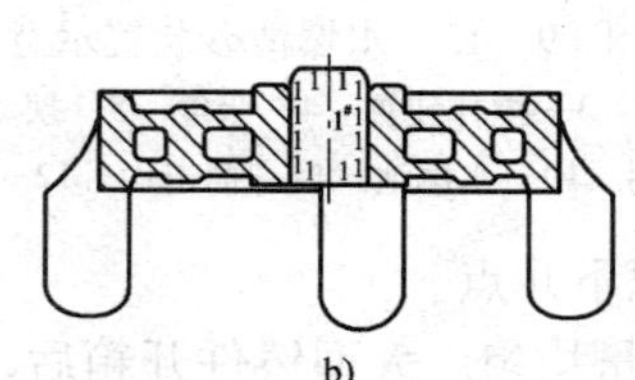
b）

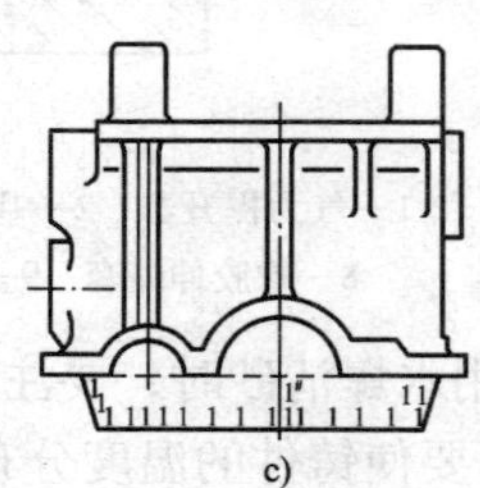
c）

图9—14　水爆清砂铸件下水方向

a）芯头向下　b）带砂多的面向下　c）开口面向下

所需的爆炸压力。因此应尽量使大芯头朝下或侧放。入水深度应保证一定的水压，以加快渗水速度，阻止蒸汽外泄。一般入水深度为 500 ~ 800 mm，对于较大砂芯及铸件尺寸较大时，可取 1 000 mm 左右。入水速度可取 8 ~ 21 m/min。

4）要注意引爆工作。引爆一般是将铸件碰撞水池壁而产生爆炸，另外也可将易爆件与难爆件放在一起同时入水，利用易爆件的水爆振动来进行引爆。

5）要控制铸件入水后的时间。铸件入水后的停留时间长易产生裂纹，一般控制在 15 ~ 35 s 之内。

6）要控制水温和含泥量。水温影响着铸件质量和效果。水温低，铸件冷却快，易产生裂纹，但水爆效果好。水温高，增加水的初期气化速度，影响水的渗透能力，对水爆效果不利。水温一般控制在 30 ~ 50℃较为合适。

水中含泥量过多，容易阻塞砂的孔隙，影响水的渗透速度，使水爆效果差，必要时应适当换水。

7）水爆后的铸件应采取缓冷措施。水爆后要即时对铸件进行热处理，若不能即时热处理或不进行热处理，须将铸件集中堆放在避风处，易裂铸件应放入保温坑或退火炉中缓冷。

2. 除去浇冒口

（1）对于铸铁件的易折浇冒口，采用锤子敲击直接除去。敲击时要考虑敲击点和敲击方向，如图 9—15 所示。

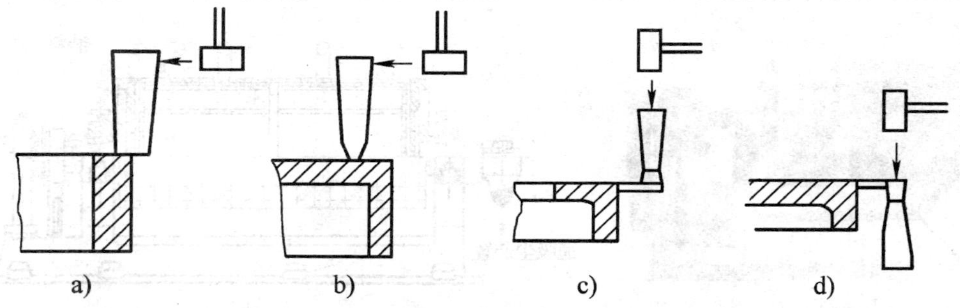

图 9—15　敲击时要考虑敲击点和方向

（2）对于铸铁件的粗大浇冒口和铸钢件的浇冒口一般采用氧炔焰切割，通常在清砂后，铸件热处理前常温切割。对于易裂件，可在热处理后或预热情况下切割。对于铬镍钢铸件冒口则采用清砂后趁热马上切割的方式。高锰钢铸件的大冒口通常在热处理后常温切割。不论哪种方式切割，应一次切割完毕，中途不得停顿。直径在 500 mm 以上的冒口切割后，铸件要立即进炉保温缓冷。铸件上的拉肋应在热处理后切割。

（3）冒口直径在 300 mm 以上时，由于割炬切割厚度的限制，可采用两次进刀法，如图 9—16 所示。

（4）冒口切割残留形式如图 9—17 所示。铸件加工面上的冒口切割余量由冒口直径和宽度决定，正向余量与冒口宽度（或直径）比为 1∶30，负向余量为 1∶200。对于非加工面上的冒口要尽量割平。当切割后余量过大时，可以进行再次切割。

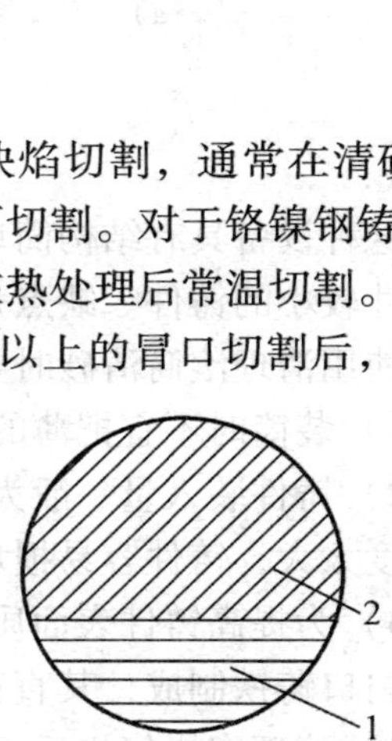

2
1

图 9—16　两次进刀法

1—一次进刀　2—二次进刀

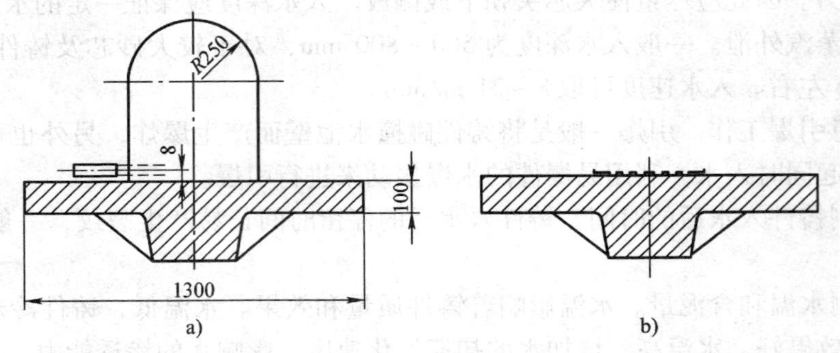

图 9—17 冒口切割残留形式

3. 铸件的表面清理

清除砂芯、芯骨和浇冒口后，还要去除铸件内外表面的黏砂，分型面及芯头处的毛边、披缝，浇冒口余痕等。目前还有一些工厂使用手工清理，但由于劳动强度大、效率低等原因大都已被机械所代替。目前表面清理设备使用较多的有清理滚筒、喷砂清理设备、抛丸清理设备等。

（1）清理滚筒

清理滚筒是一种使用较广的铸件清理设备，利用铸件与铸件之间和铸件与星形铁之间的摩擦撞击来除去铸件表面黏砂、氧化皮。清理滚筒的外形和结构如图 9—18 所示。

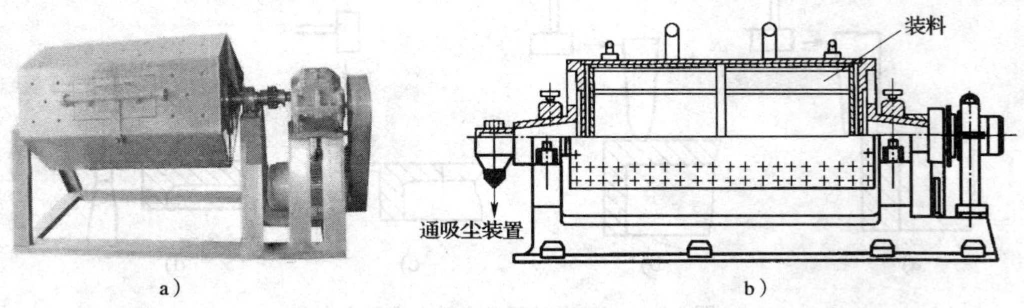

图 9—18 清理滚筒

a）清理滚筒的外形 b）清理滚筒结构

这种设备具有结构简单，操作方便等优点，适用于中小型铸造车间，用来清理形状简单和尺寸较小的铸件。缺点是生产效率低，噪声大。

使用清理滚筒清砂时要注意以下几点。

1）装筒时不宜把薄的铸件同重而厚的铸件同时装入以防清理时碰坏薄件。

2）铸件装入量一般为滚筒容积的 70% ~80%，以便翻滚摩擦。装入量太少，滚动时下落高度太大，铸件容易损坏。

3）为提高铸件表面质量和效率，可在滚筒内加入铸件重量 6% ~15% 的星形铁，星形铁用白口铸铁制成，其直径为 20 ~60 mm。

4）清理完毕停机后可用制动器制动。最后应注意插上保险销，才能开盖取出铸件。

5）装完后应将盖扣紧，然后开车进行清理。

6）铸件清理完毕，停机，并用制动器制动，此时应注意让滚筒口停在适宜取出铸件的位置，然后插上保险销，才能打开盖取出铸件。

（2）喷砂清理设备

其原理是利用喷砂器清理铸件上的黏砂和氧化皮，其结构如图 9—19 所示。硅砂经漏斗上的锥形阀门进入储砂筒内，工作时锥形间门在压缩空气的压力作用下关闭，打开出砂阀门，硅砂由储砂筒落到混合室内与压缩空气流相遇，含砂气流经胶管和喷嘴喷射到被清理的铸件上，达到清理的目的。

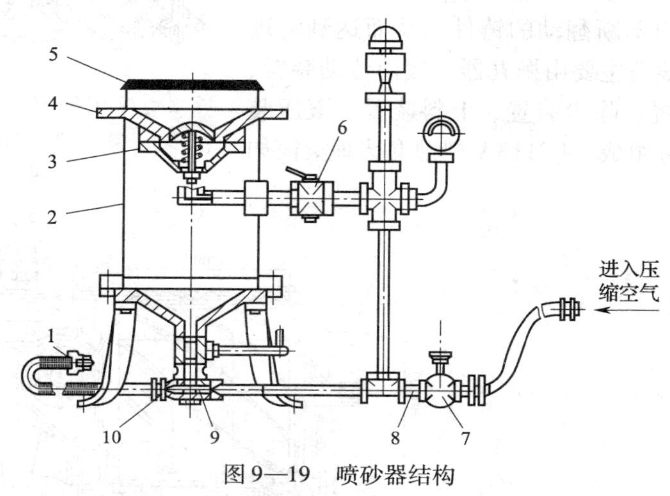

图 9—19　喷砂器结构

1—喷嘴　2—储砂筒　3—锥形阀门　4—漏斗　5—上盖
6、7—阀门　8—压缩空气管路　9—混合室　10—出砂阀门

这种设备结构简单，可以清理铸件的复杂表面、内腔深坑等处。但消耗动力大；喷枪作用面积小，效率低，如用人工操作工作条件差。

使用喷砂设备清砂时要注意以下几点。

1）硅砂使用前应过筛，将大块砂团、石块以及其他杂物清理掉，同时也应除掉因多次使用而成粉状的细小砂粒。

2）喷砂胶管工作时，决不允许有任何急转弯和压折现象。

3）当喷嘴使用后被磨损、喷出来的砂束分散时，应立即更换喷嘴。

喷砂清理因硅砂易破碎，生产效率低，且硅尘对健康有危害，已逐渐为抛、喷丸清理所代替。喷丸清理设备的原理与喷砂相同，只是用铁丸或钢丸代替硅砂作磨料。

（3）抛丸清理设备

抛丸清理设备有抛丸器单机和抛丸清理滚筒，其外形如图 9—20 所示。

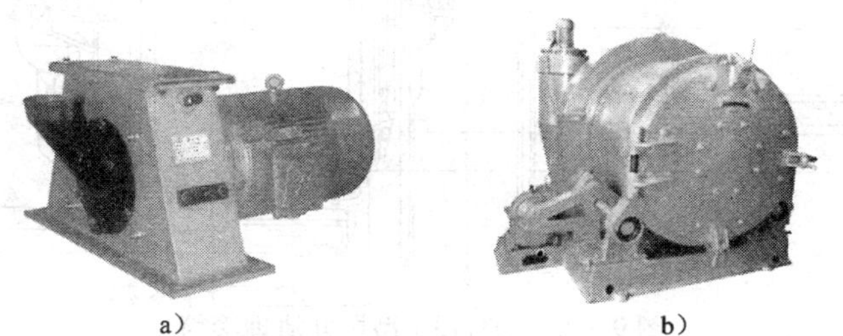

a）　　　　b）

图 9—20　　抛丸器和抛丸清理滚筒外形图

a）抛丸器　b）抛丸清理滚筒

抛丸器的结构和原理如图 9—21 所示。铁丸自漏斗流入与叶片相连的分配轮中，分配轮带着铁丸旋转，使其从固定的出口抛出并被叶片承接，接着在离心力的作用下，铁丸沿着叶片由内向外呈扇形高速抛向铸件，以去除铸件表面的黏砂或氧化皮。

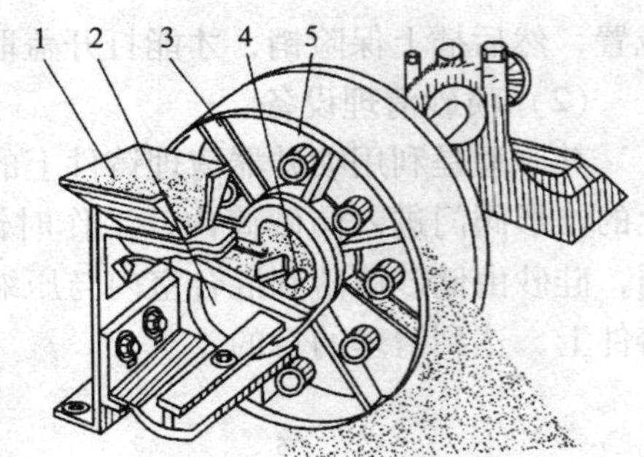

图 9—21　抛丸器

1—漏斗　2—导圈　3—分配轮　4—转板　5—出口

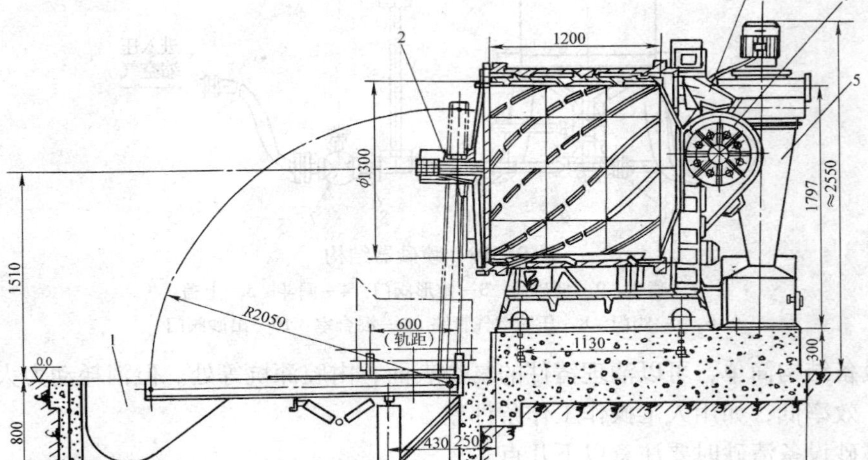

抛丸清理滚筒是在滚筒清理的基础上再利用抛丸器将弹丸抛向滚筒内不断翻动的铸件，从而达到清理的目的。抛丸清理滚筒主要由抛丸器、滚筒传动装置、弹丸循环及分离装置、除尘装置、上料装置、滚压装置及电气设备等部分组成。Q3113A 型抛丸清理滚筒如图 9—22 所示。

图 9—22　Q3113A 型抛丸清理滚筒

1—上料装置　2—端盖启闭装置　3—弹丸循环及分离装置　4—抛丸器　5—除尘装置　6—液压装置　7—滚筒传动装置　8—电气设备

抛丸器、抛丸清理滚筒的优点是生产效率高、动力消耗少、劳动强度低、清理质量好，是铸件清理的主要方法。

使用抛丸器或抛丸清理滚筒时应注意以下几点。

1）抛丸器运转时应保持稳定，如有振动现象应及时停车检查。其平衡性的技术要求是：抛丸器一套叶片的重量差不超过4 g，在同一直径上的一对叶片重量差不超过3 g，若不符合此要求应立即更换，或调节一对叶片的比重。

2）在抛丸机内循环的铁丸应干净，铁片、碎铁丸、砂子、灰土等杂物不能多于15%。一般使用的铁丸粒度为1.5 ~2.5 mm。

3）清理时铁丸的抛出量，可视铸件的大小、形状而定，一般是由少增多，在正常操作时可控制在60 ~70 kg/ min为宜。

(4）铸件的表面修整

铸件经表面清理后，为了获得更好的外观质量，仍需进行表面修整，去除铸件表面的飞边、毛刺、浇冒口的余痕以及个别部位的黏砂。

为了提高铸件表面质量，常用砂轮机打磨铸件的表面。砂轮机有固定式、悬挂式和手提式三种。悬挂式砂轮机如图9—23所示；手提式砂轮机如图9—24所示。大型铸件搬移很不方便，这时用手提式砂轮机来打磨最方便适宜。

图9—23　悬挂式砂轮机

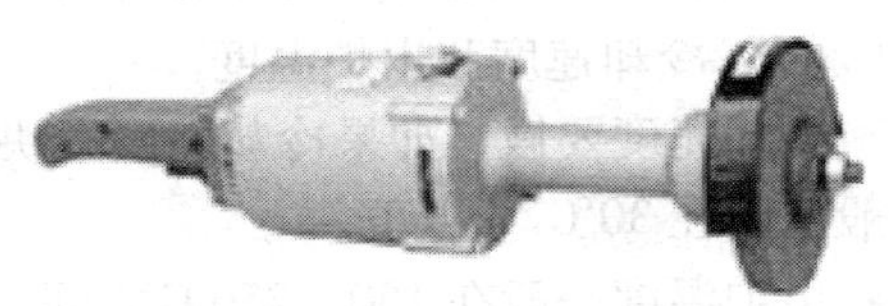
图9—24　手提式砂轮机

使用砂轮机表面打磨时应注意以下几点。

1）砂轮材料应根据铸件材质选定，一般铸件材质越硬，砂轮材料就应越软；反之，铸件材质越软，砂轮的材料就应越硬。

2）打磨前应用木槌轻轻敲击砂轮，如声音清脆，便可使用；如声音破杂，则砂轮有裂纹，应停止使用，并进行更换。

3）开动砂轮，待速度稳定后，才能进行打磨，一般砂轮的圆周线速度可控制在25 ~30 m/s，过高的速度易引起砂轮破裂。

4）打磨时，不要突然用力过猛，应逐渐用力，如发现异常声音，应停机检查。

5）手提砂轮机切不可放在潮湿和具有腐蚀性或爆炸性气体的环境中，以免电动机绝缘被腐蚀产生爆炸危险。

三、铸铁件热处理简介

按工艺目的不同，铸铁热处理主要可以分为去应力退火热处理、石墨化热处理和改变基体组织热处理。下面主要介绍铸铁中几种常见的热处理形式。

1. 灰铸铁件的消除内应力低温退火

消除内应力的低温退火，是将铸件缓慢加热到高于铸铁塑性变形的温度范围进行保温，然后再缓慢地冷却到弹性变形的温度范围内出炉空冷，也叫人工时效处理。

人工时效处理是工厂对灰铸铁件常用的一种处理方法。中、小灰铸铁件人工时效规范如图 9—25 所示。下面介绍进行人工时效处理时，应注意的几个问题。

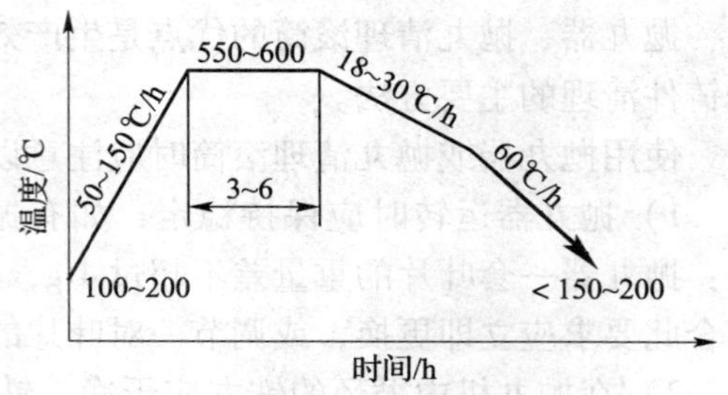

图 9—25　中、小灰铸铁件人工时效规范

（1）装炉温度

一般灰铸铁件都是冷炉装入，如果需装热炉，炉温控制在 100～200℃之间。此外，还应把壁薄部分装在炉温较低处，而把铸件厚实部分放在炉温较高处，以减少铸件内部的温差。

（2）加热速度

升温加热速度要根据灰铸铁件的结构及复杂程度、灰铸铁件重量来确定。升温过快易引起复杂灰铸铁件开裂，一般升温速度在 50～150℃/h 之间。

（3）时效温度与保温时间

消除残余应力的时效温度在 550～600℃之间，此温度为灰铸铁件塑性状态温度。温度过高易使渗碳体分解，降低铸件的硬度和耐磨性。温度过低则需延长保温时间，降低生产效率。

保温时间视铸件壁厚薄而定，但必须使铸件各部分都达到所需温度，使残余应力通过塑性变形而消除。一般铸件的保温时间为 3～6 h。

（4）冷却速度和出炉温度

冷却速度要慢，如果冷却速度太快会使灰铸铁件各部分温差太大，重新产生残余应力，一般控制在 30℃/h 以下。

出炉温度一般在 150～250℃之间。根据铸件的不同出炉温度有所不同，各类铸件的时效热处理规范见表 9—9。

表 9—9　各类铸件的时效热处理规范

铸件类别	铸件重量/t	铸件厚度/mm	时效工艺参数					
			装炉温度/℃	升温速度/（℃/h）	退火温度/℃	保温时间/h	降温速度/（℃/h）	出炉温度/℃
较大的机床件	>2	20～80	<150	30～60	500～550	8～10	30～40	150～200
较小的机床件	<1	<60	≤200	<100	500～550	3～5	20～30	150～200
纺织机械小铸件	<0.05	<1.5	<150	50～70	500～550	1.5	30～40	150
结构复杂有较高精度要求的铸件	>1.5	>70 40～70 <40	<200 <200 <150	<75 <70 <60	500～550 450～550 420～450	9～10 8～9 5～6	20～30 20～30 30～40	<200 <200 <200
一般精度要求铸件	0.1～1.0	15～60	100～200	<75	500	8～10	40	<200
简单或圆筒状铸件	<0.3	10～40	100～300	100～150	550～600	2～3	40～50	<200

人工时效处理有的是在零件粗加工以后进行，这样既消除了铸件原有的残余应力，又可消除粗加工时引起的残余应力。

2. 灰铸铁件的石墨化退火

在结晶过程中，由于冷速较快，碳没有全部以石墨状态析出，形成了渗碳体或珠光体，造成铸件硬度过高。为降低硬度提高可塑性，应使渗碳体全部或部分进行石墨化退火。若铸件中不存在共晶渗碳体或其数量不多时，可进行低温石墨化退火；当铸件中共晶渗碳体数量较多时，须进行高温石墨化退火。

（1）低温石墨化退火

灰铸铁低温石墨化退火工艺是将铸件加热到 650～750℃，保温一段时间使共析渗碳体分解，然后随炉冷却。灰铸铁件石墨化退火工艺规范如图 9—26a 所示。

（2）高温石墨化退火

高温石墨化退火工艺是将铸件加热至为 900～960℃，使铸铁中的自由渗碳体分解为奥氏体和石墨，保温一段时间后根据所要求的基体组织按不同的方式进行冷却。灰铸铁件石墨化退火工艺规范如图 9—26b 所示。

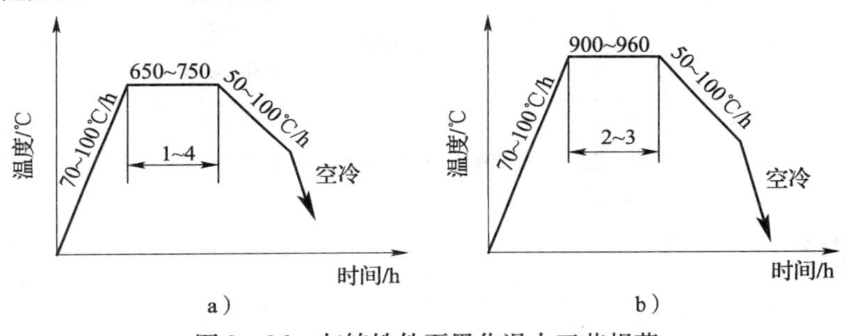

图 9—26　灰铸铁件石墨化退火工艺规范

a）低温退火工艺规范　b）高温退火工艺规范

3. 球墨铸铁件的退火

球墨铸铁件的退火处理与灰铸铁件退火处理基本相同，球墨铸铁件退火处理的作用是提高韧性，其实质仍然是石墨化退火，具体工艺如下。

（1）高温退火

为提高球墨铸铁的延展性或韧性，消除铸铁中的自由渗碳体。可将球墨铸铁件重新加热到 900～960℃，并保温足够时间进行高温退火，再炉冷到 600℃出炉变冷。球墨铸铁件高温退火工艺规范如图 9—27a 所示。

（2）低温退火

若铸态组织没有自由渗碳，由（铁素体 + 珠光体）为基体 + 球状石墨组成，那么只需将球墨铸铁件重新加热到 700～760℃共析温度上下经保温后冷至 600℃出炉变冷，就能将珠光体中渗碳体分解转化为铁素体及球状石墨。球墨铸铁件低温退火工艺规范如图 9—27b 所示。

4. 可锻铸铁件的热处理

要得到可锻铸铁件，需要对浇注成的白口铸铁件进行可锻化退火。其工艺是：将白口铸铁件加热到 900～980℃，经长约 15 h 的保温，再炉冷到 650℃出炉变冷。白口铸铁件可锻化退火工艺规范如图 9—28 所示。

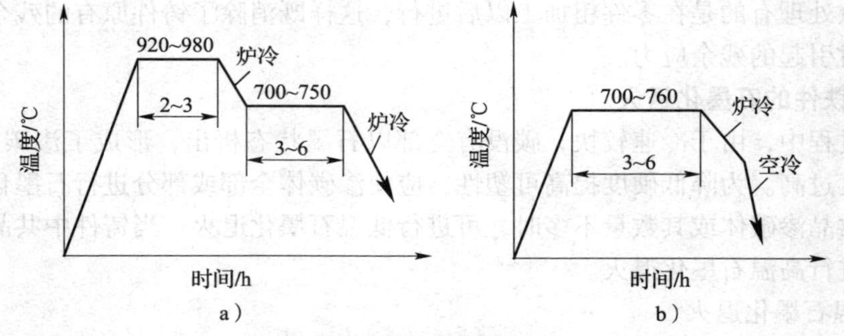

图 9—27　球墨铸铁件退火工艺规范

a）高温退火工艺规范　b）低温退火工艺规范

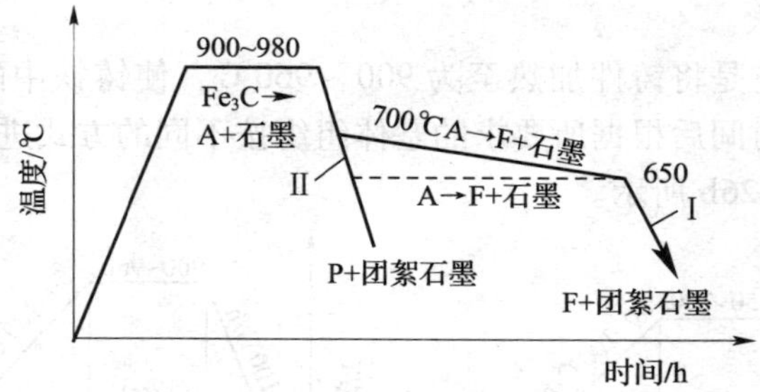

图 9—28　白口铸铁件可锻化退火工艺规范

技能训练

铸件的清理

1. 实训设备

Q116 型间歇式清理滚筒。

2. 操作步骤

（1）装料

电动机停止，用手动杠杆刹车装置刹车，使进料口处于装料位置。铸件与星形铁比为 2∶1，装入量占滚筒容积 70%～85%，铸件与星形铁分层交替搭配装入。装料结束后，合上筒盖，并用锁紧器锁紧。

（2）运行

松开刹车装置，按下启动键，电动机驱动滚筒旋转，开始清理。清理时间为 30～40 min，视铸件形状及黏砂情况确定清理时间长短。清理完毕，按下电动机停止键，用手动杠杆刹车装置刹车。然后打开筒盖，观察铸件是否清理干净，如果已清理干净，则出料，将铸件与星形铁分开。否则重新盖上筒盖再清理。

3. 质量分析

（1）装筒时不宜把薄的铸件同重而厚的铸件同时装入滚筒，以防清理时薄件被碰坏。

（2）铸件装入量一般为滚筒容积的 70%～80%，以便铸件翻滚摩擦。但铸件装入量不宜太少，以防滚动时，铸件落下高度太大，被撞击损坏。

（3）为提高表面清理质量和效率，可在滚筒内加入铸件重量6%～15%的星形铁（用白口铸铁铸成），其大小取决于铸件尺寸，一般为20～60 mm。

（4）装完后应将盖扣紧，然后开车进行清理。

（5）铸件清理完毕，停机，并用制动器制动，此时应注意让滚筒口停在适宜取出铸件的位置，插上保险销后才能打开盖取出铸件。

4. 评分标准

评分标准见下表。

Q116型间歇式清理滚筒清理铸件实训评分表

考核项目	考核内容及要求	配分	评分标准	得分
装星形铁	在滚筒内加入铸件重量6%～15%的星形铁（用白口铸铁铸成），其大小取决于铸件尺寸，一般为20～60 mm	20	在滚筒内加入铸件重量的6%～15%的星形铁，得20分	
装料量	电动机停止，用手动挡：装入量占滚筒容积的70%～85%，铸件与星形铁分层交替搭配装入	20	铸件装入量一般为滚筒容积的70%～80%，得20分	
扣盖	装完后应将盖扣紧，然后开车进行清理	20	装完后将盖扣紧，然后开车进行清理，得20分	
停机、取件	铸件清理完毕，停机，并用制动器制动，让滚筒口停在适宜取出铸件的位置，然后插上保险销，打开盖取出铸件	20	按照规定，停机、制动、取件、插销等，得20分	
安全及其他	安全文明生产，按国家颁布的有关法规或企业自定的有关规定	15	一项不符合要求扣5分，发生较大事故者全扣	
	操作、工艺规程正确	5	一处不符合要求，扣2分	
时间定额	2 h		每超过20 min，扣5分	

练　习

1. 常用浇包有哪几种？比较它们的特点及应用场合。
2. 怎样修理浇包？浇注前浇包为什么要烘干和预热？
3. 怎样计算铁液的需要量？
4. 浇注时对浇注温度、浇注时间有什么要求？浇注的快慢对铸件质量有什么影响？
5. 小型铸件和大中型铸件浇注操作技术要点有哪些？
6. 浇注安全技术包括哪些内容？
7. 落砂时，为什么要控制铸件在铸型中的停留时间？
8. 应怎样进行手工落砂？
9. 机器落砂的操作要求和注意点有哪些？
10. 清除砂芯的方法有哪些？如何进行手工落砂？
11. 水爆清砂原理是什么？如何掌握水爆清砂的技术？
12. 滚筒清理铸件时，装筒时应注意什么问题？
13. 清理铸件的砂轮如何选择？用砂轮打磨铸件时应注意什么问题？

第十单元

特种铸造简介

课题一
金属型铸造

金属型铸造是用铸铁、铸钢或其他金属材料制成铸型以生产铸件的一种铸造方法。金属型铸造作为少切削、无切削铸造工艺已在飞机、汽车、农业机械、化工机械、仪器仪表等工业方面得到广泛的应用。由于金属型成本较高，多用于成批或大批量生产。

金属型铸造又称硬模铸造，它是将液体金属浇入金属铸型，如图 10—1 所示，以获得铸件的一种铸造方法。铸型是用金属制成的，可以反复使用多次。

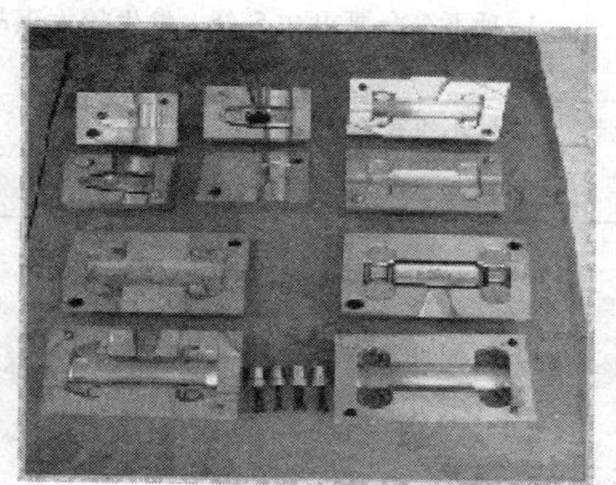

图 10—1　金属型

一、金属型铸件形成过程

金属型和砂型，在性能上有显著的区别，如砂型有透气性，而金属型则没有；砂型的导热性差，金属型的导热性很好；砂型有退让性，而金属型没有等。金属型的这些特点决定了它在铸件形成过程中有自己的规律。

型腔内气体状态变化对铸件成型的影响：金属在充填时，型腔内的气体必须迅速排出，但金属又无透气性，工艺上稍有疏忽，就会给铸件的质量带来不良影响。

铸件凝固过程中热交换的特点：金属液一旦进入型腔，就把热量传给金属型壁。液体金属通过型壁散失热量，进行凝固并产生收缩，而型壁在获得热量，升高温度的同时产生膨胀，结果在铸件与型壁之间形成了“间隙”。在“铸件—间隙—金属型”系统未到达同一温度之前，可以把铸件视为在“间隙”中冷却，而金属型壁则通过“间隙”被加热。

金属型阻碍收缩对铸件的影响：金属型或金属型芯，在铸件凝固过程中无退让性，阻碍铸件收缩，这是它的又一特点。

二、铸造工艺

金属型铸造工艺流程如图 10—2 所示。由于金属型的物理性质与砂型不同，因此应根据其特点，制定出正确的工艺规范，从而保证铸件的质量，同时延长金属型的使用寿命。金属型的工艺规范包括金属型的预热、上涂料、浇注、开型等。

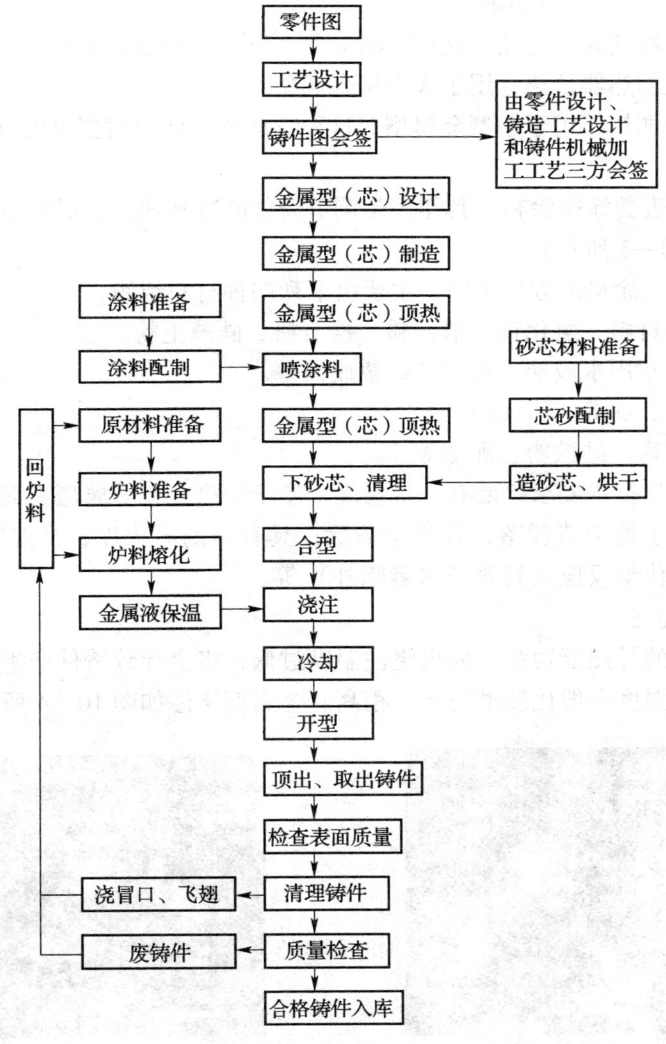

图 10—2　金属型铸造工艺流程

1. 金属型的预热

未预热的金属型不能浇注，否则铸件会产生冷隔、浇不到、夹杂、气孔等缺陷。浇注时铸型将受到强烈的热冲击，应力剧增，从而缩短金属型的使用寿命。金属型的预热温度随合金种类、铸造结构及大小而定。不同合金对金属型预热温度的要求见表 10—1。

表 10—1　　　　　　　　　　　　　　　　**金属型预热温度**　　　　　　　　　　　　　　　　℃

铝合金	镁合金	锡合金	铅合金	铸铁	铸钢
200 ~ 300	200 ~ 250	150 ~ 250	50 ~ 125	250 ~ 350	150 ~ 300

注：薄壁复杂件取上限，厚壁简单件取下限。

凡新投入使用的金属型或长期未使用的金属型，在使用之前，还需要除锈及充分地预热，去除油污和水，以防意外事故的发生。

金属型的预热方法有以下几种。

（1）用喷灯或煤气火焰预热。这种办法简单、方便，但金属型温度分布不均匀。

（2）采用电阻加热器预热，用于大中型金属型。

（3）用电阻炉加热，用于小型金属型。这种方法能够使金属型温度分布均匀。

2. 上涂料

在金属型工作表面涂刷涂料，其作用是调节铸件的冷却速度，保护金属型，利用涂料层蓄气排气（如图 10—3 所示）。

合金种类不同，涂料配方也不同，主要由下列四种材料组织。

（1）粉状耐火材料：氧化锌、滑石粉、锆石粉、硅藻土粉。

（2）黏结剂：常用水玻璃、糖浆或纸浆废液等。

（3）溶剂：水、油等。

（4）特殊附加物：硅铁粉、硼酸等。

涂料应符合下列技术要求：要有一定黏度，便于喷涂，在金属型表面上能形成均匀的薄层；涂料干后不发生龟裂或脱落，且易于清除；具有高的耐火度；高温时不会产生大量气体；不与合金发生化学反应（特殊要求者除外）等。

3. 金属型的浇注

由于金属型壁的导热能力强，如果浇注温度过低，将会导致铸件产生冷隔、气孔、夹杂等缺陷，因此浇注温度一般比砂型铸造时稍高。金属型浇注如图 10—4 所示。

图 10—3　金属型上涂料

图 10—4　金属型的浇注

表 10—2 所列是常用合金的浇注温度。

由于金属型的激冷作用和不透气，浇注速度应采取先慢、后快、再慢的顺序。先慢可防止飞溅；后快可使金属液很好地充型；再慢是防止浇注末期金属液溢出型外。在浇注过程中应尽量保证液流平稳。

表 10—2　　　　　　　　　　　　**常用合金的浇注温度**　　　　　　　　　　　　℃

合金种类	浇注温度	合金种类	浇注温度
铅锡合金	350～450	黄铜	900～950
锌合金	450～480	锡青铜	1 100～1 150
铝合金	680～740	铝青铜	1 150～1 300
镁合金	715～740	铸铁	1 300～1 370

注：薄壁小件浇注温度取上限；厚壁大件浇注温度取下限。

4. 开型时间

由于金属型没有退让性，铸件宜早些从型中取出。铸件在型内停留时间过长，温度过低，收缩过大，则铸件应力增大，易产生裂纹，取出铸件的困难也加大，还会降低生产效率；若停留时间过短，则因铸件强度较低易产生变形。合适的拔型和开型时间，一般要通过实验进行确定。金属型的开型如图 10—5 所示。

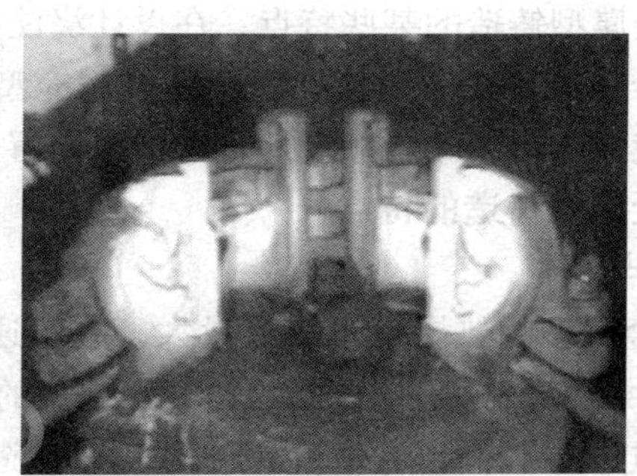

图 10—5　金属型的开型

三、金属型铸件的工艺设计

根据金属型铸造工艺的一些特点，为了保证铸件质量，简化金属型结构，充分发挥它的技术经济效益，首先必须对铸件的结构进行分析，并制定合理的铸件工艺。

1. 铸件结构的工艺性分析

金属型铸造结构工艺性的好坏，是保证铸件质量、发挥金属型铸造优点的先决条件。合理的铸造构应遵循下列原则。

（1）铸造结构不应阻碍出型，妨碍收缩。

（2）厚差不能太大，以免造成各部分温差悬殊，从而引起铸件缩裂和缩松。

（3）限制金属型铸件的最小壁厚。

另外，对铸件非加工面的精度和表面粗糙度应要求适当。

2. 铸件在金属型中的浇注位置

铸件的浇注位置直接关系到型芯和分型面的数量、液体金属的导入位置、冒口的补缩效果、排气的通畅程度以及金属型的复杂程度等。选择浇注位置的原则如下。

（1）保证金属液在充型时流动平稳，排气方便，避免液流卷气和金属被氧化。

（2）有利于顺序凝固，补缩良好，以保证获得组织致密的铸件。

（3）型芯数目应尽量减少，安放方便、稳定，而且易于出型。

（4）有利于金属型结构简化、铸件出型方便等。

3. 铸件分型面的选择

分型面的形式一般有垂直、水平和综合（垂直、水平混合分型或曲面分型）三种。选择分型面的原则如下。

（1）为简化金属型结构，提高稿件精度，对形状较简单的铸件最好都布置在半型内，或大部分布置在半型内。

（2）分型面数目应尽量少，保证铸件外形美观，铸件出型和下芯方便。

（3）选择的分型面应保证设置浇冒口方便，金属充型时流动平稳，有利于型腔里的气体排出。

（4）分型面不得选在加工基准面上。

（5）尽量避免曲面分型，减少拆卸件及活块数量。

4. 浇注系统设计

根据金属型铸造的某些特点，在设计浇注系统时须注意以下几点：首先，金属浇注速度大，超过砂型约20%；其次，在液体金属充型时，型腔里的气体要能顺利排出，其流向应尽可能与液流方向一致，顺利地将气体挤向冒口或出气冒口。

四、金属型铸造的特点

1. 优点

（1）金属型的热导率和热容量大，冷却速度快，铸件组织致密，偏析较小，力学性能比砂型铸件高15%左右。同时，由于金属型的激冷作用，铸件的表面硬度高。

（2）能获得较高尺寸精度和较低表面粗糙度值的铸件，并且质量稳定性好，废品率低，工艺出品率高，减少切削加工余量。

（3）因不用或少用型砂，节约了型砂运输、型砂处理所需要的费用和大量劳动力，减少了粉尘和有害气体的污染，改善了劳动条件。

（4）易于实现机械化和自动化，生产效率高，技术容易掌握，便于生产管理。

2. 缺点

（1）金属型本身无透气性，必须采用一定的措施导出型腔中的空气和砂芯所产生的气体。

（2）金属型无退让性，铸件凝固时容易产生裂纹和变形，不适用于热裂倾向大的合金。

（3）金属型的制造周期较长，成本较高，因此只有在大量生产时才能显示出好的经济效益。

（4）金属型铸造时，铸型的工作温度、合金的浇注温度和浇注速度、铸件在铸型中停留的时间，以及所用的涂料等，对铸件的质量的影响甚为敏感，需要严格控制。工艺过程参数控制要求较高。

金属型铸造目前所能生产的铸件，在重量和形状方面还有一定的限制，如对黑色金属只能是形状简单的铸件；铸件的重量不可太大；壁厚也有限制，较小的铸件壁厚无法铸出。因此，在决定采用金属型铸造时，必须综合考虑下列各因素：铸件形状和重量大小必须合适；要有足够的批量；完成生产任务的期限许可。

3. 应用范围

金属型铸造主要适用于非铁合金铸件的大批量生产，如铝活塞、气缸体、缸盖、油泵壳等中、小型铸件，如图 10—6 所示。目前，采用金属型铸造铁合金铸件也逐渐增多。铸件最小壁厚：铝合金大于 3 mm，铸铁件、铸钢件壁厚大于 5 mm。

图 10—6　金属型铸件

五、覆砂金属型

在型腔表面覆盖一定厚度砂层的金属型，称为覆砂金属型。覆砂层有以下的作用。

（1）能有效地调节铸件的冷却速度。

（2）由于金属型本身无退让性，增加一层覆砂后可使金属型的韧性得到改善。

覆砂金属型可用于生产球墨铸铁、灰铸铁或铸钢件，其技术经济效益显著。

技能训练

金属型铸造

1. 实训设备

金属型铸造设备、金属型及相关设备、工具。

2. 操作步骤

（1）金属型的预热。

（2）喷涂涂料。

（3）金属型浇注。

（4）开型。

3. 质量分析

（1）根据实习车间设备、产品所用合金材料等选择合适的预热方法及预热温度。

（2）根据不同的合金材料、不同的零件壁厚及不同的型腔部位，选择正确的涂料种类和涂料的厚度。

（3）掌握正确的浇注温度、浇注速度及液流的平稳性。

（4）根据零件合金材料，能正确确定开型时间。

4. 评分标准

评分标准见下表。

金属型铸造实训评分表

考核项目	考核内容及要求	配分	评分标准	得分
主要项目	了解金属型铸造使用的设备、工装及生产线情况	15	根据掌握情况酌情打分	
	熟悉金属型铸造的基本生产原理、工艺、方法	15	根据掌握情况酌情打分	
	严格按照生产工艺要求进行基本的操作、调试	30	任何一个环节操作失误扣 1 ~ 5 分	
工具设备的使用与维护	正确、规范使用工具，合理保养及维护工具	5	不符合要求酌情扣 1 ~ 5 分	
	正确、规范使用设备，合理保养及维护设备	5	不符合要求酌情扣 1 ~ 5 分	
	操作姿势、动作正确	5	不符合要求酌情扣 1 ~ 5 分	
安全及其他	安全文明生产，按国家颁发的有关法规或企业自定的有关规定	15	一项不符合要求扣 5 分，发生较大事故者全扣	
	操作、工艺规程正确	5	一处不符合要求扣 2 分	
	个体劳动防护用品穿戴正确	5	不符合要求从总分中扣 1 ~ 5 分	
时间定额	1 h		每超过 5 min，扣 5 分	

课题二 压力铸造

压力铸造（简称压铸）的实质是在高压作用下，将液态或半液态金属以极高的速度充填入金属铸型（压铸模）型腔，并在压力作用下凝固而获得铸件的方法，如图 10—7 所示。

压铸常用比压为 30 ~ 100 MPa，平均约为 70 MPa，充填速度在 5 ~ 120 m/s 的范围内，充填时间很短，一般为 0.01 ~ 0.2 s。因此，高压、高速是压铸与其他铸造方法的根本区别，也是最重要的特点。

a）

b）

图 10—7　压力铸造

a）压铸机　b）压铸生产现场

一、压力铸造的优点

1. 铸件壁薄、形状复杂、轮廓清晰

锌合金压铸件最小壁厚可为 0.3 mm；铝合金压铸件可为 0.5 mm；最小的铸出孔直径可为 0.7 mm；可铸螺纹的最小螺距为 0.75 mm，如图 10—8 所示。

2. 压铸件精度较高、尺寸稳定、一致性好、加工余量小

压铸件的尺寸精度高，表面粗糙度参数值 Ra 一般为 3.2 ~ 1.8 μm，最低达 0.4 μm。因此，压铸件可不经过机械加工或对个别表面进行少量加工后即可使用。这样既提高了金属材料利用率，又可节省大量机械加工工时和相应的加工设备投资，如图 10—9 所示。

图 10—8　压铸件壁薄、形状复杂、轮廓清晰

图 10—9　压铸件精度较高、尺寸稳定

3. 压铸件组织致密，具有较高的强度和硬度

因为液体金属在压铸模内迅速冷却，同时又在压力下结晶，所以在压铸件上靠近表面的一层金属晶粒较细，组织致密，使表面硬度提高。压铸件的抗拉强度可比砂型铸件大 25% ~30%，但延伸率有所下降。

4. 可以压铸出螺纹、线条、文字、图案和符号

压铸填充过程始终是在压力作用下进行的，对于峰谷、凸凹、窄模等形状都能清晰地压铸出来。因此，压铸可以压出十分清晰的螺纹、线条、文字、图案和符号。

5. 在压铸中采用镶铸法可以省略装配工序并简化制造工艺

在压铸件中可镶铸其他材料（如钢、铁、铜、合金、铝等）的零件，以节省贵重的材料

和加工工时，并可获得形状复杂的零件和性能良好的零件。在很多场合，压铸时的镶铸技术还可代替某些部件的装配过程，如图 10—10 所示。

图 10—10　采用镶铸法压铸

6. 压铸件可以进行涂覆表面处理

由于压铸件的应用范围日益扩大，为了满足使用上的需要，压铸件的表面可以进行涂覆表面处理，如电镀、阳极氧化、抛光、有机保护涂层、喷漆、喷砂、酸洗等，从而达到具有装饰性或保护性的要求。

7. 压铸生产效率很高

压铸生产过程易于实现机械化和自动化。一般冷压室压铸机平均每 8 h 可压铸 600 ~ 700 次，而热压室压铸机平均每 8 h 可压铸 3 000 ~ 7 000 次。因为压铸过程主要是在压铸机上实现的，故易使生产过程自动化。

二、压力铸造的不足

1. 压铸件有内部气孔存在

压铸时，由于液体金属在型腔内的流动速度极高，液流会包住大量空气，最后以气孔形式留在压铸件中，如图 10—11 所示。故用一般方法压铸得到的零件其机械加工的余量不能太大，否则不但气孔露在零件的表面，而且机械加工会切去压铸件表面硬化层、降低铸件强度。

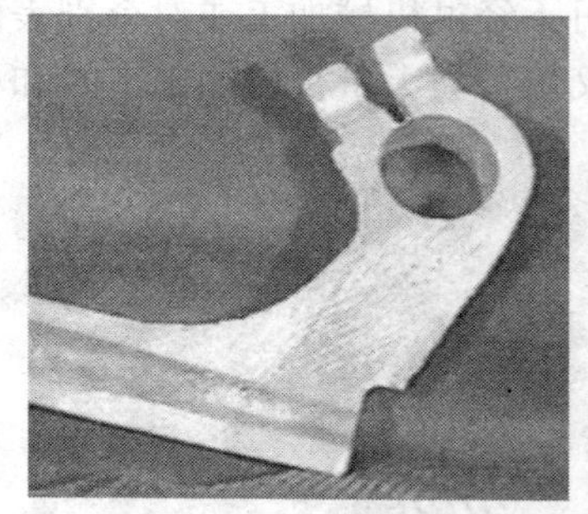

图 10—11　压铸件缺陷（气孔）

2. 对压铸合金的类别和牌号有所限制

高熔点合金（如铜、黑色金属）压铸时，压铸模使用寿命低，因此目前黑色金属压铸的困难较大。

3. 铸件的大小受到限制

由于目前生产上使用压铸机的功率还不够大，所以压铸件的大小和质量受到一定的限制。近年来，合模力为 4 700 t 的大型压铸机已经开发和投入生产，大的压铸件的生产正在逐步得到解决。

三、压力铸造的应用范围

根据压力铸造的特点，压铸技术特别适用于大量生产。从经济上分析，压铸法也只适于大批生产。压铸模的费用很高，中等大小的铸件所用的压铸模费用为 2 万 ~ 10 万元，大型铸件和形状复杂的零件所需要的压铸模费用则更高。因此，在任何情况下，铸件数量至少要达到补偿昂贵的压铸模制造费用才认为是合算的。

就铸件大小和质量而言，压铸法适用的范围是很大的。一般压铸件的尺寸（以最大截面尺寸计算）在 5×5 mm～1 000 mm×500 mm 之间。压铸件的质量在 0.5～50 kg 之间，最大直径达 2 m，甚至可以压铸出比上述尺寸和质量更大的零件，如图 10—12 所示。

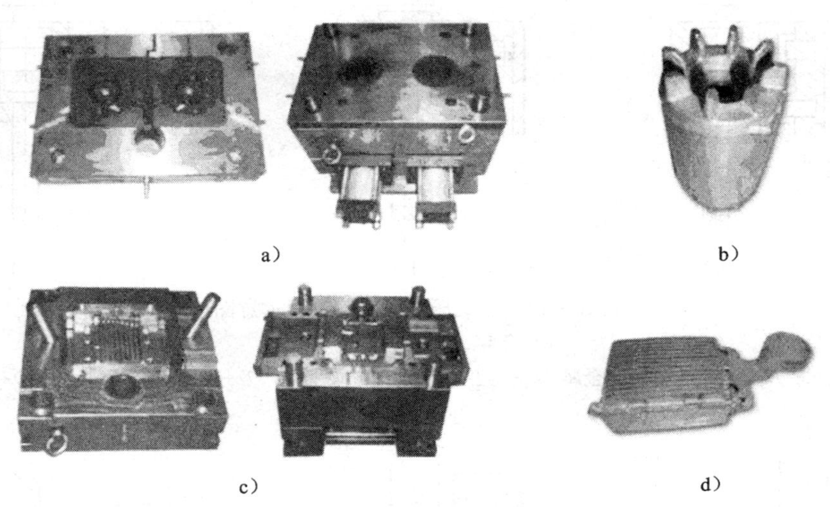

图 10—12　压力铸造的应用

a）电动机转子压铸模　b）电动机转子铸件　c）暖气片压铸模　d）暖气片铸件

用压铸方法可以生产锌、铝、镁和铜等合金的铸件，最多的是铝合金压铸件，约占 90%；其次为锌合金压铸件，占 10%；铜合金压铸件产量最少，不到 1%。

应用压铸件最多的是汽车、拖拉机等制造业，汽车约占 70%，摩托车约占 10%。其次为农业机具约占 8%，电器电讯约占 7%，其他如国防工业、计算机、医疗器械等制造业中，压力铸造也用得较多。

用压铸法生产的零件有发动机缸体、变速箱箱体、发动机罩、仪表和照相机的壳体和支架、管接头、齿轮等。

四、压力铸造的分类

1．按压铸机种类

（1）热压室压铸

热压室压铸的压室浸在保温坩埚的液体金属中，压射部件装在坩埚上面，如图 10—13 所示。

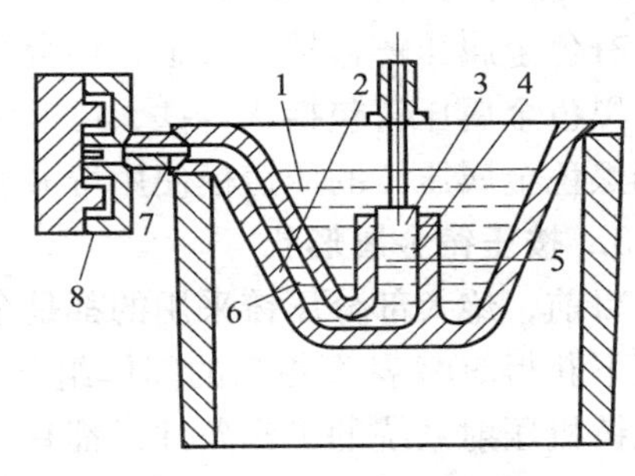

图 10—13　热压室压铸机工作过程示意图

1—液体金属　2—坩埚　3—压射冲头

4—压室　5—进口　6—通道

7—喷嘴　8—压铸型

热压室压铸具有效率高、合金消耗少、金属液较干净、工艺稳定、易于实现自动化等优点。但由于压室、压射冲头长期浸在金属液中，使用寿命较短，因而适用于各种低熔点合金，如锌合金、镁合金等。

（2）冷压室压铸

冷压室压铸的压铸室与保温炉是分开的，压铸时，从保温炉中取出液体金属浇入压室后进行压铸。

冷压室压铸按压力传递方向不同又可分为立式（见图 10—14）和卧式（见图 10—15）两种。

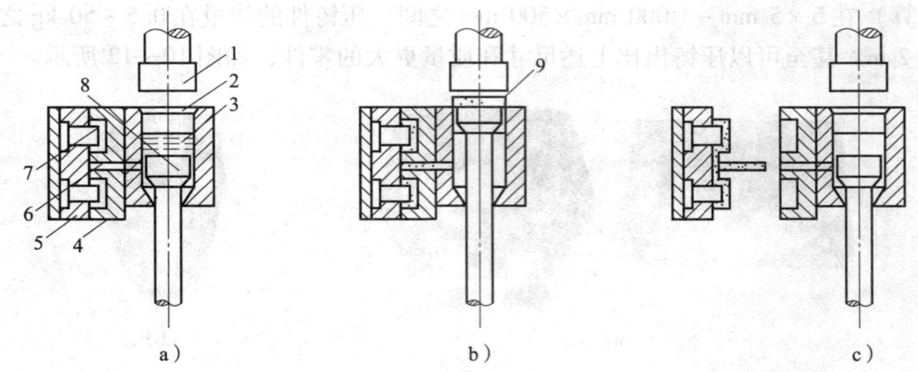

图 10—14　立式压铸机压铸过程示意图

a）合型　b）压铸　c）开型

1—压射头　2—压室　3—液体金属　4—定型　5—动型　6—喷嘴　7—型腔　8—反料冲头　9—余料

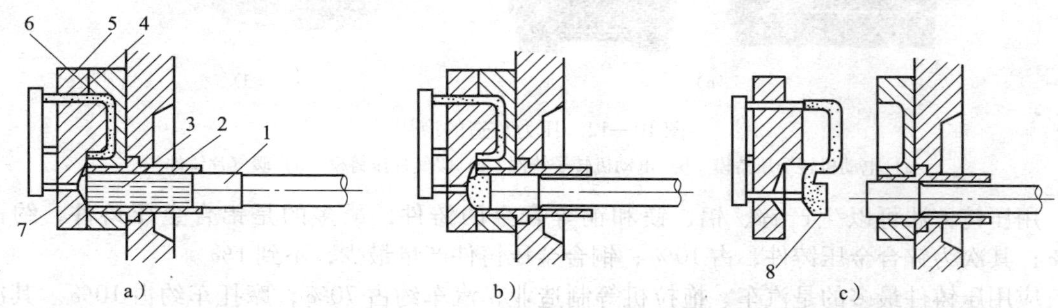

图 10—15　卧式压铸机压铸过程示意图

a）合型　b）压铸　c）开型

1—压射头　2—压室　3—液体金属　4—定型　5—动型　6—型腔　7—浇道　8—余料

冷压室压铸适用于压铸各种有色合金和黑色金属，其中立式和卧式压铸适用于有色金属压铸，黑色金属压铸则宜采用卧式压铸。

2. 按压铸合金种类

有色金属压铸包括锌合金、铝合金、镁合金和铜合金的压铸。

黑色金属压铸包括灰铸铁、可锻铸铁、球墨铸铁、碳钢、不锈钢和各种合金钢压铸。但因用黑色金属压铸的压铸模使用寿命低，目前在生产过程中还没有大量采用。

3. 按压铸金属形状

目前，绝大部分压铸采用的都是全液态金属压铸。但随着压铸工艺的发展，在一定冷却速度下获得 50% 甚至更高的固体组分的浆料进行压铸的半固态压铸，对提高铸件质量，改善压铸机压射系统的工作条件，都有着一定的作用，所以是有前途的一种新工艺。

4. 按压铸方法

无特殊要求的压铸称为普通压铸，且适用于一般压铸模暴露于空气中的压铸。

对于力学性能和内在质量要求较高的铸件需要采用特种压铸的方法。特种压铸包括真空压铸、加氧压铸、黑色金属压铸、半固态压铸等。

五、压力铸造的工艺过程

在压铸生产中，合金材料、压铸机及压铸模是压铸生产工艺过程的三个基本要素。压铸工艺则是将这三大要素有机地综合并加以运用的过程，具体体现在压铸工艺参数的选择及工艺措施的实施中。普通压铸工艺流程如图 10—16 所示。

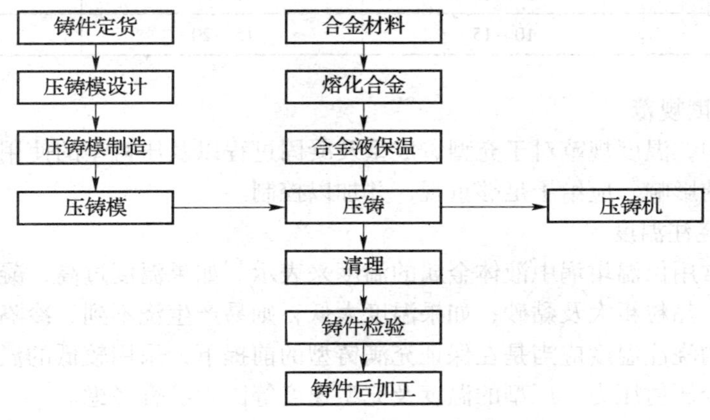

图 10—16　普通压铸工艺流程

1. 压铸速度的概念

压铸速度有压射速度和充型速度两个不同的概念。所谓压射速度是指压铸时压射缸内推动压射头前进的速度；充型速度是指液体金属在压力作用下，通过内浇道进入型腔的线速度。

充型速度的选择主要取决于合金的性能及铸件的结构特点。充型速度过高会使铸件轮廓不清晰甚至不能成型。充型速度与压射比压、压射速度及内浇道截面积等因素有关。充型速度与压室内径的平方及压射速度成正比，与内浇道截面积成反比。因此，可通过改变上述三个因素调节充型速度。

2. 压射比压和充型速度的选择

压力和速度是压铸过程中的两个基本工艺参数，生产中常用压射比压和充型速度来表示。正确选择这两个参数，对于保证压铸件的质量有着重要的实际意义。选择时应考虑的因素有：铸件的结构特点（壁厚及复杂程度）、压铸合金的种类及性能（如流动性、密度等）以及浇注系统阻力大小、排气是否通畅、合金的压铸温度和铸型的工作温度等。

常用压铸合金的比压及充型速度见表 10—3 和表 10—4。

表 10—3　　常用压铸合金的比压　　MPa

铸件结构 / 合金种类	铸件壁厚≤3 mm		铸件壁厚＞3 mm	
	结构简单	结构复杂	结构简单	结构复杂
锌合金	30	40	50	60
铝合金	25	35	45	60
铝镁合金	30	40	50	65
镁合金	30	40	50	80
铜合金	30	70	80	90

表 10—4　　常用压铸合金的充型速度　　m/s

合金种类	简单壁厚铸件	一般铸件	复杂薄壁铸件
锌合金、铜合金	10 ~ 15	15	15 ~ 20
镁合金	20 ~ 25	25 ~ 35	35 ~ 40
铝合金	10 ~ 15	15 ~ 20	25 ~ 30

3. 压铸的温度规范

在压铸过程中，温度规范对于充型、成型及凝固过程以及压铸型的使用寿命和稳定生产等方面都有很大的影响。应给予足够重视，并加以控制。

（1）合金的浇注温度

浇注温度通常用保温坩埚中液体金属的温度来表示。如果温度过高，凝固时收缩大，铸件容易产生裂纹、晶粒粗大及黏砂；如果温度太低，则易产生浇不到、冷隔及表面流纹等缺陷。因此，合适的浇注温度应当是在保证充满铸型的前提下，采用较低的温度。在确定浇注温度时，还应结合压射压力、压型的温度及充型速度等因素综合考虑。

实践证明，在压力较高的情况下，可以降低浇注温度甚至是在合金呈黏稠“粥状”时进行压铸。但是，对含硅量高的铝合金则不宜使用“粥状”压铸，因为硅将大量析出，以游离状存在于铸件中，使加工性能降低。

另外，浇注温度还与铸件的壁厚及复杂程度有关。各种压铸合金的浇注温度见表 10—5。

表 10—5　　各种压铸合金的浇注温度　　℃

<table>
<tr><th colspan="2" rowspan="2">铸件结构 / 合金种类</th><th colspan="2">铸件壁厚≤3 mm</th><th colspan="2">铸件壁厚＞3 mm</th></tr>
<tr><th>结构简单</th><th>结构复杂</th><th>结构简单</th><th>结构复杂</th></tr>
<tr><td colspan="2">锌合金</td><td>420 ~ 440</td><td>430 ~ 450</td><td>410 ~ 430</td><td>420 ~ 440</td></tr>
<tr><td rowspan="3">铝合金</td><td>含硅的</td><td>610 ~ 650</td><td>640 ~ 700</td><td>590 ~ 630</td><td>610 ~ 650</td></tr>
<tr><td>含铜的</td><td>520 ~ 650</td><td>640 ~ 720</td><td>600 ~ 640</td><td>620 ~ 650</td></tr>
<tr><td>含镁的</td><td>640 ~ 680</td><td>660 ~ 700</td><td>620 ~ 660</td><td>640 ~ 680</td></tr>
<tr><td colspan="2">镁合金</td><td>640 ~ 680</td><td>660 ~ 700</td><td>620 ~ 660</td><td>640 ~ 680</td></tr>
<tr><td rowspan="2">铝合金</td><td>普通黄铜</td><td>870 ~ 920</td><td>900 ~ 950</td><td>850 ~ 900</td><td>870 ~ 920</td></tr>
<tr><td>硅黄铜</td><td>900 ~ 940</td><td>930 ~ 970</td><td>880 ~ 920</td><td>900 ~ 940</td></tr>
</table>

（2）压铸型的工作温度

在压铸生产过程中，压铸型工作温度过高或过低对铸件质量的影响与合金浇注温度有类似之处。压铸型的工作温度能影响铸型的寿命和生产的正常进行。因此，在生产过程中应控制压铸型的温度，使其维持在一定范围内，这一温度范围就是压铸型的工作温度。通常在连续生产过程中，如果压铸型吸收液体金属的热量大于它向周围散失的热量，则压铸型的温度不断升高，应采用空气或循环冷却液体（水或油）进行冷却。

压铸型在使用前要预热到一定的温度（称为预热温度），其作用是有利于液体金属的充型、压铸件成型、保护压型和便于喷涂涂料。压铸型的预热方法有煤气加热、电热器加热等。

压铸不同合金时压铸型预热温度和工作温度见表10—6。

表10—6　　压铸不同合金时压铸型预热温度和工作温度　　℃

合金种类 \ 铸件结构		铸件壁厚≤3 mm		铸件壁厚>3 mm	
		结构简单	结构复杂	结构简单	结构复杂
锌合金	预热温度	130~180	150~200	110~140	120~150
	工作温度	180~200	190~220	140~170	150~200
铝合金	预热温度	150~180	200~230	120~150	150~180
	工作温度	180~240	250~280	150~180	180~200
铝镁合金	预热温度	170~190	220~240	150~170	170~190
	工作温度	200~200	260~280	180~200	200~240
镁合金	预热温度	150~180	200~230	120~150	150~180
	工作温度	180~240	250~280	150~280	180~220
铜合金	预热温度	200~230	230~250	170~200	200~230
	工作温度	300~325	325~350	250~300	300~350

4. 压铸型的生产

（1）充型时间

自液体金属开始进入型腔到充满型腔为止所需要的时间称为充型时间。充型时间与压铸件轮廓尺寸、壁厚和形状复杂程度以及液体金属和压铸型的温度等因素有关。形状简单的厚壁铸件以及浇注温度与压铸型的温度差较小时，充型时间可以长，反之，充型时间应短。充型时间主要是通过控制压射比压、压射速度或内浇道截面大小来实现的，一般为0.01~0.2 s。

（2）持压时间

从液体金属充满型腔建立最终静压力至在这一力持续作用下铸件凝固完毕，这段时间称为持压时间。持压时间与合金的特性及铸件壁厚有关。对熔点高、结晶温度范围宽的合金，应有足够的时间；若同时又是厚壁铸件，则持压时间还可再长些。持压时间不够，容易造成缩松。当内浇道处的金属液未完全凝固，而压射冲头退回时，未凝固的金属液就会被抽出，常在靠近内浇道处出现孔穴。对结晶温度范围窄的合金，且壁厚小的铸件，持压时间可短些。

（3）铸件在压铸型中的停留时间

从持压终了至开型取出铸件这段时间称为停留时间。停留时间的长短体现在铸件出型时温度的高低。若停留时间太短，铸件出型的温度较高，强度低，铸件自型内顶出时可能发生变形，铸件中气体膨胀使其表面出现鼓泡。但停留时间过长，铸件出型时温度低，收缩率大，抽芯及顶出铸件的阻力增大，热脆性合金铸件还会发生开裂。

（4）压铸用涂料

为了避免高温液体金属对压铸型型腔表面冲刷或出现黏附现象（主要是铝合金），以利于保护压铸型，改善铸件表面质量，减小抽芯和顶出铸件时的阻力，并保证在高温时冲头和压室能正常工作，通常要在型腔、冲头及压室的工作表面上均匀喷涂一层涂料。

涂料一般由隔绝材料或润滑材料及稀释剂组成。对涂料组成物的要求如下。

1）高温时具有良好的润滑作用，且不会析出对人体有害的气体。

2）性能稳定，在常温下稀释剂挥发慢，使涂料不易变稠，粉状材料不易沉淀，以便存放（稀释剂一般应在100～150℃时很快挥发）。

3）对压铸型及铸件没有腐蚀作用。

在涂料组成物中，蜂蜡、石蜡等受热发气，能形成一层气膜；氧化铝粉、氧化锌粉为隔绝材料；石墨粉是一种优良的固体润滑剂。以水为稀释剂的涂料，即水基涂料，因价廉，水分蒸发时可带走压铸型的部分热量，且对人体无害，故应用日益广泛。在喷涂涂料时应使涂层均匀避免过厚。喷涂后，应待稀释剂挥发完毕，再合型浇注，以免型腔或压室中有大量气体存在，影响铸件质量。在生产过程中，应注意对排槽、转角或凹入部位堆积的涂料及时进行清理。

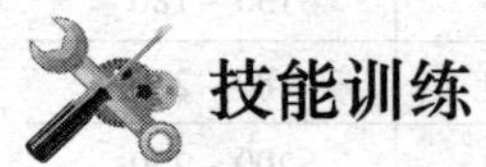

技能训练

压 力 铸 造

1. 实训设备

压铸机、压铸模、熔炉及相关设备、工具。

2. 操作步骤

（1）开动压铸机对压铸型进行预热并达到压铸型工作温度。

（2）清理压铸型并喷涂料。

（3）合型。

（4）将金属液注入压缩室并经内浇道压入型腔。

（5）持压适当时间。

（6）开型取出铸件及余料。

3. 质量分析

（1）根据铸件结构特点（壁厚及复杂程度）、压铸合金的种类及性能（如流动性、密度等）以及浇注系统阻力大小、排气是否畅通、合金的压铸温度和压铸型的工作温度等选择（调整）合适的压射比压和充型速度。

（2）根据不同的压铸件材料、铸件的结构，选择适宜的压铸型工作温度及预热方法。

（3）根据不同的合金种类、铸件的结构特点，以及结合压射压力、压型的工作温度、充型速度等因素选择合适的合金浇注。

（4）根据压铸件轮廓尺寸、壁厚和形状复杂程度，以及液体金属和压铸型的温度等因素选择合适的充型时间。

（5）根据合金的种类及铸件壁厚选择合适的持压时间。

（6）选择适宜的停留时间。

（7）选择适宜的压铸用涂料。

4. 评分标准

评分标准见下表。

压力铸造实训评分表

考核项目	考核内容及要求	配分	评分标准	得分
主要项目	了解压力铸造所使用的设备类型及生产线情况	15	根据掌握情况酌情打分	
	熟悉金属型铸造的基本生产原理、工艺、方法	15	根据掌握情况酌情打分	
	严格按照生产工艺要求进行基本的操作、调试	30	任何一个环节操作失误扣1~5分	
工具设备的使用与维护	正确、规范使用工具，合理保养及维护工具	5	不符合要求酌情扣1~5分	
	正确、规范使用设备，合理保养及维护设备	5	不符合要求酌情扣1~5分	
	操作姿势、动作正确	5	不符合要求酌情扣1~5分	
安全及其他	安全文明生产，按国家颁发的有关法规或企业自定的有关规定	15	一项不符合要求扣5分，发生较大事故者全扣	
	操作、工艺规程正确	5	一处不符合要求扣2分	
	个体劳动防护用品穿戴正确	5	不符合要求从总分中扣1~5分	
时间定额	1 h		每超过5 min，扣5分	

课题三
熔模铸造

熔模铸造是一种精密铸造方法，又称“失蜡铸造”“精密铸造”。它是一种古老的铸造方法，古代主要用来铸造带有精细花纹和文字的艺术品。由于工业和技术的进步，需要生产复杂、精密的铸件（见图10—17），从而使熔模铸造得到了很大的发展。

图10—17　熔模铸造铸件

一、熔模铸造的基本原理

熔模铸造是以易熔材料（常用石蜡—硬脂酸）为模料制成模样，在模样上用涂挂法制成由耐火材料（石英、刚玉等）与高强度黏结剂（水玻璃、硅酸乙酯等）组成的多层型壳，待型壳硬化后，再加热使由石蜡—硬脂酸制成的模样熔化后流出，形成型。脱蜡后的型壳经高温焙烧便可浇注。最后经脱壳、去除浇冒口等清理工序后即可得到铸件。其工艺过程如图10—18所示。

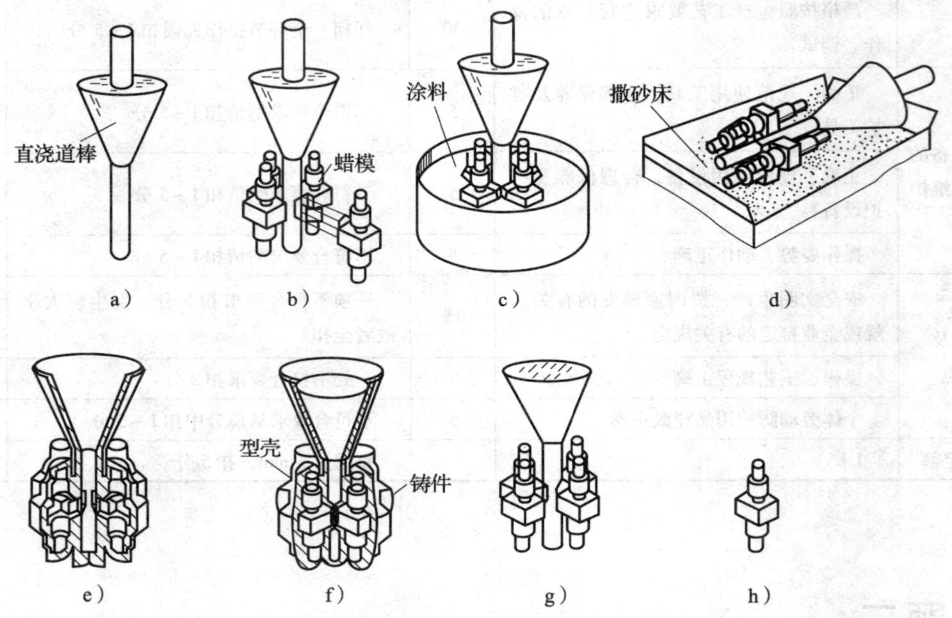

图10—18　熔模铸造流程示意图

a）制浇注系统棒　b）焊接模组　c）涂挂涂料

d）往模组上撒砂　e）制成型壳后熔化蜡模　f）浇注冷却

g）清砂后得铸件组　h）切去浇注系统后获得铸件

二、熔模铸造的特点

1. 铸件尺寸精度高，表面粗糙度好。

2. 由于取消了拔模工艺及使用优质的制壳材料可使熔模铸件减少加工余量，甚至可达到不需要切削加工，节省了金属材料及加工周期和费用。

3. 可以铸造形状复杂的铸件。

4. 熔模铸造几乎不受合金种类的限制。

5. 生产批量没有限制。

三、熔模铸造的缺点

1. 工艺过程复杂，工序多，影响铸件质量的工艺因素多。因此，必须严格控制各种原材料及各项工艺操作，才能保证质量稳定。

2. 生产周期长。

3. 铸件冷却速度慢，容易引起晶粒粗大，碳钢铸件易形成表面脱碳层。

4. 只适用于小型零件的生产。

四、熔模铸造的工艺

1. 制造压型

压型是用来压制蜡模（熔模）的重要工艺装置（见图 10—19）。压型型腔的尺寸精度与表面粗糙度决定了熔模所能达到的精度和表面粗糙度，从而也影响到铸件的精度和表面粗糙度。因此，压型的设计与制造是熔模制造的一个重要环节。

图 10—19　熔模压型

对于大批量生产的铸件，压型一般采用碳钢经机械加工制成。对于批量较小的铸件，其压型可用低熔点合金用浇铸法制成。常用的低熔点合金为锡铋合金，对于小批量试制，精度、表面粗糙度要求不高的铸件，其压型可采用石膏、菱苦土等非金属材料制成。

2. 熔模的制造

熔模铸造需采用可熔性模型，这种模型只能使用一次，每生产一个铸件就需要消耗一个熔模。因此，熔模质量的好坏将直接影响到铸件的质量。

目前最常用的模料是石蜡—硬脂酸模料。其组成为：石蜡 50%，硬脂酸 50%。它们的熔点低（50 ~ 60℃），制作方便，复用性好；但软化温度低（31℃左右），强度差，收缩率较大。它一般适用于制造精度要求不高的中小型铸件。随着对熔模铸件要求的提高，模料已有很大的发展。如在石蜡—硬脂酸模料中加入一些添加物以改善模料性能，或全部模料改用其他模料。石蜡—硬脂酸模料的制备工序流程为：称料→熔化→搅拌→成糊状模料备用→铸锭→破碎→蜡末。

生产中常用的一种气动压蜡机工作联动装置结构原理如图 10—20 所示。其工作过程为：块状石蜡在化蜡槽中用水浴加热熔化，蜡液由离心泵送入搅拌桶中，桶中再加入部分蜡末，经搅拌成糊状模料供制熔模用。

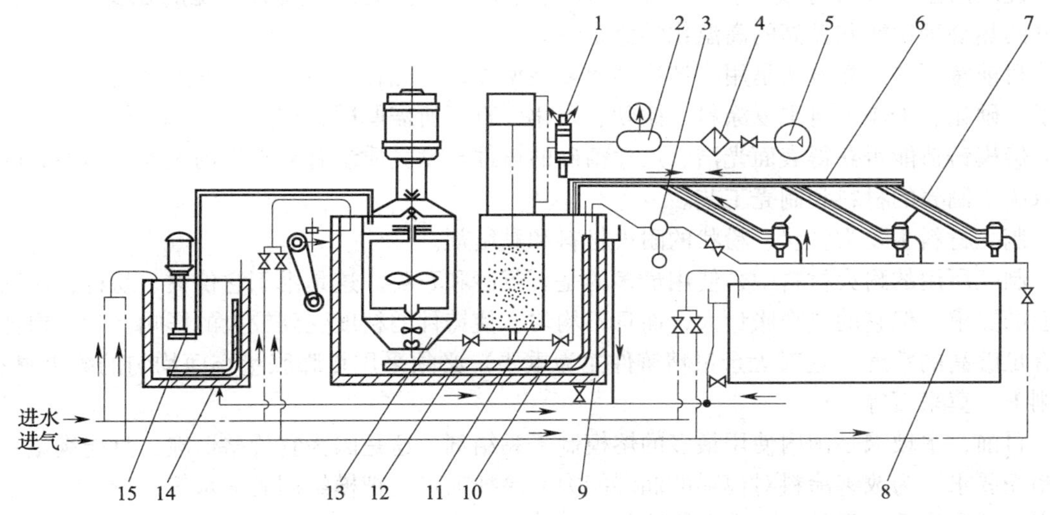

图 10—20　气动压蜡机工作联动装置结构原理

1—气动阀　2—蓄压器　3—叶片泵　4—分水滤气器　5—气源　6—输蜡主管道　7—压蜡枪
8—水槽　9—热水槽　10、12—旋塞阀　11—压蜡缸　13—模料搅拌筒　14—化蜡槽　15—离心泵制模时把糊状模料压入压型，冷却后蜡模便可从压型中取出。为便于起模，常用变压器油等作脱模剂。蜡模须经修整以去除毛边及表面脏物，获得合格的蜡模。然后把合格的蜡模熔焊在该铸件工艺要求所需要的浇口棒蜡模上，成为一只整体模组，如图 10—21 所示。

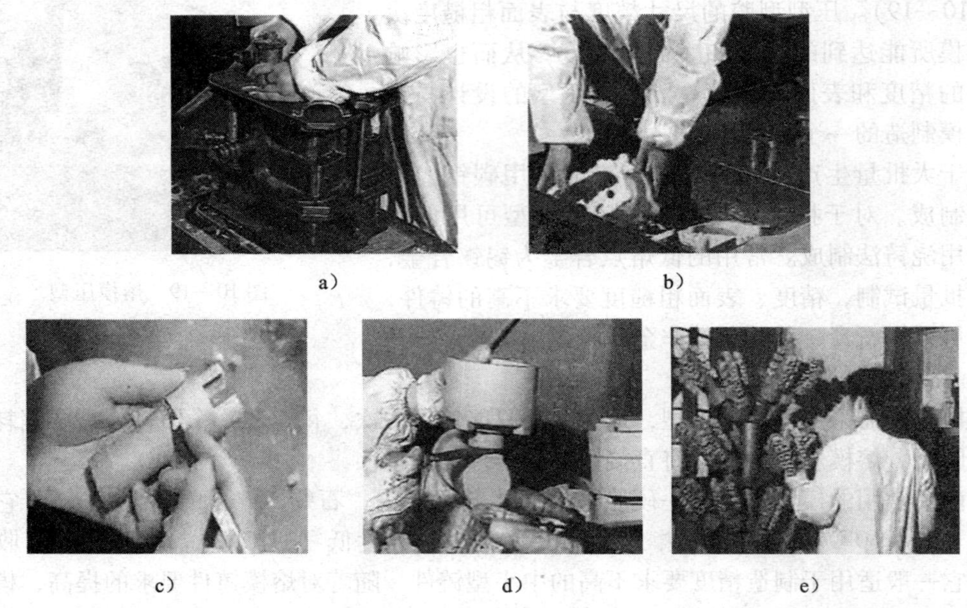

图 10—21 熔模的制造

a）模料压入压型 b）蜡模冷却 c）蜡模修整 d）蜡模熔焊在浇口棒蜡模上 e）整体模组

当室温超过蜡模的软化点时，蜡模会发生变形，室温过低又将使它发脆而断裂。因此，在制蜡模时对室温应有一定的要求。

3. 制壳

优质的型壳（又称模壳）是获得优质铸件的前提。型壳应具有一定的强度和透气性，较好的热物理性能和较高的高温化学稳定性。

目前常用的制壳方法是用涂挂法制成多层型壳，即先在蜡模表面上挂上涂料，然后撒上砂子，硬化、干燥，再重复涂料、撒砂、硬化，直至所需厚度，如图 10—22 所示。

熔模铸造能否获得表面光洁、尺寸精确的铸件与型壳质量有着直接的关系，而型壳的质量取决于制壳的材料和制壳工艺。

制壳材料主要为粒状、粉状的耐火材料和黏结剂。

制壳所用的耐火材料中，使用最多的是石英砂和石英。这是由于它价廉、易得，能满足一般的要求。但它的热膨胀量大，而且不均匀，使铸件的精度受到较大的影响。为了保证铸件有足够高的精度（这对无余量精铸件尤为重要）必须采用热膨胀量小而均匀的耐火材料，如刚玉、莫来石等。

目前，水玻璃是国内使用最多的熔模制壳黏结剂。这是因为它价格低廉，且能满足一般的制壳要求。为改善涂料对模料的润湿能力，涂挂前可先把模组用肥皂水等进行清洗，以除去表面油脂物质。另外，在表面层涂料中加入微量表面活性剂，可以降低涂料的表面张力及涂料与模料之间的界面张力，使涂料层能获得轮廓形状清晰、表面光洁的型腔。

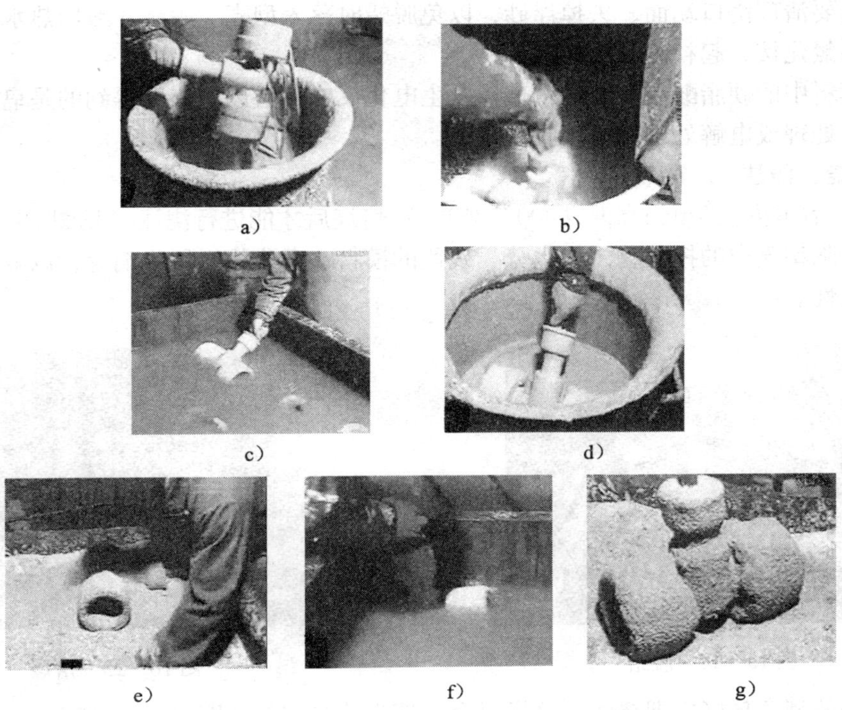

图 10—22　制壳

a）挂涂料　b）撒石英砂　c）硬化（氯化铵水溶液）
d）重复挂涂料　e）撒砂　f）硬化　g）撒砂至所需壳厚

4．脱蜡

如图 10—23 所示为热水脱蜡的设备。涂制好的型壳停放一段时间（2 ~ 4 h）后，便可以进行脱蜡，如图 10—24 所示。

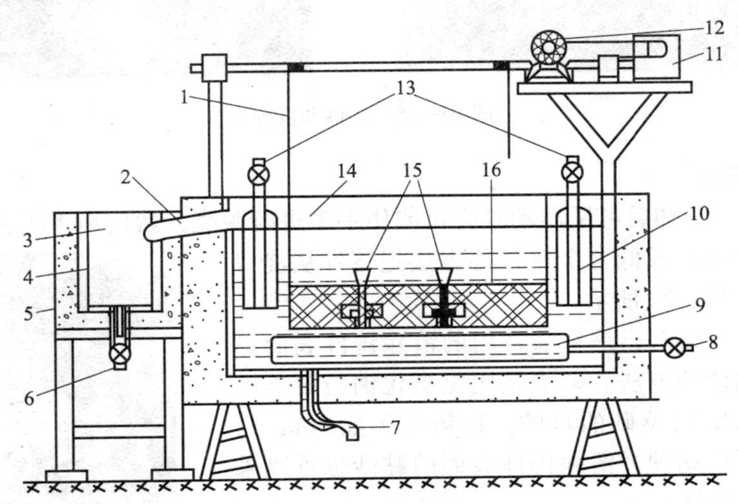

图 10—23　吊篮式热水脱蜡设备

1—软绳　2—槽口　3—蜡水分离器　4—耐酸瓷砖　5—水泥壁　6—排水管　7—放水阀　8—接暖气
9—暖气管　10—加热管　11—变速器　12—电动机　13—蒸汽接口　14—热水槽　15—型壳　16—升降吊篮

脱蜡前要清理浇口端面、去掉浮砂，以免脱蜡时落入型壳。脱蜡一般用热水法。在水中加入少量的氯化铵，起补充硬化作用。

由于模料中的硬脂酸与碱性的水玻璃发生电化反应，所以脱蜡后得到的是皂化蜡。此皂化蜡经加酸处理或电解处理后可回收再用。

5．焙烧、浇注

经脱蜡后的型壳必须经高温（800～860℃）焙烧后才能进行浇注（见图10—25）。焙烧的目的是去除型壳中的挥发物，如水分、残留的模料、皂化物、硬化剂等，以减少型壳在浇注时的发气性。

图10—24　脱蜡

图10—25　焙烧

焙烧好的型壳最好立即浇注，这样对金属液充填有利，如图10—26所示。

图10—26　填砂和浇注

6．脱壳、清理

型壳经浇注、冷却后可用震动脱壳机或用手工进行脱壳，然后用手工锤击、砂轮切割机、气割（用于碳钢或低合金钢）等方法把铸件从浇口棒上取下，如图10—27所示。

化学清理法即碱煮，是目前常用的清除铸件表面黏砂或孔、槽中黏砂的方法。碱煮是用氢氧化钠与石英砂反应从而达到去除石英砂的目的。铝铸件不能用碱煮，否则铸件将被严重腐蚀。清除铸件表面的黏砂也可以采用抛丸、喷丸等方法。

清理后的铸件经检验合格便可流入下道工序。

图10—27　脱壳、清理

技能训练

熔模铸造

1．实训设备

压型、熔模材料、加热熔化装置、相关压蜡设备、壳型涂挂设备、撒砂机、旧蜡回收设备等。

2．操作步骤

（1）压型。

（2）注蜡。

（3）取蜡模。（2、3 步骤也合称为制熔模）

（4）焊接蜡模组。

（5）挂涂料。

（6）撒砂。

（7）硬化。

（8）脱蜡。

（9）焙烧。

（10）浇注。

（11）脱壳。

（12）清理。

3．质量分析

（1）根据生产批量的大小、铸件精度要求高低选择合适的压型。

（2）在模料制备中，首先应根据铸件的精度要求高低、生产的批量、铸件的结构复杂程度、生产环境温度的高低及生产成本选择适宜的模料；然后根据各种材料之间的互溶关系确定加料的先后顺序；最后控制好熔化温度，要尽可能减少模料中各个成分的烧坏和变质。

（3）在制熔模时要控制好压型的工作温度、模料的压注温度、压注时的压力及保压时间。

（4）在熔模的组装过程中，首先对熔模要进行检验、清理和修整；合格后的蜡模方可黏焊在预先准备好的浇口棒上，构成蜡模组。

（5）壳型材料的选择。壳型的质量直接关系到铸件的质量。根据壳型的工作条件，应着重注意型壳性能的以下要求。

1）具有高的常温强度、适宜的高温强度和较低的残留强度。

2）具有好的透气性（特别是高温透气性）及导热性。

3）线膨胀系数小，热膨胀量低且膨胀均匀。

4）优良的抗急冷急热性和热化学稳定性。

（6）制壳过程中

1）脱脂：由于模料中大多以石蜡等含油脂的原料为主，为了改善涂料对模组的涂挂性，通常要进行脱脂处理。

2）上涂料和撒砂：涂料的配比要正确；涂料的配制先后顺序要正确；涂料的涂挂方法

要正确；撒砂的粒度和方法要正确；选取的壳型层数要正确。

3）型壳的干燥和硬化：壳型每涂好一层，均要充分干燥和硬化。但前三层应连续操作，最后一层只挂涂料不撒砂。

（7）型壳的焙烧。型壳的焙烧过程中要注意温度的控制和保温时间长短的控制。

（8）浇注。熔模铸造常用的浇注方法是热型重力浇注法。浇注时型壳的温度控制要求较高。型壳温度低，不利于金属液的充填型腔，影响铸件的形状、轮廓、尺寸精度；型壳温度过高，使铸件冷却缓慢，导致组织粗大，影响铸件的力学性能和表面质量。

（9）脱壳清理。要注意脱壳的温度和时间以及脱壳的方法。

4. 评分标准

评分标准见下表。

熔模铸造实训评分表

考核项目	考核内容及要求	配分	评分标准	得分
主要项目	了解熔模铸造使用的设备及生产线情况	15	根据掌握情况酌情打分	
	熟悉熔模铸造的基本生产原理、工艺、方法	15	根据掌握情况酌情打分	
	严格按照生产工艺要求进行基本的操作、调试	30	任何一个环节操作失误扣1~5分	
工具设备的使用与维护	正确、规范使用工具，合理保养及维护工具	5	不符合要求酌情扣1~5分	
	正确、规范使用设备，合理保养及维护设备	5	不符合要求酌情扣1~5分	
	操作姿势、动作正确	5	不符合要求酌情扣1~5分	
安全及其他	安全文明生产，按国家颁发的有关法规或企业自定的有关规定	15	一项不符合要求扣5分，发生较大事故者全扣	
	操作、工艺规程正确	5	一处不符合要求扣2分	
	个体劳动防护用品穿戴正确	5	不符合要求从总分中扣1~5分	
时间定额	1 h		每超过5 min，扣5分	

课题四 离心铸造

熔融金属浇入绕水平、倾斜或立轴旋转放置的铸型，在离心力作用下凝固成型的铸件轴线与旋转铸型轴线一致的铸造方法，称为离心铸造。铸件多是简单的圆筒形，不用芯子形成圆筒内孔。离心力使液态金属在凝固时保持较高的压力，帮助补缩，加速分离非金属夹杂物和排出气体，并定向凝固，因而铸件组织较致密，晶粒细化，力学性能较高。

一、离心铸造机

离心铸造机是适合于不同离心铸造方法使用的机器。通常由铸型放置机构和浇注机构组成。根据放置轴在空间的位置，分为立式、卧式和倾斜式三种，以下仅介绍立式和卧式铸造机。

1. 立式离心铸造机

立式离心铸造机的转轴处于垂直位置，结构如图 10—28 所示。此种机械结构简单、操作方便，但铸件的壁厚差别大，因此，立式离心铸造机适用于生产直径较大、高度较小的铸件。

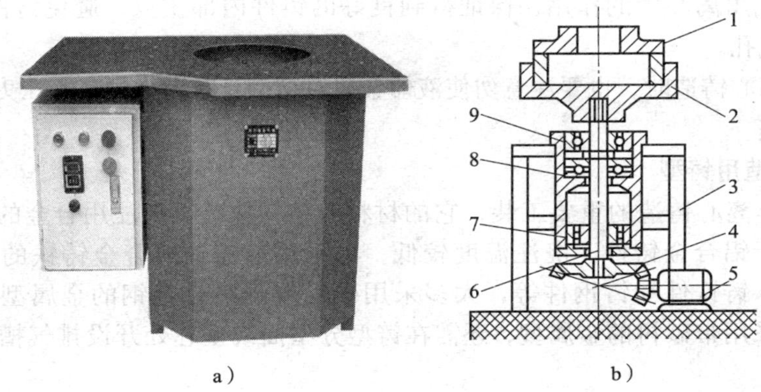

图 10—28　立式离心铸造机

a）外形图　b）示意图

1—铸型　2—离心机转台　3—机架　4—伞齿轮　5—电动机　6—主轴　7、9—径向轴承　8—止推轴承

2. 卧式离心铸造机

卧式离心铸造机的转轴处于水平位置，铸型绕水平轴回转，结构如图 10—29 所示。卧式离心铸造机的结构简单，应用较广泛，生产的铸件壁厚均匀，适宜制造较长的筒形铸件及各种双金属轧辊和轴套等。

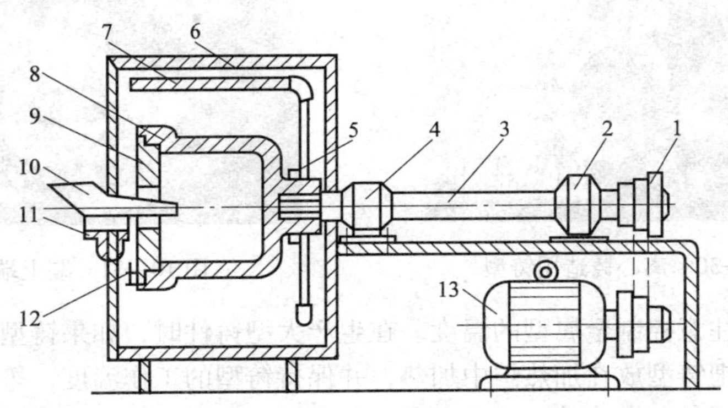

图 10—29　卧式离心铸造机

1—皮带轮　2、4—轴承座　3—主轴　5—止动螺钉　6—防护罩　7—水冷装置

8—铸型　9—铸型端盖　10—浇注槽　11—浇注槽支架　12—固定螺钉　13—电动机

3. 离心铸造的转速

离心铸造时所采用的旋转速度是重要的工艺参数，关系到离心力的大小，直接影响铸件质量。转速太低，离心力小，难以获得形状完整、无夹杂、无气孔、组织致密的优质铸件；转速过高，则离心力太大，铸件易产生偏析、表面纵向裂纹，对于砂衬铸型，会引起胀砂和黏砂等缺陷。

二、离心铸造的工艺特点

1. 离心铸型转速的选择

选择离心铸型的转速时，主要应考虑两个问题。

（1）离心铸型的转速起码应保证液体金属在进入铸型后立刻能形成圆筒形，绕轴线旋转。

（2）充分利用离心力的作用，保证得到良好的铸件内部质量，避免铸件内产生缩孔、缩松、夹杂和气孔。

采用砂型离心铸造时，也要注意勿使液体金属对型壁具有太大的离心压力而引起铸件黏砂、胀砂等缺陷。

2. 离心铸造用铸型

金属铸型是离心铸造的重要工装，它的材料和结构取决于浇注用合金的种类和铸件的复杂程度。对于铝合金铸件，浇注温度较低，可采用灰铸铁或合金铸铁的金属型。而对于铜合金铸件、铸铁件和铸钢件等，大多采用碳钢或耐热合金钢的金属型。对于形状复杂的铸件，可采用带砂衬的金属型，还需在铸型分型面或型芯处开设排气槽，如图 10—30 所示。

3. 涂料

金属型离心铸造时，常需在金属型的工作表面喷刷涂料（见图 10—31 装上端盖和图 10—32 喷涮涂料）。对离心铸造金属型用涂料的要求与一般金属型铸造时相同。为防止铸件与金属型黏合和铸铁件产生白口，在离心金属型上的涂料层有时较厚。离心铸造用涂料大多用水作载体。有时也用干态涂料，如石墨粉，以使铸件能较易地自型中取出。

图 10—30　离心铸造用铸型

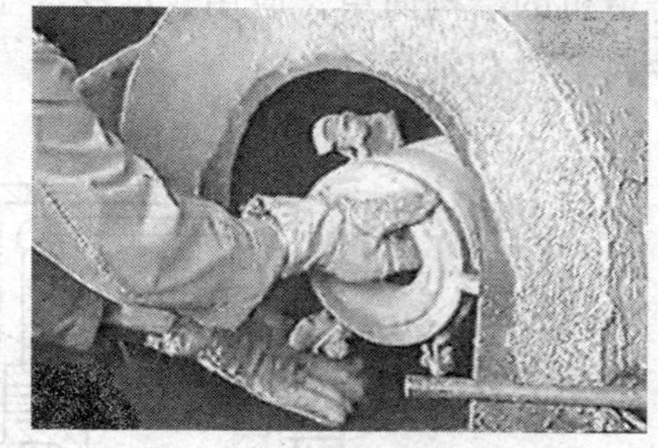

图 10—31　装上端盖

喷刷涂料时应注意控制金属型的温度。在生产大型铸件时，如果铸型本身的热量不足以把涂料烘干，可以把铸型放在加热炉中加热，并保持铸型的工作温度，等待浇注。生产小型铸件时，尤其是采用悬臂离心铸造机生产时，希望尽可能利用铸型本身的热量烘干涂料，等待浇注。

4. 浇注

（1）金属液的浇注

浇注的温度和速度取决于合金的种类、铸件的壁厚及复杂程度、冷却条件和转速等。浇注温度与金属型铸造相同。

（2）金属液的定量

离心浇注中空铸件时，内孔直径的大小与浇入的金属液量有关，所以浇入的金属液必须定量，一般采用定容积法（见图10—33定容积移动浇注小车和图10—34定量浇注）和定重量法。定重量法较正确，操作时要有定重量设备如磅秤等。定容积法需要有一个定量器，此法操作方便，生产中应用较多，但不太准确。

图10—32　喷刷涂料

图10—33　开机并推入移动浇注小车

为尽可能地消除浇注时金属的飞溅现象，要控制好液体金属进入铸型时的流动方向。

浇注后喷水冷却，停机并顶出铸件，如图10—35所示。

图10—34　定量浇注

图10—35　停机顶出铸件

三、金属离心铸造及应用

1. 双金属离心铸造

用离心铸造法，先后将两种熔融金属浇入一个旋转的铸型，从而获得复合铸件的方法称为双金属离心铸造（见图10—36）。这种铸造方法，可以充分发挥各种合金的特点，满足某些零件耐磨、耐蚀、耐酸等特殊要求，节省贵重金属。

图10—36　双金属离心铸造

2. 双金属轴套生产工艺

双金属轴套为双金属铸件，其离心铸造生产工艺可采用两种方法。

一种方法是将加热后的钢套浸入熔融的硼砂中黏附上硼

砂，然后迅速将钢套装入离心机上旋转，并将定量的铜合金浇入钢套中，钢套外壁用水冷却，即得到钢套镶铜双金属铸件。这种方法生产效率高、工序简单，但劳动条件差。

另一种方法是把清洗过的钢套涂上硼砂，然后装入定量的铜合金屑（小块）及熔剂，加盖焊封放在炉中加热。待钢套内铜料熔化后，迅速将钢套装夹在离心机上旋转，外面用水冷却，即可获得铸件。此法应用较多。

3. 离心铸造的优点

（1）铸件的组织比较致密，晶粒较细，机械性能较高。

（2）金属液在离心力的作用下内部形成自由表面，因此可不用型芯便能浇出圆筒形铸件。圆筒体壁的厚度由浇入金属的量来控制。

（3）省去浇注系统和冒口，节省材料。

（4）便于制造“双金属”铸件。

（5）可以浇注薄壁铸件，如蜗轮、叶轮等。

（6）可以生产流动性较差的合金铸件。

4. 离心铸造的缺点

（1）铸件的内孔尺寸不易控制，内孔的加工余量较大。

（2）容易发生偏析，不适用于易产生偏析的合金。

（3）不能铸造较复杂的铸件。

离心铸造的适用范围：各种中、小型铜合金套、环类铸件；各种内燃机用的铸件缸套；双金属铸铁轧辊；铸铁管的钢辊筒铸件；成型薄壁件，如水泵叶轮、增压蜗轮等。

技能训练

离心铸造

1. 实训设备

离心铸造机、相关辅助设备及工具。

2. 操作步骤

（1）选择合适的铸型旋转速度。

（2）铸型上涂料。

（3）铸型预热。

（4）金属液的浇注。

（5）金属液的定量。

3. 质量分析

（1）离心铸造的转速。离心铸造机的旋转速度是重要的工艺参数，关系到离心力的大小，直接影响铸件质量。转速太低，离心力小，难以获得形状完整、无夹杂、无气孔、组织致密的优质铸件；转速太高，则离心力太大，铸件易产生偏析、表面纵向裂纹等缺陷。

（2）根据不同的合金材料、不同的零件壁厚，选择正确的涂料种类和涂料的厚度。

（3）选择合适的预热方法及预热温度。

(4) 浇注的温度和速度取决于合金的种类、铸件的壁厚及复杂程度、冷却条件和转速等。浇注温度与金属型铸造相同，浇注的速度应比金属型铸造快些。

(5) 根据不同的离心铸造机（立式或卧式），选择合适的浇注法，一般选择侧浇法，使金属液从浇注槽流入铸型的方向与铸型内表面运动方向相切。

(6) 离心浇注中空铸件时，内孔直径的大小与浇入的金属液量有关，所以浇入的金属液必须定量，一般采用定容积法和定重量法。定重量法较正确，操作时要有定重量设备（如磅秤）等。定容积法需要有一个定量器，此法操作方便，生产中应用较多，但不太准确。

4. 评分标准

评分标准见下表。

离心铸造实训评分表

考核项目	考核内容及要求	配分	评分标准	得分
主要项目	了解离心铸造使用的设备及生产线情况	15	根据掌握情况酌情打分	
	熟悉离心铸造的基本生产原理、工艺、方法	15	根据掌握情况酌情打分	
	严格按照生产工艺要求进行基本的操作、调试	30	任何一个环节操作失误扣 1 ~5 分	
工具设备的使用与维护	正确、规范使用工具，合理保养及维护工具	5	不符合要求酌情扣 1 ~5 分	
	正确、规范使用设备，合理保养及维护设备	5	不符合要求酌情扣 1 ~5 分	
	操作姿势、动作正确	5	不符合要求酌情扣 1 ~5 分	
安全及其他	安全文明生产，按国家颁发的有关法规或企业自定的有关规定	15	一项不符合要求扣 5 分，发生较大事故者全扣	
	操作、工艺规程正确	5	一处不符合要求扣 2 分	
	个体劳动防护用品穿戴正确	5	不符合要求从总分中扣 1 ~5 分	
时间定额	1 h		每超过 5 min，扣 5 分	

练 习

1. 什么叫特种铸造？常见的有哪些？
2. 与砂型铸造相比，特种铸造有什么特点？
3. 什么叫金属型铸造？
4. 为什么在浇注前要对金属型进行预热？预热方法有哪些？
5. 简述金属型铸造的特点和应用范围。
6. 浇注温度高低对铸件质量和金属型的使用寿命有什么影响？
7. 什么叫压力铸造？压力铸造有哪些优缺点？

8. 压力铸造的适用范围是什么？

9. 压力铸造的分类方法有哪些？

10. 简述压力铸造的工艺过程。

11. 为什么说压力大小是压铸的主要工艺因素？

12. 什么是熔模铸造？它的主要工艺过程有哪些？

13. 熔模铸造有何优缺点？

14. 在熔模铸造中，涂料是如何配制的？

15. 什么叫离心铸造？

16. 简述离心铸造的工艺特点。

17. 离心铸造的优、缺点有哪些？

18. 简述离心铸造的适用范围。

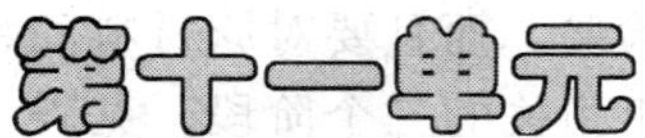

铸件质量检验及缺陷分析

课题一 铸件的质量检验

铸造生产过程中，由于设计、工艺、材料等原因，铸件内部、表面、性能等容易产生各种缺陷。铸件缺陷影响铸件的质量，严重的甚至成为废品。所以，提高铸件质量、降低废品率是铸造生产中需要经常研究、解决的问题。

一、铸件质量检验概述

根据用户要求和图样技术条件等有关协议的规定，用目测、量具、仪表或其他手段检验铸件是否合格的操作过程称为铸件检验。

铸件质量检验的依据是：铸件图、铸造工艺文件、有关标准及铸件交货验收技术条件。

当铸件存在缺陷时，切不可草率地决定其报废，应该进一步了解其用途和技术条件。尤其在生产单件或贵重的铸件时，根据出现的问题，在征得设计部门同意后，可以改变某些技术条件；还有一些铸件在有缺陷时，被认定是返修品，其所带缺陷是可以修补的。总之，将修补后还可使用的铸件定为不合格，会造成浪费和损失；反之，将不可使用的铸件定为合格品，则会造成更大的损失。所以铸件质量检验工作十分重要。

二、铸件的质量等级

检验后，根据铸件的质量情况可分为下列三类，见表 11—1。

表 11—1　　铸件的质量等级

序号	质量等级	质量要求
1	合格品	符合验收条件的铸件
2	返修品（回用品）	不符合验收条件，但可修补的铸件。修补后应符合技术要求又不影响使用的可靠性。属此类的多为大型、单一的铸件
3	废品	不符合验收条件，且不能修补使用的有缺陷的铸件

废品按照发现的时间可分为“内废”和“外废”。内废是在铸造车间范围内发现的废品；外废是在机械加工时发现的废品。铸件废品发现得越晚，造成的损失越大，这不仅是加工费用的消耗，有时会造成生产中的停工待料。

三、铸造生产检验过程

检验工作不应以检验为目的，而应作为改善铸件质量的有效方法。为此，必须将质量检验与生产工艺过程紧密地联系起来。检验工作不仅是成品铸件的检验，而且要对原材料和生产工艺过程进行检验。因此，铸造生产的检验可分为彼此密切相关的三个阶段，见表11—2。

表11—2　铸造生产检验过程

序号	检验项目	检验的内容
1	原材料的检验	检验铸造生产中使用的所有原材料是否符合技术条件规定的要求。在检验原材料时要特别注意取样时间、地点和数量，掌握正确的取样方法
2	操作过程的检验	检验操作者是否按照正确的操作工艺进行生产，并对各工艺环节进行技术检验，例如，型砂性能、烘干程度、合型检验、铁水质量和浇注温度及时间的检验等。它是保证获得成品铸件所采取的有效方法之一。在生产量较小的铸造车间，操作过程检验可由操作者自己进行
3	铸件成品的检验	铸件成品的检验包括外观质量的检验、内在质量的检验和使用性能的检验三个方面，这些检验都必须以相应的有关技术文件和标准为依据

四、铸件成品的检验方法

1. 铸件外观质量的检验

铸件外观质量即铸件表面状况和达到用户要求的程度。检验内容包括铸件的表面粗糙度、表面缺陷、尺寸公差、形状偏差、质量偏差、色泽、表面硬度和试样断口质量等。铸件外观质量检验通常不需要破坏铸件，而借助于必要的量具、样块和测试仪器，用肉眼或低倍放大镜即可确定铸件的外观质量状况。

(1) 铸件形状和尺寸的检验

铸件在铸造过程及随后的冷却、落砂、清理、热处理和放置过程中会发生变形，使其实际尺寸与铸件图规定的基本尺寸不符。为此，国家标准GB/T 6414—1999《铸件　尺寸公差与机械加工余量》将毛坯铸件的尺寸公差分为16个等级，表示为CT1～CT16，并给出了不同生产方式及不同铸造工艺方法生产的各种铸造合金的毛坯铸件应能达到的公差等级。

铸件形状和尺寸的检测，就是检查毛坯铸件的实际尺寸，是否在规定的毛坯铸件的尺寸公差带内。

铸件形状和尺寸的检测方式见表11—3。

表11—3　铸件形状和尺寸的检测方式

序号	铸件形状和尺寸检测方式	适用范围
1	检测铸件图和铸造工艺文件规定的全部尺寸	这种检测方式适用于检测试生产铸件的首件、成批或大量生产铸件的随机抽样单件、单件或小批量生产的铸件
2	检测铸件图和铸造工艺文件规定的控制尺寸	这种检测方式适用于对在流水线上进行大批量生产的铸件尺寸进行控制性检测。所规定的控制尺寸，通常为精度要求高、易变形超差的尺寸，以及能代表铸件变形程度的尺寸。采用这种检测方式的前提是铸件生产工艺稳定，流水线设备运行正常

续表

序号	铸件形状和尺寸检测方式	适 用 范 围
3	对需要机械加工铸件的划线检测	检测时应划出机械加工基准线，必要时应对尺寸偏差较大的尺寸进行调整
4	对机械加工过程中有争议尺寸的分析性检测	用于仲裁性检测，找出争议原因，提出解决措施
5	用专用工具、夹具、量具检测全部铸件的主要尺寸	适用于在流水线上大批量生产的重要铸件或复杂铸件的尺寸检测。其优点是检测速度快、效率高，并可与机械加工同时进行

(2) 铸件表面粗糙度的评定

铸件表面粗糙度是衡量毛坯铸件表面质量的重要指标。铸造表面粗糙度用未经机械加工的毛坯铸件的表面轮廓算术平均偏差 Ra（单位 μm）进行分级，并用全国铸造标准化技术委员会监制的铸造表面粗糙度比较样块进行评定。

用比较样块评定铸件表面的粗糙度，不适用于浇道、冒口和补贴的残余表面；铸件的表面缺陷应按缺陷处理，不列入被检表面。铸件表面粗糙度的样块比对方法如下。

1）被检铸造面必须清理干净，不得有锈蚀、油污、砂粒和其他黏附物。

2）比较样块应能表征被检铸件的合金种类和铸造方法，其质量应符合 GB/T 6060. 1—1997《表面粗糙度比较样块　铸造表面》的规定，表面不得有锈蚀、油污等铸造缺陷，以及表面粗糙度特征以外的其他表面特征。

3）砂型铸件的铸造表面被检点数应符合相关要求，被检点应均匀分布，每点被检面积不得小于与之对比样块的面积。

4）比对方法分为视觉比对和触觉比对两种：视觉比对应在光线明亮的场地，用肉眼或借助于放大镜观察比对；触觉比对是用手指在被检铸造表面及与之相近的两个参数等级的比较样块表面，轻轻地触摸和刻划，获得同样感觉的那个样块等级，即为被检铸造表面的粗糙度参数值，见图 11—1。

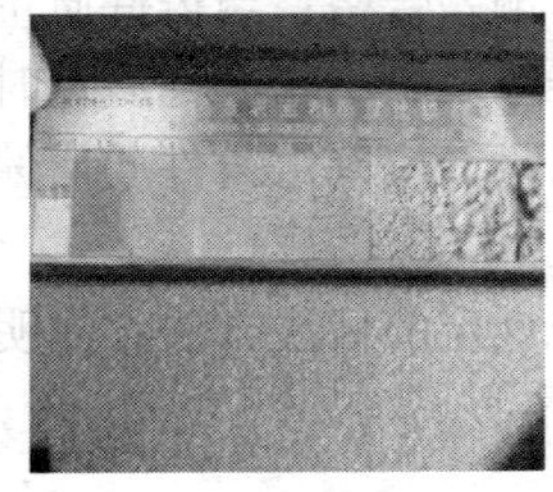
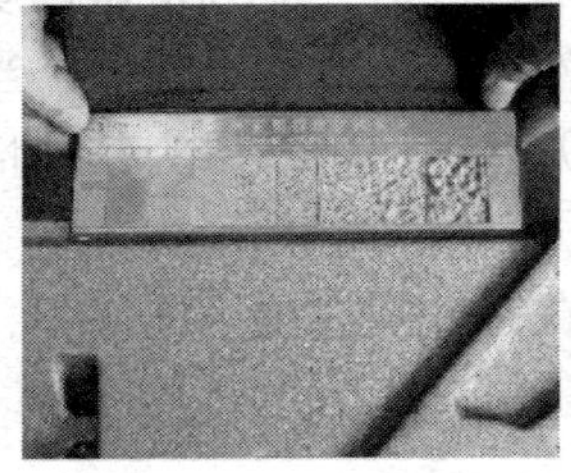

图 11—1　表面粗糙度比对

(3) 铸件质量偏差的检测

1）铸件质量偏差检测术语见表 11—4。

表 11—4　　铸件质量偏差检测术语

序号	名称	内　　容
1	铸件公称质量	根据铸件图计算，或按供需双方认定合格的标准样品铸件的称重结果定出的铸件质量，称为铸件公称质量。包括机械加工余量和其他工艺余量，作为衡量被测铸件轻重的基准质量
2	铸件质量公差	用占铸件公称质量的百分比表示的铸件实际质量与公称质量之差的最大允许值
3	铸件质量公差等级	确定铸件质量公差大小程度的级别。国家标准 GB/T 11351—1989《铸件质量公差》规定：铸件质量公差的代号用“MT”表示，铸件质量公差等级分为 16 级，用 MT1 ~ MT16 表示
4	铸件质量偏差	铸件质量与公称质量之间的正偏差或负偏差

2）铸件公称质量的确定

①成批和大量生产时，从供需双方共同认定的首批合格铸件中随机抽取不少于 10 件的铸件，以实际质量的平均值作为公称质量。

②小批和单件生产时，以计算质量或供需双方共同认定的任何一个合格铸件的实际质量作为公称质量。

③以标准样品的实际质量作为公称质量。

3）铸件质量公差等级和公差数值的确定。

铸件质量公差等级按“铸件质量公差”所述原则，或由供需双方共同协商。铸件质量公差等级确定后，根据铸件公称质量由表查取铸件质量公差数值。经供需双方商定的铸件质量公差，如不符合国家标准 GB/T 11351—1989 的规定，应在铸件图或技术文件中注明。

4）铸件质量偏差的检验和评定程序

①铸件公称质量和被检铸件质量应采用计量部门核验合格的同一精度等级的衡器测量。

②被检铸件在称量前应清理干净，浇道和冒口残余量应达到技术文件规定的要求，有缺陷的铸件应在修补合格后称量。

③铸件质量检验结果为下列情况之一时，应判定铸件质量偏差合格：当铸件质量大于公称质量时，铸件质量偏差不大于铸件质量公差的上偏差；当铸件质量小于公称质量时，铸件质量偏差不小于铸件质量公差的下偏差。但若结果为其他情况时，应判定铸件质量偏差不合格。

④有质量公差要求的铸件，应在铸件图或技术文件中，按规定的标注方法，注明铸件的公称质量和铸件质量公差等级。

（4）铸件浇冒口残余量的检验

铸件浇冒口残余量一般由供需双方商定，或参照相关技术标准，原则上应与毛坯铸件表面齐平。为防止去除冒口时造成铸件损伤，应尽量不采用打击法去除浇冒口，对于某些允许采用打击法去除浇冒口的铸件，也应在浇冒口根部先做出切口后再进行打击操作。在切割或打击浇冒口时，为防止切割余量超差，应在铸造工艺、切割工艺装备和操作上采取必要的措施。

对铸件浇冒口残余量检验不合格的铸件，应进行打磨或修补，修补的方法有焊补、黏补和腻子补等，应根据铸件质量要求由供需双方商定。

（5）铸件表面和近表面缺陷的目测检验

用肉眼或借助于低倍放大镜，检查暴露在铸件表面的宏观缺陷，同时检查铸件的生产标记是否正确齐全。检查时应判定铸件对于检查项目是否合格，区分合格品、返修品和废品。

目视外观检验可检查的缺陷项目有：飞翅、毛刺、抬型、胀砂、掉砂、外渗物、冷隔、浇注断流、表面裂纹、鼠尾、沟槽、夹砂结疤、黏砂、表面粗糙、皱皮、缩陷、浇不到、未浇满、跑火、型漏、机械损伤、错型、错芯、偏芯、铸件变形翘曲、冷豆等。

检查前，铸件生产厂应事先制定或与用户商定检查项目的合格标准。目视外观检验分为工序检查和终端检查两种，工序检查一般在落砂或清理后进行；终端检查在清理或热处理后铸件入库或交货前进行。单件或小批生产的铸件应检查全部铸件，成批或大量生产的铸件可按批或按周期抽样检查样本铸件。

（6）铸件内腔质量的检验

铸件往往由于内腔尺寸不合格，或内腔表面的黏砂、非金属夹杂物、表面裂纹等缺陷而导致铸件报废，以至于使整个机械系统失效，故应加强对铸件内腔质量的控制与检验。

铸件内腔质量检验的项目包括铸件的内腔形状和尺寸、铸造表面粗糙度、各种铸造表面缺陷（尤其是黏砂、错芯、偏芯、表面裂纹、渣气孔和砂眼等缺陷）、铸件内腔清洁度等。

铸件内腔质量检验的工具有工业内窥镜、工业电视、内径量具、测厚仪、深度尺等。在某些特殊情况下，还可采用射线探伤方法来显示铸件复杂内腔和细长管道的质量状况。

当发现内腔表面有黏砂、非金属夹杂物、渣气孔、砂眼等缺陷时，必须将这些缺陷清除，必要时可以采用电化学清砂法将这些缺陷腐蚀掉。内腔表面有裂纹的铸件若无法修补时应报废，在气密性试验时渗漏的铸件，可采用整体或局部浸透处理法进行修补。

2. 铸件内在质量的检验

铸件内在质量是指一般不能用肉眼直观检查出来的铸件内部状况和达到用户要求的程度。检验内容包括铸件的化学成分、物理和机械性能、金相组织以及存在于铸件内部的孔洞、裂纹、夹杂物等缺陷。铸件内在质量的检验方法和检验内容见表 11—5。

表 11—5　　铸件内在质量的检验方法和检验内容

序号	检验项目	检验内容及方法
1	铸件化学成分的检验	铸件化学成分决定着该铸件的性能，所以熔炼时要进行正确的配料以保证化学成分。由于炉料的成分和熔炼中的烧损等常有变化，所以铸件的化学成分也会有波动。当铸件的要求较高时，就要取样进行化学分析，检查成分是否在要求的范围内。化学成分的检验一般在专门的化学试验室进行
2	铸件机械性能的检验	铸件的机械性能主要是指铸件的强度、硬度、塑性、冲击韧性等性能。为了检验这些性能是否达到要求，通常是用专门制作的试样进行试验。一些较重要的铸件，要浇出试样毛坯，加工成一定的尺寸，然后放在专门的测试设备上测定机械性能。因试样毛坯的尺寸会影响试样的机械性能，所以试样毛坯的尺寸和浇注方法都有规定要求

续表

序号	检验项目	检验内容及方法
3	金相组织的检验	铸件的金相组织对其性能影响很大。同一化学成分的铸件，可以具有不同的金相组织，并因此具有不同的性能。例如，一些工具钢在退火后较软，但经淬火后就变得很硬，而这时钢的化学成分则可以说没有什么变化。金相组织检查是先将试块制成试样，然后放在金相显微镜下观察，必要时还可拍成照片进行分析研究
4	铸件内部缺陷的检验	存在于铸件内部的孔洞、裂纹、夹杂物等缺陷往往要通过一定的设备和方法才能发现，否则，就要剖割铸件，裸露内部进行观察，但这种破坏性试验不仅是很费事的，而且只能抽查，不能保证每个铸件质量全部可靠。因此对于重要铸件的内部要用无损检验法检验。 无损检验的方法有：射线探伤、超声波探伤、磁粉探伤、荧光探伤等，也包括渗漏试验。这些检验方法都是在专门的试验仪器上，由专业人员进行的

3. 质量检验报告

检验人员在接受检验任务之后，将按照有关的检验项目和试验规范对有关产品进行检验，检验结束后必须开具质量检验报告，提供相关数据。

质量检验报告一般包括以下内容：被测试样的产品名称、试样名称、测试项目、委托单位或部门、委托日期、测试日期、测试环境、测试人员、校核、审核、批准人员、测试仪器、设备、测试标准、测试方法、测试数据（必要时提供所有原始测试数据及计算过程）、测试结果（要根据相关标准或有关工艺要求进行判断得出结论）。

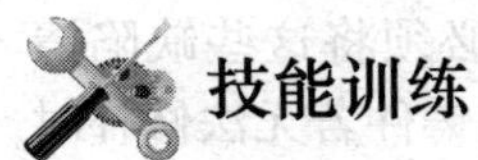

技能训练

铸件成品的检验

1. 实训设备

铸造生产检验相关的设备、仪器、工具等。

2. 操作步骤

（1）仔细阅读待检铸件的图样及相关技术文件所规定的要求。

（2）铸件外观质量的检验。检验内容包括铸件的表面粗糙度、表面缺陷、尺寸公差、形状偏差、质量偏差、色泽、表面硬度和试样断口质量等。

（3）铸件内在质量的检验。检验内容包括铸件的化学成分、物理和力学性能、金相组织以及存在于铸件内部的孔洞、裂纹、夹杂物等缺陷。

3. 质量分析

（1）待检铸件的图样及相关技术文件所规定的要求了解、分析是否透彻。

（2）铸件的质量等级、铸件生产的检验过程是否熟悉。

（3）常用的检验工具、设备的使用方法和检验方法是否掌握。

（4）铸件成品的外观质量、内在质量的检验项目是否掌握。

（5）出具正确的质量检验报告。

4. 评分标准

评分标准见下表。

铸件成品检验实训评分表

考核项目	考核内容及要求	配分	评分标准	得分
主要项目	了解铸件的质量等级、铸件生产的检验过程	15	根据掌握情况酌情打分	
	熟悉铸件成品的外观质量、内在质量的检验项目	15	根据掌握情况酌情打分	
	掌握常用的检验工具、设备的使用方法和检验方法	15	根据掌握情况酌情打分	
	能正确出具质量检验报告	15	根据掌握情况酌情打分	
工具、设备的使用与维护	正确、规范使用工具，合理保养及维护工具	5	不符合要求酌情扣 1 ~ 5 分	
	正确、规范使用设备，合理保养及维护设备	5	不符合要求酌情扣 1 ~ 5 分	
	操作姿势、动作正确	5	不符合要求酌情扣 1 ~ 5 分	
安全及其他	安全文明生产，按国家颁发的有关法规或企业自定的有关规定	15	一项不符合要求扣 5 分，发生较大事故者全扣	
	操作、工艺规程正确	5	一处不符合要求扣 2 分	
	个体劳动防护用品穿戴正确	5	不符合要求从总分中扣 1 ~ 5 分	
时间定额	2 h		每超过 20 min，扣 5 分	

课题二 铸件缺陷分析

一、铸件缺陷的分类

铸造生产过程中，由于种种原因，在铸件表面和内部产生的各种缺陷总称为铸件缺陷。按铸件缺陷性质不同，通常分为以下八类：多肉类缺陷；孔洞类缺陷；裂纹、冷隔类缺陷；表面缺陷；残缺类缺陷；夹杂类缺陷；形状和重量差错类缺陷以及成分、组织和性能不合格类缺陷。对每一类缺陷，又可以细分为多种缺陷，详见表 11—6。

表 11—6 常见铸件的缺陷

序号	缺陷名称	缺陷内容
1	多肉类缺陷	铸件表面各种多肉缺陷的总称，包括飞翅、毛刺、抬型、胀砂、冲砂、掉砂、外渗物等缺陷。这类缺陷影响铸件的外观质量，增加铸件的清理成本
2	孔洞类缺陷	在铸件表面和内部产生的不同形状、大小的孔洞缺陷的总称，包括气孔、缩孔、针孔、缩松、疏松等缺陷。这类缺陷降低铸件的力学性能，影响铸件的使用性能，而且常位于铸件的内部不易发现，因此危害最大，要采取积极的措施预防。其中以气孔和缩孔最为常见，对铸件质量的影响很大
3	裂纹、冷隔类缺陷	包括冷裂、热裂、热处理裂纹、白点、冷隔、浇注断流等缺陷。此类缺陷极大地降低了铸件的力学性能，严重时将导致铸件报废。其中以热裂最为常见，特别是在合金钢铸件上
4	表面缺陷	铸件表面上产生的各种缺陷的总称，包括鼠尾、沟槽、夹砂结疤、机械黏砂、表面粗糙、皱皮和缩陷等缺陷。此类缺陷影响铸件的表面质量，并增加清理铸件的工作量。其中以黏砂最为普遍，特别是当型砂耐火度较低或浇注温度较高时，铸件表面黏砂最为严重，因此应严格选用造型材料，控制浇注温度
5	残缺类缺陷	铸件由于各种原因造成的外形缺损缺陷的总称，包括浇不到、未浇满、跑火、型漏和损伤等缺陷。这类缺陷严重时通常会导致铸件报废，而且还可能危及操作人员的安全。因此，铸件在浇注前应进行仔细检查，以防止此类缺陷的产生
6	夹杂类缺陷	铸件中各种金属和非金属夹杂物的总称，通常是氧化物、硫化物、硅酸盐等杂质颗粒机械地保留在固体金属内，或凝固时在金属内形成，或在凝固后的反应中在金属内形成。包括夹杂物、冷豆、内渗物、渣气孔、砂眼等缺陷。此类缺陷降低铸件的力学性能，影响铸件的使用性能，缩短铸件的使用寿命
7	形状及质量差错类缺陷	包括拉长、超重、变形、错型、错芯、偏芯等缺陷。此类缺陷影响铸件外观质量，增加修补工作量。生产中常因铸件尺寸不合格或超重等，降低铸件质量等级，甚至使铸件报废
8	成分、组织及性能不合格类缺陷	包括亮皮、菜花头、石墨漂浮、石墨集结、组织粗大、偏析、硬点、反白口、球化不良、球化衰退、脱碳等缺陷。此类缺陷影响铸件的切削加工性能和使用性能

影响铸件质量的因素很多，从原材料的准备到造型、熔炼、浇注、热处理等工序，都有可能导致铸件缺陷的产生，而且经常在同一铸件上同时存在几种缺陷。要防止铸件缺陷的产生，应了解各种缺陷的特征及其产生的主要原因，做到防患于未然。

表 11—7 所列是普通铸铁件在生产过程中各工序可能产生的铸件缺陷概况。

表 11—7　　铸铁件生产各工序产生的铸件缺陷概况

	气孔	缩孔	缩松	热裂	冷裂	渣气孔	铁豆	冷隔	浇不到	砂眼	夹砂结疤	黏砂	变形	错型	胀砂	抬型	损坏	硬点	成分、组织、性能不合格	各工序产生缺陷数
熔炼	△	□	□	□	□	□		□	□									□	△	10
浇注	□	□	□	□		□	□	□	□											8
造型	△	□		□		□	□	□	□	△	△	□	□	□	□	□				14
造芯	△			△																2
配砂	△						□			□	△	△								5
落砂清理					□								□				△	△	□	5
热处理													□						△	2
产生缺陷的工序数	5	3	2	4	2	3	3	3	3	2	2	2	3	1	1	1	1	2	3	

注：△—产生缺陷的主要工序；□—产生缺陷的次要工序。

二、铸件常见缺陷

1. 气孔

气孔（俗称气眼、气泡、呛火等）是常见的铸造缺陷之一，如图 11—2 所示。

图 11—2　气孔

气孔是由于砂型（砂芯）的透气性不良，浇注时产生的大量气体不能及时排出，而在铸件内产生的孔洞。

气孔不仅减少了铸件的有效截面积，而且使局部造成应力集中，成为零件断裂的裂纹源。尤其是形状不规则的气孔，如裂纹状气孔和尖角形气孔，不仅增加缺口的敏感性，使金属强度下降，而且降低零件的疲劳强度，严重影响铸件的质量，应引起足够重视。

根据其产生的原因，气孔通常分为析出性气孔、反应性气孔和侵入性气孔。

(1) 析出性气孔

金属液在冷却和凝固的过程中，因气体溶解度下降，析出的气体来不及排除而留在铸件内产生的气孔，称为析出性气孔。

1) 析出性气孔的特征。在铸件截面上呈大面积分布着小孔，而靠近冒口、热节等温度较高区域则分布较密集。通常金属含气量较少时，气孔形状呈裂纹状；含气量较多时，气孔较大、呈圆球形，如图 11—3 所示。

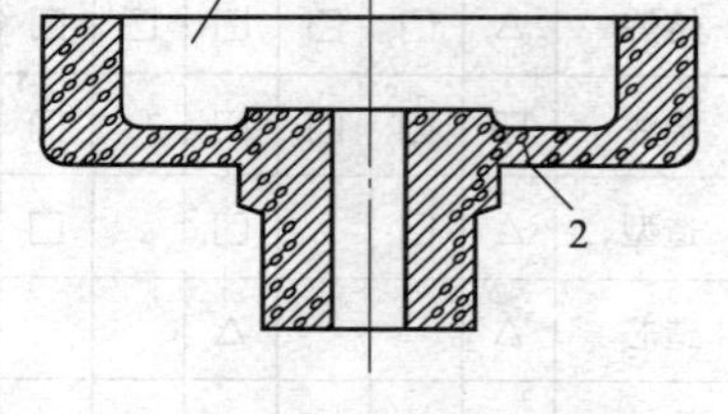

图 11—3 铸件中的气孔

1—铸件 2—气孔

产生析出性气孔的气体，主要有氢气，其次是氮气。铝合金最常出现析出性气孔，其次是铸钢件、铸铁件。

2) 影响析出性气孔形成的因素

①金属液原始含气量。金属液原始含气量越高，气孔越易形成。

②冷却速度。铸件冷却速度越慢，气孔越容易形成。

③合金成分。合金液态收缩大、结晶温度范围大的合金，容易产生气孔或气缩孔。

④气体性质。气体的扩散速度越慢，气孔越容易形成。

3) 析出性气孔的防止措施

①对炉料进行处理。金属液中的气体很多来源于炉料。炉料上的锈蚀、潮湿、油污以及内部存有的气体等，在熔炼时很容易进入金属液中。所以，炉料在入炉前要进行烘干和喷丸清理，并限制使用含气量高的炉料。

②避免金属液与炉气长时间接触。金属在液态时，具有很强的吸气能力。为防止炉气中的一些气体大量溶解于金属液，常采用加入熔剂的方法，在金属液表面形成一个熔渣保护层。

③进行脱气处理。即使在熔炼时采取了上述措施，但在金属液中仍难免溶解气体。为此，常在金属熔炼中进行脱气处理。具体办法是：加入某些元素，使其与金属液中的气体生成不溶于金属的化合物，或生成不溶于金属液的气泡带走金属液中的气体。去除金属液中的气体，一般常采用在金属液中加脱氧剂的方法。

④对浇注工具进行烘烤。与金属液接触的浇包和所有工具都应充分烘干。

⑤对金属液进行过热镇静处理。

⑥采取真空熔炼和浇注。将金属在真空条件下熔炼和浇注，不仅可以避免气体进入金属液，还可以使已溶于金属液中的气体不断排出。

⑦阻止气体析出。在条件许可的情况下，提高金属液的冷却速度，使气体来不及析出，或使金属液在压力下凝固，阻止气体析出。

(2) 反应性气孔

金属液与铸型（芯）或在金属液内部某些成分之间，因发生化学反应产生的气体来不及排出所产生的气孔，称为反应性气孔。反应性气孔一般都位于铸件表面以下，呈分散分布的小孔，其又分为金属液与铸型间反应性气孔和金属液内部反应性气孔，反应性气孔类型、特征、产生原因及预防方法等见表 11—8。

表 11—8　　反应性气孔类型、特征、产生原因及预防

类型	特征	产生原因	预防方法
金属液与铸型间反应性气孔	气孔表面光滑，呈银白色，孔径为 1 ~ 3 mm，通常分布在铸件表皮下 1 ~ 3 mm 处，故又称为皮下气孔	①铸型水分含量过高及透气性低 ②金属液原始气体含量高 ③合金中含有易氧化成分 ④熔点较高的合金铸件（如铸钢件、铸铁件及铜合金铸件）中易出现反应性气孔	①减少金属液中气体的含量，控制型砂的水分和提高型砂透气性 ②对球墨铸铁件要减少铁液中镁的加入量，提高浇注温度。严格控制型砂中的水分及含氮黏结剂与固化剂等 ③采用保护剂，例如，在球墨铸铁件浇道表面掸刷冰晶石粉，在铝合金件面砂中加硼酸 ④尽量缩短砂型在合型后的待浇时间，组织好生产
金属液内部反应性气孔	该类气孔可分为两类：一类是金属液与渣相互作用产生的渣气孔；另一类是金属液内各成分之间相互作用产生的气孔 渣气孔的特征是孔壁不光滑，形状不规则，其颜色因渣质不同而不同，常以单独或成群密集的形式存在于铸件中，如图 11—4 所示	①金属中的熔渣未清理干净，如焦炭中的灰分、被侵蚀剥落下来的炉料、某些元素的烧损、金属炉料带入的砂粒和加入的熔剂等未清理干净 ②产生的二次氧化渣，金属液在出炉、孕育处理、浇注过程中及浇入铸型后与空气、铸型材料发生作用而生成的熔渣，可导致铸件形成渣气孔	

（3）侵入性气孔

气体从金属液外部侵入金属液后造成的气孔称为侵入性气孔。

侵入性气孔的特征是：气孔出现在铸件的个别地方，数量较少、体积（尺寸）较大、孔壁光滑、表面有光泽或轻微的氧化色，形状多成椭圆形，一般位于铸件浇注位置的中上部或上部，如图 11—5 所示。

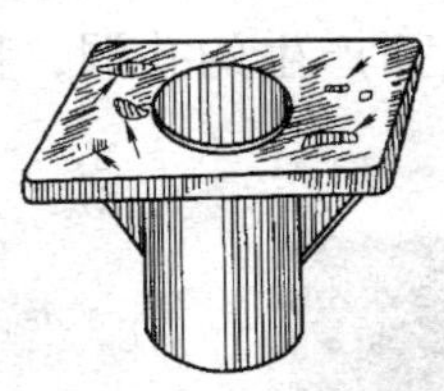
图 11—4　铸件中的渣气孔

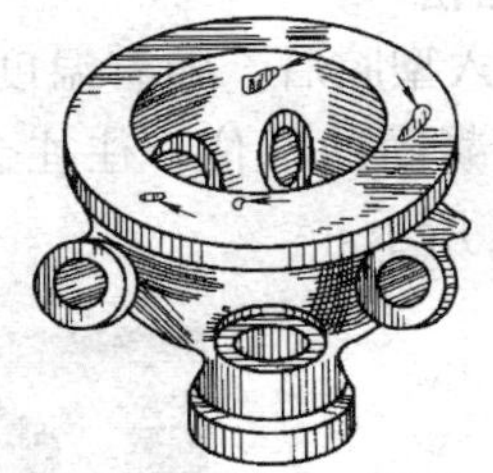
图 11—5　铸件中的侵入性气孔

1）造成侵入性气孔的因素

①浇注时，气体由浇注系统、型腔混入金属液，导致气孔的产生。

②金属液和冷铁、芯撑相互作用而产生气体。如芯撑表面带有水分或生锈（即氧化铁），则因水分蒸发、氧化铁还原而产生气体，侵入金属液形成气孔，如图 11—6 所示。

③砂型或砂芯中的水分或附加物（黏结剂），在金属液的热作用下气化、分解或燃烧产生的气体，侵入金属液形成气孔。

2）侵入性气孔缺陷的预防措施

①降低铸型和型芯的发气量。浇注后，在高温金属液的作用下，铸型和铸芯会产生大量的气体，这是造成侵入性气孔的一个重要原因。所以必须严格控制型（芯）砂中各种黏结剂或辅料的用量。

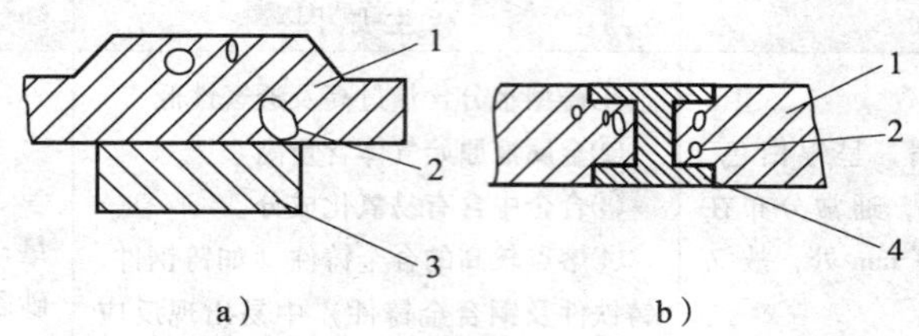

图 11—6 因锈蚀使铸件产生气孔

a）因冷铁锈蚀 b）因芯撑锈蚀

1—铸件 2—气孔 3—冷铁 4—芯撑

②增加铸型（芯）的透气性。第一，使型砂具有足够的透气性，并使背砂的透气性高于面砂，以便排气畅通；第二，铸型的紧实度要均匀，尤其是上型不能舂得太紧，并要扎出气眼；第三，在芯内放置石蜡、草绳、煤渣、焦炭等容易通气物质，使气道连通，并与铸型气道相连接；第四，浇注时在砂型通气孔和铸型分型面处点火，使该处气压下降，利于型内气体大量排出；第五，在冷铁的相应位置开设出气孔，便于因使用冷铁导致的气体顺利排出。

③采用合理的浇注工艺。浇注时要先快后慢，这样既可减少气体的侵入又有利于型腔中气体的排出。

④采用合理的浇注系统。根据铸件的具体情况开设浇冒口，使金属液迅速而平稳地充满铸型，并在铸件的最高部位开出气冒口。大平面铸件最好倾斜浇注，保证充型平稳、排气畅通。

2. 缩孔与缩松

液态金属注入型腔后，随着温度的下降，发生凝固。在此期间发生液态收缩和凝固收缩，在铸件最后凝固的部位，往往会出现由于补缩不良而产生的孔洞，称为缩孔，如图 11—7、图 11—8 所示。

图 11—7 缩孔

缩孔的形状极不规则，其表面粗糙不平，呈暗灰色，常出现在铸件最后凝固的厚大部位或壁的交接处，如图 11—9 所示。这是它跟气孔的主要区别之一。习惯上，将容积大而集中的孔洞称为缩孔，细小而分散的孔洞称为缩松或疏松。

在铸件中，由于缩孔和缩松的存在而减少了铸件受力的有效面积，并在孔洞处产生应力集中现象，使铸件的机械性能显著降低。同时，缩孔和缩松的存在还降低了铸件的气密性和物理化学性能。因此，缩孔和缩松是铸件的重要缺陷之一，必须设法控制。

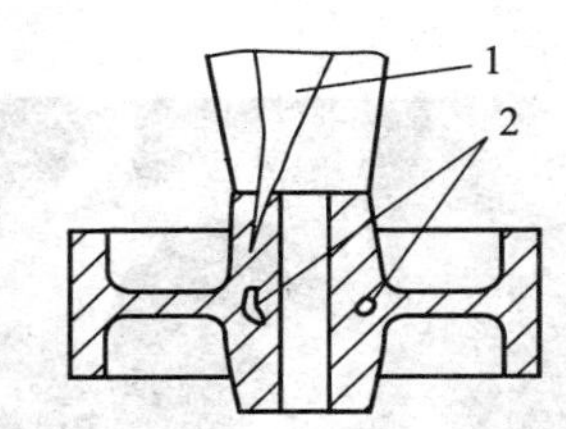

图 11—8　轮环铸件中的缩孔

1—明缩孔　2—暗缩孔

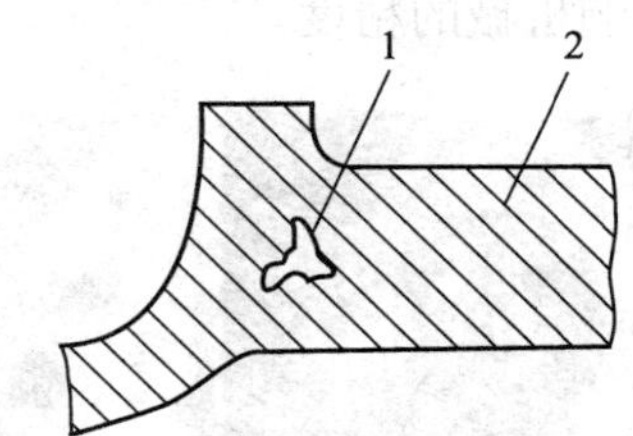

图 11—9　铸件易产生缩孔的部位

1—缩孔　2—铸件

（1）缩孔和缩松的形成

铸件形成缩孔和缩松的根本原因是，在冷却、凝固过程中，体积会发生变化。其体积变化情况包括以下几个部分。

1）液态收缩。液态金属自浇注温度冷却至凝固温度的过程中所发生的体积收缩。当内浇口冻结，液态金属停止继续流入型腔时，铸型内铁液实际温度与凝固温度之差，称为过热度。过热度越高，液态收缩越大。

2）凝固收缩。通常的液态金属是具有一定的凝固温度范围。当金属由液态转变成固态时，由于原子的排列发生变化，使其体积缩小；同时凝固过程中温度降低又使体积缩小。

3）石墨化膨胀。铸铁在凝固过程中，会析出石墨。由于石墨的密度比铁水密度小，因此随着石墨的析出，能使收缩得到补偿。

另外，缩孔与缩松还与铸型的冷却能力、浇注温度、浇注速度、铸件的厚薄等有关。

（2）缩孔类缺陷的预防措施

1）控制铸件凝固和补缩，实现定向凝固。具体做法是：控制合金的化学成分，尽可能选择窄凝固区域的合金；正确选择铸件的浇注位置；设置冒口就近补缩，并采用冷铁，以控制铸件各部分的冷却速度，造成向冒口方向定向凝固的条件。

2）选择适当的浇注温度和浇注速度。在确保液压金属冲型能力的前提下，尽量降低浇注温度和浇注速度，以减小金属的液态收缩量，延长浇注过程的补缩时间。当浇口浇注位置对定向凝固有利时，可适当慢浇，防止缩孔的产生。

3）改进铸件设计。改善铸件结构，在满足使用功能的前提下，将铸件的厚实部分减薄或改为空心结构；铸件壁厚要均匀；厚壁与薄壁的连接应平滑过渡，并尽量减少和避免形成孤立热节。在铸件孤立热节等难以用冒口补缩的部位，采用内、外冷铁以加快该部位的凝固速度。

4）加强合金精炼和处理。净化金属液，减少合金中溶解气体和低熔点杂质的含量，以利于凝固补缩。

5）提高铸型刚度和强度，防止型壁位移和抬型。

3．黏砂与夹砂

（1）黏砂

铸件表面或内腔黏附着一层难以清除的砂粒称为黏砂，如图 11—10 所示。铸件黏砂，不仅影响铸件的外观，而且影响铸件的工作寿命。一般铸件由于黏砂而报废的虽然不多，但为了清理表面黏砂，往往消耗大量的时间和劳力。同时，黏砂给切削加工增加困难，加快了刀具的磨损，影响机械的精度。

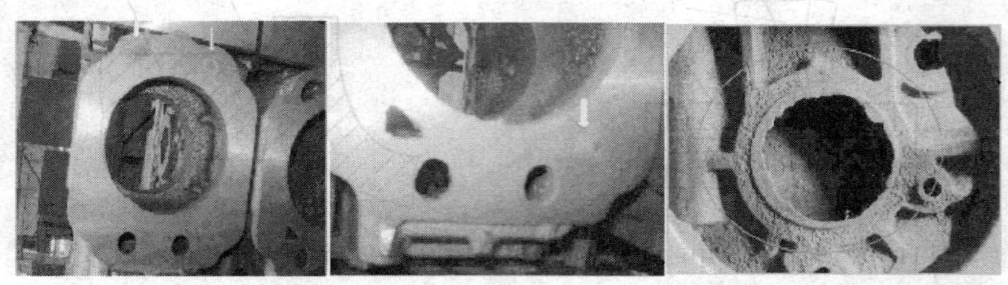

图 11—10　黏砂

黏砂是金属对铸型的热作用、机械作用和它们之间相互发生化学反应的综合结果。根据砂粒与铸件连接情况的不同，一般分为机械黏砂和化学黏砂。

1）机械黏砂。铸件的部分或在整个表面上，黏附着一层砂粒和金属的机械混合物，称为机械黏砂。清铲黏砂层时可以看到金属光泽。

机械黏砂的特征是，用肉眼可以看到黏砂层中夹有完整的单个砂粒及将这些砂粒连在铸件上的一些金属毛刺，如图 11—11 所示。

影响机械黏砂的主要因素如下。

①砂型表面孔隙的大小。砂型表面孔隙越大，铁液越易渗入，黏砂就越严重。新砂的颗粒越粗，砂型表面孔隙越大；新砂的颗粒越小，砂型表面孔隙越小。砂型紧实度越高，砂型表面孔隙越小；砂型紧实度越低，砂型表面孔隙越大。零件的转角、凹槽处，造型时难以舂实，较易出现黏砂。

②金属液的静压力对机械黏砂影响较大。金属液的静压力越大，机械黏砂越严重。高大铸件底部易形成机械黏砂。

③浇注温度越高，则金属液在铸型表面保持液态的时间就越长。因此，渗入孔隙内的金属液也越多，黏砂越严重。

④铸型表面材料的导热性能大小，影响铸件的黏砂程度。铸型表面材料的导热性能好，则金属液凝固较快，铁液不易渗入孔隙内。即使渗入孔隙也由于迅速冷却，减少了渗入的深度。

2）化学黏砂。铸件的部分或整个表面上，牢固地黏附一层由金属氧化物、砂粒和黏结剂相互作用而生成的低熔点化合物，称为化学黏砂。其硬度较高，只能用砂轮磨去。

化学黏砂的特征是：用肉眼观察铸件黏砂部位的表面时看不清单个砂粒，而是一片连续的蜂窝状物质，如图 11—12 所示。化学黏砂一般产生在铸件断面厚大的铸钢件上。

影响铸件化学黏砂的因素比机械黏砂复杂。除了机械黏砂所述因素外，还与金属液的成分、造型材料的种类、温度等因素有关。

机械黏砂和化学黏砂是相互联系和相互影响的。它们的形成原因大多相同，且往往互为条件、互相促进。机械黏砂形成的主要原因是某些物理因素，而化学黏砂的主要原因是某些

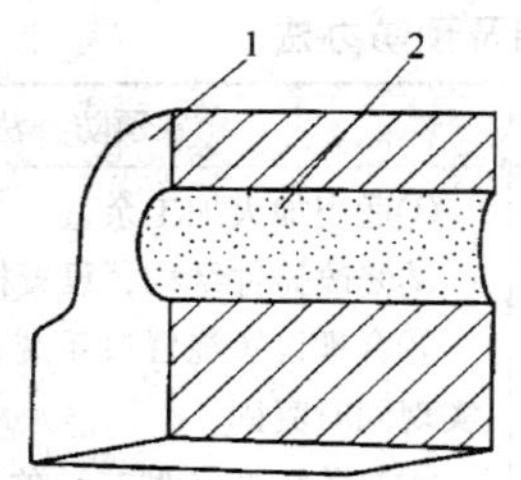

图 11—11　铸件表面的机械黏砂

1—铸件　2—黏砂表面

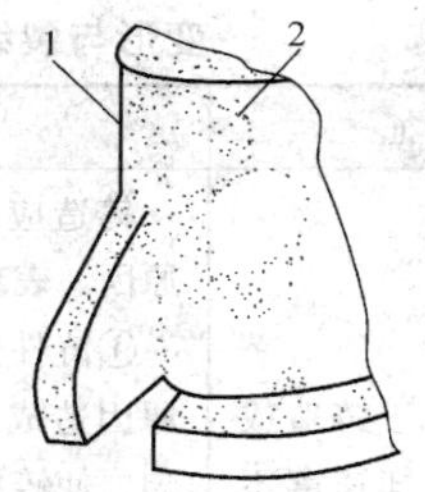

图 11—12　铸件表面的化学黏砂

1—铸件　2—黏砂表面

化学因素，这两类因素常常又不能截然分开。金属与砂粒之间的化学作用，可以使机械黏砂更为严重；砂粒间渗入金属则为产生化学黏砂创造了一定的条件。

湿型铸造中，小型铸铁件的黏砂主要是机械黏砂；化学黏砂则常发生在铸钢件及用水玻璃砂型浇注的铸铁件上；铸钢件的黏砂常常是上述两种类型同时并存。

3）防止铸件黏砂的方法

①选用耐火度高、粒度适宜的造型材料。

②铸铁件湿型面砂中加煤粉、重油、渣油等附加物；干型表面刷优质涂料，堵塞砂粒孔隙，以减弱金属液的热作用、机械作用和化学作用。

③在满足透气性要求的前提下，提高砂型的紧实度，减少砂粒孔隙度，防止机械黏砂。

④适当降低浇注温度，减轻热作用，削弱液态金属的渗透力。

（2）夹砂

在浇注过程中，砂芯面受热膨胀、拱起并开裂，金属液进入砂层开裂的缝隙，使铸件表面产生疤片状金属凸起物，并夹持型砂，称为夹砂。湿型比干型容易使铸件产生夹砂，尤其是大型平板类铸件湿型水平浇注，极易产生这种缺陷。夹砂与发生在铸件上表面的掉砂极其相似，这是因为掉砂缺陷内也裹有砂块，但其边缘的金属与铸件本体相连，而夹砂的金属边缘尖锐，砂粒一般不与铸件本体相连。

夹砂大多发生在铸件浇注位置的上表面。厚壁铸件、浇注位置有平面的铸件、浇注温度高和浇注时间长的铸件，易产生夹砂缺陷。

夹砂缺陷的防止措施如下。

1）在型砂中加入适量的焦炭粉、木屑、煤粉等可提高型砂抗夹砂性能的材料。

2）选用粒度分散的新砂、热湿拉强度高的膨润土，适当增加黏结剂的加入量；尽量降低水分含量；确保型砂混制质量。

3）造型舂砂时应力求均匀，避免局部过紧或过松；避免用压勺来回抹压砂型表面；修型时尽量少刷水；应多扎通气孔。

4）型腔中的大平面及易形成夹砂的部位应插钉加固，涂刷稀黏土浆，增强表面强度。

5）低温快浇，减少砂型表面受热作用的时间，使表面砂层很快被覆盖，这样在金属液压力作用下，表面砂层无法拱起，从而防止夹砂产生。

4．变形与裂纹

铸件中存在变形与裂纹缺陷的特征、产生原因及预防办法见表 11—9。

表 11—9　　变形与裂纹缺陷的特征、产生原因及预防办法

类型		特征	产生原因	预防办法
变形		铸件由于铸造或热处理冷却速度不一而收缩不均，或由于模样与铸型形状发生变化等原因造成的几何尺寸与图样不符的现象	铸造应力是导致铸件变形的主要原因。表现有以下几种 ①铸件壁厚薄不均匀，或因其他原因造成铸件各部分冷却速度不均匀，使铸件在冷却过程中受到热应力的作用 ②当铸件在冷却过程中进行固态收缩时，受到砂型（砂芯）、芯骨、箱带、浇注系统等的阻碍，使得铸件难以自由收缩，受到收缩应力的作用 ③铸件内部组织转变时间有先有后而引起的相变应力作用 ④铸件内部石墨化的应力作用	①适当加大加工余量 ②修改铸件结构，设置拉肋 ③合理设置浇冒口系统及冷铁系统，尽量实现同时凝固 ④改善铸型（型芯）的退让性，及早去除浇冒口，以保证铸件正常收缩 ⑤铸件结构设计时须保证铸造工艺的要求。同一铸件壁厚尽量接近，两壁交接处应有相应大小的过渡圆弧，以减少应力集中 ⑥严格执行落砂工艺 ⑦及时进行退火处理。装炉时要将铸件垫平放稳，确保受力均衡，以防高温变形 ⑧严格控制铁液中的硫、磷含量
裂纹	冷裂	冷裂往往是穿过晶体而不是沿晶界断裂，断口具有金属光泽或呈轻微氧化色泽，通常为浅褐色。断口形状与普通抗拉试棒断口相似	①铸件冷却到弹性状态，某部分的铸造应力大于合金强度极限时，引起铸件开裂 ②铸件设计不当，壁厚相差较大，造成铸件各部分冷却速度差别大 ③浇冒口系统设计不当，使铸件各部分温差大 ④铸件金属的抗拉强度低，铁液中硫、磷含量过高，增加了脆性 ⑤当铸件内部已经存在较大的残余应力时，在落砂、装卸、清理、机械加工过程中又受到碰撞、挤压等 ⑥铸件中的夹渣、缩孔、气孔等缺陷造成应力集中	①铸件壁厚力求均匀，工艺设计时尽量使铸件在收缩过程中不受阻碍 ②铸件内圆角和工艺拉肋要合理 ③浇冒口系统的设置合理，应使铸件各部分的冷却速度尽量趋于一致 ④改善砂型、砂芯的退让性 ⑤硫、磷等有害杂质的含量应控制在规定范围内 ⑥尽可能使铸件在型腔内缓慢冷却 ⑦铸件在落砂、清理和搬运过程中避免碰撞，机械加工过程中避免吃刀量过大、夹紧力过大、或其他不合理的操作 ⑧铸件进行时效处理，减少残余应力
	热裂	热裂断口常有严重氧化的黑色表面，断口沿晶粒边界产生和发展，所以裂口外形曲折而不规则。外裂表面宽而内部窄。内裂产生在铸件内部，一般在最后凝固的部位，断面常有树枝状结晶	铸件在凝固末期及凝固后不久的温度范围内（这时金属的强度和塑性很低），由于金属固态线收缩受到阻碍使铸件开裂。主要原因有 ①铸件的断面厚薄不均，连接处圆角太小，搭接部位分叉太多 ②浇注系统阻碍铸件正常收缩，如直浇注系统、冒口太靠近箱带等 ③铸型和砂芯的退让性太差，如型砂中黏土含量太多，紧实度过高，芯骨结构、形状不合适等 ④合金的收缩率较大 ⑤铁液中硫、磷含量过高 ⑥防裂工艺肋和冷铁使用不当 ⑦铸件落砂过早，或热态下搬运不慎 ⑧铸件的披缝阻碍收缩	①铸件设计要尽量避免壁厚的突然变化。铸件转角处设计成适当的圆角，铸件中容易产生拉应力的部位和凝固较迟的部位可采用冷铁或工艺肋 ②单个内浇注系统截面不宜过大，要尽量采用分散的多道内浇注系统。内浇注系统与铸件交接处，应尽量避免形成热节，浇冒口与铸件相接处要有适当的圆角。浇冒口形状和安放位置不要妨碍铸件的正常收缩 ③改善型、芯砂的溃散性，如黏土砂中加入适量木屑，或用有机黏结剂 ④砂型和砂芯不应舂得过紧 ⑤改用刚度合适的芯骨，芯骨外部要有足够的吃砂量

5. 胀砂与砂眼

（1）胀砂

胀砂是指铸件内外表面局部胀大、体重增加的缺陷。

浇注时，型壁在金属液压力作用下可能发生移动，这时，金属液沿未凝固到有足够厚度的硬壳随型壁移动，结果使铸件外形胀大，在铸件外表面形成形状不规则的凸起物，如图 11—13 所示。

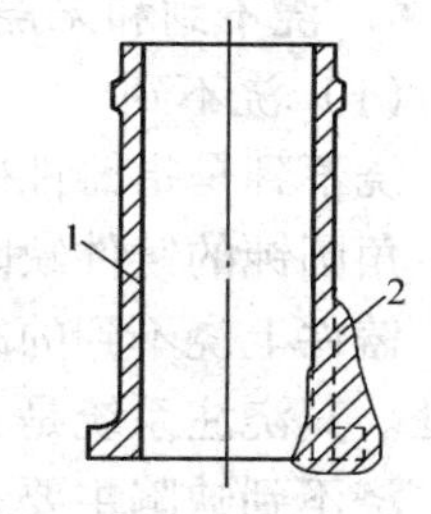

图 11—13　产生胀砂的铸件

1—铸件　2—金属凸起物

造成胀砂的主要原因如下。

1）铸型舂得太松，表面硬度太低，在金属液压力作用下被挤压，使型腔扩大造成铸件胀砂。

2）型砂的含水量过高，易造成铸件胀砂。

3）流动性太低或应变值太大的型砂不易紧实，易造成型壁移动。

4）砂箱的刚度和铸型紧固情况对型壁移动有很大影响。如砂箱的刚度低、铸型紧固不好时型腔因金属液的静压力和型砂的膨胀而扩大，造成铸件壁增厚。

5）浇注温度越高，型壁移动量越大，越易造成铸件壁增厚。

（2）砂眼

砂眼是指铸件内部或表面带有砂粒的孔洞。

砂眼缺陷多产生在铸件浇注位置的上表面，如图 11—14 所示。

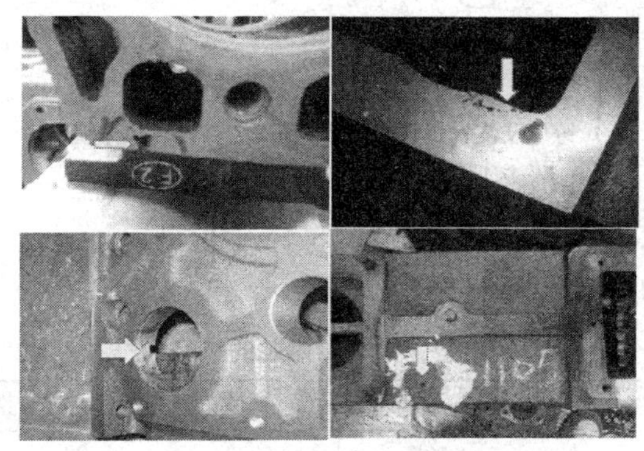

图 11—14　铸件上的砂眼

砂眼主要是由于砂型和砂芯的强度太低，或造型、合型等工序不够细致所造成的。具体表现如下。

1）砂型和砂芯的强度太低，承受不住金属液的冲刷。

2）型腔内有薄弱部分，容易被金属液冲坏形成砂眼。

3）内浇道开设不当，使进入型腔的金属液产生很大的冲刷力，将型砂冲落而带入型腔。

4）砂型和砂芯的烘干不良，不能保证足够的强度。

5）铸型搁置时间太长，降低了砂型、砂芯的强度，增加了铸件产生砂眼的可能性。

6）合型工作不够仔细，未将型腔中散落的型砂清除干净。

6. 浇不到和未浇满

(1) 浇不到

浇不到是指铸件残缺，或轮廓不完整，或轮廓虽完整但边、棱、角圆钝的铸件缺陷。

铸件上浇不到的缺陷，常出现在远离浇注系统的部位及薄壁处。其浇注系统是充满的，如图 11—15 所示。

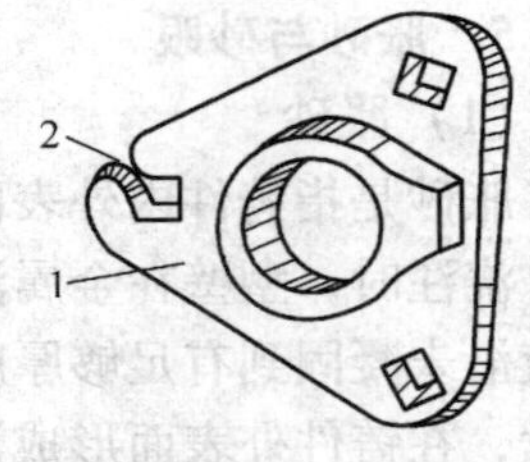

图 11—15　浇不到的缺陷

1—铸件　2—铸件浇不到处

浇不到缺陷主要是因为金属液的流动性太低或流动阻力太大所造成的。

(2) 未浇满

铸件上部产生缺肉，其边角略呈圆形，浇冒口顶面与铸件平齐的缺陷，称为未浇满。

铸件的未浇满缺陷是由于进入型腔的金属液不足而产生的，如浇包中的金属液不够或浇注中断等。金属液不足时的情况如图 11—16a 所示。铸件及冒口未浇满的情况如图 11—16b 所示。

比较图 11—16a 和图 11—16b 可以看出，浇不到与未浇满在外观上是有明显区别的。

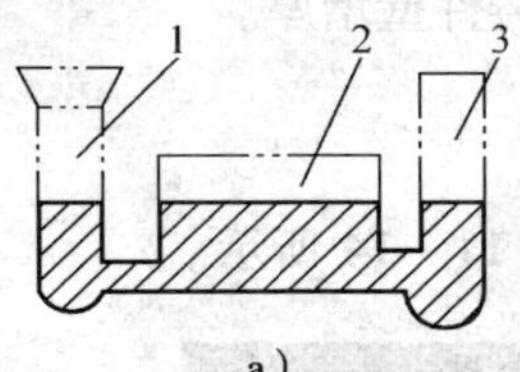

a)

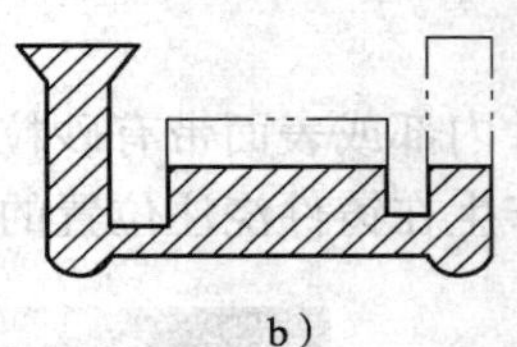

b)

图 11—16　未浇满缺陷

a) 铸件及浇冒口均未浇满　b) 铸件及冒口未浇满

1—浇口　2—铸件未浇满部分　3—冒口

7. 错箱 (型)、错芯和偏芯

错型、错芯和偏芯的特征见表 11—10。

表 11—10　错型、错芯和偏芯的特征

类型	特　征	图　示
错型	由于合型时错位，铸件的一部分与另一部分在分型面处相互错开的缺陷称为错型。这种缺陷是由于合型操作不当造成的	1—上砂型铸件　2—下砂型铸件
错芯	由于砂芯在分型面处错开，铸件孔腔尺寸不符合铸件图样要求的缺陷称为错芯。这种缺陷也是由于合型操作不当造成的	

续表

类型	特　征	图　示
偏芯	由于型芯在金属液作用下漂浮移动，使铸件内孔位置、形状和尺寸发生偏错，而不符合铸件图样要求的铸件缺陷称为偏芯	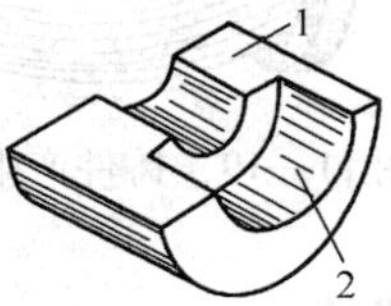 1—铸件　2—偏芯形成的内腔

8．其他缺陷

（1）抬型

由于金属液的浮力使上砂型或砂芯局部或全部抬起，使铸件高度增加，此现象称为抬型。抬型通常易在分型面处产生厚片状的、表面光滑的、边缘不规则的金属凸起物，如图 11—17 所示。产生的主要原因是合型时铸型紧固不好。

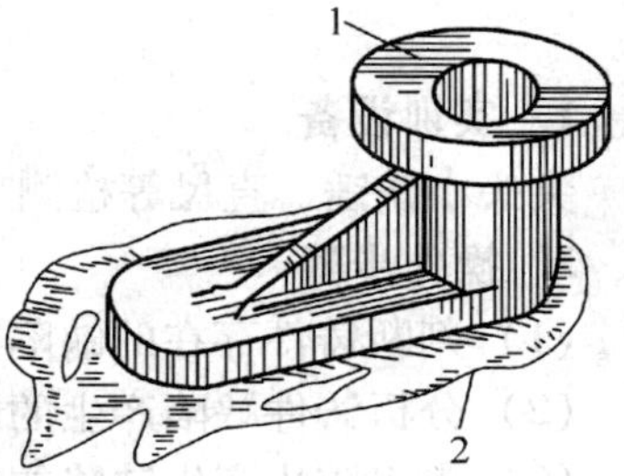

图 11—17　产生抬型缺陷的铸件

1—铸件　2—金属凸起物

（2）型漏

有严重的空壳状残缺的铸件缺陷称为型漏。有时铸件外形虽然完整，但内部的金属已漏空，铸件完全成壳状，铸型底部有残留的多余金属。如图 11—18a 所示是上砂型铸件未结皮时分型面处产生型漏；图 11—18b 所示是上砂型腔顶面结皮时分型面处产生型漏。型漏缺陷主要是由于合型不够仔细造成的。

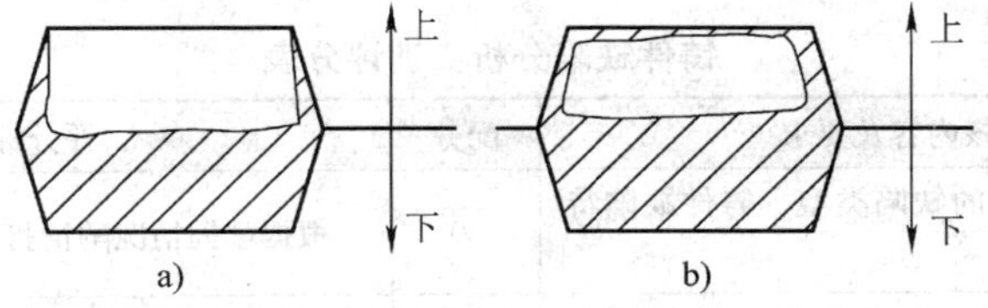

图 11—18　铸件产生型漏缺陷

a）上砂型腔顶面未结皮时分型面处产生型漏　b）上砂型腔顶面结皮时分型面处产生型漏

（3）冷隔

在铸件上穿透或不穿透的边缘呈圆角状的缝隙称为冷隔。大多出现在远离浇注系统的宽大上表面或薄壁处、金属流汇合处，以及冷铁、芯撑等激冷部位，如图 11—19 所示。

（4）冷豆

冷豆是指浇注位置下方存在于铸件表面的金属珠。其化学成分与铸件相同，表面有氧化现象，如图 11—20 所示。产生冷豆缺陷的主要原因与产生冷隔相似。通常，铸铁件易产生冷豆缺陷。

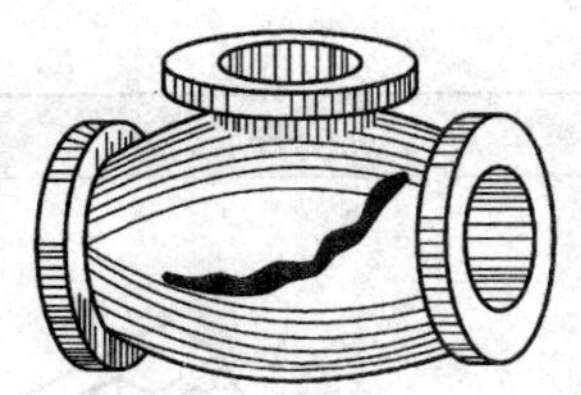
图 11—19　铸件产生冷隔缺陷

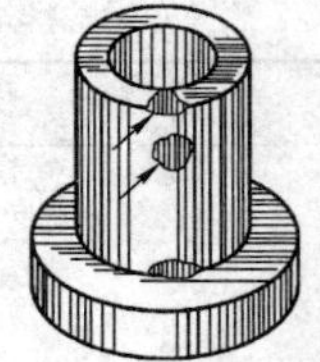
图 11—20　铸件产生冷豆缺陷

技能训练

铸件缺陷分析

1. 实训设备

尖头小铁锤、直尺等检测工具。

2. 操作步骤

（1）判断铸件存在的缺陷类型。

（2）分析铸件缺陷产生的原因。

（3）提出防止产生缺陷的方法和措施。

3. 质量分析

（1）铸件存在的缺陷类型判断要正确。

（2）铸件缺陷产生的原因分析要正确。

（3）防止产生缺陷的方法和措施得当可行。

4. 评分标准

评分标准见下表。

铸件缺陷分析实训评分表

考核项目	考核内容及要求	配分	评分标准	得分
主要项目	熟悉铸件常见的缺陷类型、铸件缺陷特征	20	根据掌握情况酌情打分	
	会分析铸件缺陷产生的原因	20	根据掌握情况酌情打分	
	提出防止产生缺陷的方法和措施	20	根据掌握情况酌情打分	
工具设备的使用与维护	正确、规范使用工具，合理保养及维护工具	5	不符合要求酌情扣 1 ~5 分	
	正确、规范使用设备，合理保养及维护设备	5	不符合要求酌情扣 1 ~5 分	
	操作姿势、动作正确	5	不符合要求酌情扣 1 ~5 分	
安全及其他	安全文明生产，按国家颁发的有关法规或企业自定的有关规定	15	一项不符合要求扣 5 分，发生较大事故者全扣	
	操作、工艺规程正确	5	一处不符合要求扣 2 分	
	个体劳动防护用品穿戴正确	5	不符合要求从总分中扣 1 ~5 分	
时间定额	1 h		每超过 5 min，扣 5 分	

课题三 铸造缺陷的修补

经过检验查出的有缺陷的铸件并不都是废品，可根据其工作条件和技术要求的不同决定其是否报废。对铸件出现的砂眼、气孔、缩松、裂纹、冷隔、浇不足等缺陷，在不影响原铸件使用性能、使用寿命和外观的情况下，均可进行修补。通过修补，可提高产品合格率，提高经济效益。铸件缺陷修补是铸造生产过程中必不可少的一道重要工序。

铸件缺陷的修补原则是：修补后的铸件外观、性能和使用寿命均能满足要求，且经济上合算，即应修补。反之，技术上无把握，经济上也得不偿失，即不予修补。

铸件缺陷修补的方法很多，各种方法的适用范围也不同，应根据铸件材质、种类、缺陷类型来选择不同的修补方法，并按照一定的工艺规程进行。

一、金属液熔补

用高温金属液冲浸，使铸件缺陷部位的本体金属表面熔化并与填补的金属液熔合。金属液熔补的情况，多用于修补大型铸件的缺损缺陷，如图 11—21 所示。

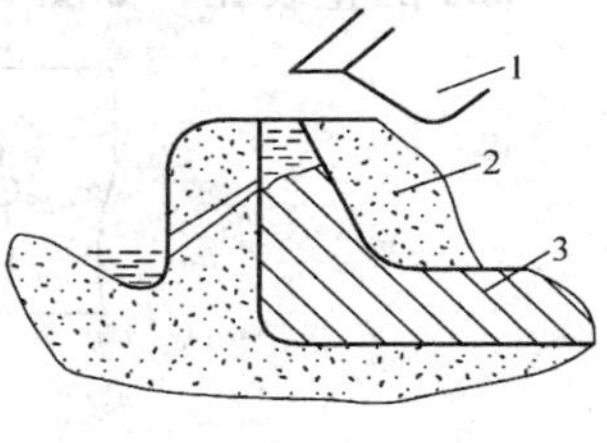

图 11—21 金属液熔补
1—浇包 2—砂型 3—铸件

熔补前，将铸件缺陷处铲磨干净，在铸件修补部位做好缺损部分的砂型。修补时，向砂型内浇入金属液，金属液在预热铸件后经砂型下部的流出孔流出，聚积在孔旁的集液槽内。浇入金属液的同时，应经常用金属棒探测铸件熔补表面，待金属软化后，将流出孔堵塞，并继续注入金属，直至注满砂型。为避免产生过大的铸造应力，应注意保温，使铸件缓慢冷却，熔补后的铸件一般需要再经过退火处理。

二、焊补（焊接修补）

焊补常用的方法有电弧焊和气焊两种，这是铸件最常用的修补方法。常见的缺陷，如裂纹、气孔、缩孔、砂眼、冷隔等都可以焊补。焊补的部位可以达到与铸件本体相近的力学性能，能承受较大的载荷。

铸铁件的焊补比铸钢件困难，因为铸铁的焊接性能差。在焊补后的过渡区中常出现难以加工的白口组织，焊缝的颜色也与本体有显著差异，同时塑性很低，应力大。当焊接应力超过金属强度极限时，容易引起裂纹。

1. 电弧焊补

铸铁件的焊补方法可分为冷焊和热焊两种。

生产中常见的手工电弧焊补装置及附具主要有电焊机（分直流与交流）、软电缆、焊钳、焊条、地线夹、面罩、清理工具等，如图 11—22 所示。

电弧焊补的操作工艺如下。

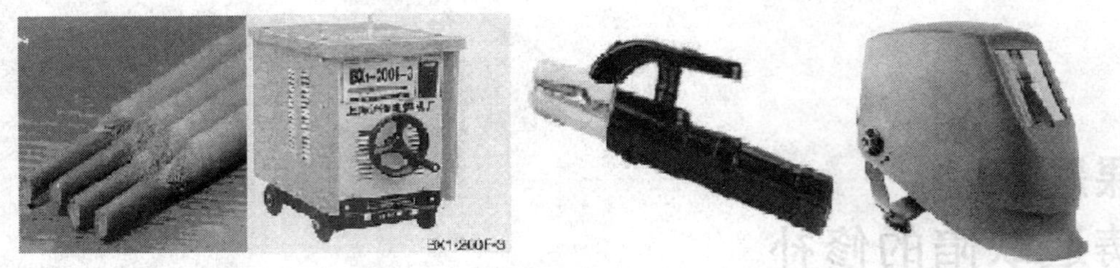

图 11—22　电弧焊补装置及附具

（1）电弧冷焊补

电弧冷焊补的操作特点在于施焊前铸件不需要进行预热，直接焊补。因此，工艺简单、劳动条件好。常见的焊补金属有碳钢、高钒钢、镍铁、镍铜、黄铜、铸铁等类型。由于焊补的材料不同，焊补后的强度和颜色不同，有的焊后可加工，有的焊后加工性能差，其主要取决于所用焊条类型和操作方法。对于凡承受动力负荷的非加工表面上的缺陷不允许冷焊。

冷焊工艺的主要问题是电流选择。由于冷焊时铸件不进行预热，电流大、会增加熔化深度，扩大了过渡区的面积，不仅难加工，而且会造成焊缝剥离。所以冷焊时应尽量采用较小的电流。

1）焊补前

①对于有裂纹缺陷，应在裂纹始末两端以外 5 ~ 10 mm 处各钻 $\phi 8 \sim \phi 12$ mm、比裂纹深 2 ~ 3 mm 的止裂孔，如图 11—23 所示。

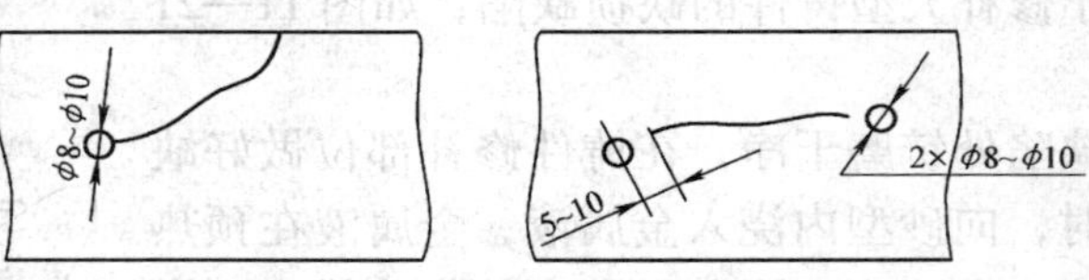

图 11—23　止裂孔

②待焊缺陷部位的清洁、整理工作。缺陷部位的黏砂、氧化皮和熔渣等夹杂物应清除干净。

③缺陷原有形状应适当加工边缘、开出坡口，使其露出新的金属光泽，以防产生未焊透、夹杂等缺陷，如图 11—24 所示。

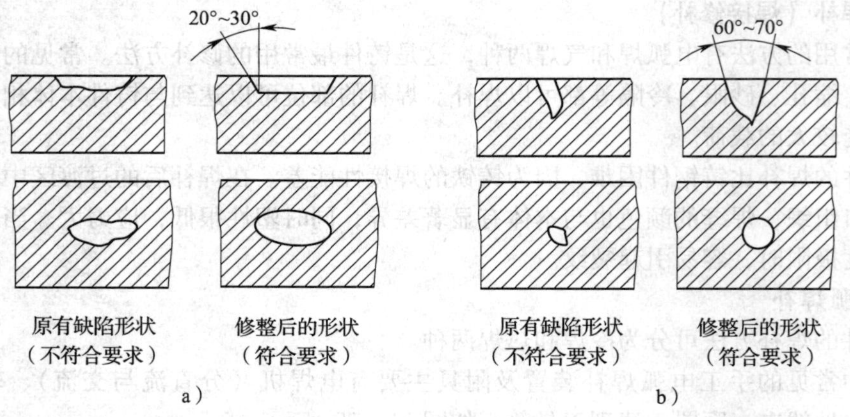

图 11—24　缺陷坡口形式

④焊条均需经过烘烤，烘烤温度为120～200℃，烘烤时间为2 h。

2）焊补时

①焊条直径可按待焊处壁厚进行选用，见表8—5。

表11—11　　按铸件壁厚选用焊条直径参照表　　mm

焊条直径	2	2.5	3.2	4
铸件壁厚	<4	4～6	5～20	10～30

②根据焊条直径、焊条类型、待焊铸件的壁厚等选择适当的电流。

③用非石墨型焊条冷焊时，通常采取“小电流、短路、断续、分散焊”，即每一道焊缝要短，不能连续进行，但可以分散在多处起焊。

④用特制铸铁芯焊条冷焊时一般采取“大电流、连续、集中式操作”，焊前的坡口加工要求较高。

⑤焊补厚壁件时可用多层堆焊的方法，如图11—25所示。这种方法可减少母材（铸件）的熔化量，且后一层焊道还可对前一层焊道起退火作用，以达到减少焊缝内应力的目的。

⑥当焊件的材质较差、且焊缝强度高时，可用栽丝法，如图11—26所示。这种方法是在待焊处钻孔攻螺纹，将钢质螺钉拧入，然后绕螺钉焊接，最后焊螺钉之间。由于螺钉承担了焊接应力，因而能可靠地防止焊缝剥离，并提高焊接接头的强度。

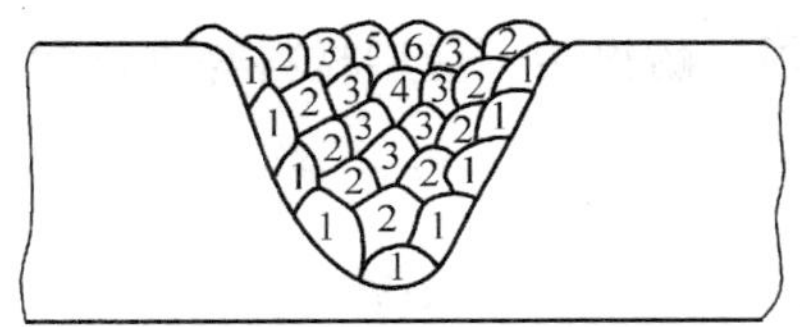

图11—25　多层堆焊示意图

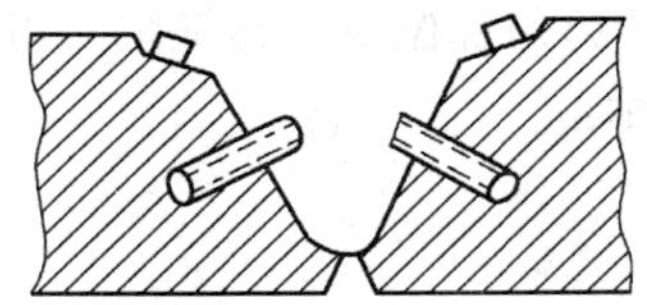

图11—26　栽丝法示意图

⑦当焊补有裂纹倾向缺陷时，可采用热态锤击法，即在焊接熔池金属填满缺陷处，并由凝固的白热状态冷却至红热状态时，配以锤击。待红热消失后，再轻微敲打，以减少初应力。

3）焊补时注意事项

①难焊的铸件应在室内进行，以防风吹，最好将铸件放置在炉旁，有助于提高整个铸件的温度。

②焊前若将需焊铸件局部或整体预热至100～200℃时，则更能改善焊补区的加工性能。

（2）电弧半热焊补

电弧半热焊补常用钢芯石墨化型铸铁焊条。其焊缝强度、颜色与被焊铸件的材质相近，但加工性不稳定。因此，常用于焊补非加工面上的各类缺陷。使用特制铸铁芯焊条，其加工性稳定、抗裂性增强，可焊补加工精度要求高，且处于刚度较大位置上的缺陷。

1）焊补前

①缺陷的清理和加工与电弧冷焊基本相同。

②待焊的缺陷部分通常加热到400℃左右。

2）焊补时

①半热焊用的电流比冷焊用的电流要稍大。

②半热焊通常采取“连续堆焊”的方法。铸件边角部分的小缺陷可一次堆焊成型；大缺陷则可连续堆焊3～4层，每堆焊一层时应迅速清理一下熔渣，然后接着堆焊，以便焊缝热量集中。

③电弧通常采用长弧，但不宜太长，以免药皮中大量石墨化元素烧损；也不宜太短，否则药皮不能充分熔化。

3）焊补时注意事项

①焊缝是铸铁，塑性很差。施焊时不准用锤锤击焊缝，以免锤裂。

②对于中小型铸件端部位置的缺陷，由于焊缝能自由地收缩，不致产生裂纹，因此可不预热施焊。

（3）电弧热焊补

电弧热焊补常用铸铁芯电焊条。其焊缝强度、颜色与被焊铸件材质相近，加工性好。因此，常用于焊补加工面上各类型的缺陷。通常，在电弧热焊的操作过程中，需要正确地选择好加热部位，掌握好加热温度，控制好焊后缓冷，才能有效地防止焊缝产生裂纹和白口组织。

1）焊补前

①缺陷的清理和加工与电弧冷焊基本相同。

②对于边角部位及穿透缺陷，可用黄泥、石墨板、耐火砖、造型材料等进行塑型，如图11—27所示。

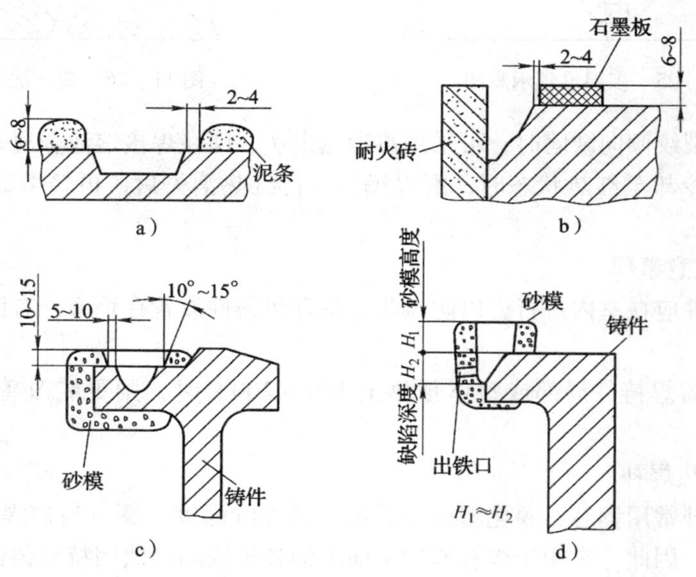

图11—27　电弧热焊的焊前塑型图例

③缺陷处通常须预热至 500 ~ 700℃。小型铸件可整体预热；大型铸件可局部预热，但最好和减应区一起预热。

2）焊补时

①通常由缺陷的最低处开始引弧。引弧后摆动电焊条，用长弧依次熔化缺陷的整个底平面与侧壁的交界处。铸件与焊液必须熔合良好，对于堆积的熔渣要及时清理。

②当熔池液面不断上升时，如发现铁液白亮耀眼或沸腾严重，应暂时停止施焊，或往熔池中加入少量预先准备好的焊芯残头，待熔池停止沸腾，颜色变暗时，再继续施焊。

③当铁液已经超过缺陷顶平面，并接近填满塑型时，应将电弧略为拉长，并沿塑型四周往复走几圈，然后慢慢地熄弧，熄弧时整个熔池表面应呈液化状态。

④热焊用电流较半热焊要大。

3）焊补时注意事项

①施焊过程中如发现有夹杂停滞在铁液中，应将电弧略为拉长（指向夹杂），并将电焊条围绕着夹杂转圈搅动，以使该处温度上升，夹杂浮出。

②焊补后，当熔池里铁液开始凝固时，可将热炉灰或剩余炭火覆盖上，进行保温缓冷。

2. 氧—乙炔气焊法

氧—乙炔气焊法是利用乙炔气在氧气中燃烧所生成的火焰热来熔化焊条金属和被焊铸件金属，从而形成所需焊缝的一种焊补方法。

生产中常见的氧—乙炔气焊装置主要由乙炔气（或乙炔发生器）、回火防止器、氧气瓶、氧气表、胶管、焊炬、焊丝、焊粉等组成。

（1）氧—乙炔不预热焊的操作

氧—乙炔不预热焊的焊缝强度及颜色与母材基本相同，但焊后常易开裂。因此，常用于焊补边角及刚度较小的部位，倘若掌握好热减应区，也可用于补焊一些较复杂的铸件。

1）气焊前

①焊丝和缺陷表面均应清理干净。

②对于有裂纹的缺陷，应在裂纹的始末两端以外 5 ~ 10 mm 处各钻 $\phi8 \sim \phi12$ mm、比裂纹深 2 ~ 3 mm 的止裂孔，如图 11—23 所示。

③缺陷坡口准备，如图 11—28。

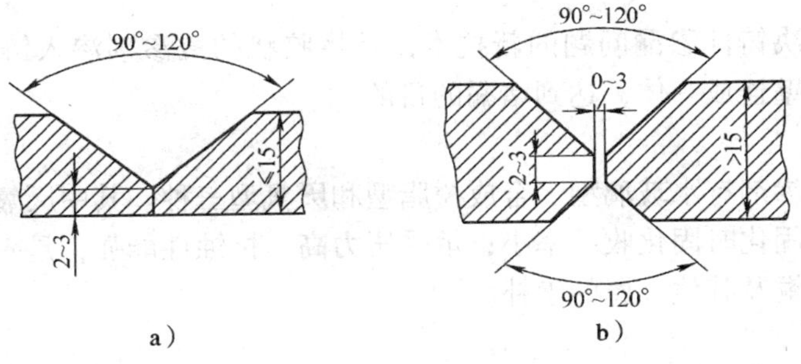

图 11—28 缺陷坡口准备

a）单面坡口 b）双面坡口

2）气焊时

①气焊焊炬可根据铸件壁厚进行选择，通常功率宜大，见表 11—12。

表 11—12　　　　　　　　**焊补铸件时气焊焊炬的选择**

铸件壁厚/mm	20~50	<20
焊嘴孔径/mm	3	2
氧气压力/（kg/mm^2）	6	4

②气焊火焰宜用弱碳化焰或中性焰，以减少焊区硅、锰烧损和消除过厚的氧化膜。

③焊件要熔透，火焰要始终盖住熔池，焰心与熔池以相距 15~20 mm 为好。

④熔池中如发现有小气孔和白亮杂物时，可往熔池中加入少量气焊粉，以提高熔池温度。另外，还可用火焰向熔池中吹，使其向深处熔化，以便气泡、夹杂浮起，然后用焊条粘上或挑出。

⑤焊补快结束时，应使焊缝稍高于铸件表面，并用焊条刮去表面层，以利于切削加工。

3）气焊时注意事项

①巧妙地利用热胀冷缩规律，掌握好施焊方向和节奏，以便焊补区在焊补过程中能比较自由地胀缩。

②在焊前和焊补过程中用气焊火焰适当加热铸件的减应区。减应区是指焊缝膨胀的部位。它本身与其他部位连接不多，比较强固，且与焊补区共同受热之后（冷却之时），能比较自由地与焊补区一起收缩。

③在加热减应区时，火焰应对着空间或减应区（严禁对着其他未焊区域），且加热温度一般不大于750℃，并尽量在室内进行焊补。

④气焊后，可用碳化焰加热焊缝，以防焊缝白口冷硬。

（2）氧—乙炔热焊的操作

氧—乙炔热焊的焊缝可加工，硬度、强度及颜色与母材基本相同。因此，更适用于中小型铸件的焊补。通常，氧—乙炔热焊的操作与氧—乙炔不预热焊操作基本相同。主要不同点如下。

1）焊前坡口角度比冷焊时稍小些。

2）焊补铸件应全部或局部缓慢加热至600℃。

3）焊后，铸件应在650~700℃保温缓冷。

三、浸渍填补

浸渍填补是解决铸件渗漏问题的新技术，是将胶状的浸渗剂渗入铸件的孔隙中使其硬化，与铸件孔隙内壁连成一体，达到堵漏的目的。

1. 浸渗剂

目前常用的浸渗剂有水玻璃型、合成树脂型和厌氧型三种。其中厌氧型的浸渗力强、浸渗效率高；常温下固化时固化收缩率小；承受压力高，抗蚀性能强；是一种新型浸渗剂。适用于铸铁、铸铝、铜及其他金属的渗补。

2. 渗补工艺

渗补工艺因铸件结构、生产类型、浸渗剂种类、铸件缺陷位置及状态的不同而不同。常用的渗补工艺有以下几种。

（1）无压局部渗补

1）用氧—乙炔焰或喷灯对渗漏部位进行喷烧，除去表面的油污、水分。

2）用汽油清洗待渗补部位。

3）将浸透厌氧胶水的棉球放置在铸件渗漏点，利用铸件的余热加速浸渗和固化。

4）胶水浸渗孔隙后绝氧固化，一般经 24 h 可以完成。

5）重新进行压力试验，检查渗补质量。

（2）真空减压局部渗补

真空减压渗补装置如图 11—29 所示。铸件渗补前首先进行清洗。然后将渗补装置置于待渗补部位，铸件与罩之间垫橡胶密封，开动真空泵抽去罩内气体造成真空。由于压力差的作用，水玻璃或合成树脂型浸渗剂便渗入和填满铸件孔隙，待渗补剂渗透到铸件背面后，即可解除真空。取下铸件，待渗补固化后，进行水洗和压力试验。

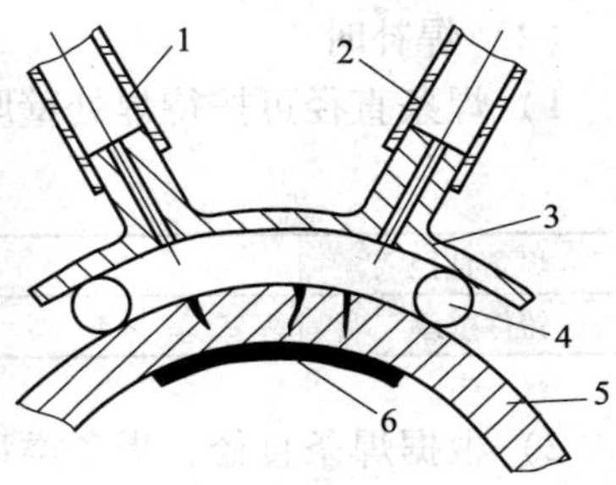

图 11—29　真空减压渗补
1、2—软管　3—罩壳　4—密封胶环
5—铸件　6—橡胶

（3）真空加压整体渗补

此种方法不受零件形状限制，适应性强。渗补时，将铸件装入专用吊运装备中再放入浸渗罐内，加盖密封抽成真空，注入水玻璃型或合成树脂型浸渗剂淹没铸件，短暂静置，使浸渗液渗入缺陷孔隙中；然后通入 0.5 ~ 0.7 MPa 的压缩空气，保压 20 min 进一步增强浸渗效果；取出铸件清洗，待浸渗剂固化后，做耐压试验检查。

四、金属堵塞

机床导轨面或其他零件导轨面及重要加工面上的孔洞缺陷，不宜进行焊补，可以用金属堵塞。其修补方法是在缺陷处钻孔、精铰，采用过盈配合压入与铸件同质材料加工的塞子，然后进行加工修整。

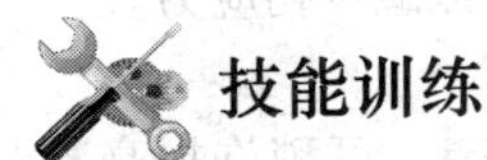
技能训练

铸铁缺陷的焊补

1. 实训设备

电焊机（分直流与交流）、软电缆、焊钳、焊条、地线夹、面罩、清理工具等。

2. 操作步骤

（1）正确选择焊补设备、辅具、焊条及个人防护用具。

（2）根据焊条直径、焊条类型、待焊铸件的壁厚等选择适当的电流。

（3）对焊补铸件缺陷周围进行必要的处理。

（4）选择正确的焊补方法进行焊补。

3. 质量分析

（1）焊补前

1）对于有裂纹的缺陷，应在裂纹的始末两端以外 5 ~ 10 mm 处各钻 $\phi8 \sim \phi12$ mm、深度比裂纹深 2 ~ 3 mm 的止裂孔。

2）进行待焊缺陷部位的清洁、整理工作。缺陷部位的黏砂、氧化皮和熔渣等夹杂物应清除干净。

3）缺陷原有形状应适当加工边缘、开出坡口，使其露出新的金属光泽，以防产生未焊透、夹杂等缺陷。

4）焊条均需经过烘烤，烘烤温度为120～200℃，烘烤时间为2 h。

（2）焊补时

1）焊条直径可按待焊处壁厚，参照下表进行选用。

按铸件壁厚选用焊条直径参照表 mm

焊条直径	2	2.5	3.2	4
铸件壁厚	<4	4～6	5～20	10～30

2）根据焊条直径、焊条类型、待焊铸件的壁厚等选择适当的电流。

3）用非石墨型焊条冷焊时，通常采取“小电流、短路、断续、分散焊”，即每一道焊缝要短，不能连续进行，但可以分散在多处起焊。

4）用特制铸铁芯焊条冷焊时，一般采取“大电流、连续、集中式操作”，焊前的坡口加工要求较高。

5）当焊补厚壁件时，可用多层堆焊的方法，此法可减少母材（铸件）的熔化量，且后一层焊道还可对前一层焊道起退火作用，以达到减少焊缝内应力的目的。

6）当焊件的材质较差，且焊缝强度高时，可用栽丝法，此法是在待焊处钻孔攻螺纹，将钢质螺钉拧入，然后绕螺钉焊接，再焊螺钉之间。由于螺钉承担了焊接应力，因而能可靠地防止焊缝剥离，并提高焊接接头的强度。

7）当焊补有裂纹倾向缺陷时，可采用热态锤击法，即在焊接熔池金属填满缺陷并由凝固的白热状态冷却至红热状态时，配以锤击，待红热消失后，还可轻微敲打，以减少初应力。

（3）焊补时注意事项

1）难焊的铸件应在室内进行焊补，以防风吹。最好将铸件放置在炉旁，可稍许提高整个铸件的温度。

2）焊前若将需焊铸件局部或整体预热至100～200℃时，则更能改善焊补区的加工性能。

4. 评分标准

评分标准见下表。

铸造缺陷的修补实训评分表

考核项目	考核内容及要求	配分	评分标准	得分
主要项目	了解常见铸件缺陷修补方法	20	根据掌握情况酌情打分	
	根据不同的铸件、不同的缺陷选择合适的修补方法	20	根据掌握情况酌情打分	
	掌握修补的具体操作步骤	20	根据掌握情况酌情打分	
工具、设备的使用与维护	正确、规范使用工具，合理保养及维护工具	5	不符合要求酌情扣1～5分	
	正确、规范使用设备，合理保养及维护设备	5	不符合要求酌情扣1～5分	
	操作姿势、动作正确	5	不符合要求酌情扣1～5分	

续表

考核项目	考核内容及要求	配分	评分标准	得分
安全及其他	安全文明生产，按国家颁发的有关法规或企业自定的有关规定	15	一项不符合要求扣5分，发生较大事故者全扣	
	操作、工艺规程正确	5	一处不符合要求扣2分	
	个体劳动防护用品穿戴正确	5	不符合要求从总分中扣1~5分	
时间定额	2 h		每超过15 min，扣5分	

练　习

1. 什么叫铸件检验？铸件质量检验的依据是什么？
2. 铸造生产检验过程有哪些？铸件成品的检验方法有哪些？
3. 铸件外观质量的检验内容有哪些？铸件内在质量的检验内容有哪些？
4. 铸件缺陷按其性质可分为哪几类？
5. 产生缩孔的主要原因是什么？有哪些特征？
6. 析出性气孔和侵入性气孔是怎样产生的？各有什么特征？
7. 实际生产中常见的铸件缺陷有哪些？产生的主要原因是什么？
8. 解释铸造缺陷产生原因的多重性。
9. 分析你所遇到的铸件缺陷，说明是如何解决的？
10. 常见铸件缺陷的修补方法有哪些？
11. 金属液熔补法常用于哪些铸件缺陷？修补前应做好哪些准备工作？
12. 焊接修补可分为哪两大类？常用于哪些铸件缺陷？
13. 简述电弧焊的焊接工艺过程。
14. 简述氧—乙炔气焊法的操作工艺过程及操作注意事项。

第十二单元

铸造工综合技能训练

课题一 铸造工艺图识读

一、识读套筒铸造工艺图

表示铸型分型面、浇冒口系统、浇注位置、型芯结构尺寸、控制凝固措施（冷铁、保温衬板）等的图样称为铸造工艺图。根据 JB/T 2435—1978《铸造工艺符号及表示方法》标准规定，铸造工艺图中各种工艺符号一般用红、蓝两种颜色标注，主要内容有：分型面、分模面、加工余量、浇冒口系统的位置和尺寸；砂芯的轮廓形状和芯头尺寸，活块、冷铁、铸肋的位置和尺寸，孔、槽是否铸出等。这些工艺符号或文字一般可绘制在零件图上，也可另绘工艺图样。铸造工艺图是铸造生产中最基本又最重要的工艺文件之一，它是制造模样及芯盒的依据，也是生产准备、铸型制造、铸件清理和验收的依据，生产工人应严格遵照铸造工艺图执行。

以套筒零件的铸造工艺图为例识读。

1. 识读套筒零件图

套筒零件如图 12—1 所示，材料为 HT200，生产数量 10 件，质量未标注。该零件由一个台阶圆柱和一个带方法兰的中空半圆柱体组成。轮廓尺寸为 520 mm×160 mm×153 mm。台阶圆柱长为 433 mm，最大外径 126 mm，最小内径 35 mm，平均壁厚 8 mm，内部结构较复杂。圆筒的中间部分因结构没有变化，采用了简化画法。方法兰尺寸为 160 mm×90 mm×15 mm，与其相连的下部有一三角肋板，用以加强方法兰和中空圆柱体的连接。

2. 识读套筒铸造工艺图

套筒铸件的铸造工艺图如图 12—2 所示。

（1）分型、分模面

该铸件顺方法兰和半圆柱体顶面，沿圆柱体轴线分型，分模面和分型面重合，方法兰及半圆柱体位于底面。分型、分模面符号，如图 12—2 所示。

（2）砂芯的分割

由于铸件内部结构较复杂，砂芯总长 520 mm，最大直径 104 mm，最小直径仅 29 mm。为制造方便、便于安装和保证砂芯的强度和刚度，由图 12—2 可看出砂芯被分割成 3 块。

1#砂芯如图 12—3 所示。总长 164 mm，右端为定位式芯头，形状为四棱锥台，顶面 104 mm×49 mm，底面 95 mm×40 mm，高 90 mm。中段为直径 104 mm、长 120 mm 的半圆

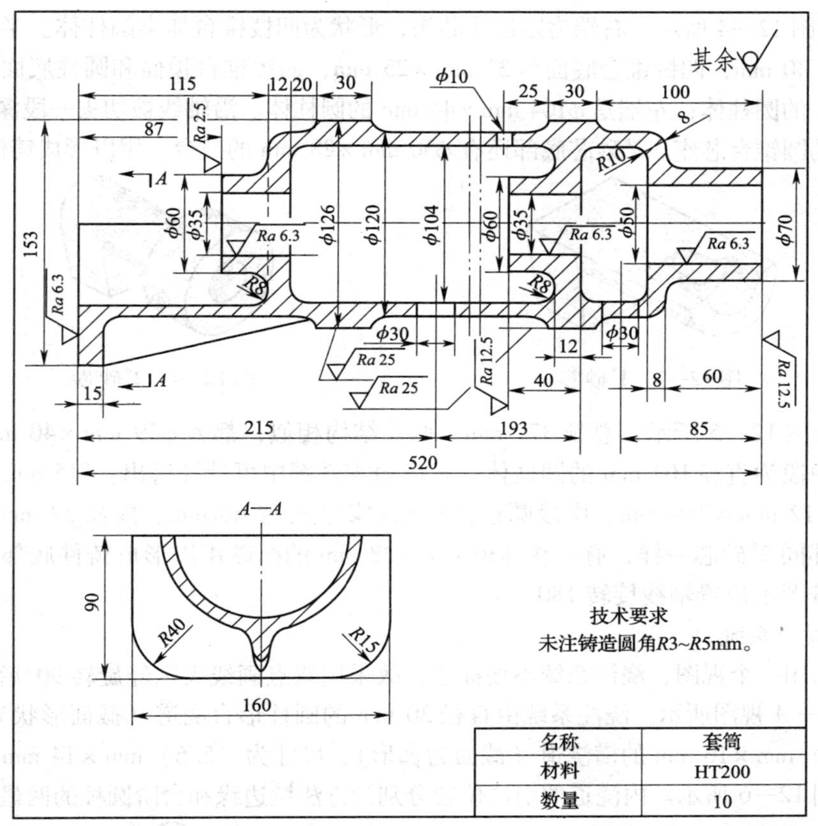

图 12—1　套筒零件

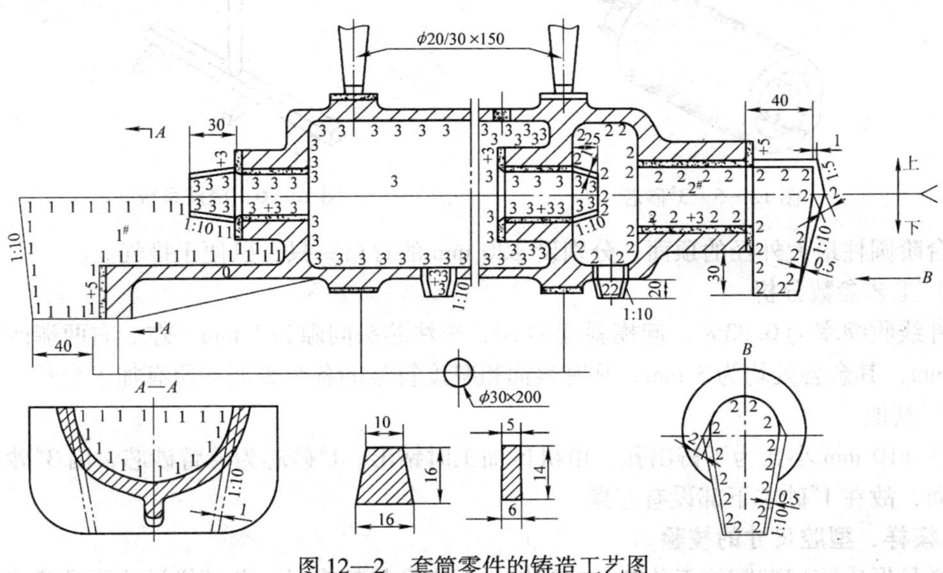

图 12—2　套筒零件的铸造工艺图

柱体。左端被切去两个半圆柱体，一个为 φ60 mm×31 mm，另一个为 φ29 mm×30 mm。此砂芯安装时，按现图示位置需沿轴线旋转 180°。

2#砂芯如图12—4所示。右端为定位式芯头，形状为四棱锥台加半圆柱体。半圆柱体直径为44 mm、长40 mm，四棱锥台底面为31 mm×25 mm，四棱锥台顶面和圆柱底面相连。中段为直径44 mm的圆柱体；左端是ϕ104 mm×44 mm的圆柱体。沿轴线被切去一段深25 mm、直径为29 mm的圆锥台芯座。2#砂芯底部还有ϕ30 mm×28 mm的凸台，用以形成铸件底部圆孔。

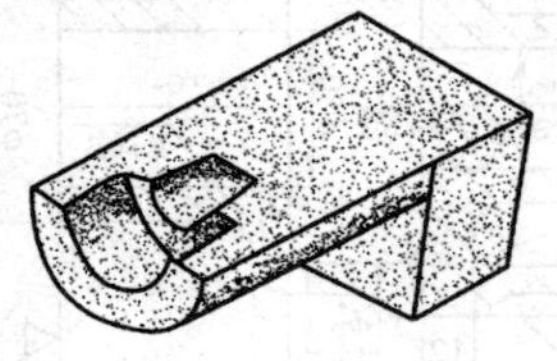

图12—3　1#砂芯

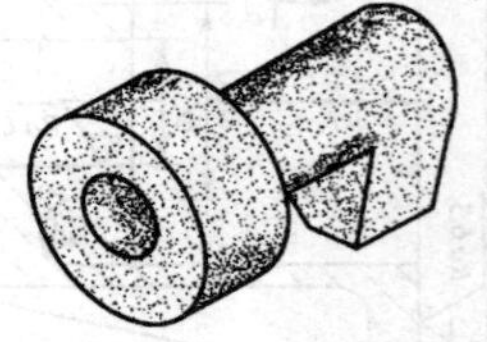

图12—4　2#砂芯

3#砂芯如图12—5所示，总长379 mm，两端结构相似，都为ϕ29 mm×40 mm且带芯头的圆柱体。中段为直径104 mm的圆柱体，长度由零件图中可计算得出：215 mm + 193 mm - 115 mm - 2×12 mm = 269 mm。中段圆柱体左侧被切去外径60 mm、内径29 mm、长28 mm的圆柱。下部同2#砂芯一样，有一块ϕ30 mm×28 mm的凸砂用以形成铸件底部圆孔，其安装位置也应按图示位置轴线旋转180°。

（3）浇冒口系统

铸件仅采用一个视图，浇注系统不便标注，故采用双点画线表示经旋转90°后的位置，如图12—2中*A*—*A*视图所示。浇注系统由直径30 mm的圆柱形直浇道（截面形状为梯形）、尺寸为（10/16）mm×16 mm的横浇道（截面为梯形）、尺寸为（5/6）mm×14 mm的3道内浇道组成，如图12—6所示。内浇道的引注位置分别为方法兰边缘和台阶圆柱的两最大外径处。

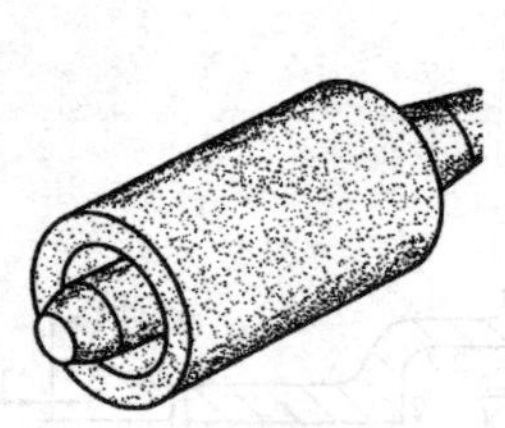

图12—5　3#砂芯

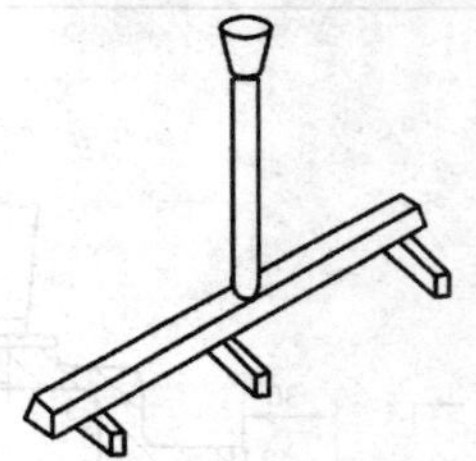

图12—6　浇注系统

在台阶圆柱最大外径的顶面，分别设ϕ20 mm的冒口一只，以便于排气。

（4）工艺参数分析

铸件线收缩率为0.83%，起模斜度1∶10，未注芯头间隙为1 mm。左、右两端面加工余量为5 mm，其余各处均为3 mm，凡有表面粗糙度符号的各个表面均留有加工余量。

（5）其他

顶部ϕ10 mm小孔为不铸出孔，由机械加工时钻出。1#砂芯为悬臂砂芯，因3#砂芯要固定在上面，故在1#砂芯下部设有芯撑。

3. 模样、型腔尺寸的校验

模样是形成铸型型腔的工艺装备，当铸件生产数量较多时，若模样尺寸不准确将导致大量铸件报废。套筒生产量为10件，为保证其尺寸正确，首先需对模样尺寸进行检验。套筒铸件的模样如图12—7所示。

4. 芯盒尺寸和下芯后型腔尺寸的校验

1#砂芯盒为整体脱辐式芯盒，除应根据铸造工艺图检查其尺寸外，还需检查 ϕ60 mm 和 ϕ29 mm 两个半圆柱在芯盒中的安放是否牢固，有没有定位符号等，2#、3#砂芯盒为对分式芯盒，具体尺寸可按砂芯分割所述进行检查。

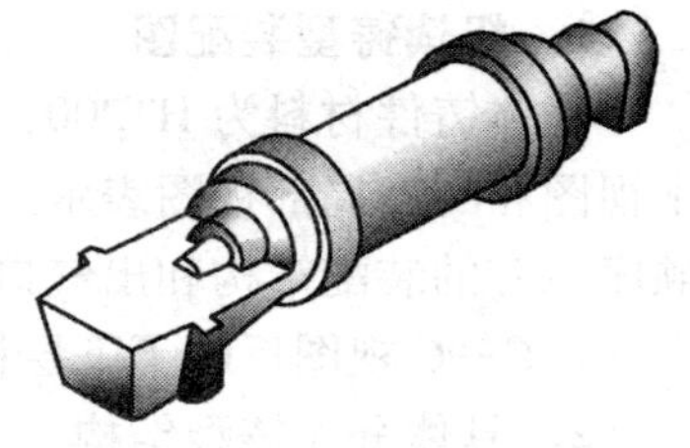

图 12—7 套筒铸件的模样

下芯后可在分型面上直接量得铸件各处壁厚为 15. 5 mm，ϕ132 mm 处壁厚为 14 mm，ϕ70 mm 处壁厚为 13 mm。型腔底部和顶部壁厚可通过验型进行检查。

二、识读壳体铸型装配图

铸型装配图是表达铸型结构的图样。它反映铸型型腔的基本形式，芯、芯撑、冷铁、浇冒口系统和通气道等在铸型中的相互位置及装配关系，定位装置和紧固铸型各组元所采用的方法等。它是一种重要的铸造工艺文件。读懂铸型装配图是保证铸件质量的重要条件，也是中级铸造工应该具备的基本能力。

以壳体铸型装配图为例识读，如图 12—8 所示。

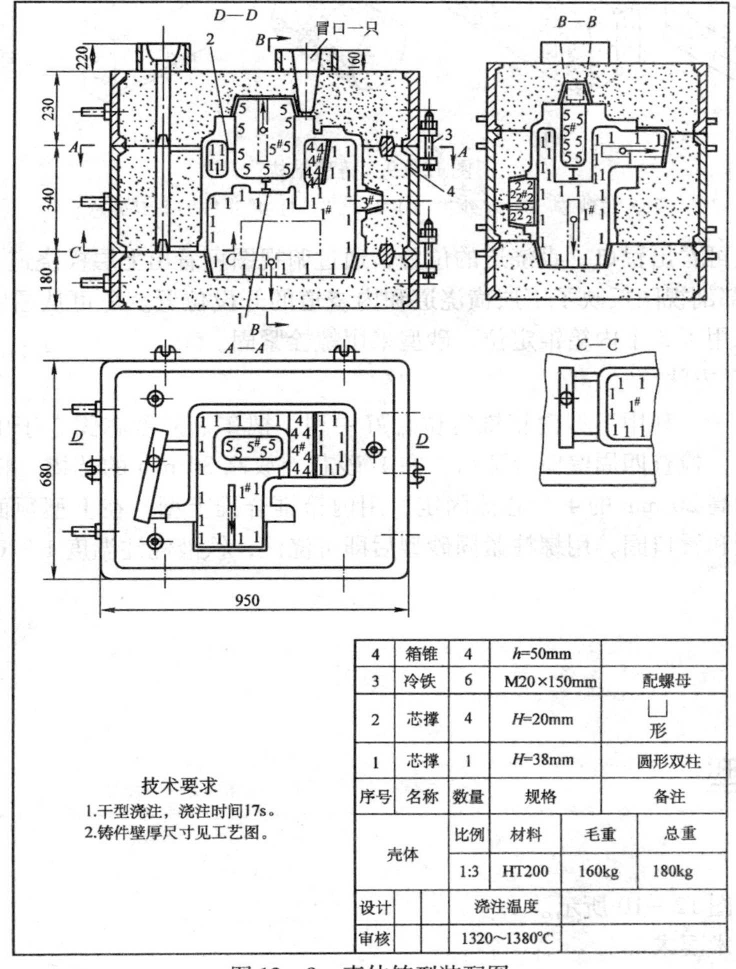

图 12—8 壳体铸型装配图

1. 粗读铸型装配图

壳体铸件材料为 HT200，铸件质量 160 kg，加浇、冒口后总重 180 kg。装配图用三个基本视图和一个局部视图表示。主视图和左视图采用了全剖视，表达了型腔的基本形状、下芯顺序、芯的装配结构和出气口方向等。俯视图表达了上层横浇道和内浇道的开设位置和连接方法。*C—C* 视图反映了下层横浇道和内浇道的开设位置和连接方法。

2. 具体分析铸型结构

由主视图和左视图可以看出，铸型由上、中、下三个砂型组成，共有 5 个砂芯。其中 1#砂芯为主体砂芯，形状也较复杂，如图 12—9a 所示。中部有凹陷部位，为方便模块取出，将 1#砂芯切去一部分作为 4#砂芯，如图 12—9d 所示。2#、5#砂芯为长方柱体，如图 12—9b、e 所示。3#砂芯为圆柱体，如图 12—9c 所示。2#、3#、4#砂芯都和 1#砂芯贴接，5#砂芯则靠 5 只芯撑支承在 1#砂芯上。

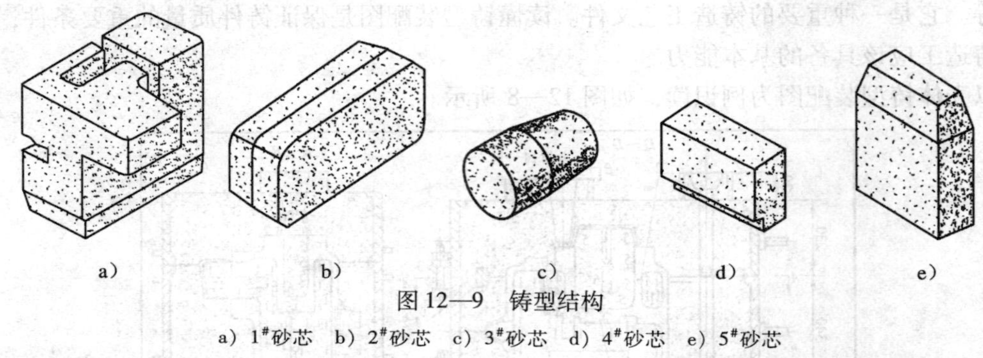

图 12—9　铸型结构

a）1#砂芯　b）2#砂芯　c）3#砂芯　d）4#砂芯　e）5#砂芯

从主视图上可看出冒口、直浇道的位置，通过俯视图可看出上层横浇道和内浇道的开设位置，*C—C* 局部剖视图反映了下层横浇道和内浇道的开设位置。还可从图中看出上、中型和中、下型各采用了 3 个内箱锥定位，砂型采用螺栓紧固。

3. 分析装配方法

将下砂型放平，利用下型内箱锥定位合好中型，把 2#、3#砂芯固定于中型内，再安放 1#砂芯和 4#砂芯，检查四周壁厚合适后，在 1#砂芯上放高 30 mm 的芯撑，将 5#砂芯放在芯撑上，四周再用高 20 mm 的 4 个芯撑固定，用内箱锥合准上型，在上型顶面对准浇、冒口放置浇注系统圈和冒口圈，用螺柱紧固砂型后即可浇注，铁液浇注温度 1 320 ~ 1 360℃。

课题二　带轮造型

带轮铸件如图 12—10 所示。

一、铸件技术要求

1. 带轮轮缘外表面及上下两端面，轮毂内孔及上下两端面都进行机械加工，不允许有铸造缺陷。

2. 带轮轮辐表面平整、洁净、无裂纹。

3. 材料为 HT150。

4. 生产性质为单件生产。

二、造型工艺方案

带轮铸造工艺简图如图 12—11 所示。

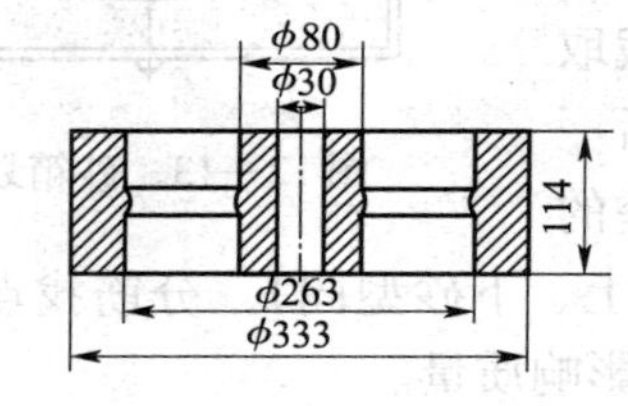

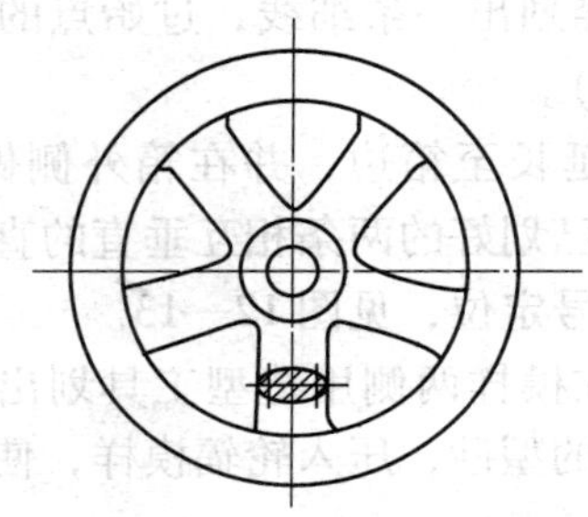

图 12—10 带轮铸件

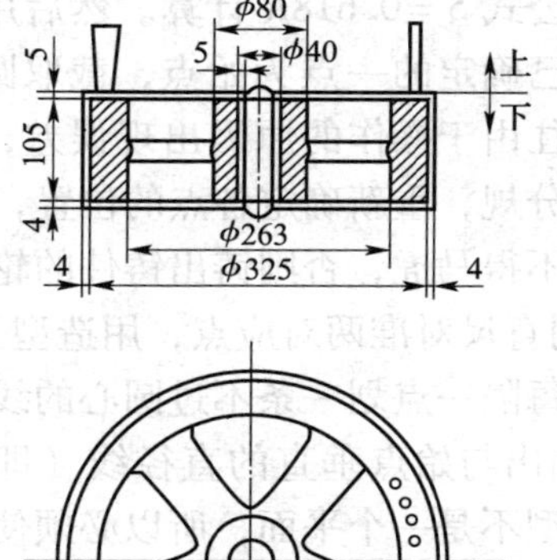

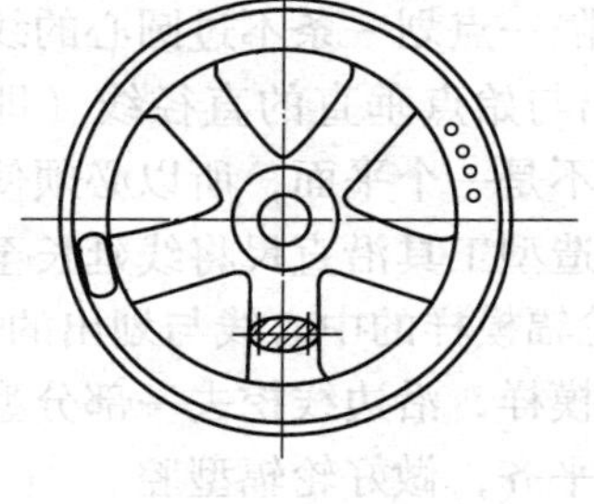

图 12—11 带轮铸造工艺简图

1. 造型方法和砂型种类

带轮生产数量很少，多采用刮板造型，干芯、湿砂型浇注。

2. 浇注位置和分型面

分型面设在轮缘上平面，两箱造型。采用顶注式雨淋浇注系统。

3. 砂芯

轮毂的内孔砂芯由芯盒制出，采用黏土芯砂、干芯。

三、造型操作要点

1. 使用一块车板，上下型分别由车板的两个工作面车出，车板的形状及轮辐模样如图 12—12 所示。车制时使用小型车板架，并准备直尺、角尺等量具。

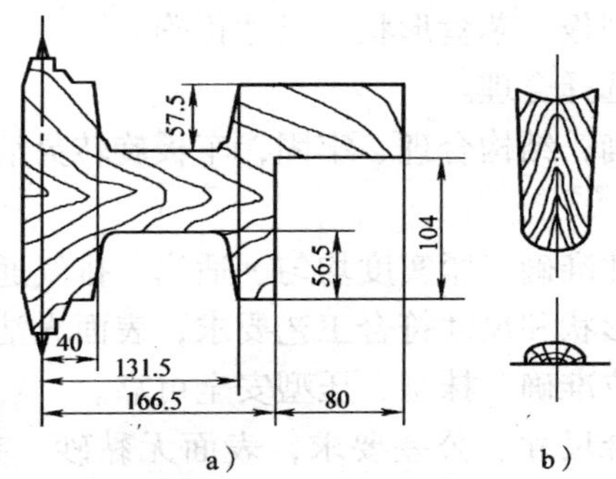

图 12—12 带轮车板与轮辐模样

a）车板 b）轮辐模样

2. 车制上型时，在凸砂处埋入木片，加强吊砂。

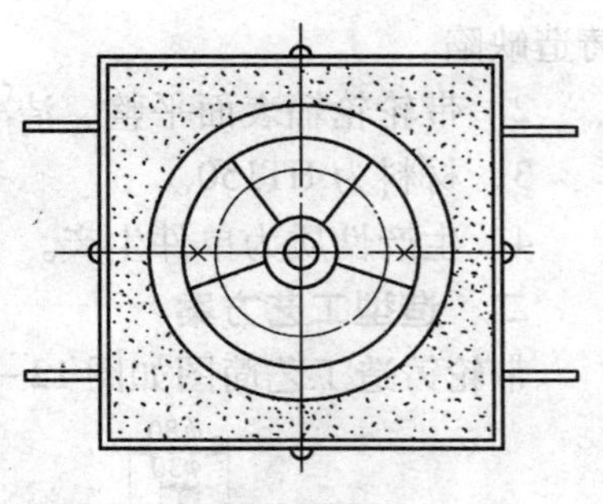

图 12—13　砂箱划线

3. 上型修挖轮辐前，要进行分筋划线。分筋时，先在圆线上确定一点（上下型同），该点应在砂箱一侧中心附近位置，如图 12—13 所示。这样做有利于合型及合型后的背箱、抹箱等。

4. 因带轮轮辐为 5 根，分筋时应在圆上确定 10 个点，弦长依据公式 $S=0.618R$ 计算。然后用分规在直尺上截取弦长，以已确定的一点为始点，截取圆周。当截取最后一点时，往往由于操作的原因出现误差，这时应根据误差的数值调整分规，重新确定各点的位置，直到等分为止（上、下砂型同）。分筋找点工作应十分细致，不得马虎，否则铸出铸件的轮辐将出现错位，影响质量。

5. 用直尺对准两对应点，用造型工具在砂胎上轻轻划出一条细线，过始点的要划过圆心，然后每隔一点划一条不过圆心的线（上、下砂型同）。

6. 划出与始点垂直的直径线（即十字线），把它延长至箱边，并在箱外侧做上泥号。由于上下型不是一个平面，所以必须使用两个角尺对准已划好的两条相互垂直的直径线，靠上直尺，用造型工具沿直尺将线延长至箱边，并做上泥号定位，见图 12—13。

7. 将轮辐模样的中心线与划出的分筋线重合，并在模样两侧用造型工具划出轮辐的边框线，拿掉模样，沿边线挖去一部分型砂，并划松下面的型砂，压入轮辐模样，使模样上平面与砂胎面平齐，做好轮辐型腔。

8. 在上型轮沿处做出浇注系统。

9. 型腔表面用掸笔涂一层石墨粉敷料。

10. 抬起上型时，定位桩处形成一孔洞，用手将孔洞四周型砂按实，防止散砂在合型时掉入型内，同时便于合型时观察上芯头是否对正芯座。

11. 按十字线泥号定位合型。

12. 合型后，用铜管从上型孔洞插到芯头排气孔处，然后填入型砂并紧实，使型砂高出上型箱面形成一砂丘，抽出铜管。

13. 背箱、抹箱缝、压箱、准备浇注。

四、操作与考核要求

1. 准备要求

（1）按图样检查模样、刮板、芯盒形状、尺寸正确。

（2）砂箱、浇冒口模样选择合理。

（3）车板架搭设方法正确，结构合理、牢固，车板旋转灵活、不晃动。

2. 考核要求

（1）砂型形状正确，尺寸准确，紧实度均匀、适当、排气通畅，表面光洁。

（2）浇冒口开设位置、形状和尺寸符合工艺要求，表面光洁。

（3）合型方法正确，定位准确，抹型、压型安全可靠。

（4）铸件形状完整，符合尺寸、公差要求，表面无黏砂、夹砂结疤、气孔、缩孔、错型、偏芯等缺陷。

（5）正确执行安全技术操作规程。

（6）按企业有关文明生产的规定，做到工作场地整洁，工件、工具摆放整齐。

课题三 平板造型

一、平板技术要求

1. 平板结构要求具有足够的刚度。因此，它的背面有较密并呈米字形的肋条，以保证加工精度和使用的稳定性。

2. 平板材料为 HT200，工作面硬度为 170～210HB。

3. 工作面上不允许有气孔、砂眼及裂纹等缺陷，肋条上不允许有裂纹。

4. 平板非加工面应平整、洁净，并涂防锈漆。

5. 平板在粗加工后要进行时效处理。

二、造型工艺方案

平板铸造工艺简图如图 12—14 所示。

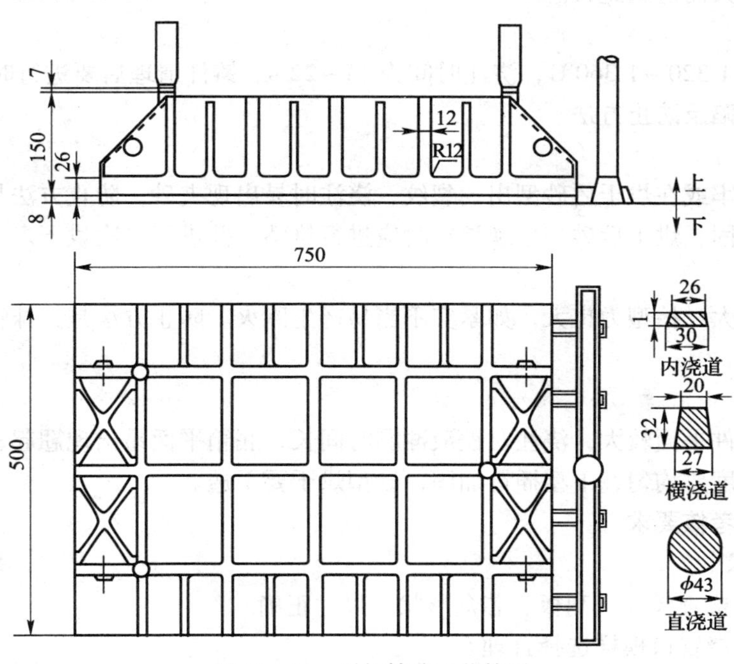

图 12—14 平板铸造工艺简图

1. 造型方法和砂型类型

平板尺寸不大，采用手工砂箱造型，干型浇注。

2. 浇注位置和分型面

整个铸件都做在上型，有吊砂，如图 12—14 所示。浇注时，大平面朝下，这样能保证大平面的质量。

3．浇冒口

为使铁液快速平稳地注入型腔，采用底注式、内浇道四道，从长度方向将铁液引入型腔，这样有利于减小铸件各部分温差，浇注系统采用半开放式，即 $S_{内} < S_{直} < S_{横}$。具体尺寸如图 12—14 所示。

浇冒口设置三个，起补缩和排气作用，如图 12—14 所示。

三、造型操作要点

1．砂箱尺寸应不小于 1 000 mm × 700 mm，砂箱高度上箱取 280 mm、下箱取 150 mm。

2．造型时先做上砂型，填砂、舂砂时，各筋条间的吊砂应放置砂钩加强，砂钩不能露出型面，但也不能太浅。

3．下砂型靠近浇注系统的一端应插钉加固，钉子之间的距离应在 30 mm 左右，提高预防夹砂的能力。

4．上砂箱起出模样后，应进行修理，各吊砂的棱角应倒圆，并插钉加固，为提高吊砂强度，刷涂料前可先刷一遍稀泥浆水。

5．合型时，分型面处应放置一圈封箱泥条，防止合型时挤坏上、下砂型和浇注时跑火；合型后应抹箱或埋箱，以防跑火。

6．砂型紧固的方法是用螺栓压板将上下型夹紧。若用压铁必须计算好压重，防止大平面铸件抬型力较大而造成跑火。

四、浇注

浇注温度为 1 320 ~ 1 360℃，浇注时间为 15 ~ 22 s。铸件清理后要进行时效处理。

五、铸件缺陷及防止方法

1．夹砂

由于吊砂不牢或在烘干后砂型出现裂纹，浇注时易出现夹砂。防止方法是：吊砂内砂钩放置要合理、稳固。烘干后砂型出现裂纹时应进行修整，并进行二次烘干。

2．跑火

由于平面较大，抬型力也大，如紧实不当易产生跑火。防止方法是：抹箱要严，砂箱紧固要牢。

3．起皮

由于平板铸件平面较大，浇注时铁液冲刷时间长，底箱平面易出现翘起，造成起皮。防止方法是：紧实度要均匀，下型插钉加固，砂型烘干要干透。

六、操作、考核要求

1．准备要求

（1）按图样检查模样、刮板、芯盒形状、尺寸正确。

（2）砂箱、浇冒口模样选择合理。

（3）检查筋板连接、固定是否合理。

2．考核要求

（1）砂型形状正确，尺寸准确，紧实度均匀、适当，排气通畅，表面光洁。

（2）浇冒口开设位置、形状和尺寸符合工艺要求，表面光洁。

（3）吊砂加强可靠。

（4）合型方法正确，定位准确，抹型、压型安全可靠。

（5）铸件形状完整、尺寸符合尺寸公差要求，表面无黏砂、夹砂结疤、气孔、缩孔、砂眼、胀砂等缺陷。

（6）正确执行安全技术操作规程。

（7）按企业有关文明生产的规定，做到工作场地整洁，工件、工具摆放整齐。

课题四 车床尾座造型

一、铸件技术要求

车床尾座铸件如图 12—15 所示，其外形尺寸为 420 mm × 234 mm × 212 mm，最大壁厚 40 mm，最薄处 12 mm，铸件重 45.5 kg，属中等复杂程度铸件。该件机械加工精度较高，尤其 ϕ53 mm 孔及铸件底面不得有铸造缺陷，R350 mm 处不能凹陷，毛坯需经时效处理。铸件材料为 HT200。

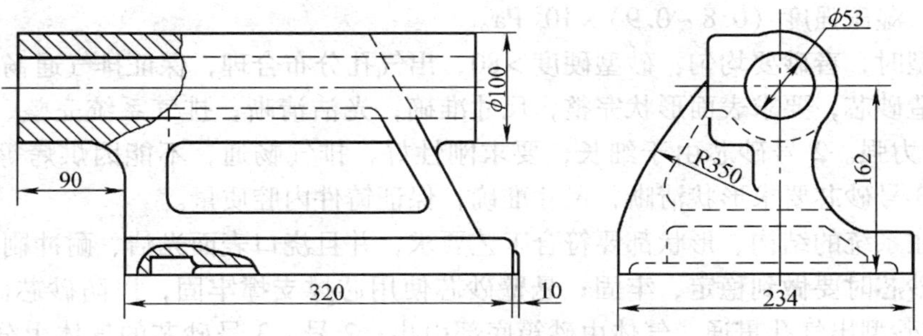

图 12—15　车床尾座铸件

二、造型工艺方案

从直径 100 mm 中心分模，采用分模两箱造型，湿型、干芯浇注。

铸件设计 5 个砂芯，如图 12—16 所示。其中 2 号砂芯细长，构成铸件长孔，2 号砂芯要求有足够的刚性，芯头间隙小，以防浇注时变形和错位。3 号砂芯形成尾座底部型腔，是悬臂砂芯，下芯时要用芯撑塞紧，稳定牢固。4 号、5 号砂芯形成上下砂型中不易出砂的外形。

浇注系统采用封闭式，内浇道开设在分型面上 ϕ100 mm 圆柱处，共四道，总截面积 3.4 cm^2，横浇道呈深梯形，截面积 5.3 cm^2，直浇道截面积 6.3 cm^2。为了防止 R350 mm 处缩缺，在铸件最高的地方安设 ϕ55 mm 的顶冒口，如图 12—16 所示。

三、操作要点及注意事项

1. 尾座模样分上、下两半，上、下砂箱均采用 500 mm × 400 mm × 150 mm。若采用机器造型时，设专用上、下型板及专用砂箱。型板尺寸采用 507 mm × 407 mm × 16 mm。

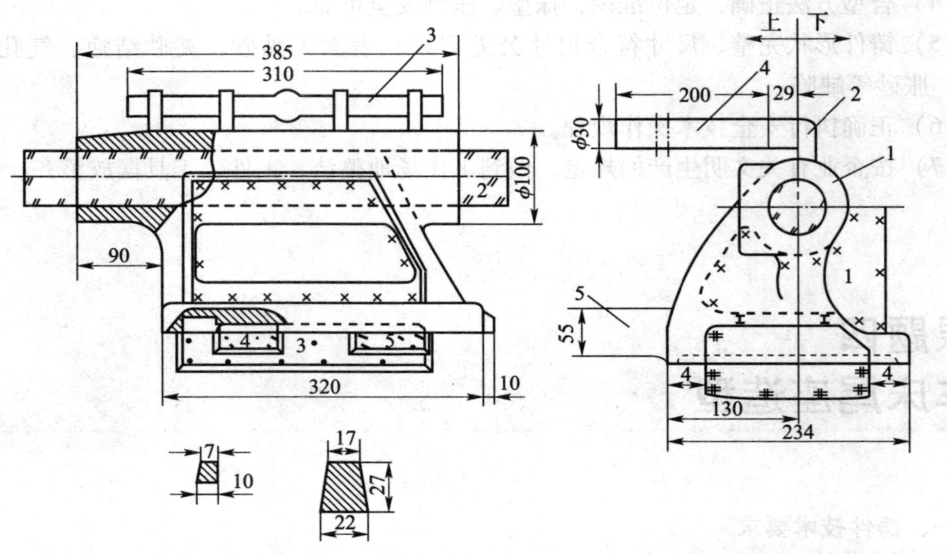

图 12—16　车床尾座铸造工艺

1—铸件　2—内浇道　3—横浇道　4—直浇道

2. 采用湿型砂。砂子粒度 50/100，面砂采用煤粉砂，含水分 6% ~7%，湿透气性 >50，湿压强度（1.1 ~1.2）×10^5 Pa，煤粉含量 5% 左右。芯砂含水分 6% ~7%，湿透气性 >200，湿压强度（0.8 ~0.9）×10^5 Pa。

3. 造型时，舂砂要均匀，砂型硬度 >80，出气孔分布合理，保证排气通畅。

4. 制造砂芯，要求表面形状完整，尺寸准确，光洁清晰，排气系统完整、贯通，涂料均匀，附着力强。2 号砂芯由于细长，要求刚性好，排气畅通，不能因烘烤等原因引起变形。1 号、3 号砂芯要求形状清晰，尺寸准确，保证铸件内腔质量。

5. 浇注系统的结构、形状都要符合工艺要求，并且浇口表面光洁、耐冲刷。

6. 装砂芯时要做到稳定、牢固；悬壁砂芯使用芯撑支撑牢固，以防砂芯倾斜。1 号芯出气孔要与砂型出气孔贯通，气体由砂箱底部引出；2 号、3 号砂芯的气体由分型面挖排气道引出。砂芯安装后要用专用样板检查，保证各砂芯间相对位置正确。

7. 合型时，上型要吊平稳，合型要准确，特别要注意 3 号砂芯，以防碰坏芯头。

8. 合型后若需要抹箱，必须在 2 号、3 号砂芯的排气道处做出标记，不得因抹箱而堵塞排气道。

四、缺陷及防止方法

尾座常见的铸造缺陷是：在轴孔内壁和顶部出现气孔（浇注位置的侧面），在冒口附近易出现缩孔、缩松、渣孔，有时还出现偏芯等缺陷。

1. 防止出现气孔的方法：砂型、砂芯要有好的透气性，通气孔安排合理，砂芯通气孔防止堵塞，保证浇注时顺利排气；浇包要烘干，浇注时防止带入气体。

2. 防止出现缩孔、缩松的方法是：提高铁水过热温度、降低浇注温度和浇注速度、控制铁水成分。

3. 浇注时做好挡渣，以防熔渣进入型腔。

4. 下芯要稳定牢固，壁厚符合要求，防止浇注时错动。

五、操作、考核要求

1. 准备要求

（1）按图样检查模样、芯盒、活块形状、尺寸正确，各部分连接、定位可靠。

（2）砂箱、浇冒口模样选择合理。

（3）芯骨尺寸正确。

2. 考核要求

（1）砂型（芯）形状正确、尺寸正确，紧实度均匀、适当，排气通畅，表面光洁。

（2）浇冒口的开设位置、形状和尺寸符合工艺要求，表面光洁。

（3）合型方法正确，通气道连接通畅，砂芯安放牢固，抹型、压型安全可靠。

（4）铸件形状完整、尺寸正确，表面光洁，无重要缺陷。

（5）正确执行安全技术操作规程。

（6）按企业有关文明生产的规定，做到工作场地整洁，工件、工具摆放整齐。

课题五 电动机外壳造型

一、铸件特点

电动机外壳铸件如图 12—17 所示。铸件轮廓尺寸 ϕ350 mm × 318 mm，主要壁厚 13 mm，散热片尖角 3 mm。铸件材料为 HT150，表面质量要求高，不允许出现气孔、黏砂、夹渣和冷隔等缺陷，以保证铸件的外观质量。

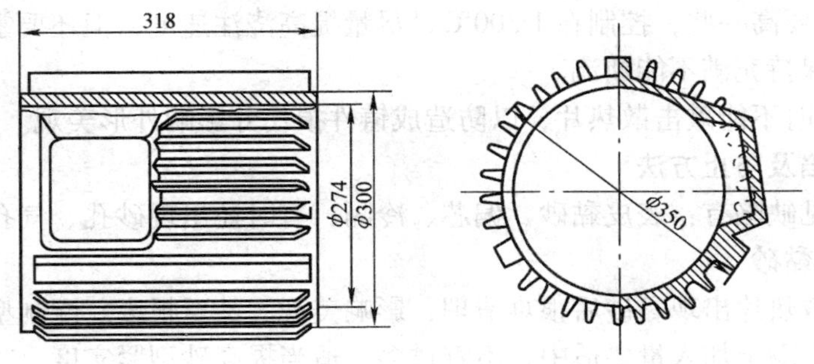

图 12—17　电动机外壳铸件

二、造型工艺方案

采用两箱造型、湿型、湿芯；浇注系统采用底注式。模样劈分，每一散热片为一片模，各片模样合在中心模上，由成型底板和下芯头模把散热片模拢合在一起。铸型中心安放砂芯以形成 ϕ274 mm 的大圆孔，如图 12—18 所示。直浇道设在砂芯中心，内浇道模固定在模样的芯座上。因铸件薄壁又是湿型浇注，故浇注系统尺寸较大，应加快浇注速度，防止出现冷隔、浇不足等缺陷。内浇道总截面积 2.52 cm^2，由三个内浇道引入，直浇道截面积 5 cm^2。

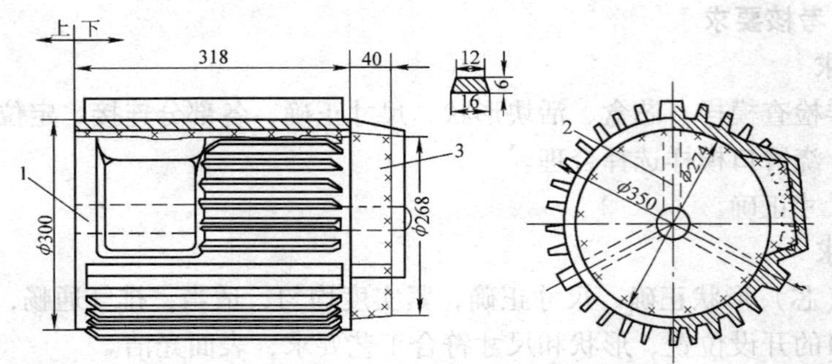

图 12—18　电动机外壳铸造工艺

1—直浇道　2—内浇道　3—模样上的芯座

三、操作要点及注意事项

1. 为了使铸件表面光洁，湿型用砂粒度为 100/200，用煤粉砂做面砂，加入煤粉 4%，型砂要有好的可塑性和透气性，湿透气性 >70，湿压强度（1.1～1.2）×10^5 Pa，芯砂可以和型砂通用。

2. 造型舂砂要均匀，尤其散热片之间更要紧实度适中。型腔表面控制在 60～70 硬度单位，砂型通气孔要分布均匀。

3. 采用底注式浇注系统，直浇道要做到干净，内浇道的紧实度要大些，防止冲坏砂型。上型的直浇道要与砂芯中心的直浇道对正，吻合要严密。

4. 芯头的浇注系统对应面要修得平整光洁，与芯座要吻合严密，下芯要掌握好铸件壁厚，使其均匀，防止偏芯。

5. 配砂芯要高出分型面 0.5 mm 左右，便于合型时压紧。砂芯排气孔要分布均匀，砂芯对应的上型通气孔要密一些，以保持排气通畅。

6. 合型时，上型要平稳对正，防止错型，要注意浇注系统不能掉入浮砂。压箱要均匀对称，压重适当。

7. 浇注温度要高一些，控制在 1 300℃，尽量提高浇注速度，但还要掌握平稳，减少冲刷，浇注系统要保持充满不能断流。

8. 清理铸件时不能敲击散热片，以防造成铸件损伤并影响外形美观。

四、铸件缺陷及防止方法

电动机壳常见缺陷有：表皮黏砂、偏芯、冷隔；有时还出现砂孔、气孔或渣孔等。

1. 防止出现黏砂

电动机壳的散热片出现黏砂后很难清理，影响美观、甚至报废。配制型、芯砂粒度要均匀呈圆形，煤粉、陶土加入量要适中，不宜过多，适当提高砂型紧实度。

2. 防止出现偏芯

检查芯盒有无变形，尤其要检查芯头部位有无错移，下芯位置要准确、平稳、牢固，以防浇注时砂芯偏动。

3. 防止出现冷隔现象

提高铁液温度，合理加大压头，保持直浇道充满，加大浇注时的动压力。

4. 保持型腔干净无散砂

砂型要有足够的强度和透气性，型、芯排气畅通，浇注时挡好渣，以防孔穴缺陷产生。

五、操作、考核要求

1．准备要求

（1）按图样检查模样、芯盒形状、尺寸正确，各部分连接、定位可靠。

（2）砂箱、浇冒口模样选择合理。

（3）芯骨尺寸正确。

2．考核要求

（1）砂型（芯）形状正确、尺寸正确；紧实度均匀、适当，尤其为保证铸件外观质量，造型时要特别注意散热片之间的砂型紧实度，以免起模时损坏砂型；排气通畅，表面光洁。

（2）浇冒口的开设位置、形状和尺寸符合工艺要求，表面光洁。

（3）合型方法正确，通气道连接通畅，砂芯安放牢固，抹型、压型安全可靠。

（4）铸件形状完整、尺寸正确，表面光洁，无重要缺陷。

（5）正确执行安全技术操作规程。

（6）按企业有关文明生产的规定，做到工作场地整洁，工件、工具摆放整齐。

课题六 万能工具磨床头架壳体造型

一、铸件技术要求

万能工具磨床头架壳体如图 12—19 所示。它是一个形状复杂、尺寸较小的壳体类零件。外形尺寸 234 mm × 172 mm × 162 mm，铸件最大壁厚 50 mm，最小壁厚 10 mm，壁厚差别大。两轴孔要求精度高，ϕ50 mm 凸台与底座相连，上部平面安装电动机底板。铸件材料为 HT150；不允许有气孔、砂眼、缩孔等铸造缺陷。

二、造型工艺方案

万能工具磨床头架壳体铸造工艺如图 12—20 所示。

1．造型方法和砂型类型

头架壳体采用手工三箱造型，用合脂砂砂芯湿型浇注。

2．铸件在铸型中的位置（浇注位置）

浇注时，ϕ150 mm 圆盘朝下，下面朝上。这样做有利于砂芯通过上平面的方孔排气，同时圆盘及 ϕ50 mm 凸台最厚处在铸型底部有利于保证铸件质量。

3．分型面

由于零件外形复杂，采用三箱造型，故有两个分型面。一个选在两轴孔中心线，它是一个曲面，另一个选在 ϕ150 mm 圆盘上沿，如图 12—20 所示。模样上的分模面与分型面一致，即模样分为上型模样、中型模样和下型模样，它们之间用定位销定位。

4．砂芯

头架壳体结构形状复杂，采用六颗砂芯，其中 1 号、2 号砂芯是形成外部形状的砂芯，

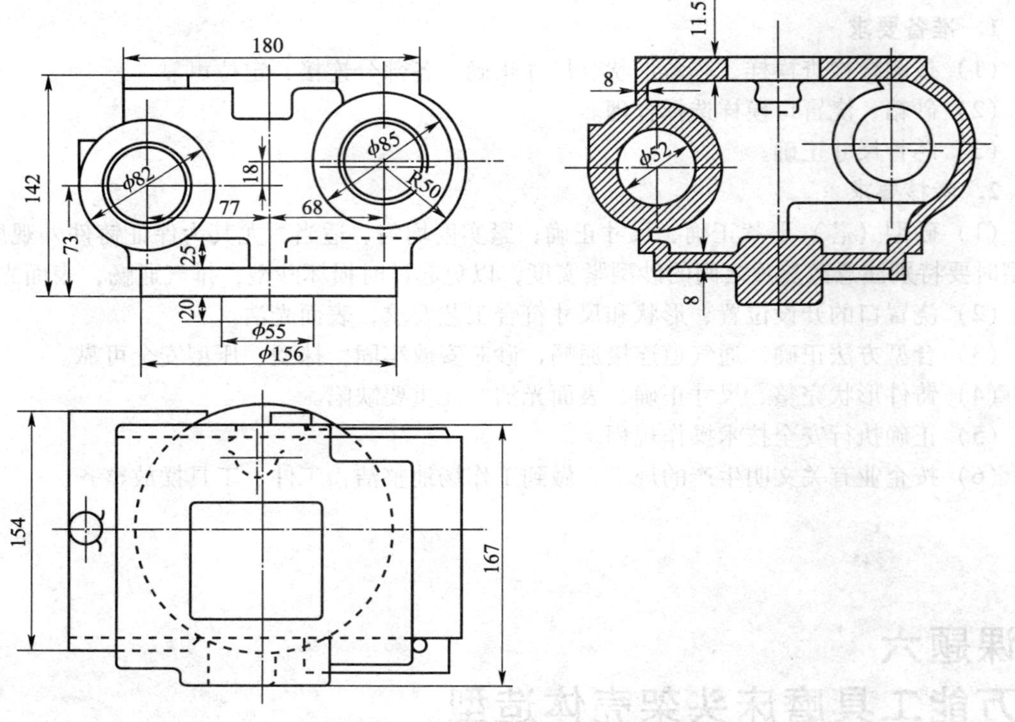

图 12—19　万能工具磨床头架壳体铸件

3 号、4 号、5 号、6 号是形成内腔的砂芯，6 号砂芯的芯头座在 5 号砂芯上，如图 12—20 所示。

5. 浇冒口

头架壳体大部分壁较薄，铁液从铸件中部注入，浇注系统开在上、中型的分型面处，其尺寸和形状如图 12—20 所示。浇注系统对面设置 20 mm × 40 mm 的腰圆形明冒口，起排气和补缩作用。

三、造型操作要点

1. 采用面砂和背砂造型，面砂为煤粉砂。面砂紧实，厚度为 10 ~ 15 mm。

2. 砂箱为专用砂箱，轮廓尺寸为 380 mm × 300 mm，中箱高度应与中型模样一致。

3. 造型前应先检查模样各定位销是否松动、损坏和是否存在定位不准确的现象。

4. 先造中型，将中型模样放在成型底板上，舂制中型时应注意用砂钩加强 ϕ150 mm 圆盘上部的两块悬凸砂，并制作牢固。否则，在翻箱、起模、下芯时容易塌落，如图 12—21 所示。

制好中型后，安放下型模样，制作下型；制好后，将箱外做泥号定位，将中、下型夹紧同时翻转 180°，放在砂地上；安放上模样、浇冒口模样、制作上型；制好后将上、中型做泥号定位，敞开上型，起出上、中型模样，修型、开挖内浇道；敞开中型，注意轻搬轻放，中型搬起后应平放在两支撑物上，不要翻转，取出下型模样，修整砂型后，立即合上中型。

5. 砂芯全部使用合脂砂在芯盒里制作。4 号砂芯的通气孔在圆柱芯的中心做出，3 号、5 号砂芯在两砂芯的结合面挖出通气沟，并在沟内用气孔针扎上若干通气孔，各通气沟必须互相连通。5 号砂芯上的芯头座中心处做出 ϕ15 mm 的通气孔。此孔上、下贯通，并与挖出

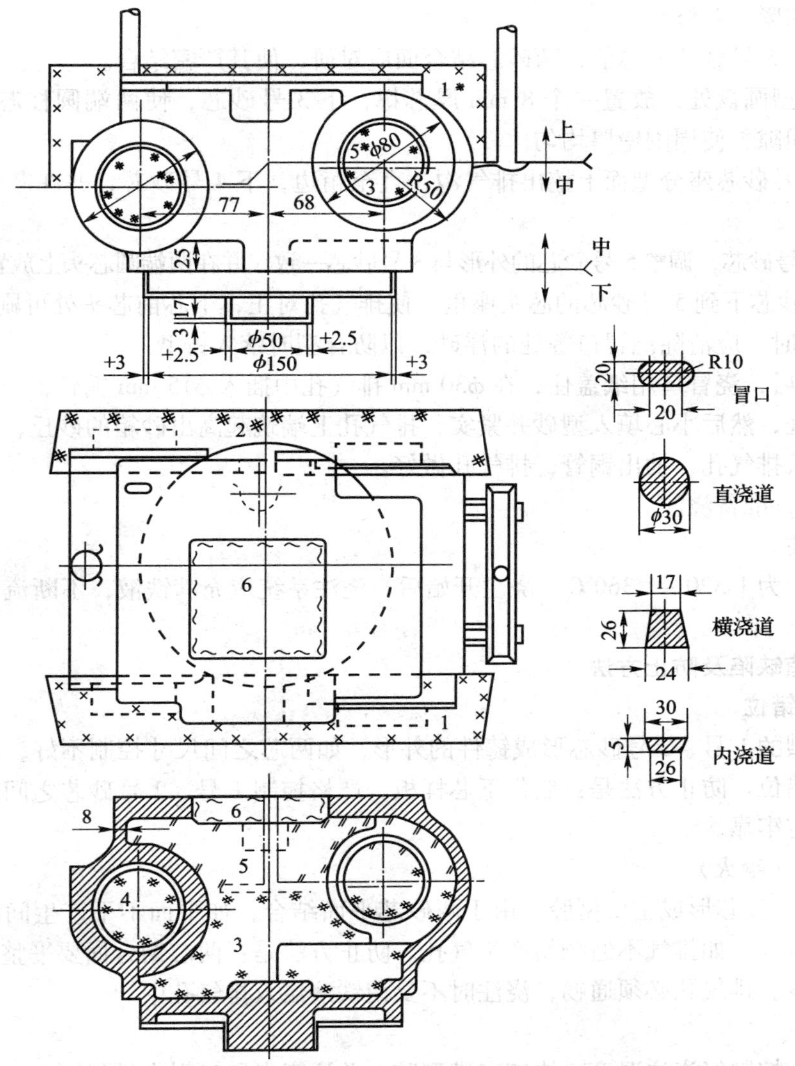

图 12—20　万能工具磨床头架壳体铸造工艺

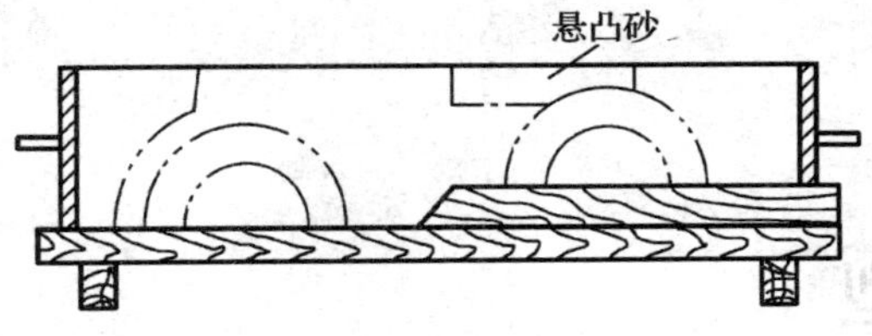

图 12—21　在底板上制造中型

的通气沟相通。6 号砂芯中心做出 $\phi15$ mm 通气孔。3 号、5 号砂芯使用的烘干板必须平整，若烘干板有翘曲现象不能使用。砂芯烘干温度控制在 100 ~ 200℃，烘干时间在 4 h 左右，烘干后砂芯的颜色呈深褐色。

四、合型

1. 在 1 号、2 号砂芯头座底面，扎出 3 ~ 4 个排气孔，安放 1 号、2 号砂芯，用手将芯头两侧型砂塞紧，并修平。

2. 3 号、5 号砂芯下芯前，两砂芯结合面应对研，使其严密结合。

3. 在下型圆盘处，放置一个 8 mm 厚芯撑，下 3 号砂芯，使两端圆柱芯头落入芯座，并注意调整间隙，使周围壁厚均匀。

4. 在 4 号砂芯座分型面上挖出排气沟，直至箱边，下 4 号砂芯，并在芯头上部放置半圈石棉绳。

5. 下 5 号砂芯，调整 5 号砂芯的外形与 3 号砂芯一致，并在两端圆芯头上放置半圈石棉绳。

6. 6 号砂芯下到 5 号砂芯的芯头座里，使排气孔对正，下芯前芯头处可刷一层泥浆水。

7. 合型时，应清除浇冒口等处的浮砂，以防合型时落入铸型。

8. 合型后，浇冒口用纸盖住，在 ϕ30 mm 排气孔中插入 ϕ15 mm 铜管，一直插到 6 号砂芯的排气孔处，然后小心填入型砂并紧实，排气孔上端筑起高出砂箱的砂丘，以防浇注时溅出的铁液灌入排气孔，抽出铜管，排气孔做好。

9. 压箱，准备浇注。

五、浇注

浇注温度为 1 320 ~1 360℃。浇注开始后，浇注系统应充满铁液，不断流，并及时从排气孔处引气。

六、铸造缺陷及防止方法

1. 外型错位

由于上型的 1 号、2 号砂芯形成铸件的外形，如两芯之间尺寸控制不好，易与中型形成的型腔发生错位。防止方法是：制作下芯样板，严格控制 1 号、2 号砂芯之间的尺寸，并注意将砂芯固定牢靠。

2. 气孔（呛火）

3 号、5 号砂芯形成主要型腔，由于两砂芯平面结合，如平面不平产生间隙，容易蹿入铁液，产生呛火。如排气不通畅易产生气孔。防止方法是：两芯结合面要平整严实，防止浇注时蹿入铁液。排气孔必须通畅，浇注时不要使铁液溢入排气孔中。

3. 缩孔

浇注时，控制好浇注温度，快速充满型腔，并注意点冒口引火排气。

课题七 机床床身造型

一、结构及工艺特点

1. 床身的结构特点

机械床身是机床铸件中很重要的铸件之一。床身应具有一定的强度、良好的刚度和减振性能。某些机床床身的油箱、冷却液箱部位要求装油、装水不得渗漏。床身的主要工作部位——导轨面要求耐磨，具有高的精度，且无表面缺陷。

床身一般具有整齐的外形，壁厚除导轨外，基本均匀。内腔通常设计具有增加刚性的筋板。随着床身重量的变化，其轮廓尺寸及壁厚相差是很大的。

2. 床身的工艺特点

（1）首先保证导轨面质量，不允许有任何铸造缺陷。导轨面要求具有一定的硬度，一般为 190 ~ 240HBS，并要求导轨全长内硬度均匀。

（2）为保证机床床身在长期使用过程中的尺寸精度，铸件需消除应力退火，并尽量减少铸件的应力。

（3）保证床身的外观质量。

（4）造型、造芯工作量较大，对工艺要求也较高。

二、工艺方案

床身铸件的基本工艺方案是导轨面朝下。但随着生产条件、机床床身结构和质量的不同，存在着多种工艺方案，见表 12—1。

表 12—1　　床身铸件的工艺方案

分类方法	工艺方案	特　点	参考图示
按造型方法分	三箱或多箱造型	优点：工艺装备、模型制作较为简单。在复杂外形，重型床身及单件、小批量生产中应用较多 缺点：造型、装配工时多，铸件几何精度不太高	图 12—22
	劈箱造型	在水平与垂直方向都有分型面的工艺方法 优点：造型、下芯、合箱、检查方便，尺寸精度高，并简化模型制作，减轻吊运负荷（因砂型质量较轻），有利于平行作业和机械化。该方法特别适用于床身这样外形大而规整、内腔砂芯较多的铸件。而且，对生产批量适应性大，单件、小批、大量生产都可使用 缺点：投产前的工艺装备及模型制作费用较大，周期较长，砂箱的通用性较低	图 12—23 图 12—24
按浇注系统分	底部注入式	平稳、不冲砂，浇注系统靠近床身导轨，使导轨处温度高，避免产生气孔、渣眼等缺陷（对采用湿型更为有益）	图 12—22
	阶梯注入式	分层注入铁液，提高砂型上半部的金属温度，减少铸件应力和导轨处砂型的过热，并改善补缩条件	图 12—25
	两端注入式	对长的床身，为使导轨面硬度均匀，并能快速充满，采用两个直浇注系统双包同时浇注	图 12—25
	雨淋式或反雨淋式	能使铁液在型中的流程缩短和导轨温度均匀，从而达到快速充满和保证导轨硬度均匀的目的。适用于劈箱造型以及很长的重型机床床身，如龙门刨床床身等。为使铸件温度更趋均一，还可采用阶梯注入与反雨淋相结合的形式	图 12—24a

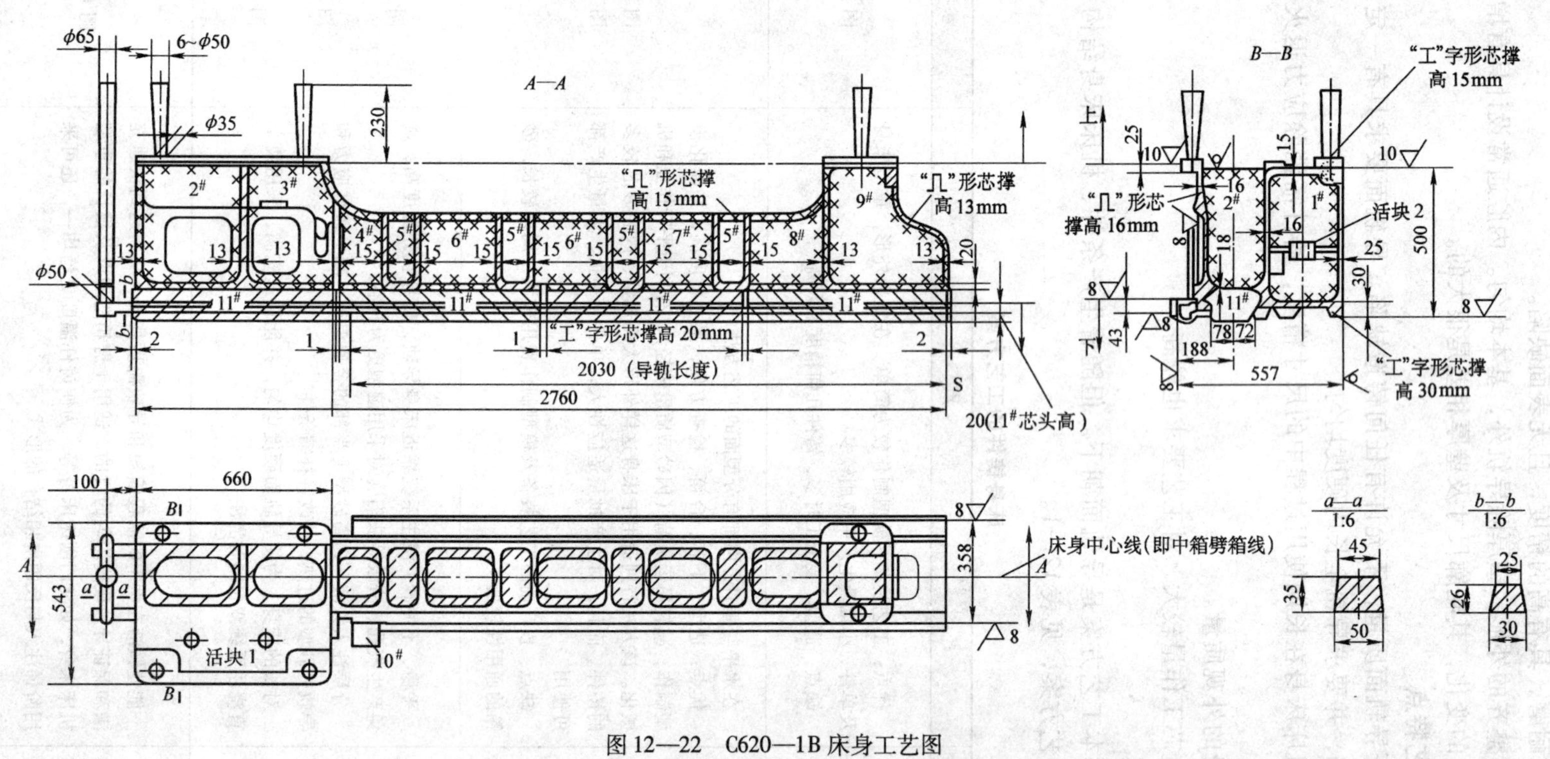

图 12—22　C620—1B 床身工艺图

1—在导轨全长 2 030 mm 上放 5 mm 预变形率（凸向底箱）　2—加工余量：顶面 10 mm，侧面 8 mm

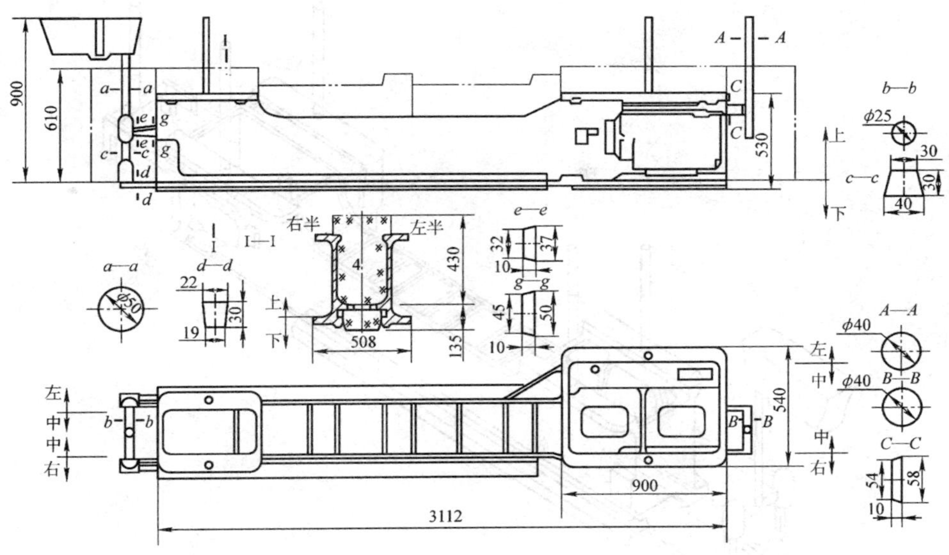

图 12—23　C630 床身工艺简图

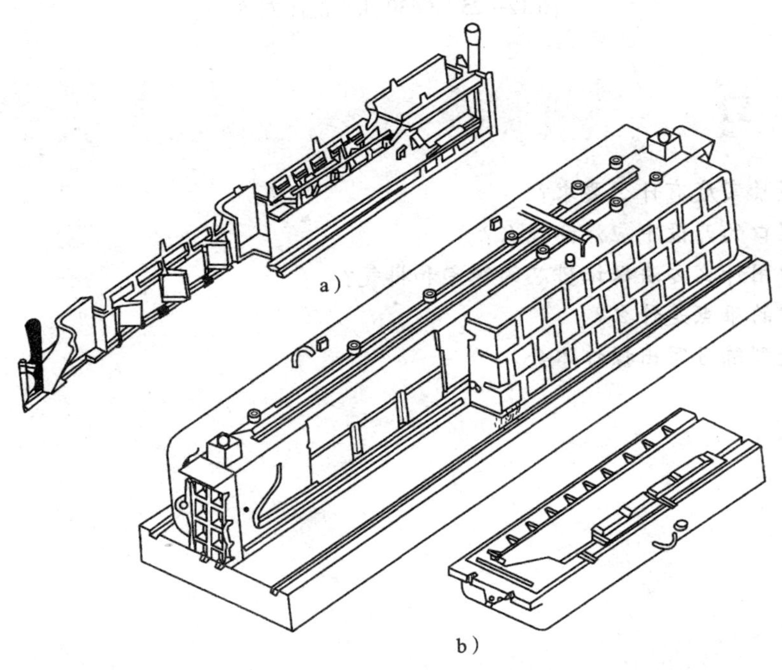

图 12—24　C630 床身铸件和合型图

a）铸件　b）合型图

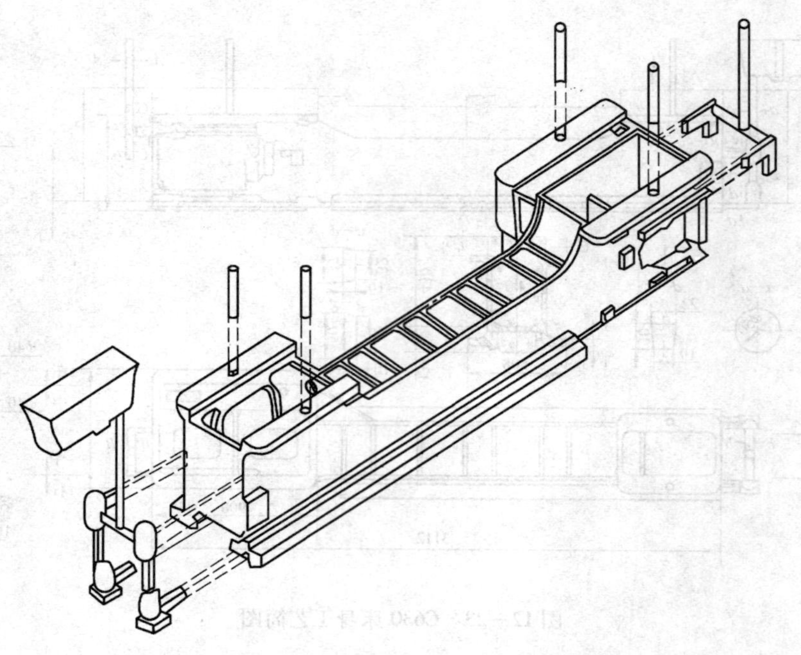

图 12—25　C630 床身浇注方案

练　习

1. 对砂型紧实度有什么要求？
2. 在浇冒口的开设中应注意什么？
3. 合型中用什么方法保证砂芯的稳定和排气？
4. 操作中的难点是什么？
5. 通过造型练习写出操作体会。